消防安全系统工程

XIAOFANG ANQUAN
XITONG GONGCHENG

韩海云 杨玉胜 主编
杨 义 王滨滨 王鸿江 副主编

中国计划出版社
·北 京·

图书在版编目（CIP）数据

消防安全系统工程 / 韩海云，杨玉胜主编．-- 北京：
中国计划出版社，2023.10
ISBN 978-7-5182-1552-2

Ⅰ．①消…　Ⅱ．①韩…　②杨…　Ⅲ．①消防－安全管
理　Ⅳ．①TU998.1

中国国家版本馆 CIP 数据核字（2023）第 182707 号

策划编辑：李　颖　　责任编辑：刘　涛
封面设计：韩可斌　　责任校对：王　巍
责任印制：李　晨

中国计划出版社出版发行
网址：www. jhpress. com
地址：北京市西城区木樨地北里甲 11 号国宏大厦 C 座 4 层
邮政编码：100038　电话：（010）63906433（发行部）
北京市科星印刷有限责任公司印刷

787mm×1092mm　1/16　22印张　549千字
2023 年 10 月第 1 版　2023 年 10 月第 1 次印刷

定价：79.00 元

编写说明

消防安全系统工程是消防工程的重要内容之一，是火灾科学与系统工程学科的融合应用。本书系统介绍了消防安全系统工程的基础理论和基本方法，分为三部分：第一部分为基础理论，介绍了消防安全系统工程的概述与基础理论。第二部分为消防安全系统分析方法，包括消防安全检查表法，火灾爆炸预先危险性分析法，故障类型、影响和致命度分析，火灾爆炸事故危险与可操作性分析法，因果分析图法，事件树分析法，事故树分析法，火灾事故预测技术。第三部分为消防安全系统工程理论与方法的综合应用，包括火灾风险控制、消防安全评价、消防安全决策。

消防安全系统工程是一门理论性较强又涉及具体工程知识运用的理论科学，兼具理论性和实用性。本书以火灾、爆炸防范为主线，采用理论—方法—实例三模块交叉组合的编排方式，便于读者理解安全系统工程的基本理论、原理和分析方法，提升运用系统分析方法解决消防工程实际问题的理论素质。本书可作为消防工程、安全科学与工程等相关工程类专业学习教材，生产经营单位消防安全管理及技术人员的教育培训用书，以及消防、安全、防灾减灾等方面研究人员的参考资料。

本书由长期从事消防工程专业教学研究及安全技术与管理工作的人员编写。由中国人民警察大学的韩海云和杨玉胜担任主编，论证纲目与组织编写。具体的编写分工：第一章由韩海云编写；第二章第一节由贾博编写，第二节由李溧编写，第三、四节由李抗抗编写；第三章由马鲜萌编写；第四章～第六章由王滨滨编写；第七章由杨义编写；第八、九章由杨玉胜编写；第十章第一、二节由杨宝华编写，第三节由王滨滨编写；第十一章第一、二节由李溧编写，第三、四节由杨升编写；第十二章由王鸿江编写；第十三章由叶建江编写；附录由韩海云、王滨滨编制；韩海云、杨玉胜、杨义、王滨滨、王鸿江负责全书统稿，伍雅雯协助完成部分插图制作。

本书在编写过程中，参考了吴立志、徐志胜、姜学鹏、傅智敏、舒中俊、林伯泉、张景林等前辈的学术成果，引用了李凡、余晨颖、张秀华、田彬、林观炎等学者公开发表的应用实例，在此表示由衷感谢。

由于编者水平有限，书中难免有错漏和不足之处，恳请广大读者批评指正。

编者

2023 年 8 月

目
CONTENTS 录

第一章　消防安全系统工程概述

【导学】消防安全系统工程是以安全系统工程理论体系为基础和框架，研究安全系统工程理论方法和技术在消防领域的具体应用。本章具有统领地位，是对全书内容的概要解读。通过本章的学习，应了解安全系统工程产生的背景与发展历程、相关的基础概念，掌握消防安全系统工程的研究对象、内容和方法，理解该理论对消防安全管理实践的指导意义和应用的优势。

第一节　消防安全系统工程基本概念

消防安全系统工程的概念较多，本节主要介绍安全系统工程理论中的基本概念，具体系统工程分析方法的概念将在各章阐释。

一、系统

（一）系统的定义

系统一词来源于英文 system 的音译，该词来源于古代希腊文（systεmα），意为部分组成的整体。“一般系统论”的创始人贝塔朗菲（Bertalanffy）定义系统是相互联系、相互作用的诸元素的综合体。这个定义强调了组成系统的元素间的相互作用以及系统对元素的整合作用。我国著名学者钱学森认为，系统是由相互作用、相互依赖的若干组成部分结合而成的，具有特定功能的有机整体，而且这个有机整体又是它从属的更大系统的组成部分[①]。汇总若干思想家和学者对系统的看法，系统具有如下特点：

（1）系统是一个动态和复杂的整体，相互作用结构和功能的单位。

（2）系统是能量、物质、信息流不同要素所构成的。

（3）系统往往由寻求平衡的实体构成，并显示出震荡、混沌或指数行为。

（4）一个整体系统是任何相互依存的集或群暂时的互动部分。

综上所述，系统可定义为是由若干相互联系、相互作用的个体组合形成的具有整体功能的集合体。系统是普遍存在的，从基本粒子到河外星系，从人类社会到人的思维，从无机界到有机界，从自然科学到社会科学，系统无所不在。另外，严格意义上现实世界的“非系统”是不存在的，构成整体却没有联系性的多元集是不存在的。

---

① 钱学森．论系统工程［M］．上海：上海交通大学出版社，2007.

（二）系统的数学描述

用数学模型可将系统描述为式（1–1）形式。

$$\boldsymbol{S}=F_s(X_1,\ X_2,\ X_3,\ \cdots,\ X_n) \tag{1–1}$$

其中：$X_1=F_1(X_2,\ X_3,\ \cdots,\ X_n)$，$X_2=F_2(X_1,\ X_3,\ \cdots,\ X_n)$，…，$X_n=F_n(X_2,\ X_3,\ \cdots,\ X_{n-1})$

由此可见，如果对象集 **S** 满足下列三个条件，可以认为 **S** 是一个系统，**S** 的个体为系统的组分。

（1）**S** 中至少包含两个不同个体。

（2）**S** 中的个体按一定方式相互联系。

（3）**S** 中的个体相互联系使得 **S** 具有新的整体性功能。

（三）系统的性质

系统具有五个方面的性质。

1. 系统的整体性

系统是若干事物的集合，系统反映了客观事物的整体性，但又不简单地等同于整体，因为系统除了反映客观事物的整体之外，它还反映整体与部分、整体与层次、整体与结构、整体与环境的关系。这就是说，系统是从整体与其要素、层次、结构、环境的关系上来揭示其整体性特征的。要素的无组织的综合也可以成为整体，但是无组织状态不能成为系统，系统所具有的整体性是在一定组织结构基础上的整体性，要素以一定方式相互联系、相互作用而形成一定的结构，才具备系统的整体性，整体性概念是一般系统论的核心。

2. 系统的有机关联性

系统的性质不是要素性质的总和，系统的性质是要素所没有的；系统所遵循的规律既不同于要素所遵循的规律，也不是要素所遵循的规律的总和，不过系统与其要素又是统一的，系统的性质以要素的性质为基础，系统的规律也必定要通过要素之间的关系（系统的结构）体现出来。存在于整体中的要素，都必定具有构成整体的相互关联的内在根据，所以要素只有在整体中才能体现其要素的意义，一旦失去构成整体的根据就不成为这个系统的要素。归结为一句话就是：系统是要素的有机的集合。

3. 系统的环境适应性

系统的有机关联不是静态的而是动态的。系统的动态性包含两个方面，一是系统内部的结构状况是随时间而变化的；二是系统必定与外部环境存在着物质、能量和信息的交换。任何一个系统都处于一定的物质环境之中，系统必须适应环境条件的变化，而且在研究和使用系统时，必须重视环境对系统的作用。

4. 系统的有序性

系统的结构、层次及其动态的方向性都表明系统具有某种有序状态，系统越是趋向有序，它的组织程度越高，稳定性也越好。系统从有序走向无序，它的稳定性便随之降低。完全无序的状态就是系统的解体。

5. 系统的目的性

系统的目的性也称为“预决性”。贝塔朗菲认为，系统的有序性是有一定方向的，即一个系统的发展方向不仅取决于偶然的实际状态，还取决于它自身所具有的、必然的方向性，这就是系统的目的性。他还强调系统的这种性质的普遍性，认为无论在机械系统或其他任何类型系统中它都普遍存在。

二、系统工程

（一）系统工程的定义

“工程”一词来源于18世纪的欧洲，其本义是有关兵器制造、具有军事目的的各项劳作，后扩展到其他领域，如水利工程、化学工程、土木建筑工程、遗传工程、系统工程等。

系统工程是从系统观念出发，以最优化方法求得系统整体的最优的综合化的组织、管理、技术和方法的总称。钱学森教授在1978年指出“系统工程”是组织管理“系统”的规划、研究、设计、制造、试验和使用的科学方法，是一种对所有“系统”都具有普遍意义的科学方法。①

（二）系统工程的特点

系统工程是以“系统”为研究对象，为了更好地实现系统的目标，对系统的组成要素、组织结构、信息流、控制机构等进行分析研究的科学方法。它运用各种组织管理技术，使系统的整体与局部之间的关系协调和相互配合，实现总体的最优运行。系统工程不同于一般的传统工程学，它所研究的对象不限于特定的工程物质对象，而是任何一种系统。它是在现代科学技术基础之上发展起来的一门跨学科的边缘学科②。

系统工程是一门应用科学管理技术，是对所有系统都具有普遍意义的科学方法。它具有整体观、协调观、综合观、优化观四个方法观。

1. 整体观

系统工程将研究对象视为“系统”，目标一切立足整体，统筹全局，全面规划，协调处理，使系统的总体与部分之间、部分与部分之间、系统与环境之间达到辩证统一。系统是由各部分组成的，系统的功能要大于各部分的功能。古代哲学中就有“总体大于各部分总和”的观点，所谓“大于”指的是各部分组成一个整体后，产生了总体的功能，即系统的功能，这种功能的产生是一种质变，因为这种功能是各部分所不具备的，系统之所以为系统，不仅是各个组成部分的简单的总和，而在于它具备总体的系统的功能。因此，系统工程强调在处理问题时，要有全局观念、整体观念。

2. 协调观

系统工程是一门应用性科学管理技术，系统工程的应用并不是排斥或替代传统工程，而是以系统的观点和方法为基础，运用先进的技术和手段，从全面、整体、长远出发去考察工程实践问题，拟订目标和功能，并在规划、开发、组织、协调各关键时刻，进行分析、综合、评价、求得优化方案，然后用传统工程的方法去实施工程设计、生

---

① 钱学森．论系统工程［M］．上海：上海交通大学出版社，2007.

② 赵玉明，王福顺．中外广播电视百科全书［M］．北京：中国广播电视出版社，1995.

产、安装、建造新的系统或改造旧的系统。因此，系统工程和传统工程是兼容并蓄，相得益彰的。

3. 综合观

系统工程的实践应用涉及应用行业的各类科学技术，还涉及信息论、控制论、运筹学、概率论、数理统计、系统模拟以及社会学、经济学等多种学科。系统工程的核心目标就是以工程对象作为系统，把纵向学科根据目标进行横向整合重构进行组织管理实现科学决策，并应用数学和计算机科学等工具，进行定量或半定量的分析处理，实现综合出创造，综合出效益，1+1>2 的系统综合效果。

4. 优化观

随着各类工程项目的规模日益扩大，事物间的联系日趋复杂，形成了形式多样的系统。为使人们所研究的系统在技术上最先进，经济上最节约，运行中最可靠，时间上最高效，则需协调系统中各要素或子系统间的关系，使之达到最佳的配合。应用系统的理论和方法分析、规划、设计新的系统或改造已有的系统，目标就是使之达到最优化的目标，并按此目标进行控制和运行。

三、消防安全系统工程

（一）安全系统工程

系统安全是指人们为了解决复杂系统的安全问题而开发、研究的安全理论、原则和方法体系，是在所研究的系统寿命期间内辨识系统中的危险源并采取控制措施使其危险性最小，从而使该系统在规定的性能、时间和成本范围内达到最佳的安全程度。

安全系统工程是系统工程解决安全问题的具体应用，即采用系统工程的方法，识别、分析、评价系统中的危险性，根据其结果调整工艺、设备、操作、管理、生产周期和投资等因素，使系统可能发生的事故减少到最低限度，达到最佳的安全状态。安全系统工程研究解决的主要问题是如何控制和消除导致人员死伤，设备或财产损失的危险，最终以实现在功能、时间、成本等规定的条件下，使系统中人员和设备所受的伤害和损失为最小。

（二）消防安全系统工程

消防安全是不发生火灾、爆炸或着火未使人身受到火灾的伤害、财产免遭破坏或损失。消防安全性是指不发生火灾导致人身伤害、设备或财产损失的可能性，是判断和评价系统消防安全性能的重要指标。

消防安全系统工程是安全系统工程的一个研究方向，是在系统工程和安全系统工程发展的基础上，紧密结合防火技术和消防管理理论和实践而建立起来的。其研究对象更加具体，目标更加明确，对解决系统的消防安全问题更具针对性和指导意义。消防安全系统工程是指应用系统工程的理论和方法，从系统的计划、设计、运行及维护的全过程出发，对系统中存在的各种火灾、爆炸危险性和危害性进行识别、分析和评价，根据其结果调整工艺、设备、操作、管理、生产周期和投资等因素，整改各种火险隐患，预防火灾、爆炸事故的发生，使系统的火灾危险性和危害性减少到最低限度，达到最佳的消防安全状态。

四、消防安全系统举例

（一）火灾自动报警系统

火灾自动报警系统是探测火灾早期特征，发出火灾报警信号，为人员安全疏散、防止火灾蔓延和启动自动灭火设备提供控制与指示的自动消防系统。火灾自动报警系统由火灾探测报警系统、消防联动控制系统、可燃气体探测报警系统及电气火灾监控系统四个子系统组成。四个子系统又由若干个元器件和设备组成，如图 1–1 所示。

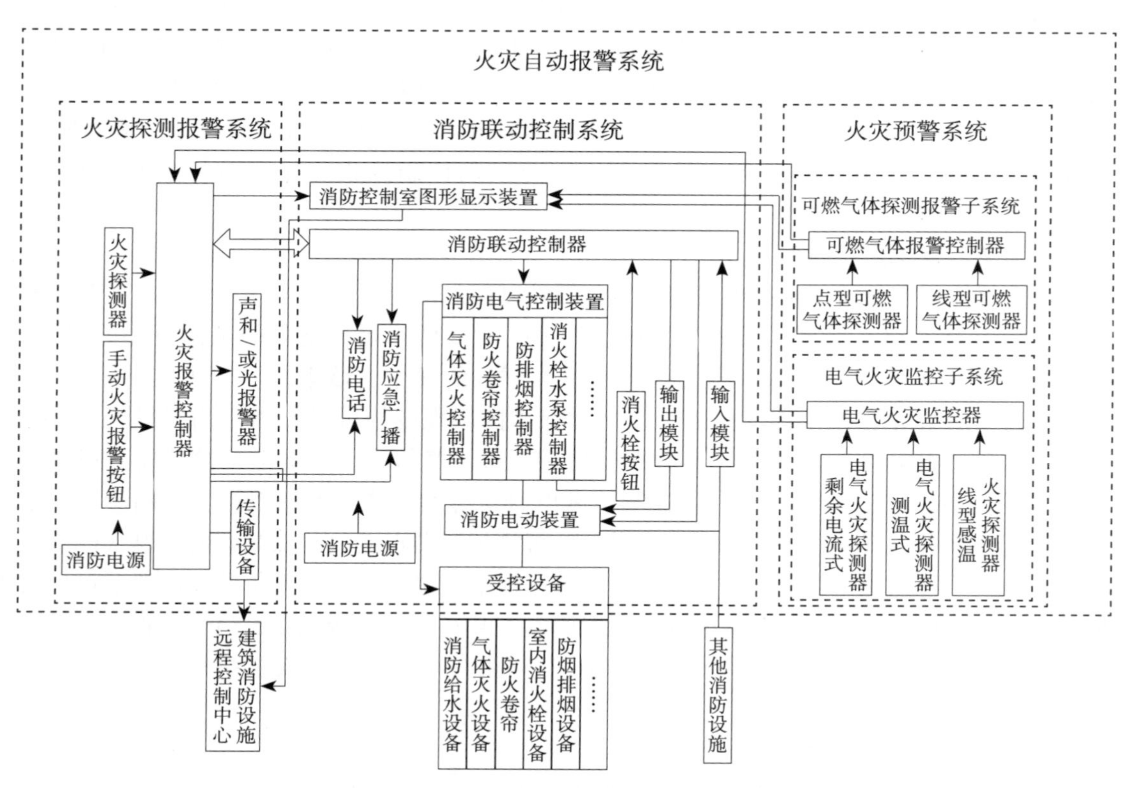

图 1–1　火灾自动报警系统组成

1. 火灾探测报警系统

火灾探测报警系统能及时、准确地探测被保护对象的初起火灾，并做出报警响应，从而使建筑物中的人员有足够的时间在火灾尚未发展蔓延到危害生命安全的程度时疏散至安全地带，是保障人员生命安全的最基本的建筑消防系统。该系统由触发器件（火灾探测器和手动火灾报警按钮）、火灾报警控制器和火灾警报装置等组成。火灾探测报警系统的工作原理是：平时安装在建筑物内的火灾探测器实时监测被警戒的保护区域，当某一被监视场所着火，安装在保护区域现场的火灾探测器将火灾产生的烟雾、热量和光辐射等火灾特征参数转变为电信号，经数据处理后，火灾特征参数信息被传输至火灾报警控制器；或直接由火灾探测器做出火灾报警判断后，将报警信息传输到火灾报警控制器，控制器将此信号与现场正常状态整定信号进行比较。若确认是火灾，则输出两回路信号，一路指令声光显示装置动作，发出音响报警及显示火灾现场地址，并记录第一次报警时间；另一路则与消防联动控制系统进行连接，指令设于现场的执行器对其他自动消防设施进行联动控制，使整个消防自动控制系统工作，以便及时完成灭火救灾。

2. 消防联动控制系统

消防联动控制系统主要是由消防联动控制器、消防控制室图形显示装置、消防电气控制装置（防火卷帘控制器、气体灭火控制器等）、消防电动装置、消防联动模块、消火栓按钮、消防应急广播设备及消防电话等设备和组件组成。消防联动控制系统的工作原理是：火灾发生时，火灾探测器和手动火灾报警按钮的报警信号等联动触发信号传输至消防联动控制器，消防联动控制器按照预设的逻辑关系对接收到的触发信号进行识别判断，在满足逻辑关系条件时，消防联动控制器按照预设的控制时序启动相应自动消防系统（设施），实现预设的消防功能；消防控制室的消防管理人员也可以通过操作消防联动控制器的手动控制盘直接启动相应的消防系统（设施），从而实现相应消防系统（设施）预设的消防功能，消防联动控制接收并显示消防系统（设施）动作的反馈信息。

3. 可燃气体探测报警系统

可燃气体探测报警系统是由可燃气体报警控制器、可燃气体探测器和火灾声光警报器组成。该系统能够在保护区域内泄露可燃气体的浓度低于爆炸下限的条件下提前报警，从而预防由于可燃气体泄漏引发的火灾和爆炸事故的发生。该系统属于火灾预警系统，工作原理是：发生可燃气体泄漏时，安装在保护区域现场的可燃气体探测器将泄漏可燃气体的浓度参数转变为电信号，经数据处理后，可燃气体浓度参数信息被传输至可燃气体报警控制器；或直接由可燃气体探测器做出泄漏可燃气体浓度超限报警判断后，将报警信息传输至可燃气体报警控制器。可燃气体报警控制器在接收到探测器的可燃气体浓度参数信息或报警信息后，经报警确认判断，显示泄漏报警探测器的部位并发出泄漏可燃气体浓度信息，记录探测器报警的时间，同时驱动安装在保护区域现场的声光警报装置，发出声光警报，警示人员采取相应的处置措施；必要时，可以控制并关断燃气阀门，防止燃气的进一步泄漏。

4. 电气火灾监控系统

电气火灾监控系统是由电气火灾监控器、电气火灾监控探测器组成。该系统能在发生电气故障，产生一定电气火灾隐患的条件下发出报警，提醒专业人员排除电气火灾隐患，实现电气火灾的早期预防，避免电气火灾的发生。该系统属于火灾预警系统，工作原理是：发生电气故障时，电气火灾监控探测器将保护线路中的剩余电流、温度等电气故障参数信息转变为电信号，经数据处理后，探测器做出报警判断，将报警信息传输到电气火灾监控器；电气火灾监控器在接收到探测器的报警信息后，经报警确认判断，显示电气故障报警探测器的部位信息，记录探测器报警的时间，同时驱动安装在保护区域现场的声光警报装置发出声光警报，警示人员采取相应的处置措施，排除电气故障、消除电气火灾隐患，防止电气火灾的发生。

由此可见，火灾的早期预警、火灾发生后的及时探测报警以及联动启动其他消防设施的过程是环环相扣，彼此影响的过程，独立的一个设备难以完成，单一的子系统仅能实现简单功能，四个子系统的协同配合，有效实现了对建筑物内火灾和爆炸高风险源的危险早期预警、险情报警、联动处置的系列火灾防控技术的融合应用。

（二）社会单位消防安全管理系统

社会单位的消防安全管理也是一个“系统”，由消防管理组织机构和人员、消防安全制度、防火检查与隐患整改、消防设施维护与检测、消防宣传教育与培训、灭火应急演练与初起火情处置等子系统构成，每个子系统由若干人、财、物、事组成。

1. 消防管理组织机构和人员

消防管理组织机构和人员是消防安全管理的实施主体，包括消防安全责任人、消防安全管理人、消防安全管理部门、各部门消防安全责任人，岗位消防安全责任人等组成消防安全管理团队，团队架构举例如图 1–2 所示。

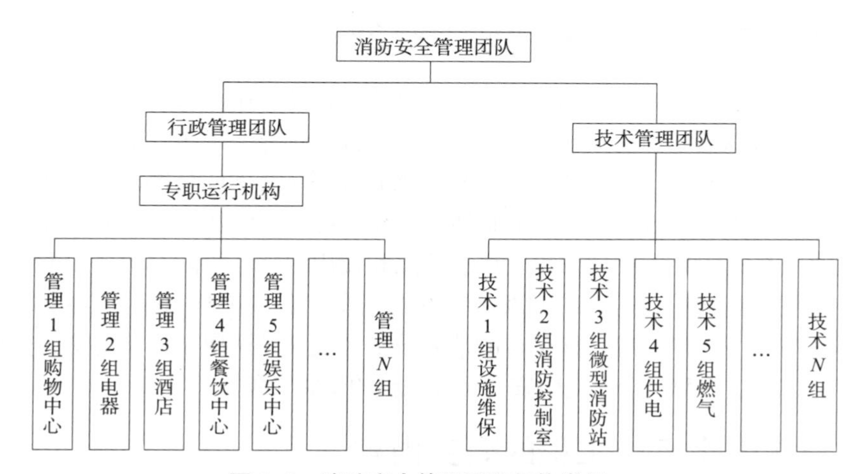

图 1–2　消防安全管理团队架构举例

2. 防火检查与隐患整改

防火检查与隐患整改包括防火巡查制度、防火检查制度、隐患整改制度等。

3. 消防设施维护与检测

消防设施维护与检测包括消防设施实时监测、消防设施定期维护保养、消防设施定期检测等。

4. 消防宣传教育与培训

消防宣传教育与培训包括消防宣教团队、日常和特定日的消防宣教、员工消防安全培训、临时进场和承建单位消防安全培训等。

5. 灭火应急演练与初起火情处置

灭火应急演练与初起火情处置包括灭火处置和应急疏散指挥团队、灭火和应急疏散预案、微型消防站或专职消防队、初起火情处置方案与训练。

以上子系统和系统要素互相关联、构成一个有机整体，通过各系统和要素的密切配合，有序开展消防安全管理工作，实现预防火灾、及时扑灭初起火灾，避免人员伤亡与财产损失的目标。

第二节　消防安全系统工程的研究对象、内容和方法

消防安全系统工程作为安全系统工程的一个分支和系统工程思想在消防领域的具体应用，其研究对象是与消防安全有关的事和物；研究内容是火灾爆炸危险因素的辨识、火灾爆炸风险的量化、火灾爆炸防控管理技术策略以及系统消防安全的评价；研究方法是系统工程的科学决策方法，把要处理的问题及其有关情况加以分门别类、确定边界，又强调把握各门类之间和各门类内部因素之间的内在联系和完整性、整体性，否定片面和静止的观点和方法。

一、消防安全系统工程的研究对象

任何一个与消防安全相关的物品、设施、建筑、管理工作，只要是由多个元素组成，且内在存在联系都可以应用消防安全系统工程的方法进行研究。例如，小型干粉灭火器是一个"系统"，手压杆、干粉罐、喷射管、动力气源钢瓶等都是元件或组件，它们互相关联共同组装成小型干粉灭火器，表现出该系统的整体性与相关性，完成扑灭初期火灾任务是该系统的目的性。这种干粉灭火器的使用效果受放置地点和使用地点环境的影响，如干粉在潮湿环境中易受潮结块而不能使用，这表现出该系统的环境适应性。小型干粉灭火器是从属于某单位消防设施系统中的一个子系统，该单位的消防设施系统又是从属于该单位防火安全系统中的一个子系统。以上这些都可以是消防安全系统工程的研究对象。

二、消防安全系统工程的研究内容

安全系统工程是将安全工作视为一项系统性工作，其中消防安全是安全中的一个重要分支，因此安全系统工程的分析方法和系统性思维在消防安全领域有较高的适用性。消防安全系统工程是安全系统工程学理论在消防工作中的具体应用，目标是指导人们应用科学的方法对潜在的火灾爆炸危险因素及早发现，实现对事故的早期预警，并采取最优的系统性应对策略进行防范和处理。消防安全系统工程主要从五个方面开展研究和应用。

（一）系统消防安全分析

系统安全分析是安全系统工程的核心内容。通过系统安全分析，可以查明系统中的危险源，分析可能出现的危险状态，估计事故发生的概率、可能产生的伤害及产生后果的严重程度，为通过修改系统设计或改变控制系统运行程序来进行系统安全风险控制提供依据。随着系统工程学科的发展，出现了很多系统安全分析方法。在消防实践中有所应用的系统安全分析方法主要有以下几种：

（1）安全检查表分析（Safety Checklist Analysis）。

（2）预先危险分析（Preliminary Hazard Analysis）。

（3）故障类型、影响及致命度分析（Failure Modes，Effects and Criticality Analysis）。

（4）危险与可操作性分析（Hazard and Operability Analysis）。

（5）事件树分析（Event Tree Analysis）。

（6）事故树分析（Fault Tree Analysis）。
（7）因果图分析法（Cause and Effect Diagram）。

（二）系统消防安全评估

风险是对危险更全面、更高维的度量。风险管理是通过风险识别、风险量化、风险应对策略等手段，对风险进行管理，以降低风险可能造成的负面影响。风险管理是一个系统的、全面的过程，包括识别、评估、应对、监控和沟通等环节。风险的概念和管理思想在消防工作有较为广泛的应用。

火灾风险评估是使用定性或定量化形式来说明风险程度，可使人们更清楚地认识本单位的火灾危险形势，以便采取适当的防灭火对策。火灾风险评估的方法也有多种，也有较为成熟的数学模型。例如，根据室内材料的物理化学性能可估算建筑物的危险等级，使用火灾和烟气蔓延程序可估算建筑物达到危险状况的时间等。

消防安全评价与火灾风险评估常常相提并论。通常认为消防安全评价是对一个单位、一个地区消防安全水平的整体评价，不只是火灾致灾因素、损失控制和减损能力的评估，还包括对消防投入、消防管理、人员素质等诸多方面的评价，并且对照某一标准进行对比给出等级或程度的结论。也有学者认为消防安全评价是评估的组成部分，通过火灾风险估算后对照可接受标准开展评价。

（三）系统安全预测

系统安全预测是指通过对系统安全性的分析和评估，预测系统未来可能面临的安全风险和威胁，并制定相应的应对措施。火灾事故预测与形势研判是系统安全预测的具体应用。

火灾事故的发生是人为因素和非人为因素的耦合。火灾事故的发生概率受时间、空间、环境等多个维度的复杂因素的影响。将时间作为主要参数，根据历史和当前数据对时间序列型数据的未来值进行预测是典型的预测性模式。火灾风险预测技术的实践应用是实现火灾风险预警，即当影响火灾风险的某一因素或其组合达到可能触发火灾发生的警限值时发出预警信息。基于历史火灾数据进行预警则是建立火灾事故预警指标体系，开展火灾事故分布规律、火灾事故动态发展规律以及火灾事故成因分析，借助数据挖掘技术手段得到火灾事故重要影响因素，建立强关联指标集合。

（四）系统火灾风险控制

安全系统工程的最终目的是控制事故危险，系统危险控制是安全系统工程的最终任务。系统危险控制技术是通过对系统进行全面评价和事故预测，根据评价和预测的结果，对事故隐患采取针对性的限制措施和控制事故发生的对策，即在现有的技术水平上，以最低的消耗达到最优的安全水平。

系统危险和风险控制技术的基本理论和方法对火灾和爆炸危险控制和风险控制有重要指导意义。防火防爆的具体技术和火灾爆炸事故发生的条件和特点密切相关，具体的管理策略又受到消防管理政策法规的影响，因此，消防安全系统的危险控制技术有其应用领域的特色内容。

（五）消防安全决策

系统安全决策是指针对系统安全问题，确定安全目标，制定相应的安全策略和措施，以保障系统的安全性和稳定性。系统安全决策是系统安全管理的重要环节，可以帮助组织及时发现和应对潜在的安全风险和威胁，保障系统的安全性和稳定性。消防安全决策是为了减少火灾爆炸事故发生或降低事故损失，对系统火灾危险而选择如何预防和控制的选择过程。应用系统决策理论，能够指导消防安全决策更科学、合理和可行。

三、消防安全系统工程研究方法的优点

消防安全系统工程分析与评价的方法有许多种，每一种方法都有其优点。通过应用实践，总的来说消防安全系统工程研究方法大致有如下优点：

1. 可以掌握系统发生火灾事故的规律

运用系统防火安全分析的各种方法，辨识系统发生火灾事故的各种危险因素，判断有哪些失误和缺陷的组合可以导致火灾，系统中共有多少种这样的组合，从而使操作人员和管理人员对系统的安全状况心中有数。

2. 可以查明系统发生火灾事故的原因

在分析事故原因的过程中，能够做到逻辑严密，不易漏掉造成火灾事故的各种原因，可使人直观明了、印象深刻。

3. 可以量化系统的火灾危险

通过定量分析可确定系统的火灾事故的频率和危害程度，还可以确定系统中危险因素的影响程度，从而采取相应的防范措施，掌握防火安全工作的主动权。

4. 可以促进收集数据和制定标准

在定量地进行系统防火安全分析和评价过程中，需要使用各种数据和标准，如故障率、人体差错率、安全指标、人机工程标准以及各类安全设计标准、规范等。

5. 可以提高消防安全教育的水平

由于企业中的操作人员、安技人员、消防保卫人员及行政管理人员共同参与对系统的防火安全分析和评价工作，可使各类人员提高责任感，激发消防工作热情，有利于对职工进行系统全面的消防安全教育。

正是由于上述这些优点，推广应用消防安全系统工程的国内外大型企业或行业均较明显地减少了火灾爆炸事故发生的频率，大大提高了安全生产和文明生产的水平。国内外的消防监督管理部门在推广应用消防安全系统工程过程中，提高了消防监督检查的效果和效率，也提高了对企业进行消防技术咨询和管理咨询的业务水平。

第三节　安全系统工程学的发展及其消防应用

消防安全系统工程是安全系统工程在消防上的具体应用，即利用安全系统工程解决消防安全问题。消防安全系统工程是随着安全系统工程产生和发展而发展起来的。

一、安全系统工程学的产生

第二次世界大战以后，工业技术水平和规模不断提高，核能、航天等尖端工业，大型石油、化工、冶金等重工业迅速发展，事故也越来越频繁，灾害越来越严重。这种工业技术的进步所带来的对人类的威胁和损害引起了人们对安全更为广泛的重视。为消除和避免危害，人们在长期的实践中，创造和总结了预防危害的办法。归结而言，可以把这些办法分成“问题出发型”和“问题发现型”两大类。

“问题出发型”办法实质上是在事故发生后从中吸取经验教训，进行预防的办法，也就是通常所说的传统安全工作法。例如，从事故后果查找原因，采取措施以防止事故重复发生。通常我们所采取的各种组织和技术措施，如设立专职机构，制定立法标准，进行监督检查和宣传教育等，以及防尘排毒、防火防爆、安全防护设备、个人防护用具等都属此类。

传统安全工作法虽然为防止事故做出了贡献，但又存在不少的缺点。它的纵向分科、单项业务保安、事后处理等特点使得人们对事故难以做到防患于未然，从而导致安全工作总是跟在生产后面跑，使事故的预防跟不上技术进步。究其原因主要在于：

（1）安全属性问题。由于安全是依附于生产活动而存在的，并且是为生产活动服务的，生产活动中如果不发生事故，则往往引不起人们的重视，看不到安全工作的作用和重要性，使“安全第一、预防为主”挂在口头，难以贯彻落实在实际工作中。不仅企业领导人常常忽视安全工作，甚至连直接在恶劣生产条件下作业的人员也会掉以轻心。

（2）由于工业技术的不断进步和发展，人们对技术中许多潜在性的危险因素还认识不清，没有意识到发生事故后的严重后果。

（3）由于安全工作所产生的经济效益是间接的，当发生事故造成了损失，人们才感觉到安全工作的重要性，这就使得人们平时对安全工作不予重视，缺乏对安全工作进行深入细致地研究。

另外，传统安全工作法本身也存在着许多弱点：

（1）凭经验和直觉处理生产、活动系统中的安全问题多，由表及里的深入分析，发现潜在的事故隐患少，难以彻底改善安全面貌。

（2）定性的，即“安全”或“不安全”的概念多，而定量的概念少。如生产的安全性有多大？事故发生可能性的大小？有多大的严重后果？都无法回答，不能给人以实质性的概念。

（3）缺乏系统性，解决安全问题时总是片断地、零碎地进行，以致形成“头痛医头、脚痛医脚”、到处堵塞漏洞的被动局面。

（4）管理上存在着严重的片面性，侧重于追究人员的操作责任，只抓“违章”而忽视了创造本质安全。

（5）由于没有开展预测工作，没有进行事前的系统安全评价，工作重点是处理已发生的事故，而忽略了从规划、设计阶段就开始抓安全工作。

（6）没有明确的目标值。不清楚究竟做到什么程度才算是安全，才能控制事故，盲目性大。

总之，传统安全工作法是一种凭经验、孤立、被动的工作方法。最近 40 多年来，随着科学技术的进步、生产的发展，引起了从生产工具到劳动对象、生产组织和管理的一系列变革，同时也给安全带来了许多新的问题，使人们深深地感觉到传统安全工作法已不能适应人类生产活动的迅速发展。因此，人们特别是安全工作者总想找出一个能够事先预测事故发生的可能性、掌握事故发生的规律、做出定性和定量的评价的方法，以便能在设计、施工、运行和管理中向有关人员预先警告事故的危险性，并根据对危险性的评价结果采取相应的预防措施，以达到控制事故的目的。安全系统工程就是为了达到这一目的而产生和发展起来的。

采用安全系统工程控制事故发生的方法，即上文所说的“问题发现型”方法。其实质是从系统内部出发，研究各构成要素之间存在的安全上的联系，查出可能导致事故发生的各种危险因素及其发生途径，通过重建或改造原有系统来消除系统的危险性，把系统发生事故的可能性降低到最小限度。

二、安全系统工程学的发展概况

安全系统工程的发展过程是系统工程在安全领域的研究与应用过程。1947 年 9 月，美国航空科学院报道了一篇题为“安全工程”的论文，其中写道:“正如飞机性能、稳定性和结构完整性一样，必须进行安全设计，并使之成为飞机不可分割的一部分。安全组也像应力组、空气动力系组和荷载组一样，必须成为制造厂的重要组织机构之一。”这是最早提出系统安全概念的一篇论文。

1962 年 4 月，美国空军公布了弹道导弹部的 BSD 第 62—41 号文件“发展空军弹道导弹的系统安全工程”，这一文件向与民兵式导弹计划有关的承包商提出系统安全的要求。1963 年 9 月，这一文件修改后成为美国空军规程。1969 年 7 月，该规程又进一步地修改成为军用标准 MIL—STD —882，经国防部批准，最终成为所有产品和系统采购的系统程序都必须遵守的标准。在上述标准中，首先建立了安全系统工程的概念，以及设计、分析、综合等原则。此后，由于这一先进技术的传播，使得人们对系统安全认识不断深化，企业采用安全系统计划的也逐渐多起来。

另外，英国以原子能公司为中心，从 20 世纪 60 年代中期开始收集有关核电站故障的数据，采用概率的方法对系统的安全性、可靠性进行评价，后来进一步推动了定量评价的工作，并设立了系统可靠性服务所和可靠性数据库。它们的任务是收集核电站设备和装置的故障数据，提供给有关单位。

1974 年，美国原子能委员会发表了原子能电站事故评价有关报告，即“拉氏报告”（WASH—1400）。该项研究是在原子能委员会的支持下，由麻省理工学院的拉斯姆逊教授组织十余人，用了 2 年时间，花了 300 万美元完成的。报告中收集了原子能电站各个部位历年发生的事故，采用事故树和事件树分析方法分析事故发生概率，做出核电站的安全性评价。这个报告发表后，引起了世界各国同行的关注。

日本引进安全系统工程的方法虽然稍晚，但发展很快。自从 1971 年科技联盟召开了“可靠性安全学术讨论会”以来，在电子、宇航、航空、铁路、公路、原子能、化工、冶金等领域，研究工作十分活跃。日本劳动省于 1976 年公布的化工联合企业 6 段安全评价方法中就贯穿了安全系统工程的内容。他们还推广了事故树定性分析法甚至要求每个工人都能熟练应用。

我国引进安全系统工程的方法（FTA）始于 1976 年，1982 年首次组织了全国性的安全系统工程研讨会。而后，安全系统工程的研究与应用热潮在全国兴起，目前已在全国范围内得到广泛的使用，在安全系统工程理论的研究上也取得了很多的成果。

当前，安全系统工程已普遍引起了各国的重视，国际安全系统工程学会每两年举办一次年会。

从安全系统工程的发展史可以看出，它是从研究军事产品的可靠性和安全性开始的，后来发展到对生产系统各个环节的安全分析，这就使安全系统工程的方法在安全技术工作领域中得到实际的应用。

三、安全系统工程学在消防安全领域的应用

消防安全系统工程解决消防安全问题的过程一般可划分为三个阶段：一是系统的消防安全状态分析阶段，即识别火灾危险源、认定火灾隐患；二是对系统进行消防安全状态的评价阶段，即对认定的火灾隐患进行评价，确定各种火灾危险源对系统整体消防安全状态的影响程度；三是根据前两个阶段的分析、评价结果，采取措施提升消防安全性的阶段。因此，消防安全系统工程学的主要研究内容包括如何进行系统的消防安全分析，如何评价系统的火灾危险性，如何控制导致火灾发生的危险源、降低系统火灾危险性等方面。

（一）系统的消防安全分析

系统消防安全分析在消防安全系统工程中占有十分重要的地位，其目的是对系统的火灾爆炸危险源进行辨识，分析系统中存在的火灾危险性。

1. 火灾爆炸危险源辨识

危险源（Hazard-a source of danger），即危险的根源。哈默（Willie Hammer）定义危险源为可能导致人员伤害或财物损失事故的，潜在的不安全因素。按此定义，生产、生活中的许多不安全因素都是危险源。为了便于研究和控制系统的危险源，人们将危险源分为两类，第一类危险源指系统中存在的、可能发生意外释放的能量或危险物质。实际工作中往往把产生能量的能量源或拥有能量的能量载体作为第一类危险源来处理。第二类危险源指导致约束、限制能量措施失效或破坏的各种不安全因素。从系统安全的观点来考察，使能量或危险物质的约束、限制措施失效、破坏的因素，包括人、物、环境三个方面。

在火灾和爆炸事故的发生、发展过程中，两类危险源共同决定危险性的大小。第一类火灾爆炸危险源，如易燃易爆化学危险品、可燃的外墙保温材料等，在事故发生时这些危险源释放出的能量是导致人员伤害或财物损坏的能量主体，决定事故后果的严重程度；第二类火灾爆炸危险源表现为火灾隐患，如防爆墙损坏、可燃的外墙保温材料不燃保护层脱落等，这些危险源出现的频率和程度决定事故发生可能性的大小。为了充分识别系统中存在的火灾爆炸危险源，就要对系统进行细致的分析，只有分析得准确，才能在消防安全评价中得到正确的答案。根据需要可以把分析进行到不同的深度，可以是初步的或详细的，定性的或定量的。每种深度都可以得出相应的答案，以满足不同项目、不同情况的要求。

2. 系统消防安全分析方法

系统消防安全分析的方法有许多种，较为常用且行之有效的方法有：消防安全检查表、火灾事故树分析、火灾事件树分析、火灾危险性预先分析、火灾事故原因—后果分析等方法。其中，消防安全检查表和或火灾事故树分析两种方法在近几年应用最为广泛。

各种系统消防安全分析方法都有其产生的历史和环境条件，所以不能处处通用。要完

成一个准确的分析，往往要综合运用各种分析方法、取长补短，有时还要互相比较，看看哪些方法同实际情况更加吻合，因此作为防火管理人员应熟悉各种分析方法的内容和优点，才能在应用过程中得心应手。

在进行系统消防安全分析过程中，应该对系统的各种要素进行详细的分析。从人机系统构成要素来看，要详细地分析人的失误、机器设备的故障、物质材料的火险特性以及环境条件的不良影响等因素；从系统的流通质来看，要详细地分析影响火灾危险的物质流，热能、电能的能量流和消防安全信息流的非正常流通或异常的变化因素；从燃烧要素或造成火灾爆炸的危险性来看，要详细地分析可燃物、助燃物、着火源三大要素的产生条件和转化条件等因素。

（二）系统的消防安全评价

系统的消防安全评价就是对系统中存在的火灾爆炸危险性进行综合评价，包括对系统危险源自身危险性的评价和对危险源控制效果的评价。对系统进行消防安全评价通常可采取定性和定量的两类安全评价方法。定性的评价方法主要有安全检查评分表和安全检查评级表两种方法。定量的评价方法主要有火灾发生概率安全评价、火灾死亡率安全评价、火灾伤亡率安全评价、火灾经济损失率安全评价等。另外，美国道化学公司的化工单元装置火灾爆炸指数安全评价方法以及国内外其他类似的评价方法，可以认为是一类既定性又定量的综合性安全评价方法。

系统消防安全分析所得出的结果是消防安全评价的依据。定性分析的结果用于定性评价，定量分析的结果用于定量评价。如定性分析用安全检查表对系统进行全面检查，每一检查项目评出分数，最后由总分数评价该系统大致的消防安全状况。如定量分析用事故树分析的方法，由定量计算可预测出火灾爆炸事故的发生频率和危害程度，将此分析结果与社会上允许的安全指标相比，即可定量评价该系统的消防安全状况。

（三）系统的防火防爆安全措施

在系统防火安全分析与评价的基础上，可以对系统的各要素及其薄弱环节确定安全目标值和采取具体的防火防爆安全技术措施及管理措施，确保系统达到最佳的消防安全状态。

系统的防火防爆技术措施就是针对系统的火灾爆炸危险源采取相应的控制措施。从技术方面主要包括控制可燃物、隔绝助燃物、消除着火源、阻止火势蔓延、防爆泄压、初起火灾的控制与灭火等方面。从管理角度主要包括组建消防安全组织机构、建立健全消防安全规章制度、加强消防安全教育以及强化系统中安全信息流的正常流通等方面。

思考题

1. 系统的定义是什么，具有哪些性质？
2. 消防安全系统工程的研究内容有哪些？
3. 与传统的消防工作方法相比，消防安全系统工程方法的优点有哪些？
4. 请阐释一个“消防安全系统”实例。

第二章　消防安全系统工程基础理论

【导学】消防安全系统工程基础理论是火灾危险辨识、风险防控和消防决策的指导理论，也是开展系统安全分析方法的基础。通过本章的学习，应了解事故致因理论的发展脉络和重要理论模型，掌握火灾事故和隐患中人的失误分析方法，熟悉引发火灾爆炸事故的危险源，理解系统可靠性分析理论。

第一节　事故致因理论

阐明事故为什么会发生、是怎样发生以及如何防止事故发生的理论，称为事故致因理论，或事故发生及预防理论。事故致因理论是从大量典型事故的本质原因的分析中所提炼出的事故机理和事故模型。这些机理和模型反映了事故发生的规律性，能够为事故原因的定性、定量分析，为事故的预测预防，从理论上提供科学性的理论指导。

一、事故致因理论的发展历程

事故致因理论是一定生产力发展水平的产物。工业革命以后，不断发生安全事故，人们在与各种工业事故斗争的实践中不断总结经验，探索事故发生的原因、过程和规律，相继提出了若干具有代表性的事故致因理论和事故模型。有学者梳理事故致因理论的发展经历了三个阶段：以事故倾向性格论和海因里希因果连锁论为代表的早期事故致因理论，以能量异常转移论为主要代表的第二次世界大战后的事故致因理论，现代的系统安全理论①。

（一）“人因”理论主导阶段

在20世纪50年代以前，资本主义工业化大生产飞速发展，美国福特公司的大规模流水线生产方式得到广泛应用。这种生产方式利用机械的自动化迫使工人适应机器，包括操作要求和工作节奏，一切以机器为中心，人成为机器的附属和奴隶。与这种情况相对应，人们往往将生产中的事故原因推到操作者的头上。

1919年，由格林伍德（M. Greenwood）和伍兹（H. Woods）提出了“事故倾向性格”论，后来又由纽伯尔德（Newbold）在1926年以及法默（Farmer）在1939年分别对其进行了补充。该理论认为，从事同样的工作和在同样的工作环境下，某些人比其他人更易发生事故，这些人是事故倾向者，他们的存在会使生产中的事故增多；如果通过人的性格特

① 牛聚粉．事故致因理论综述［J］．工业安全与环保，2012，38（9）：45-48.

点区分出这部分人而不予雇佣，则可以减少工业生产的事故。这种理论把事故致因归咎于人的天性，至今仍有某些人赞成这一理论，但是后来的许多研究结果并没有证实此理论的正确性。

1936 年，美国安全工程师海因里希（W. H. Heinrich）提出了事故因果连锁理论。海因里希认为，伤害事故的发生是一连串的事件，按一定因果关系依次发生的结果。他用五块多米诺骨牌来形象地说明这种因果关系，即第一块牌倒下后会引起后面的牌连锁反应而倒下，最后一块牌即为伤害。因此，该理论也被称为“多米诺骨牌”理论。多米诺骨牌理论建立了事故致因的事件链这一重要概念，并为后来者研究事故机理提供了一种有价值的方法。

海因里希曾经调查了 75 000 起工伤事故，发现其中有 98% 的事故是可以预防的。在可预防的工伤事故中，以人的不安全行为为主要原因的占 89.8%，而以设备的、物质的不安全状态为主要原因的只占 10.2%。按照这种统计结果，绝大部分工伤事故都是由于工人的不安全行为引起的。海因里希还认为，即使有些事故是由于物的不安全状态引起的，其不安全状态的产生也是由于工人的错误所致。因此，这一理论与事故倾向性格论一样，将事件链中的原因大部分归于操作者的错误，表现出时代的局限性。

第二次世界大战爆发后，高速飞机、雷达、自动火炮等新式军事装备的出现带来了操作的复杂性和紧张度，使得人们难以适应，常常发生动作失误。于是产生了专门研究人类工作能力及其限制的学问——人机工程学，它对战后工业安全的发展也产生了深刻的影响。人机工程学的兴起标志着工业生产中人与机器关系的重大改变。以前是按机械的特性来训练操作者，让操作者满足机械的要求；现在是根据人的特性来设计机械，使机械适合人的操作。

这种在人机系统中以人为主、让机器适合人的观念，促使人们对事故原因重新进行认识。越来越多的人认为，不能把事故的发生简单地说成是操作者的性格缺陷或粗心大意，应该重视机械的、物质的危险性在事故中的作用，强调实现生产条件、机械设备的固有安全，才能切实有效地减少事故的发生。

1949 年，葛登（Gorden）利用流行病传染机理来论述事故的发生机理，提出了“用于事故的流行病学方法”理论。葛登认为，流行病病因与事故致因之间具有相似性，可以参照分析流行病因的方法分析事故。

流行病的病因有三种：①当事者（病者）的特征，如年龄、性别、心理状况、免疫能力等。②环境特征，如温度、湿度、季节、社区卫生状况、防疫措施等。③致病媒介特征，如病毒、细菌、支原体等。这三种因素的相互作用，可以导致疾病发生。与此相类似，对于事故，一要考虑人的因素，二要考虑作业环境因素，三要考虑引起事故的媒介。

这种理论比只考虑人为失误的早期事故致因理论有了较大的进步，它明确地提出事故因素间的关系特征，事故是三种因素相互作用的结果，并推动了关于这三种因素的研究和调查。但是，这种理论也有明显的不足，主要是关于致因的媒介。作为致病媒介的病毒等在任何时间和场合都是确定的，只是需要分辨并采取措施防治；而作为导致事故的媒介到底是什么，还需要识别和定义，否则该理论无太大用处。

（二）“物因”理论主导阶段

1961 年由吉布森（Gibson）提出，并在 1966 年由哈登（Hadden）引申的“能量异常转移”论，是事故致因理论发展过程中的重要一步。该理论认为，事故是一种不正常的，或不希望的能量转移，各种形式的能量构成了伤害的直接原因。因此，应该通过控制能量或者控制能量的载体来预防伤害事故，防止能量异常转移的有效措施是对能量进行屏蔽。

能量异常转移论的出现，为人们认识事故原因提供了新的视野。例如，在利用“用于事故的流行病学方法”理论进行事故原因分析时，就可以将媒介看成是促成事故的能量，即有能量转移至人体才会造成事故。

20 世纪 70 年代后，随着科学技术不断进步，生产设备、工艺及产品越来越复杂，信息论、系统论、控制论相继成熟并在各个领域获得广泛应用。对于复杂系统的安全性问题，采用以往的理论和方法已不能很好地解决，因此出现了许多新的安全理论和方法。

（三）“综合致因”理论主导阶段

在事故致因理论方面，人们结合信息论、系统论和控制论的观点、方法，提出了一些有代表性的事故理论和模型。相对来说，20 世纪 70 年代以后是事故致因理论比较活跃的时期。

20 世纪 60 年代末（1969 年）由瑟利（J. Surry）提出，20 世纪 70 年代初得到发展的瑟利模型，是以人对信息的处理过程为基础描述事故发生因果关系的一种事故模型。这种理论认为，人在信息处理过程中出现失误从而导致人的行为失误，进而引发事故。与此类似的理论还有 1970 年的海尔（Hale）模型，1972 年威格里沃思（Wigglesworth）提出的“人失误的一般模型”，1974 年劳伦斯（Lawrence）提出的“金矿山人失误模型”，以及 1978 年安德森（Anderson）等人对瑟利模型的修正等。

这些理论均从人的特性与机器性能和环境状态之间是否匹配和协调的观点出发，认为机械和环境的信息不断地通过人的感官反映到大脑，人若能正确地认识、理解、判断，做出正确决策和采取行动，就能化险为夷，避免事故和伤亡。反之，如果人未能察觉、认识所面临的危险，或判断不准确而未采取正确的行动，就会发生事故和伤亡。由于这些理论把人、机、环境作为一个整体（系统）看待，研究人、机、环境之间的相互作用、反馈和调整，从中发现事故的致因，揭示出预防事故的途径，所以也有人将它们统称为系统理论。

动态和变化的观点是近代事故致因理论的又一基础。1972 年，本尼尔（Benner）提出了在处于动态平衡的生产系统中，由于“扰动”（Perturbation）导致事故的理论，即 P 理论。此后，约翰逊（Johnson）于 1975 年发表了“变化—失误”模型，1980 年诺兰茨（W. E. Talanch）在《安全测定》一书中介绍了“变化论”模型，1981 年佐藤音信提出了“作用—变化与作用连锁”模型。

近年来，比较流行的事故致因理论是“轨迹交叉”论。该理论认为，事故的发生不外乎是人的不安全行为（或失误）和物的不安全状态（或故障）两大因素综合作用的结果，即人、物两大系列时空运动轨迹的交叉点就是事故发生的所在，预防事故的发生就是设法从时空上避免人、物运动轨迹的交叉。与轨迹交叉论类似的理论是“危险场”理论。危险场是指危险源能够对人体造成危害的时间和空间的范围。这种理论多用于研究存在诸如辐射、冲击波、毒物、粉尘、声波等危害的事故模式。

（四）事故致因理论的价值

事故致因理论的发展虽还很不完善，还没有给出对于事故调查分析和预测预防方面的普遍和有效的方法。然而，通过对事故致因理论的深入研究，仍在安全管理工作中产生了深远影响和意义。

（1）从本质上阐明事故发生的机理，奠定安全管理的理论基础，为安全管理实践指明正确的方向。

（2）有助于指导事故的调查分析，帮助查明事故原因，预防同类事故的再次发生。

（3）为系统安全分析、危险性评价和安全决策提供充分的信息和依据，增强针对性，减少盲目性。

（4）有利于认定性的物理模型向定量的数学模型发展，为事故的定量分析和预测奠定基础，真正实现安全管理的科学化。

（5）揭示了事故产生的本质和逻辑关系，为安全管理和安全教育提供理论指导。

二、海因里希事故法则

20 世纪 30 年代，美国安全工程师海因里希（W. H. Heinrich）在事故发生频率和伤害严重度的研究中，调查了 75 000 起工伤事故后发现，在 330 起类似的事故中，300 起事故没有造成伤害，29 起引起轻微伤害，1 起造成了严重伤害，即严重伤害、轻微伤害和无伤害的事故件数之比为 1 : 29 : 300，这就是海因里希事故法则，如图 2–1 所示。

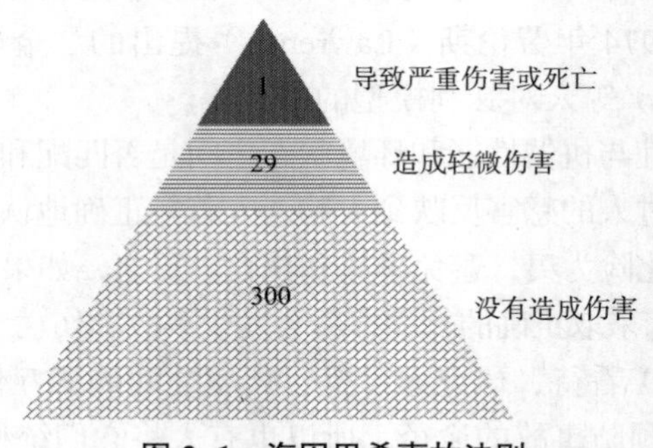

图 2–1　海因里希事故法则

（一）事故发生频度规律

1 : 29 : 300 比例说明同一种危险事件其结果可能极不相同，事故是否会造成伤害及伤害的严重程度如何具有一定的随机性。

1 : 29 : 300 比例是根据同一个人发生的同类事故的统计资料得到的结果，并以此来定性地表示事故发生频率与伤害严重程度间的一般关系。实际上，不同的人、不同种类的事故导致严重伤害、轻微伤害以及无伤害的比例是不同的。特别是不同部门、不同生产作业条件、不同的时期，发生事故造成严重伤害的可能性是不同的。表 2–1 给出了某冶金企业从 20 世纪 50 年代到 80 年代之间不同作业性质的伤亡事故死亡、重伤和轻伤人数的比例关系。

日本学者青岛贤司的调查表明，日本重型机械和材料工业的重、轻伤之比为 1 : 8，而轻工业则为 1 : 32。而同一企业中不同的生产作业，这个比例也会有所差异。

表 2-1　某冶金企业伤亡事故情况

作业性质	死　亡	重　伤	轻　伤
钢铁焦化	1	2.25	138
工业建筑	1	3.48	197
机械制造	1	4.44	408
原材料	1	6.89	430
运输	1	1.76	73
采矿	1	1.89	91

（二）事故法则的价值

海因里希事故法则反映了事故发生频率与事故后果严重度之间的一般规律，且说明事故发生后其后果的严重程度具有随机性质或者说其后果的严重度取决于机会因素。海因里希的 1∶29∶300 法则的意义不在于比例数本身，而在于揭示了一起死亡事故的出现必然具有发生死亡事故的基础，即大量的未遂事故这一基本规律。要控制和预防死亡事故的发生必须减少大量的未遂事故，对死亡事故的预防具有重要的指导意义。

未遂事故指有可能造成严重后果，但由于其偶然因素，实际上并没有造成严重后果的事件。也就是说，未遂事故的发生原因及其发生、发展过程与某个特定的会造成严重后果的事故是完全相同的，只是由于某个偶然因素，没有造成该类严重后果。

对于一些未知因素较多的系统，如采用新技术、新设备、新工艺、新材料、新产品等的系统更是如此。日本曾经掀起的“消灭 300”运动，其目的正在于此。美国有关学者也曾进行过类似的研究，他们在某企业对两组执行同样操作的员工做了一次对比试验，对其中的甲组进行正常管理，对乙组则要求及时上报未遂事故，经专家分析后采取相应措施。一年后的统计数据表明，乙组的事故率比甲组有明显的降低。

三、事故因果连锁理论

事故因果连锁理论是一种在实际工作中得到广泛应用的事故致因理论。对实际的安全工作具有重要的指导意义。

（一）海因里希事故因果连锁理论

20 世纪 30 年代，海因里希最早提出事故因果连锁理论。他用该理论阐明导致伤亡事故的各种因素之间，以及这些因素与伤害之间的关系。

1. 理论模型

海因里希提出的事故因果连锁过程包括如下五种因素：

（1）遗传及社会环境（M）。遗传及社会环境是造成人的缺点的原因。遗传因素可能使人具有鲁莽、固执、粗心等对于安全来说属于不良的性格；社会环境可能妨碍人的安全素质培养，助长不良性格的发展。这种因素是因果链上最基本的因素。

（2）人的缺点（P）。由于遗传和社会环境因素所造成的人的缺点是使人产生不安全行为或造成物的不安全状态的原因。这些缺点既包括诸如鲁莽、固执、易过激、神经质、轻率等性格上的先天缺陷，也包括诸如缺乏安全生产知识和技能等的后天不足。

（3）人的不安全行为或物的不安全状态（H）。这两者是造成事故的直接原因。海因里希认为，人的不安全行为是由于人的缺点而产生的，是造成事故的主要原因。

（4）事故（D）。事故是一种由于物体、物质或放射线等对人体发生作用，使人员受到或可能受到伤害、出乎意料、失去控制的事件。

（5）伤害（A）。即直接由事故产生的人身伤害。

上述事故因果连锁关系，可以用5块多米诺骨牌来形象地描述，具体为：人员伤亡事故（事件A）的发生是由于发生事故（事件D），事故的发生是因为人的不安全行为或物的不安全状态（事件H）；人的不安全行为或物的不安全状态是由于人的缺点和错误（事件P）；人的缺点起源于不良的环境或先天的遗传因素（事件M）。如图2–2（a）所示，如果第1块骨牌“环境或先天的遗传因素”倒下，即第一个原因出现，则发生连锁反应，第2块骨牌“人的缺点错误”、第3块骨牌“人的不安全行为或物的不安全状态”、第4块骨牌“发生事故”、第5块“伤亡事故”将相继被碰倒，即导致事故发生。

2. 核心观点

该理论的核心观点是伤亡事故的发生不是一个孤立的事件，而是一系列原因事件相继发生的结果，即伤害与各原因相互之间具有连锁关系。根据该理论，作业过程中出现的人的不安全行为或物的不安全状态，即那些曾经引起过事故，或可能引起事故的人的行为和物的状态是事故的直接原因。安全工作的中心就是防止人的不安全行为和消除物的不安全状态，中断事故连锁过程，避免事故发生。这相当于移去骨牌系列的中间一块关键的骨牌，使连锁作用被中断，事故过程被中止，如图2–2（b）所示。

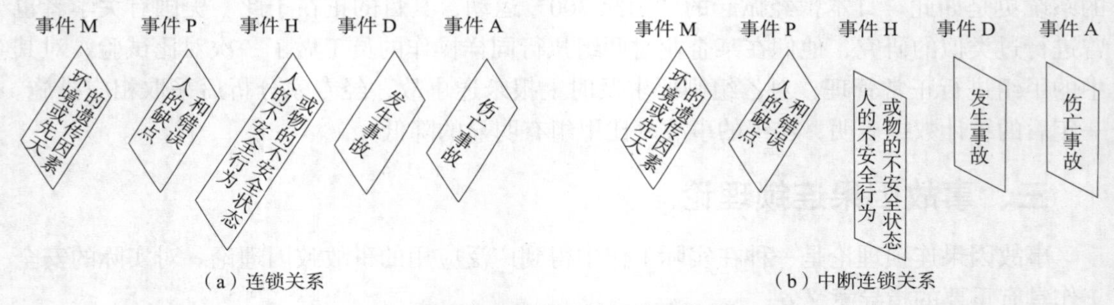

（a）连锁关系　　（b）中断连锁关系

图2–2　伤亡事故五种因素连锁关系

3. 理论贡献与局限性

海因里希的事故因果连锁理论虽然对于安全工作具有重要意义，但也有明显的不足：

（1）对事故致因连锁关系的描述过于绝对化、简单化。事实上，各个事故因素之间的连锁关系是复杂的、随机的。

（2）事件关系并非是必然因果关系。前面的牌倒下，后面的牌可能倒下，也可能不倒下。前事件发生并不是全都造成伤害，不安全行为或不安全状态也并不是必然造成事故等。

（3）把人的不安全行为和物的不安全状态的产生归咎于人的缺点和错误，过分强调先天遗传因素的作用。

尽管如此，海因里希的事故因果连锁理论促进了事故致因理论的发展，成为事故研究科学化的先导，具有重要的历史地位。之后不断有学者在海因里希的理论基础上，提出深化和调整。

（二）博德事故因果连锁理论

博德在海因里希事故因果连锁理论的基础上，提出了与现代安全观点更加吻合的事故因果连锁理论。

1. 理论模型

博德的事故因果连锁过程同样为五个因素，但每个因素的含义与海因里希的都有所不同。

（1）管理缺陷。对于大多数企业来说，由于各种原因，完全依靠工程技术措施预防事故既不经济也不现实，只能通过完善安全管理工作，经过较大的努力，才能防止事故的发生。企业管理者必须认识到，只要生产没有实现本质安全化，就有发生事故及伤害的可能性，因此，安全管理是企业管理的重要一环。安全管理系统要随着生产的发展变化而不断调整完善，十全十美的管理系统不可能存在。由于安全管理上的缺陷，致使能够造成事故的其他原因出现。

（2）个人及工作条件的原因。这方面的原因是由于管理缺陷造成的。个人原因包括缺乏安全知识或技能，行为动机不正确，生理或心理有问题等。工作条件原因包括安全操作规程不健全，设备、材料不合适，以及存在温度、湿度、粉尘、气体、噪声、照明、工作场地状况（如打滑的地面、障碍物、不可靠支撑物）等有害作业环境因素。只有找出并控制这些原因，才能有效地防止后续原因的发生，从而防止事故的发生。

（3）直接原因。人的不安全行为或物的不安全状态是事故的直接原因。这种原因是安全管理中必须重点加以追究的原因。但是，直接原因只是一种表面现象，是深层次原因的表征。在实际工作中，不能停留在这种表面现象上，而要追究其背后隐藏的管理上的缺陷原因，并采取有效的控制措施，从根本上杜绝事故的发生。

（4）事故。这里的事故被看作是人体或物体与超过其承受阈值的能量接触，或人体与妨碍正常生理活动的物质的接触。因此，防止事故就是防止接触。可以通过对装置、材料、工艺等的改进来防止能量的释放，或者提高操作者识别和回避危险的能力，佩带个人防护用具等来防止接触。

（5）损失。人员伤害及财物损坏统称为损失。人员伤害包括工伤、职业病、精神创伤等。在许多情况下，可以采取恰当的措施使事故造成的损失最大限度地减小。例如，对受伤人员进行迅速正确地抢救，对设备进行抢修以及平时对有关人员进行应急训练等。

2. 理论贡献

博德的事故因果连锁论的进步表现在提出了各要素的本质。

（1）控制不足——管理论。事故因果连锁中一个最重要的因素是安全管理。大多数企业，由于各种原因，完全依靠工程技术上的改进来预防事故是不现实的，需要完善安全管理工作，才能防止事故的发生。

（2）基本原因——起源论。为了从根本上预防事故，必须查明事故的基本原因，并针对查明的基本原因采取对策。基本原因包括个人原因及与工作有关的原因。所谓起源论，是在于找出问题的基本的、背后的原因，而不只停留在表面的现象上。

（3）直接原因——征兆。不安全行为或不安全状态是事故的直接原因，也是最重要的，必须加以追究的原因。但是，直接原因不过是同基本原因一样的深层原因的征兆，是一种表面现象。

（4）事故——接触。从实用的目的出发，往往把事故定义为最终导致人员肉体损伤、死亡和财物损失的不希望的事件。但是越来越多的安全专业人员从能量的观点把事故看作是人的身体或构筑物、设备与超过其域值的能量的接触，或人体与妨碍正常生产活动的物质的接触。

（5）伤害——损坏——损失。模型中的伤害，包括了工伤、职业病以及对人员精神方面、神经方面或全身性的不利影响。人员伤害及财物损坏统称为损失。

（三）亚当斯事故因果连锁理论

1. 理论模型

亚当斯提出了一种与博德事故因果连锁理论类似的因果连锁模型，该模型以表格的形式给出，见表 2–2。

表 2–2　亚当斯事故因果连锁模型 ①

管理体系	管理失误		现场失误	事故	损失
目标、组织、机能	领导者在下述方面决策错误或没做决策：方针政策、目标、规范、责任、职级、考核、权限授予	安全管理人员在下述方面管理失误或疏忽：行为、责任、权限范围、规则、指导、主动性、积极性、业务活动	不安全行为、不安全状态	伤亡事故、损坏事故、无伤害事故	对人、对物

2. 理论贡献

在该理论中，事故和损失因素与博德理论相似。这里把人的不安全行为和物的不安全状态称作现场失误，其目的在于提醒人们注意不安全行为和不安全状态的性质。

亚当斯理论的核心在于对现场失误的背后原因进行了深入的研究。操作者的不安全行为及生产作业中的不安全状态等现场失误，是由于企业领导和安技人员的管理失误造成的。管理人员在管理工作中的差错或疏忽，企业领导人的决策失误，对企业经营管理及安全工作具有决定性的影响。管理失误又由企业管理体系中的问题所导致，这些问题包括：如何有组织地进行管理工作，确定怎样的管理目标，如何计划、如何实施等。管理体系反映了作为决策中心的领导人的信念、目标及规范，它决定各级管理人员安排工作的轻重缓急、工作基准及指导方针等重大问题。

① 金龙哲，宋存义 . 安全科学原理［M］. 北京：化学工业出版社，2004.

（四）北川彻三事故因果连锁理论

以上几种事故因果连锁理论把考察的范围局限在企业内部。实际上，工业伤害事故发生的原因是很复杂的，一个国家或地区的政治、经济、文化、教育、科技水平等诸多社会因素，对伤害事故的发生和预防都有着重要的影响。

1. 理论模型

日本学者北川彻三正是基于这种考虑，对海因里希的理论进行了一定的修正，提出了另一种事故因果连锁理论，即北川彻三事故因果连锁理论，见表 2–3。

表 2–3　北川彻三事故因果连锁理论

基本原因	间接原因	直接原因	事故	伤害
学校教育的原因、社会的原因、历史的原因	技术的原因、教育的原因、身体的原因、精神的原因、管理的原因	不安全行为、不安全状态		

2. 理论贡献

在北川彻三事故因果连锁理论中，基本原因中的各个因素，已经超出了企业安全工作的范围。但是，充分认识这些基本原因因素，对综合利用可能的科学技术、管理手段来改善间接原因因素，达到预防伤害事故发生的目的，是十分重要的。

（五）事故统计分析因果连锁理论

1. 理论模型

事故统计分析因果连锁模型着重于统计伤亡事故的直接原因，即人的不安全行为和物的不安全状态，以及其背后的深层原因，即管理失误。

事故统计分析因果连锁理论认为，发生在生产现场的人的不安全行为或物的不安全状态作为事故的直接原因是必需加以追究的。但是，它们只是一种表面现象，是间接征兆，是根本原因管理失误的反映。鉴于这一观点，将图 2–2（a）事故因果连锁关系中的第 1 块骨牌的内容，“环境或先天的遗传因素”换为“管理失误”，第 2 块骨牌的内容“人的缺点和错误”换成“工作条件和个人原因”后，便形成了现代事故因果连锁理论的骨牌排序关系，如图 2–3 所示。我国基于事故统计分析因果连锁模型制定了《企业职工伤亡事故分类》GB 6441—86。

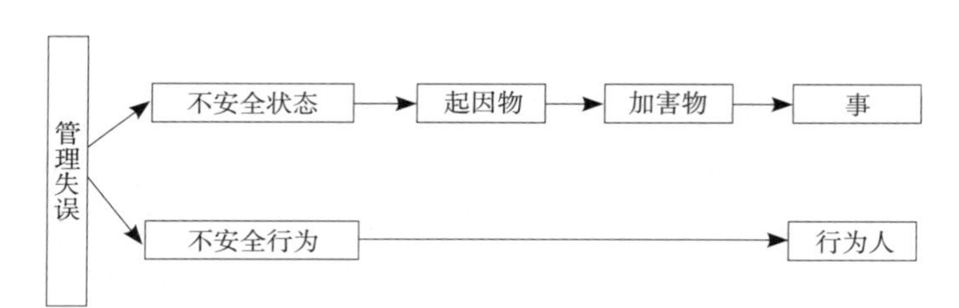

图 2–3　事故统计分析因果连锁模型

2. 核心观点

在事故统计分析因果连锁理论中，不安全行为或不安全状态的发生是由于个人原因以及工作条件方面原因造成的，只有找出这些间接原因，采取措施克服它们才能防止不安全行为或不安全状态的出现，才能有效地防止事故的发生。

（1）管理失误是现代事故因果连锁理论中最重要的原因。通常安全管理应是单位管理的一部分。在计划、组织、指导、协调和控制等管理机能中，控制是安全管理的核心。它从对间接原因的控制入手，通过对人的不安全行为和物的不安全状态的控制，达到防止事故发生的目的。所谓管理失误，主要是指在控制机能方面的欠缺，使得能够导致事故的个人原因和工作条件方面的原因得以存在。按现代事故因果连锁理论，加强企业安全管理是防止伤亡事故的重要途径。

（2）不安全行为和物的不安全状态具有相关性。人们认为大多数事故的发生都是由于人的不安全行为造成的，把事故的发生归咎于工人的"不注意"。现在，人们逐渐认识到，大多数事故的发生除了存在有人的不安全行为之外，一定还存在有某种物的不安全状态。也就是说，事故的发生是由于人的不安全行为和物的不安全状态共同作用的结果，而许多情况下，人的不安全行为和物的不安全状态又互为因果。有时物的不安全状态诱发了人的不安全行为；有时人的不安全行为导致了物的不安全状态的出现。

（六）多原因因果连锁理论

1. 理论内容

多原因理论（Multiple causation theory）是多米诺理论的发展，该理论推定对于一个单一的事故可能存在多个促成因素、原因和次原因，这些因素的某种组合导致事故。促成因素可分成下面两个类别：

（1）行为的（Behavioral）。这一类别包括属于劳动者的因素，如不正确的态度、缺乏知识、缺乏技能，以及生理和心理上的不良状态。

（2）环境的（Environmental）。这一类别包括对其他有危险的工作要素的不适当保护、由于使用导致设备性能下降，以及不安全的程序等。

2. 理论贡献

该理论的主要贡献在于指出了一起事故往往不是由于单一的原因或行为导致的。该理论有助于各种事故的调查、分析和预防。从以往大量的事故报告的分析可知，绝大多数的事故既存在行为要素，又存在环境要素。然而该理论未对行为要素和环境要素的背后原因做深入的分析，因而对于事故的预防缺少理论的指导。

（七）综合论事故致因理论

1. 理论模型

综合论事故致因模型如图 2-4 所示，事故的发生有其深刻而广泛的原因，包括直接原因、间接原因和基础原因。事故是社会因素、管理因素和生产中的危险因素被偶然事件触发所造成的结果，事故的直接原因是指不安全状态和不安全行为。这些物质、环境和人的原因构成了生产中的危害因素。事故的间接原因是指管理缺陷、管理责任等因素。造成间接原因的因素称为基础原因，包括政治、经济、文化、教育、法律等。

根据综合论事故模型，事故的产生过程可以表述为由基础原因的“社会因素”产生“管理因素”，进一步产生“生产中的危害因素”，通过人与物的偶然因素触发而发生伤亡和损失。

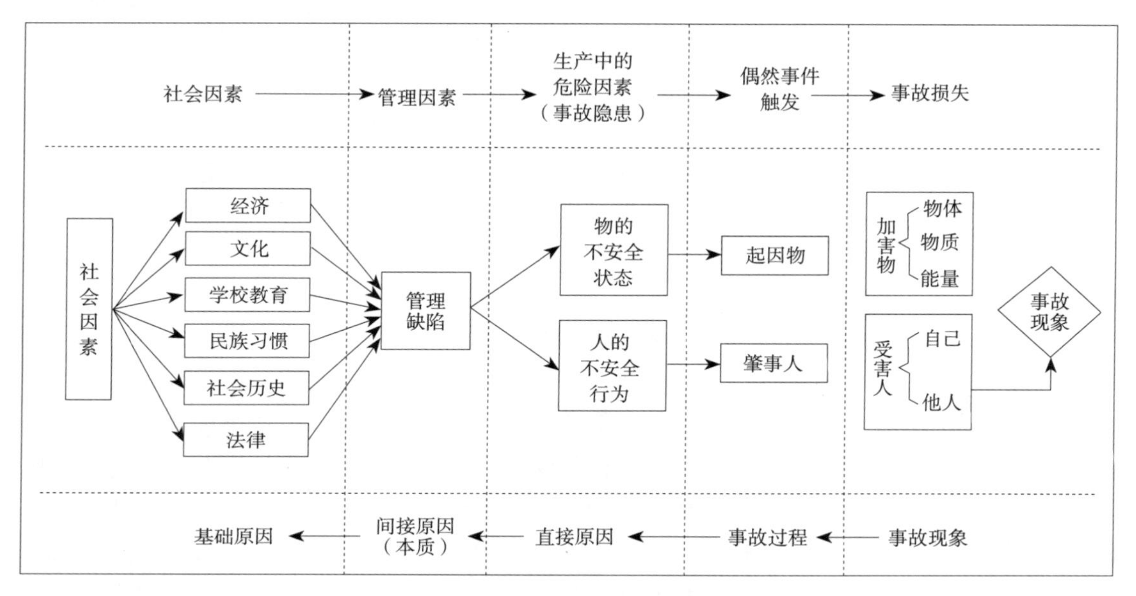

图 2-4　综合论事故致因模型

2. 理论贡献

综合论事故致因模型从事故引发的“综合原因”出发，避免了事故分析时“单一因素”的局限性，基本上涵盖了事故的各方面原因，在事故调查中表现出一定的优势。

但综合论事故致因模型未能涵盖事故的全部影响因素，特别是事故引发者的心理、生理缺陷等，在模型中并未体现，而且未指明“管理缺陷”具体是什么。因此，实际应用过程中，综合论事故致因模型并非“绝对综合”，仍然有一定的局限性①。

（八）事故致因 2-4 理论

1. 理论模型

事故致因 2-4 模型（2-4Model）是中国矿业大学（北京）安全管理研究中心等在以往事故致因模型基础上经十余年研究形成的。2-4 模型是在上述基础上形成的一个现代事故致因模型，它将事故的原因分为事故发生组织的内部和外部原因。其中，组织内部原因又分为组织行为和个人行为两个层面，组织行为可以分为安全文化（根源原因）、安全管理体系（根本原因）两个阶段，个人行为可以分为习惯性行为（间接原因）、一次性行为与物态（直接原因）两个阶段，共四个阶段，这四个阶段链接起来即构成了一个行为事故致因模型，如图 2-5 所示为第四版 2-4 模型②。

① 王秀明，刘希扬，李亚．中国职业安全健康协会 2016 年学术年会集［R］．珠海，2016（10）.

② 傅贵．安全学科结构的研究［M］．北京：安全科学出版社，2015.

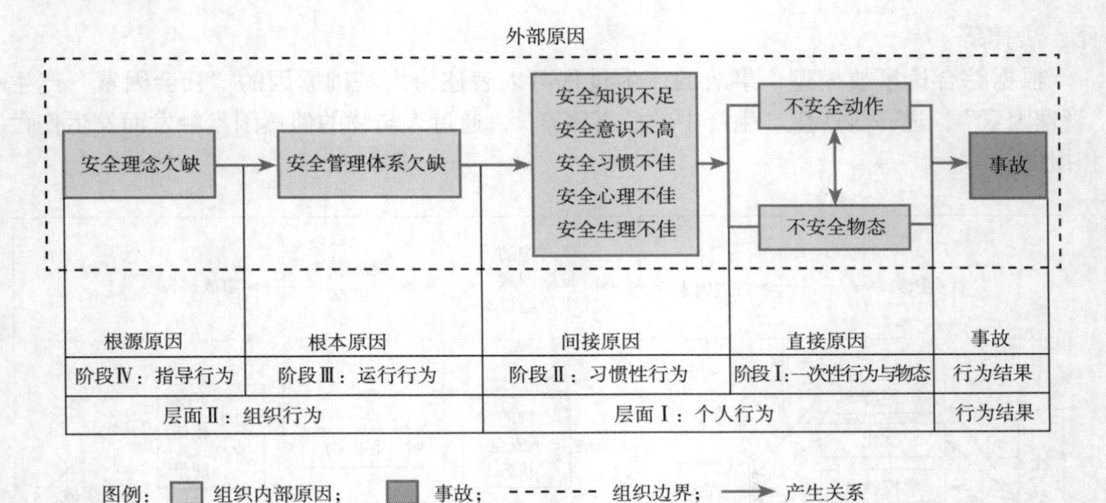

图 2–5　事故致因 2–4 模型

2. 理论贡献

2–4 模型把事故发生在其内的组织看作是系统，它也完全是一个社会技术系，将安全文化和安全管理体系这些组织整体行为看作是联系行为、组织、技术的媒介，事实上反映了它们的相互作用关系。安全原理或者安全文化指导管理体系的形成与完善，管理体系中的技术程序反映了技术内容，操作程序反映了行为规则，组织结构反映了行为主体，其相互作用关系是十分紧密的。这和以往有些事故致因模型中的组织因素、个人能力或行为间的含混作用关系应该说是完全不同的。

2–4 模型中对各个模块的内容都进行了明确的定义，把事故原因区分得比较清楚。

（1）将导致事故的组织内部、外部的原因分开。从对事故的影响程度来看，组织内的因素始终与事故的发生具有密切关系，对事故的发生具有本质作用。组织外的因素对事故的发生具有一般关系，作用机理主要是通过影响组织内部原因而引发事故，所以影响力有限。这说明要预防事故，首先要进行组织内部因素的控制，而不能依靠外部因素，也就是说预防事故的主体是组织自身。

（2）将组织原因、个人原因分开，清晰地定义了组织行为层面和个人行为层面的事故原因内容，组织原因为导致事故发生的根源及根本原因，个人原因是间接和直接原因，这说明组织因素对于事故引发者个人具有影响和控制作用，符合“个人行为决定于组织行为”的组织行为学原理。

（3）2–4 模型将组织层面因素中的组织文化和组织管理体系分开，将个人层面中的习惯性行为和一次性行为分开，将心理、生理因素与行为原因分开，将造成事故的动作、物态原因分开。

（4）以上各层次原因的区分，使事故原因分析变得容易，即提高了将事故原因向模型对接（事故分析）或从模型触发寻求事故原因（事故预防）的可操作性。此外，2–4 模型具有行业通用性，可以用于所有行业的质量、安全、健康、安保、环境（QHSSE）各类事故的原因分析与预防。

2–4 模型在应用过程中也存在一些困难，模型虽然已经将心理、生理因素做了区分，但暂未给出两者的原因分类与识别方法；根据 2–4 模型不安全动作可能是组织内各个层级人员发出的，只要是个人发出的，无论处于哪种层级，都是个人行为，但难点在于如何明确区分组织行为和管理者（特别是高层领导）的不安全动作。

3. 理论应用

事故致因 2–4 模型既是用于事故原因分析的模型，也是用于事故预防对策设计的事故预防模型，在安全学科的学科分支划分，实验室规划与建设、安全领域人才培养方案设计、安全管理组织结构设计、安全培训等事故预防实务运行中都可应用，可作为安全管理实践的理论依据。事实上，除了在安全科学中的应用以外，2–4 模型也是一个通用管理模型，可用于组织和个人管理任何事物。

四、能量意外释放理论

生产、生活中经常遇到各种形式的能量，如机械能、热能、电能、化学能、电离及非电离辐射、声能、生物能等，在生产过程中能量是必不可少的，人类利用能量做功以实现生产目的。能量意外释放理论认为，事故的发生是由于失去控制或意外释放的过量能量引起的。因此，人类为了利用能量做功，必须控制能量，在正常生产过程中，使能量在各种约束和限制下，按照人们的意志流动、转换和做功。为了有效地采取安全技术措施控制危险的能量，人们对事故发生的物理本质进行了深入的探讨。

（一）理论内容

1. 理论代表观点

吉布森（Gibson）、哈登（Harden）等人从能量的观点出发指出，人受伤害的原因只能是某种能量向人体的转移，而事故则是一种能量的异常或意外的释放。事故是如果由于某种原因能量失去了控制，发生了异常或意外的释放引起的。伤害是意外释放的能量转移到人体，并且其能量超过了人体的承受能力而产生的。

麦克法兰特（Mc Farland）认为，所有的伤害事故或损坏事故都是因为：接触了超过机体组织（或结构）抵抗力的某种形式的过量的能量；人体机体与周围环境的正常能量交换受到了干扰，如窒息、淹溺等。因而，各种形式的能量构成伤害的直接原因。

2. 理论内容

（1）能量引起的人员伤害的必要条件。第一类伤害是由于转移到人体的能量超过了局部或全身性损伤阈值而产生的。人体各部分对每一种能量的作用都有一定的抵抗能力，即有一定的伤害阈值。当人体某部位与某种能量接触时，能否受到伤害及伤害的严重程度如何，主要取决于作用于人体的能量大小。作用于人体的能量超过伤害阈值越多，造成伤害的可能性越大。例如，球形弹丸以 4.9N 的冲击力打击人体时，最多轻微地擦伤皮肤，而重物以 68.9N 的冲击力打击人的头部时，会造成头骨骨折。

第二类伤害则是由于影响局部或全身性能量交换引起的。例如，因物理因素或化学因素引起的窒息（如溺水、一氧化碳中毒等），因体温调节障碍引起的生理损害、局部组织损坏或死亡（如冻伤、冻死等）。

（2）能量引起的人员伤害的充分条件。在一定条件下，某种形式的能量能否产生人员伤害，除了与能量大小有关以外，还与人体接触能量的时间和频率、能量的集中程度、身体接触能量的部位等有关。

3. 理论解释

能量的种类有很多，如动能、势能、电能、热能、化学能、原子能、辐射能、声能和生物能等。人受到伤害都可以归结为上述一种或若干种能量的异常或意外转移。

（1）意外释放的机械能。意外释放的机械能是导致事故时人员伤害或财物损坏的主要类型的能量。机械能包括势能和动能。处于高处的人体、物体、岩体或结构的一部分具有较高的势能，当人体具有的势能意外释放时，可能发生坠落或跌落事故，物体具有的势能意外释放时，可能发生物体打击事故；岩体或结构的一部分具有的势能意外释放时，可能发生冒顶、坍塌等事故。运动着的物体都具有动能，如各种运动中的车辆、设备或机械的运动部件，被抛掷的物料等具有较大的动能。意外释放的动能作用于人体或物体，则可能发生车辆伤害、机械伤害、物体打击等事故，或财物损坏事故。

（2）意外释放的电能。意外释放的电能会造成各种电气事故。意外释放的电能可能使电器设备的金属外壳等导体带电而发生所谓的“漏电”现象，当人员与带电体接触时会遭受电击，火花放电会引燃易燃易爆物质而发生火灾、爆炸事故，强烈的电弧可能灼伤人体等。

（3）意外释放的热能。意外释放的热能可能灼烫人体，损坏财物，引起火灾。火灾是热能意外释放造成的最典型的事故。应该注意，在利用机械能、电能、化学能等其他形式能量时可能产生热能。火灾中化学能转变为热能，爆炸中化学能转变为机械能和热能。

（二）理论应用

用能量转移的观点分析事故致因的基本方法是：首先确认某个系统内的所有能量源；然后确定可能遭受该能量伤害的人员，伤害的严重程度；进而确定控制该类能量异常或意外转移的方法。

从能量意外释放理论出发，预防事故就是控制、约束能量或危险物质，防止能量或危险物质的意外释放；防止伤害或损坏，就是防止人体和财物与意外释放能量或危险物质进行接触或接触过量。在工业生产中，经常采用的防止能量意外释放的措施有以下几种：

（1）用较安全的能源替代危险大的能源。例如，用水力采煤代替爆破采煤、用液压动力代替电力等。

（2）限制能量。例如，利用安全电压设备、降低设备的运转速度、限制露天爆破装药量等。

（3）防止能量蓄积。例如，通过良好接地消除静电蓄积、采用通风系统控制易燃易爆气体的浓度等。

（4）降低能量释放速度。例如，采用减振装置吸收冲击能量、使用防坠落安全网等。

（5）开辟能量异常释放的渠道。例如，给电器安装良好的地线、在压力容器上设置安全阀等。

（6）设置屏障。屏障是一些防止人体与能量接触的物体。屏障有三种形式：一是被设置在能源上的屏障，如机械运动部件的防护罩、电器的外绝缘层、消声器、排风罩等。二是设置在人与能源之间的屏障，如安全围栏、防火门、防爆墙等。三是由人员佩戴的屏障，即个人防护用品，如安全帽、手套、防护服、口罩等。

（7）从时间和空间上将人与能量隔离。例如，道路交通的信号灯、冲压设备的防护装置等。

（8）设置警告信息。在很多情况下，能量作用于人体之前，并不能被人直接感知到，因此使用各种警告信息是十分必要的，如各种警告标志、声光报警器等。

（三）理论优缺点

1. 优点

能量意外释放理论与其他事故致因理论相比，具有两个主要优点：一是把各种能量对人体的伤害归结为伤亡事故的直接原因，从而决定了以对能量源及能量传送装置加以控制作为防止或减少伤害发生的最佳手段这一原则。二是依照该理论建立的对伤亡事故的统计分类，是一种可以全面概括、阐明伤亡事故类型和性质的统计分类方法。

2. 缺点

能量意外释放理论的不足之处是由于意外转移各种能量，如动能和势能是造成工业伤害的主要能量形式，这就使得按能量转移观点对伤亡事故进行统计分类的方法尽管具有理论上的优越性，然而在实际应用上却存在困难。它的实际应用尚有待于对各类能量的分类做更加深入细致的研究，以便对能量造成的伤害进行分类。

五、基于人体信息处理的人失误事故理论

基于人体信息处理的人失误事故理论的基本的观点是人失误会导致事故，而人失误的发生是由于人对外界刺激（信息）的反应失误造成的。

（一）威格里斯沃思模型

威格里斯沃思在 1972 年提出，人失误构成了所有类型事故的基础。他把人失误定义为“（人）错误地或不适当地响应一个外界刺激”。他认为：在生产操作过程中，各种各样的信息不断地作用于操作者的感官，给操作者以“刺激”。若操作者能对刺激做出正确的响应，事故就不会发生。反之，如果错误或不恰当地响应了一个刺激（人失误），就有可能出现危险。危险是否会带来伤害事故，则取决于一些随机因素。

威格里斯沃思的事故模型可以用图 2–6 中的流程关系来表示。该模型绘出了人失误导致事故的一般模型。

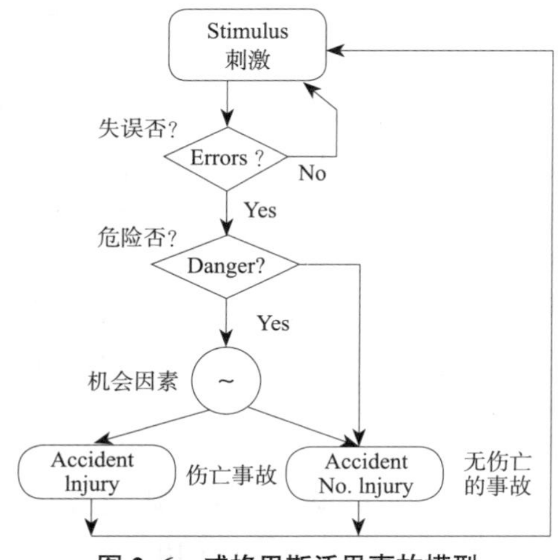

图 2–6　威格里斯沃思事故模型

（二）瑟利模型

瑟利模型是在 1969 年由美国人瑟利（J. Surry）以沙切曼（Suchman）的流行病学模型为基础提出的，是一个典型的根据人的认知及处理过程分析事故致因的理论。

1. 理论模型

该模型把伤亡事故发生发展过程分为危险构成（危险出现）和危险释放（显现危险或紧急时期）两个阶段，这两个阶段各自包括一组人的信息处理过程，即感觉、认识及行为

响应，如图 2–7 所示。信息处理过程中每个环节的失误都促使事故过程的进一步发展：在危险出现阶段，如果人的信息处理的每个环节都正确，危险就能被消除或得到控制，反之，就会使危险逐步迫近；危险释放阶段，如果人的信息处理过程的各个环节都是正确的，则虽然面临着已经显现出来的危险，但仍然可以避免危险释放出来，不会带来伤害或损害，反之，危险就会转化成伤害或损害。

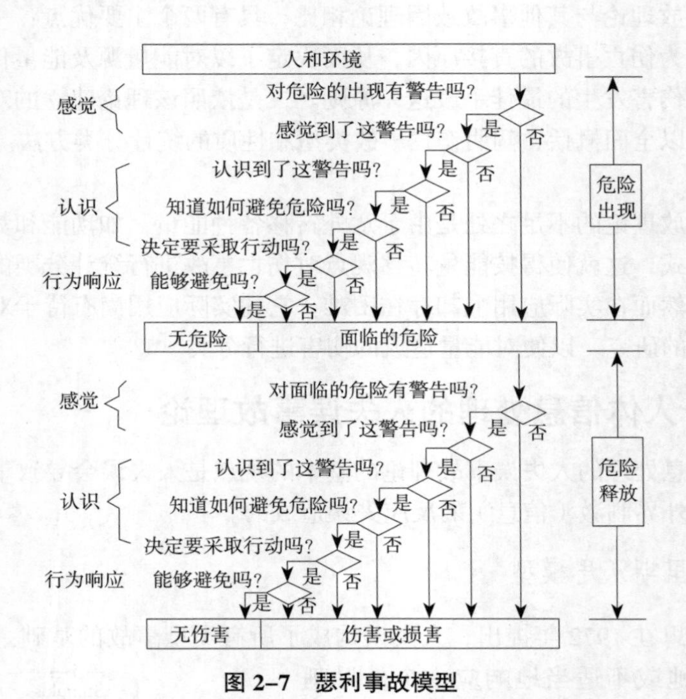

图 2–7　瑟利事故模型

由图 2–7 可以看出，两个阶段具有相类似的信息处理过程，每个过程均可被分解成 6 个方面的问题。由图 2–7 可以看出，两个阶段具有相类似的信息处理过程，即 3 个部分，6 个问题。问题是分别对这 3 个部分的进一步阐述，前两个问题都是与人对信息的感觉有关的，第 3 ~ 5 个问题与人对信息的认知有关，最后一个问题与人的行为响应有关。这 6 个问题涵盖了人的信息处理全过程，并且反映了事故发展的每个阶段中都有很多由于信息处理失误而导致事故的机会，只有在每个阶段的信息处理上的每个环节均不失误，才能防止事故发生。

2. 理论解释

下面以危险出现阶段为例，分别介绍这 6 个问题的含义。

第一个问题：对危险的出现有警告吗？这里警告的意思是指工作环境中是否存在安全运行状态和危险状态之间可被感觉到的差异。如果危险没有带来可被感知的差异，则会使人直接面临该危险。在生产实际中，危险即使存在，也并不一定直接显现出来。这一问题给我们的启示，就是要让不明显的危险状态充分显示出来，这往往要采用一定的技术手段和方法来实现。

第二个问题：感觉到了这警告吗？这个问题有两个方面的含义：一是人的感觉能力如何，如果人的感觉能力差，或者注意力在别处，那么即使有足够明显的警告信号，也可能未被察觉；二是环境对警告信号的“干扰”如何，如果干扰严重，则可能妨碍对危险信息的察觉和接受。根据这个问题得到的启示是：感觉能力存在个体差异，提高感觉能力要依靠经验和训练，同时训练也可以提高操作者抗干扰的能力；在干扰严重的场合，要采用能避开干扰的警告方式（如在噪声大的场所使用光信号或与噪声频率差别较大的声信号）或加大警告信号的强度。

第三个问题：认识到了这警告吗？这个问题问的是操作者在感觉到警告之后，是否理解了警告所包含的意义，即操作者将警告信息与自己头脑中已有的知识进行对比，从而识别出危险的存在。

第四个问题：知道如何避免危险吗？问的是操作者是否具备避免危险的行为响应的知识和技能。为了使这种知识和技能变得完善和系统，从而更有利于采取正确的行动，操作者应该接受相应的训练。

第五个问题：决定要采取行动吗？表面上看，这个问题毋庸置疑，既然有危险，当然要采取行动。但在实际情况下，人们的行动是受各种动机中的主导动机驱使的，采取行动回避风险的“避险”动机往往与“趋利”动机（如省时、省力、多挣钱、享乐等）交织在一起。当趋利动机成为主导动机时，尽管认识到危险的存在，并且也知道如何避免危险，但操作者仍然会“心存侥幸”而不采取避险行动。

第六个问题：能够避免危险吗？问的是操作者在做出采取行动的决定后，是否能迅速、敏捷、正确地做出行动上的反应。

上述 6 个问题中，前两个问题都是与人对信息的感觉有关的，第 3 ～ 5 个问题是与人的认识有关的，最后一个问题是与人的行为响应有关的。这 6 个问题涵盖了人的信息处理全过程并且反映了在此过程中有很多发生失误进而导致事故的机会。

3. 理论价值

（1）从信息处理角度分析事故原因。该理论指出事故发生原因是信息处理失误造成的。在危险出现阶段，如果人的信息处理的每个环节都正确，危险就能被消除或得到控制；反之，只要任何一个环节出现问题，就会使操作者直接面临危险。在危险释放阶段，如果人的信息处理过程的各个环节都是正确的，则虽然面临着已经显现出来的危险，但仍然可以避免释放的危险带来伤害或损害；反之，只要任何一个环节出错，危险就会转化为伤害或损害。

（2）提出事故预防的新思路。事故的预防措施就是要采取措施增加人员处理信息的及时性和准确性。

① 采用技术手段使危险状态充分显现出来，使操作者感觉到危险的出现或释放；提高人感觉危险信号的敏感性，也应采用相应的技术手段帮助操作者正确地感觉危险状态信息。

② 通过培训和教育的手段，使操作者在感觉到警告后，准确理解其含义，并知道应采取何种措施避免危险发生或控制其后果；做出正确的决策。

③ 采用物质手段，为人员响应提供有足够的时间和条件做出响应。

4. 理论应用

瑟利模型适用于描述危险局面出现得较慢，如不及时改正则有可能发生事故的情况。对于描述发展迅速的事故，也有一定的参考价值。下面应用瑟利模型分析火灾中人员伤亡事故成因及动态发展过程分析。

根据火灾发生发展过程和人们防范火灾以及火场人员的应对过程的特点，对瑟利模型进行调整，构建火灾事故瑟利模型，如图 2-8① 所示。人员在火灾事故形成及造成人员伤亡发展过程中的信息反应失误主要集中在某些环节：在火灾危险构成阶段，潜在的危险因素通常不会直接显现出来，而往往以隐患的形式存在，实际中恰恰缺少部分致命隐患和危险的警告，使人直接面临危险；即使设置了某些警告，或是由于警告信息不明确、不明显而不能引起足够重视或注意，或是由于人们的安全意识及认知程度限制了对警告含义的充分理解，或是趋利动机致使人们不愿采取避险行动。在危险释放阶段，很多人们由于缺乏消防知识和相应技能训练，不知如何避免火灾危险，即使决定采取行动却很少做出正确、迅速的响应或由于火势迅猛而缺少足够的响应时间。

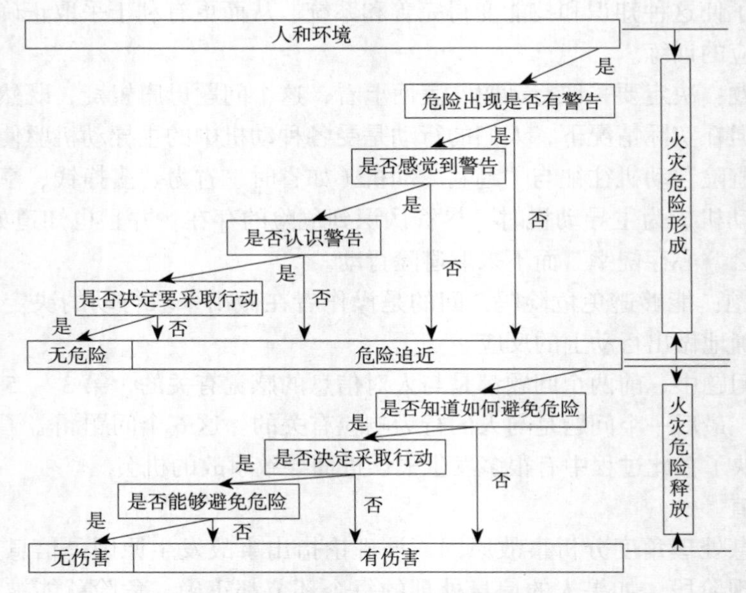

图 2-8 火灾事故瑟利模型

图 2-8 所示的阶段或环节为造成火灾中人员伤亡的关键环节，特别是针对火灾危险释放阶段，可以看出避免火灾中人员伤亡有三个关键环节，即火灾发生后是否知道采取哪些避险行动，是否决定立即采取行动，所采取的行动能否避免受到伤害。以上的火灾案例分析表明，在火灾中原本可以避免遇难的人员或多或少在以上三个环节判断失误，做出了否的决定，从而导致悲剧发生。这也就是说，要使公众能够正确地应对火灾，尽量避免人身伤亡，应从以上关键环节提出对策或解决方案，而且这些对策或方案应是连贯的，并且具体对策应充分考虑所处环境的限制，而不能是片面或非相关的。否则，由于遗漏或脱节可能就会导致“否”的结果出现，即造成伤亡。

（三）劳伦斯模型

1. 理论模型

劳伦斯在威格里斯沃思和瑟利等人的人失误模型的基础上，通过对南非金矿中发生的

① 韩海云 . 瑟利模型在群死群伤火灾事故防控中的应用研究［J］. 东北大学学报，2010（12）.

事故的研究，于 1974 年提出了针对金矿企业以人失误为主因的事故模型，如图 2–9 所示，该模型对一般矿山企业和其他企业中比较复杂的事故情况也普遍适用。

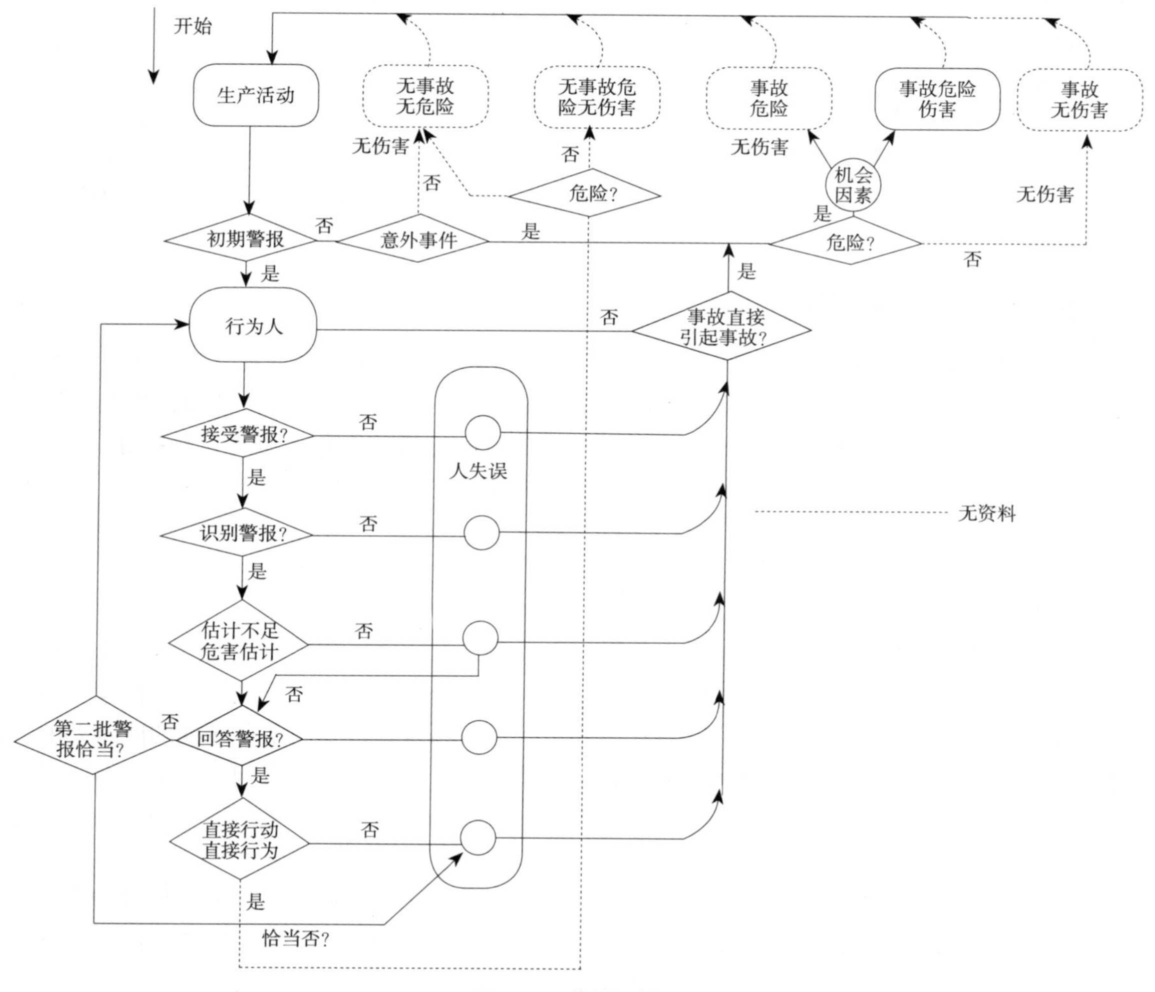

图 2–9　劳伦斯模型

在生产过程中，当危险出现时，往往会产生某种形式的信息，向人们发出警告，如突然出现或不断扩大的裂缝、异常的声响、刺激性的烟气等。这种警告信息叫作初期警告。初期警告还包括各种安全监测设施发出的报警信号。如果没有初期警告就发生了事故，则往往是由于缺乏有效的监测手段，或者是管理人员事先没有提醒人们存在着危险因素，行为人在不知道危险存在的情况下发生的事故，属于管理失误造成的。

2. 理论价值

该模型指出“警告”重要的作用。在发出了初期警告的情况下，行为人在接受、识别警告，或对警告做出反应等方面的失误都可能导致事故。当行为人发生对危险估计不足的失误时，如果他还是采取了相应的行动，则仍然有可能避免事故。反之，如果他麻痹大意，既对危险估计不足，又不采取行动，则会导致事故的发生。行为人如果是管理人员或指挥人员，则低估危险的后果将更加严重。

矿山生产作业往往是多人作业、连续作业。行为人在接受了初期警告、识别了警告并正确地估计了危险性之后，除了自己采取恰当的行动避免伤害事故外，还应该向其他人员发出警告，提醒他们采取防止事故的措施。这种警告叫作二次警告。其他人接到二次警告后，也应该按照正确的系列对警告加以响应。

3. 理论应用

劳伦斯模型适用于类似矿山生产的多人作业生产方式。在这种生产方式下，危险主要来自自然环境，而人的控制能力相对有限，在许多情况下，人们唯一的对策是迅速撤离危险区域。因此，为了避免发生伤害事故，人们必须及时发现、正确评估危险，并采取恰当的行动。

六、动态变化理论

世界是在不断运动、变化着的，工业生产过程也在不断变化之中。针对客观世界的变化，我们的安全工作也要随之改进，以适应变化了的情况。如果管理者不能或没有及时地适应变化，则将发生管理失误；操作者不能或没有及时地适应变化，则将发生操作失误。外界条件的变化也会导致机械、设备等的故障，进而导致事故的发生。

（一）扰动起源事故理论模型

1. 理论模型

本尼尔认为，事故过程包含着一组相继发生的事件。这里，事件是指生产活动中某种发生了的事情，如一次瞬间或重大的情况变化，一次已经被避免的或导致另一事件发生的偶然事件等。因而，可以将生产活动看作是一个自觉或不自觉地指向某种预期的或意外的结果的事件链，它包含生产系统元素间的相互作用和变化着的外界的影响。由事件链组成的正常生产活动，是在一种自动调节的动态平衡中进行的，在事件的稳定运行中向预期的结果发展。

生产系统的外界影响是经常变化的，可能偏离正常或预期的情况。外界影响的变化称为“扰动”（Perturbation）。扰动将作用于行为者。产生扰动的事件称为起源事件。事件的发生必然是某人或某物引起的，如果把引起事件的人或物称为“行为者”，其动作或运动称为“行为”，则可以用行为者及其行为来描述一个事件。在生产活动中，如果行为者的行为得当，则可以维持事件过程稳定地进行；否则，可能中断生产，甚至造成伤害事故。因此，可以将事故看作由事件链中的扰动开始，以伤害或损害为结束的过程。这种事故理论也叫作“P 理论”，图 2–10 为这种理论模型示意图。

2. 理论价值

该理论指出了“客观条件变化”因素对事故发生的作用。当行为者能够适应不超过其承受能力的扰动时，生产活动可以维持动态平衡而不发生事故。如果其中的一个行为者不能适应这种扰动，则自动平衡过程被破坏，开始一个新的事件过程，即事故过程。该事件过程可能使某一行为者承受不了过量的能量而发生伤害或损害，这些伤害或损害事件可能依次引起其他变化或能量释放，作用于下一个行为者并使其承受过量的能量，发生连续的伤害或损害。当然，如果行为者能够承受冲击而不发生伤害或损害，则事件过程将继续进行。

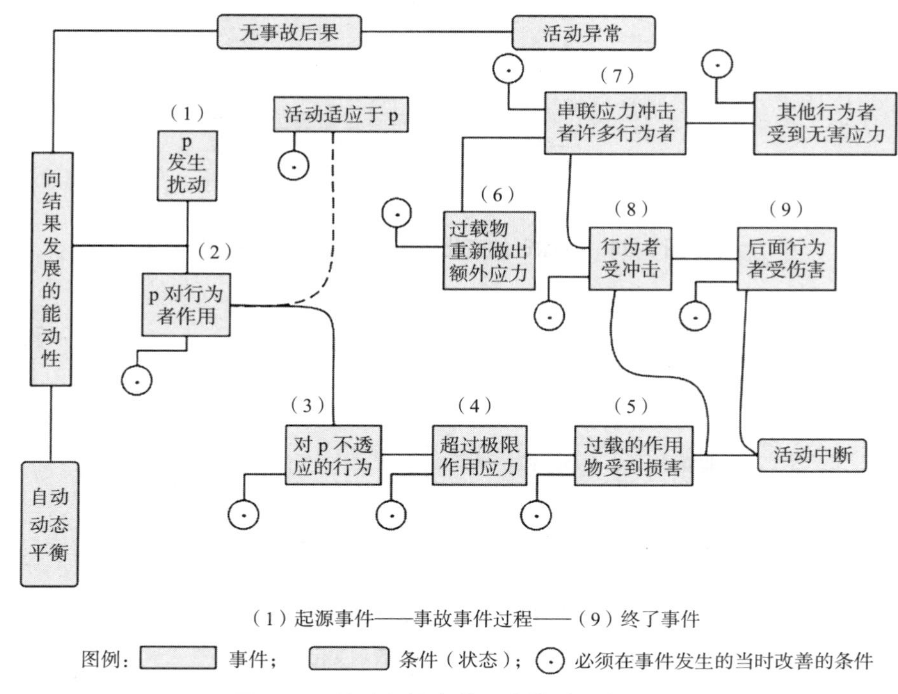

图 2–10　扰动起源事故理论模型示意图

（二）变化—失误理论

1. 理论模型

变化—失误理论是由约翰逊在对管理疏忽与危险树（Management Oversight and Risk Tree，MORT）的研究中提出并贯彻其理论之中的。其主要观点是运行系统中与能量和失误相对应的变化是事故发生的根本原因。没有变化就没有事故。事故是由意外的能量释放引起的，这种能量释放的发生是由于管理者或操作者没有适应生产过程中物的或人的因素的变化，产生了计划错误或人为失误，从而导致不安全行为或不安全状态，破坏了对能量的屏蔽或控制，即发生了事故，由事故造成生产过程中人员伤亡或财产损失。

因此，对变化的敏感程度是衡量专业安全人员的安全管理水平的重要标志。需要在安全系统运行过程中，人们能感觉到变化的存在，也能采用一些基本的反馈方法去探测那些有可能引起事故的变化。

当然并非所有的变化均能导致事故。在众多的变化中，只有极少数的变化会引起人的失误，而众多的变化引起的人的失误中，又只有极少数的一部分失误会导致事故的发生。而另一方面，并非所有主观上有着良好动机而人为造成的变化都会产生较好的效果。如果不断地调整管理体制和机构，使人难以适应新的变化进而产生失误，必将会事与愿违，事倍功半，甚至造成重大损失，其模型如图 2–11 所示。

约翰逊认为，事故的发生一般是多重原因造成的，包含着一系列的变化—失误连锁。从管理层次上看，有企业领导的失误、计划人员的失误、监督者的失误及操作者的失误等，该连锁的模型如图 2–12 所示。失误包括有意识和无意识的失误，可能是疏忽、遗忘，甚至是错误反应，其关系如图 2–13 所示。

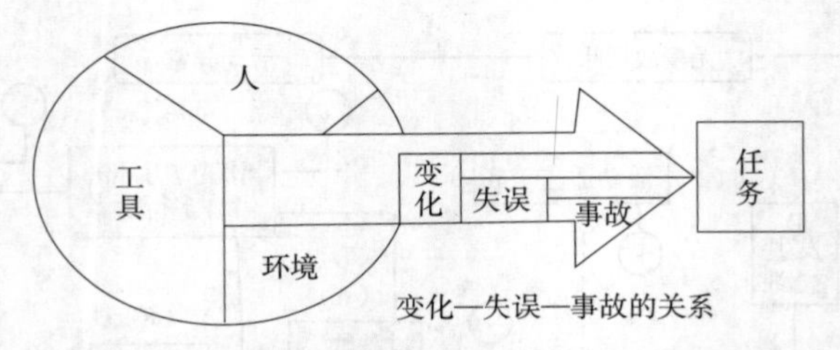

图 2–11　约翰逊的变化—失误理论模型示意图

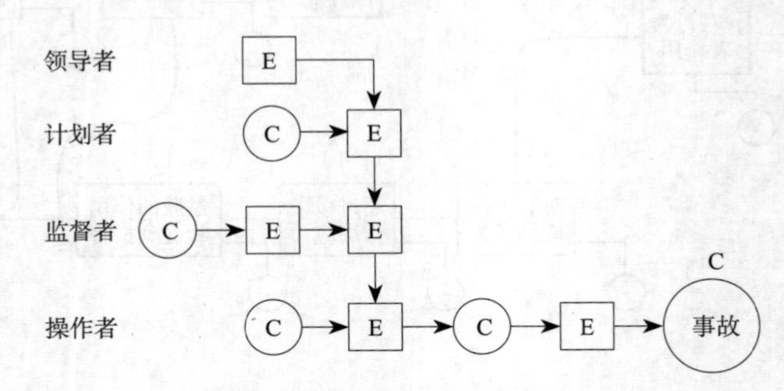

图 2–12　变化—失误连锁模型

注：E 表示失误，C 表示变化。

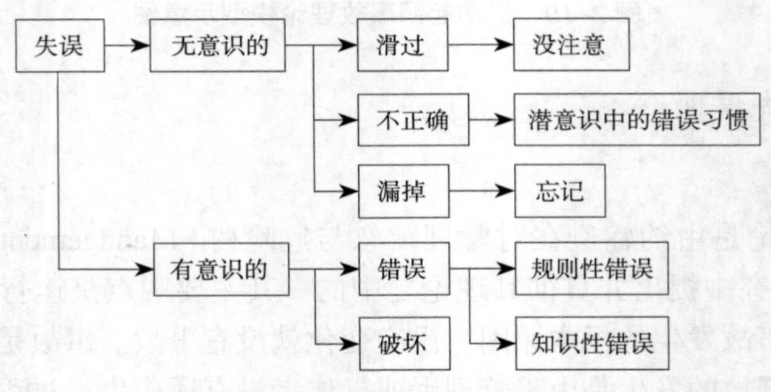

图 2–13　失误表现关系图

2. 理论应用

按照变化的观点，变化可引起人失误和物的故障，因此，变化被看作是一种潜在的事故致因，应该被尽早地发现并采取相应的措施。作为安全管理人员，应该对下述的一些变化给予足够的重视：

（1）企业外部社会环境的变化。企业外部社会环境，特别是国家政治或经济方针、政策的变化，对企业的经营理念、管理体制及员工心理等有较大影响，必然也会对安全管理造成影响。

（2）企业内部的宏观变化和微观变化。宏观变化是指企业总体上的变化，如领导人的变更，经营目标的调整，职工大范围的调整、录用，生产计划的较大改变等。微观变化是指一些具体事物的改变，如供应商的变化，机器设备的工艺调整、维护等。

（3）计划内与计划外的变化。对于有计划进行的变化，应事先进行安全分析并采取安全措施；对于不是计划内的变化，一是要及时发现变化，二是要根据发现的变化采取正确的措施。

（4）实际的变化和潜在的变化。通过检查和观测可以发现实际存在着的变化；潜在的变化却不易发现，往往需要靠经验和分析研究才能发现。

（5）时间的变化。随着时间的流逝，人员对危险的戒备会逐渐松弛，设备、装置性能会逐渐劣化，这些变化与其他方面的变化相互作用，引起新的变化。

（6）技术上的变化。采用新工艺、新技术或开始新工程、新项目时发生的变化，人们由于不熟悉而易发生失误。

（7）人员的变化。这里主要指员工心理、生理上的变化。人的变化往往不易掌握，因素也较复杂，需要认真观察和分析。

（8）劳动组织的变化。当劳动组织发生变化时，可能引起组织过程的混乱，如项目交接不好，造成工作不衔接或配合不良，进而导致操作失误和不安全行为的发生。

（9）操作规程的变化。新规程替换旧规程以后，往往要有一个逐渐适应和习惯的过程。

需要指出的是，在管理实践中，变化是不可避免的，也并不一定都是有害的，关键在于管理是否能够适应客观情况的变化。要及时发现和预测变化，并采取恰当的对策，做到顺应有利的变化，克服不利的变化。

七、轨迹交叉论

（一）理论模型

轨迹交叉论的基本思想是伤害事故是许多相互联系的事件顺序发展的结果。这些事件概括起来不外乎人和物（包括环境）两大发展系列。当人的不安全行为和物的不安全状态在各自发展过程中（轨迹），在一定时间、空间发生了接触（交叉），能量转移于人体时，伤害事故就会发生。而人的不安全行为和物的不安全状态之所以产生和发展，又是受多种因素作用的结果。

轨迹交叉理论的示意图见图 2–14。图中起因物与致害物可能是不同的物体，也可能是同一个物体；同样，肇事者和受害者可能是不同的人，也可能是同一个人。

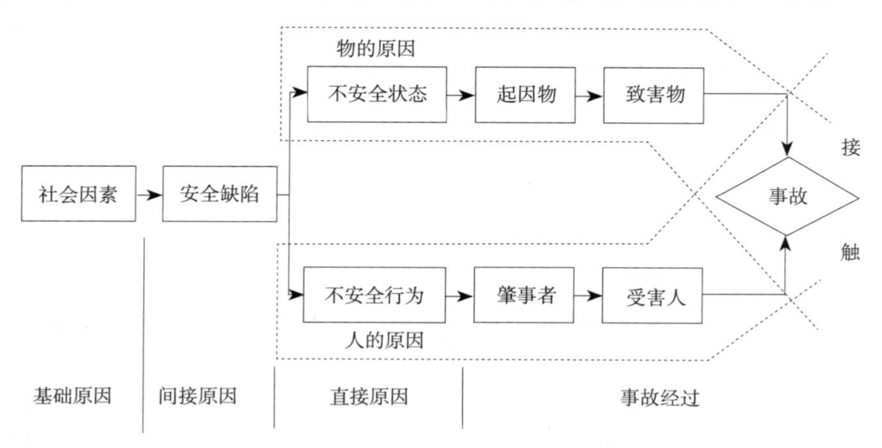

图 2–14　轨迹交叉事故模型

（二）理论贡献

轨迹交叉理论作为一种事故致因理论，强调人的因素和物的因素在事故致因中占有同样重要的地位。按照该理论，可以通过避免人与物两种因素运动轨迹交叉，来预防事故的发生。

1. 揭示了事故的统计规律

统计表明，80% 以上的事故既与人不安全行为有关，也与物的不安全状态有关。轨迹交叉理论反映了绝大多数事故的情况。在实际生产过程中，只有少量的事故仅仅由人的不安全行为或物的不安全状态引起，绝大多数的事故是与二者同时相关的。例如，日本劳动省通过对 50 万起工伤事故调查发现，只有约 4% 的事故与人的不安全行为无关，而只有约 9% 的事故与物的不安全状态无关。

2. 事故发生时非线性的因果关系

事故的发生并非简单地按人、物两条轨迹独立地运行，而是呈现较为复杂的因果关系。在人和物两大系列的运动中，二者往往是相互关联，互为因果，相互转化的。有时人的不安全行为促进了物的不安全状态的发展，或导致新的不安全状态的出现；而物的不安全状态可以诱发人的不安全行为。因此，事故的发生可能并不是如图 2–3 所示的那样简单地按照人、物两条轨迹独立地运行，而是呈现较为复杂的因果关系。

事故的预防和控制就是采取相应措施，控制人的不安全行为或物的不安全状态二者之一，避免二者在某个时间、空间上的交叉，就会在相当程度上控制事故发生。

3. 引申了直接原因背后的深层原因

人的不安全行为和物的不安全状态是造成事故的直接原因，如果对它们进行更进一步的考虑，则可以挖掘出二者背后深层次的原因，见表 2–4。

表 2–4　事故发生的原因

基础原因（社会原因）	间接原因（管理缺陷）	直接原因
遗传、经济、文化、教育培训、民族习惯、社会历史、法律	生理和心理状态、知识技能情况、工作态度、规章制度、人际关系、领导水平	人的不安全状态
设计、制造缺陷，标准缺乏	维护保养不当、保管不良、故障、使用错误	物的不安全状态

八、危险源理论

（一）二类危险源理论

1. 理论模型

生产、生活中可能导致人员伤害或财产损失的各种潜在的不安全因素如果得不到控制，发展下去就会导致事故。因此，这些不安全因素是事故发生的根本原因，一般称为危险源。在系统安全研究中，危险源为可能导致人员伤害或财物损失的事故的、潜在的不安全因素，危险源的存在是事故发生的根本原因，防止事故就是消除、控制系统中的危险源。

1995 年，陈宝智教授在系统安全理论的基础上，根据危险源在事故发生、发展中的作用，把危险源划分为两大类，即第一类危险源和第二类危险源，提出了事故致因的两类危险源理论。

（1）第一类危险源是伤亡事故发生的能量主体，是第二类危险源出现的前提，并决定事故后果的严重程度。

根据能量意外释放论，事故是能量或危险物质的意外释放，作用于人体的过量的能量或干扰人体与外界能量交换的危险物质是造成人员伤害的直接原因。于是，把系统中存在的、可能发生意外释放的能量或危险物质称作第一类危险源。

一般地，能量被解释为物体做功的本领。做功的本领是无形的，只有在做功时才显现出来。因此，实际工作中往往把产生能量的能力源或拥有能量的能力载体看作第一类危险源来处理。可以列举常见的第一类危险源如下：

1）产生、供给能量的装置、设备。

2）使人体或物体具有较高势能的装置、设备、场所。

3）能量载体。

4）一旦失控可能产生能量积蓄或突然释放的装置、设备、场所，如各种压力容器等。

5）一旦失控可能产生巨大能量的装置、设备、场所，如强烈放热反应的化工装置等。

6）危险物质，如各种有毒、有害、可燃烧爆炸的物质等。

7）生产、加工、储存危险物质的装置、设备、场所。

8）人体一旦与之接触将导致人体能量意外释放的物体。

（2）第二类危险源是导致约束、限制能量措施失效或破坏的各种不安全因素。第二类危险源是第一类危险源造成事故的必要条件，决定事故发生的可能性。

为了利用能量，让能量按照人们的意图在系统中流动、转换和做功，必须采取措施约束、限制能量，即必须控制危险源。约束、限制能量的屏蔽应该可靠地控制能量，防止能量以外释放。实际上，绝对可靠的控制措施并不存在。在许多因素的复杂作用下，约束、限制能量的控制措施可能失效，能量屏蔽可能被破坏而发生事故。人的不安全行为和物的不安全状态是造成能量或危险物质以外释放的直接原因。从系统安全的观点来考察，使能量或危险物质的约束、限制措施失效、破坏的原因，即第二类危险源，包括人、物、环境三个方面的问题。

（3）两类危险源的关系。两类危险源时相互关联、相互依存。

该理论将伤亡事故归结为两类危险源共同作用的结果。正常情况下，生产过程中的能量或危险物质受到约束或限制，不会发生事故，但是一旦约束或限制失效，就将导致事故。第二类危险源往往是一些围绕第一类危险源随机发生的现象，它们出现的情况决定事故发生的可能性。第二类危险源出现得越频繁，发生事故的可能性越大。

2. 理论应用

在能量意外释放论的基础上，两类危险源理论模型融入了人失误、环境因素和物故障等因素丰富了能量意外释放论的内容，也为模型的实际应用提供了切入点。目前，该理论在危险源识别领域应用得较为普遍。控制第一类危险源的措施主要包括预防能量的产生、限制能量集中、控制能量释放、防止危险物质的产生和积聚等。针对第二类危险源，可以通过技术，如防失误设计和制度措施来控制人失误，加强管理来保证物的正常状态。但两类危险源理论将事故致因过于简单化，忽视了导致事故发生的深层次原因，如组织管理等因素无法用危险源观点去衡量。

（二）三类危险源理论

1. 理论模型

2006年，田水承教授在充分吸收前人研究成果的基础上，通过综合调查，提出了三类危险源理论。第一类危险源是能量载体或危险物质，是事故发生的前提，影响事故发生后果的严重程度；第二类危险源是物的故障——物理性环境因素，是事故发生的触发条件；第三类危险源是指组织因素——不符合安全的组织因素（组织程序、组织文化、规则、制度等），包含组织人和个体的不安全行为、失误等，第三类危险源是事故发生的本质根源，特别是第二类危险源的深层原因，是事故发生的组织性前提。基于三类危险源理论的事故致因机理模型如图2–15所示。

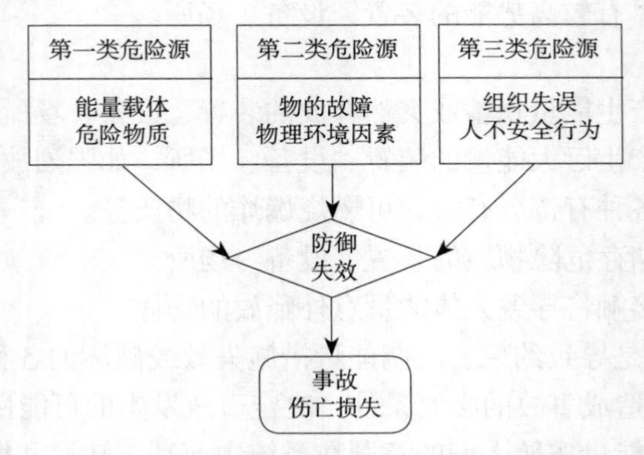

图2–15　三类危险源事故致因机理模型

2. 模型贡献

三类危险源事故致因机理模型有两个主要特点：

（1）强调防御失效（含不设防、防御漏洞）是所有工业伤亡事故发生的必要环节，是事故根源和事故后果之间的中间环节，突出强调的是防御对事故控制的重要性。

（2）把组织不安全行为 / 失误列为第三类危险源，试图使人们能更全面地认识不同类型的危险源。

（3）三类危险源理论在两类危险源的基础上重点突出了第三类危险源，强调了组织因素在事故引发中的作用。系统的安全不仅取决于它自身的技术水平，还极大地取决于它与个人、管理组织和环境的协调程度。管理组织在对系统进行综合协调和控制管理方面具有重要地位，特别是在复杂社会技术系统中，组织对整个系统安全起着主导性、决定性的作用。

第二节　人的不安全行为分析

事故理论表明，人的不安全行为是导致事故发生的重要因素之一。火灾爆炸事故的原因调查统计也表明多数火灾爆炸事故的起因是由于人在生产作业过程中的不安全行为触发的。人是系统中最活跃的因素，分析人的不安全行为、寻找人为失误的控制规律，对于预防和减少系统火灾爆炸事故的发生具有重要意义。

一、人不安全行为的起因

人的失误也可称为人的差错，在工业生产中，人的失误通常是指由于人员违背设计和操作规程而造成系统机能不良或发生故障的错误行为。从安全角度出发，这些错误行为又可称为不安全行为。工业企业发生的大量火灾爆炸事故，有很大一部分是由于人的不安全行为造成的。人的不安全行为与每个人的生理和心理状态有很大关系，因此，很有必要从心理学、人机工程学以及多年来防火理念的实践来深入研究人的不安全行为起因，从根本上采取措施，尽可能地减少人为的失误或人的不安全行为，防止火灾爆炸事故的发生。人的不安全行为起因表现为七个方面。

（一）忽视规章制度造成的失误

1. 不愿意改变已经掌握了的作业方法

操作人员已掌握的作业方法因为长期实践而形成习惯，因此当改变作业方法、采用新工具或新设备时，操作人员就会感到不能得心应手。从心理学观点来看，想要改变这种习惯是很困难的。所以当改革工艺采用新的作业方法时，应该对操作人员进行培训。

2. 具有从事轻松工作的倾向

有的操作人员往往为了轻松，有意漏掉某项安全操作工序，一旦侥幸成功，以后便重复照干。这就需要加强安全教育，树立一丝不苟安全操作的好风气。

3. 有随波逐流与逞强好胜倾向

有的操作人员看到别人违章作业，自己便有样学样，随波逐流。有的操作人员喜欢别出心裁、逞强好胜，盲目违章作业。因此必须严格执行岗位责任制，加强安全教育与监督检查。劝导随波逐流者不附和、不参与违章作业；对逞强好胜者应批评指正，使其停止蛮干。

（二）视觉、听觉器官的失误

1. 信息显示的不完善

如仪表指针刻度不清晰使人看不清，报警电铃因距离远而声音微弱使人听不清等。

2. 环境干扰

在噪声干扰下，人的精力不集中，使人难以正常接收信息，往往会看错或听错。

3. 感知能力差

对危险的知觉性能差，需要加强技能培训。

4. 感觉能力弱

视力或听力不佳，接收信息发生障碍，往往看错或听错。这需要针对工种不同、确定保健措施；对视力或听力有缺欠的操作人员应做到心中有数，采取相应的保障措施。

5. 产生错觉

人在长期从事某一操作时，有时会产生错觉，如物体是运动还是静止的混淆及方向迷失、位置颠倒等视觉上的差错。

（三）记忆与判断的失误

1. 遗忘

由于训练不足而丧失对安全操作规程的记忆，属于短期记忆失误，应加强反复训练。

2. 打断作业

作业时突然由于外来干扰（如接听电话、别人召唤等）使作业中断，而在继续作业时忘记了应注意的安全问题。

3. 精力不集中

在单调的重复操作时，容易引起精神不集中或瞌睡，因而忘记应注意的安全问题。某些用手指的操作以及不激烈运动身体的监视操作就属于这种情况。

4. 应急反应失当

突然处于危险状态，操作人员有时会因条件反射而脱离危险，也有时会因条件反射而造成事故。条件反射是仅仅通过知觉而无须经过判断的瞬间行为。

（四）信息联络与确认的失误

1. 信息沟通不畅

信息的联络方式不完善，在噪声很大的生产车间内，通过喊话进行信息联络，往往造成失误。

2. 信息传递有误

发出的信息不完全、不明确或发出错误的信息。

3. 信息接收有误

接收信息的人因忘记而没有确认信息的意义。

为了防止信息的联络与确认发生失误，对于成套装置区，应根据需要设置通信电话，现场操作人员及巡回检测人员应配备携带式近距步话机。在信息联络过程中，接收信息者在接收信息后，应向发出信息者复诵一遍接收到的信息，使双方都正确领会后再操作。

（五）操作方面的失误

操作失误表现多样，常见的有：

（1）选错操作工具及其他用品。

（2）在许多开关或阀门排列的情况下，选错需要操纵的开关或阀门。

（3）接通或断开电气开关时发生操纵失误，对物料阀门的开启与关闭发生操纵失误。

（4）由于技术不熟练或高难度的操作致使操作调整出现失误。

（5）由于人机工程设计有缺陷，机器设备上缺少运行方向的显示或采用了与人的习惯相反的方向，因而使操作人员易发生操作方向的错误。

（六）疲劳状态下的失误

人在疲劳时，生理及心理反应都处于不稳定状态。这时，视觉容易产生错觉，动作发生紊乱，缺乏准确性。人在疲劳时会增加发生事故的概率，因此，应尽量减少操作过程中精神上和体力上的疲劳。

（七）异常状态下的失误

人在异常状态下，如兴奋过度，忧愁担心，恶劣环境条件下，特别是当发生意外事故生命攸关之际，往往造成惊慌失措。这时，接收的信息一般不能及时准确地分析判断，因而出现行动上的失误。

二、人体差错率

人的差错或失误是造成人机系统故障或事故的重要原因。因此，如何定量化地研究人的差错是人机工程以及消防安全系统工程要解决的基本问题之一。

（一）人体差错率的定义

人体差错率是人的差错或失误的定量化指标，也称失误率，它通常是指人员在一定条件下完成某项任务时出现差错或失误的概率。人的差错以操作差错最为常见，操作差错的发生概率是预测人机系统发生故障或事故所需要的常见数据。

人机系统的可靠性既包括机器设备等物的可靠性，又包括同机器设备等物发生关系的人体的可靠性。人体可靠性用人体可靠度来衡量，而人体可靠度是指人员在一定条件下成功地完成某项任务的概率。从人体可靠度与人体差错率二者的含义可以看出，二者存在互补关系，即：1－人体可靠度＝人体差错率。

（二）人体差错率统计值

人体差错率通常是根据实验或实践经验估计得出的，许多专家学者进行这方面的研究，取得了一定的成果。表 2–5 给出了常见人体差错率数据。人体差错率是一种人体行为发生差错的需求概率，即每次人体行为没有按正确需求起作用的概率，因而其单位为 1/ 次。

表 2–5　常见的人体差错率

人的行为类型	人体差错率 /（1 / 次）
阅读技术说明书	0.008 2
读取时间（扫描记录仪）	0.007 9
读取电流计或流量计	0.005 5
确定多位置电气开关的位置	0.004 3
在元件位置上标注符号	0.004 2
分析缓变电压或电平	0.004 5
安装垫圈	0.003 8
分析锈蚀	0.003 7

续表 2–5

人的行为类型	人体差错率 /（1 / 次）
把阅读信息记录下来	0.003 4
分析凹陷、裂纹或划伤	0.003 3
读取压力表	0.003 1
安装 O 形环状物	0.003 5
分析老化的防护罩	0.003 1
上紧螺母、螺钉和销子	0.003 0
连接电缆（安装螺钉）	0.002 8
读取时间（时钟）	0.001 7
阅读记录	0.003 4
确定双位开关位置	0.001 5
关闭手动阀门	0.001 7
开启手动阀门	0.001 5
拆除螺钉、螺帽和销子	0.001 2
对一个警报器的响应能力	0.000 1
读取数字显示器	0.001
读取曲线图形显示器	0.01
读取大量参数的打印记录	0.05
把控制器转错方向（未违反群体习惯）	0.000 5
把控制器转错方向（违反了稳固的群体习惯）	0.05
在一组仅靠标签进行识别的相同控制器中选错控制器	0.003
在一组按功能分组的控制器中选错控制器	0.001
在画有清楚模拟线的屏上选错控制器	0.000 5
开始改变或恢复阀门	0.001
对已被改变但未加标签的阀门发生逆反操作错误	0.1
对已被改变且加有标签的阀门发生逆反操作错误	0.000 1

三、事故前人的心理状态

人的生理机能不同，获得信息及信息处理的能力也不同。人在完成具体任务的行动中多以视觉为主、听觉为辅来接受外部信息的。因每个人的视觉及头脑各具特点，所以判断也大有差异。其主要差别就是人的心理状态的问题。

（一）影响事故心理状态的因素

1. 能力与任务匹配度

在客观要求与个人适应能力失衡时，人的生理和心理都会感到压力，这种压力不仅是指因工作量过大而引起的时间紧张，而是指精神紧张或心理紧张。紧张状态可以伴有生理障碍，如肌肉紧张、头痛等。

2. 心理素质

人用视觉接受外部信息，由大脑做出判断，从而进行动作或行动。由于人的先天素质不同、后天的生活环境不同、受教育的程度不同、各种经验的不同及人生中自然形成的性格不同等原因，每个人都有不同的心理现象。在发生异常情况时，因人的心理状态各不相同，就会做出不同的动作和行动。人的心理状态不佳，会影响大脑的思维判断，从而导致人的不安全行为，其结果会导致事故的发生。也就是说，人的心理状态不佳往往成为发生事故的基本原因。

3. 认知水平

人大脑意识水平降低，直接引起信息处理能力的降低，影响人对事物注意力的集中，降低警觉程度。意识水平的降低是发生人失误的内在原因。工作要求与人的信息处理能力相适应时，人处在最优的心理紧张状态，此时，大脑意识水平处于能动状态，处理信息的能力极高而失误最少。

4. 情绪状态

人的情绪状态不佳，会影响大脑的思维判断，从而导致人的不安全行为，其结果会造成事故的发生。也就是说，人的心理状态不佳往往成为发生事故的基本原因。人的心理状态不佳大致有如下一些情况：

（1）激情、冲动、喜欢冒险。

（2）训练、教育不够，无上进心。

（3）智能低，无耐心，缺乏自卫心，无安全意识。

（4）涉及家庭原因，心境不好。

（5）恐惧、顽固、报复或身心有缺欠。

（6）工作单调或业余生活单调。

（7）轻率、嫉妒。

（8）未受重用，身受挫折，情绪不佳。

（9）自卑感或冒险逞能，渴望超群。

（二）事故前心理状态表现

日本安全心理学专家青岛贤司对 1 656 件事故发生时人的心理状态调查表明，除去制造工程技术上的原因外，涉及人员心理状态的原因共分六类 21 种表现，见表 2–6。

表 2–6　事故发生前人的心理状态调查统计表

类别	表现	数量 / 件
认为自己有经验而自持作业绝对安全	1. 由于检查不足，对突发机器事故不能处理	55
	2. 没注意到自己的作业方法有错误	73
	3. 没有注意到异常情况	170
	4. 虽注意到异常情况，但未采取适当措施	38
虽然感到危险，但认为不紧急而继续作业	5. 因作业不好干而不按操作规程去干	47
	6. 不按操作规程作业，嫌麻烦	64
	7. 过分相信自己的技术水平	59
实际已有危险，但因麻痹大意而未发觉	8. 因无知感觉不到危险	80
	9. 违章成性，习以为常，没感到危险	174
	10. 至今为止总这么干也没什么要紧	114
没考虑安全或危险而盲目作业	11. 因兴奋过度、挂念担心、生气等而分心	32
	12. 由于外界条件而使注意力不集中	47
	13. 急于完成任务后想去干别的事	122
	14. 被别人追得急，受外部压力而快干	66
	15. 虽有正确的作业方法，但干错了	177
因作业太单调而精神不集中，单凭过去的经验进行作业	16. 设备异常，但仍按正常的设备去操作	19
	17. 凭经验敷衍了事地进行作业	37
	18. 虽有正确的作业方法，但干错了	123
自己作业方法虽正确，但因他人干扰而发生了事故	19. 由于共同操作的同事失误	115
	20. 单独作业，外来他人干扰	50
	21. 由于同自己无关的机械设备引起的	54

（三）火灾时人的不当心理特征

火灾的发生具有偶然和突发两种特性。当一个人正在专心致志从事某种活动时，突然听到“起火啦”的喊声，会受到强烈的刺激。面对火场的浓烟、高温和人群的纷乱骚动，火灾中的人深切感到生命将受到严重威胁，通常会产生强烈心理波动。以下是火场中的不利心理反应。

1. 过度紧张

火灾时应紧张起来，精神高度集中，但不能过度紧张，紧张到惊慌失措比火灾威胁更可怕，例如平时经过灭火培训的人员，在遇到火灾时，紧张到不会使用灭火器、找不到灭火器和消防栓，甚至忘记火警电话的事例，都在火灾现场时有发生。延误了扑救时机，造成更大的财产损失。

2. 惊慌惧怕

强烈的惊慌惧怕心态会严重干扰人的正常思维，降低人的理性的判断能力，失去与烟火拼搏的精神和勇气，还可能会导致人出现非理智思维。非理智的思维，能加重判断的失误，出现非理智的错误行动，如跳楼、乱跑乱窜、大喊大叫、不听劝阻等。另外，在火灾中，人的生理热效应和吸入效应会极大地影响人的思维灵敏度，造成判断失误。

3. 茫然失措

茫然失措也是火场中大多数受害人员存在的一种心态，茫然往往是造成错误行为的先导。由于缺乏培训与演练，火场受困人员可能在火场中无所适从，不知道如何自救与逃生，而选择原地躲避，或慌乱跑动，或盲目从众，茫然的结果最容易出现错误行动。

4. 盲目的冲动

火场中，人们的惊慌，火、烟、热、毒的效应作用所产生的惧怕与茫然，最容易使人做出不理智的盲目的冲动行为。冲动是茫然心态的必然结果，冲动的举动必然是以逃避眼前的烟、热危害为目的的单一行为。如跳楼、呆立不动、乱跑乱窜或大喊大叫。火场心理研究证明，乱跑乱窜、大喊大叫不但会使自己陷入危险境地，使自己过早的失去抵御火灾的能力，还会扰乱人们的平静思维，加剧其他人员的茫然心理，导致更多人效仿，从而使火场中的人们更加混乱而难于疏导和控制。

5. 从众心理

从众心理也是人们经常出现的一种心态，尤其是面临灾祸之际，认为人多的地方安全或者可以得到帮助和慰藉。很多火灾案例证明，缺乏判断的简单从众有时就是错误的盲从，影响了原本可以进行的理智的思考与判断。

第三节　物质火灾危险因素分析

存在于系统之中的“物”是火灾和爆炸事故发生的基础，除人的不安全行为、环境因素、管理失误等引发事故的原因之外，物质本身就存在一定的火灾危险。了解物质本身的火灾危险因素，从而控制火灾爆炸事故的发生、防止火灾爆炸的扩大化，是提高系统消防安全的重要途径。

一、可燃物的分类

可燃物种类繁多，根据化学结构不同，可分为无机可燃物和有机可燃物两大类。无机可燃物中的无机单质有钾、钠、钙、镁、磷、硫、硅、氢等，无机化合物有一氧化碳、氨、硫化氢、磷化氢、二硫化碳、联氨、氢氰酸等。有机可燃物可分成低分子的和高分子的，又可分成天然的和合成的。有机物中除了多卤代烃如四氯化碳、二氟一氯一溴甲烷（1211）等不燃外，其他绝大部分有机物都是可燃物。有机可燃物有：天然气、液化石油气、汽油、煤油、柴油、原油、酒精、豆油、煤、木材、棉、麻、纸以及三大合成材料（合成塑料、合成橡胶、合成纤维）等。

根据可燃物的物态和火灾危险特性的不同，参照危险货物的分类方法，取其中有燃烧爆炸危险性的种类，再加上一般的可燃物（不属于危险货物的可燃物），可将可燃物分成六大类，即爆炸性物质，自燃性物质，遇水燃烧物质，易燃、可燃液体，易燃、可燃气体，易燃、可燃与难燃固体。

（一）爆炸性物质

（1）点火器材有：导火索、点火绳、点火棒等。

（2）起爆器材有：导爆索、雷管等。

（3）炸药及爆炸性药品：环三次甲基三硝胺（黑索金）、四硝化戊四醇（泰安）、硝基胍、硝铵炸药（铵梯炸药）、硝化甘油混合炸药（胶质炸药）、硝化纤维素或硝化棉（含氮量在 12.5% 以上）、高氯酸（浓度超过 72%）、黑火药、三硝基甲苯（TNT）、三硝基苯酚（苦味酸）、迭氮钠、重氮甲烷、四硝基甲烷等。

其他爆炸品有：小口径子弹、猎枪子弹、信号弹、礼花弹、演习用纸壳手榴弹、焰火、爆竹等。

（二）自燃性物质

（1）一级自燃物质（在空气中易氧化或分解、发热引起自燃）有：黄磷、硝化纤维胶片、铝铁熔剂、三乙基铝、三异丁基铝、三乙基硼、三乙基锑、二乙基锌、651 除氧催化剂、铝导线焊接药包等。

（2）二级自燃物质（在空气中能缓慢氧化、发热引起自燃）有：油纸及其制品，油布及其制品，桐油漆布及其制品，油绸及其制品，植物油浸渍的棉、麻、毛、发、丝及野生纤维、粉片柔软云母等。

（三）遇水燃烧物质

（1）一级遇水燃烧物质（与水或酸反应极快，产生可燃气体，发热，极易引起自燃）有：钾、钠、锂、氢化锂、氢化钠、四氢化锂铝、氢化铝钠、磷化钙、碳化钙（电石）、镁铝粉、十硼氢、五硼氢等。

（2）二级遇水燃烧物质（与水或酸反应较慢，产生可燃气体，发热，不易引起自燃）有：石灰氮（氰氨化钙）、保险粉（低亚硫酸钠）、金属钙、锌粉、氢化铝、氢化钡、硼氢化钾、硼氢化钠等。

（四）易燃、可燃气体

（1）甲类可燃气体（爆炸浓度下限 <10%）有：氢气、硫化氢、甲烷、乙烷、丙烷、丁烷、乙烯、丙烯、乙炔、氯乙烯、甲醛、甲胺、环氧乙烷、炼焦煤气、水煤气、天然气、油田伴生气、液化石油气等。

（2）乙类可燃气体（爆炸浓度下限 ≥ 10%）有：氨、一氧化碳、硫氧化碳、发生炉煤气等。

（五）易燃、可燃液体

现行国家标准《建筑设计防火规范》GB 50016 中将能够燃烧的液体分成甲类液体、乙类液体、丙类液体三类。比照危险货物的分类方法，可将上述甲类和乙类液体划入易燃液体类，把丙类液体划入可燃液体类。甲、乙、丙类液体按闪点划分。

（1）甲类液体（闪点 <28℃）有：二硫化碳、氰化氢、正戊烷、正己烷、正庚烷、正辛烷、1 – 乙烯、2 – 戊烯、1 – 乙炔、环己烷、苯、甲苯、二甲苯、乙苯、氯丁烷、甲醇、乙醇、酒精度为 38 度及以上的白酒、正丙醇、乙醚、乙醛、丙酮、甲酸甲酯、乙酸乙酯、丁酸乙酯、乙腈、丙烯腈、呋喃、吡啶、汽油、石油醚等。

（2）乙类液体（28℃≤闪点 <60℃）有：正壬烷、正癸烷、二乙苯、正丙苯、苯乙烯、正丁醇、福尔马林、乙酸、乙二胺、硝基甲烷、吡咯、煤油、松节油、芥籽油、松香水等。

（3）丙类液体（闪点≥ 60℃）有：正十二烷、正十四烷、二联苯、溴苯、环已醇、乙二醇、丙三醇（甘油）、苯酚、苯甲醛、正丁酸、氯乙酸、苯甲酸乙酯、硫酸二甲酯、苯胺、硝基苯、糠醇、机械油、航空润滑油、锭子油、猪油、牛油、鲸油、豆油、菜籽油、花生油、桐油、蓖麻油、棉籽油、葵花籽油、亚麻仁油等。

（六）易燃、可燃与难燃固体

现行国家标准《建筑设计防火规范》GB 50016 中将能够燃烧的固体分成甲、乙、丙、丁四类，比照危险货物的分类方法，可将甲类、乙类固体划入易燃固体，丙类固体划入可燃固体，丁类固体划入难燃固体。

1. 甲类固体

燃点与自燃点低，易燃，燃烧速度快，燃烧产物毒性大。包括红磷、三硫化磷、五硫化磷、闪光粉、氨基化钠、硝化纤维素（含氮量＜12.5%），发泡剂 H（N，N′ – 二亚硝基五次甲基四胺）、重氮氨基苯、二硝基苯、二硝基苯肼、二硝基萘、对亚硝基酚、2，4–二硝基间苯二酚、2，4 – 二硝基苯甲醚、2，4 – 二硝基甲苯、可发性聚苯乙烯珠体等。

2. 乙类固体

燃烧性能比甲类固体差，燃烧产物毒性也稍小。包括安全火柴、硫黄、镁粉（镁带、镁卷、镁屑）、铝粉、锰粉、钛粉、氨基化锂、氨基化钙、萘、卫生球、2– 甲基萘、1，8 – 萘二甲酸酐、苊、均四甲苯、对二氯苯、2，4 – 二亚硝间苯二酚、2，2′ – 二硝基联苯、二硝基氨基苯酚、十八烷基乙酰胺、苯磺酰肼（发泡剂 BSH）、偶氮二异丁腈（发泡剂 N）、樟脑、生松香、三聚甲醛、聚甲醛（低分子量，聚合度 8 ～ 100）、火补胶（含松香、硫黄、铝粉等）、硝化纤维漆布、硝化纤维胶片、硝化纤维漆纸、赛璐珞板或片等。

3. 丙类固体

燃点大于 300℃的高熔点固体及燃点小于 300℃的天然纤维，燃烧性能比甲、乙类固体差。包括石蜡、沥青、木材、木炭、煤、聚乙烯塑料、聚丙烯塑料、有机玻璃（聚甲基丙烯酸甲酯塑料）、聚苯乙烯塑料、丙烯腈丁二烯苯乙烯共聚物塑料（ABS）、天然橡胶、顺丁橡胶、聚氨酯泡沫塑料、粘胶纤维、涤纶（聚对苯二甲酸乙二醇酯树脂纤维）、尼龙 –66（聚已二酰已二胺树脂纤维）、腈纶（聚丙烯腈树脂纤维）、丙纶（聚丙烯树脂纤维）、羊毛、蚕丝、棉、麻、竹、谷物、面粉、纸张、杂草及贮存的鱼和肉等。

4. 丁类固体

在空气中受到火烧或高温作用时难起火、难微燃、难炭化、有自熄性。包括沥青混凝土、经防火处理的木材及纤维织物、水泥刨花板、酚醛塑料、聚氯乙烯塑料、脲甲醛塑料、三聚氰胺塑料等。

二、物质自燃危险性分析

从狭义上说，自燃是指可燃物在常温常压大气环境中，与空气中的氧气发生化学反应而自行发热，从而引起可燃物自行燃烧的现象。例如黄磷、粘附油脂废布在正常大气环境中发生的自燃。从广义上说，自燃还应包括在常温常压大气环境中，某些物质之间互相混合或接触发生放热反应，因放出的热量使参加反应的可燃物或反应中生成的可燃物发热升温，从而引起自行燃烧的现象。例如，氧化剂高锰酸钾与可燃物甘油（丙三醇）接触发生的自燃；再如重遇水燃烧物质金属钠与水接触产生氢气、因反应放热引起氢气及钠的自燃等。由此，可以给出自燃的广义上的定义，即自燃是指可燃物与其他物质在正常环境中，不需要外界施加着火能量，只依靠物质之间互相作用（包括化学、物理及生物等作用）释放出的热量而使可燃物质发生自行燃烧的现象。

在某些系统中，物质自燃后会发生蔓延，对其他可燃物质来说起到了点火源的作用，因而会造成火灾爆炸事故。物质的自燃危险性往往不被人们重视，但由此而造成的危害却是很大的，应引起人们的注意。

物质的自燃可以分成三大类，即可燃物在空气中的自燃、活性物质遇水的自燃、强氧化性物质与可燃物或还原性物质的混合接触自燃三大类。

（一）在空气中能发生自燃的物质

在空气中能够自行发热引起自燃的可燃物较多，其中绝大部分属于化学危险物品中自燃物品类别。根据物质自行发热的初始原因的不同，这种自燃可分成氧化放热自燃、分解放热自燃、聚合放热自燃、吸附放热自燃和发酵放热自燃等类型，各种自燃类型的物质举例如下：

1. 氧化放热自燃的物质

（1）黄磷（亦称白磷）。

（2）磷化氢：气态磷化氢，液态磷化氢。

（3）烷基铝：三乙基铝，二乙基氯化铝，三异丁基铝等。

（4）硫化铁：二硫化铁，硫化亚铁，三硫化二铁。

（5）煤：烟煤，褐煤，泥煤等。

（6）浸油脂物品：桐油漆布及其制品，浸渍或粘附油脂的棉、麻、毛、丝绸、纸张的制品及废物，浸渍油脂的锯木屑、硅藻土、金属屑、泡沫塑料、活性白土，含油脂的涂料渣、骨粉、鱼粉、油炸食品渣，含棉籽油的原棉，含蚕蛹油的蚕茧和蚕丝等。

（7）橡胶粉末：分子结构中含有不饱和双键的天然橡胶或合成橡胶粉末等。

（8）其他：碱金属（如钾、钠）、铍、镁、锌、镉、锑、铋、硼等元素的低级烷基化合物（如三甲基硼、二乙基镁等），放射性物质铀、钚、钍等（这些物质遇水或在潮湿空气中更易放热自燃）。

2. 分解放热自燃的物质

（1）硝化棉（硝酸纤维素酯或硝化纤维素）：含氮量大于 12.5% 的火棉，含氮量小于 12.5% 的胶棉。

（2）赛璐珞塑料制品及硝化纤维素电影胶片等。

（3）其他：硝化甘油，含硝化棉 90% 以上的单基火药，含硝化棉和硝化甘油 90% 以上的双基火药等（长时间存放不安定、易分解导致爆炸）。

3. 聚合放热自燃的物质

甲基丙烯酸酯类、乙酸乙烯酯、丙烯腈、异戊二烯、液态氰化氢、苯乙烯、乙烯基乙炔、丙烯酸酯类等单体以及生产聚氨酯软质泡沫塑料的原料聚醚和二异氰酸甲苯酯等（在生产、贮存过程中因阻聚剂失效或加量不足而使单体原料自行聚合放热、易引起暴聚、冲料或火灾爆炸）。

4. 吸附放热自燃的物质

活性炭，还原镍，还原铁、镁、铝、锆、锌、锰、锡及其合金粉末等。另外，煤、橡胶粉末等在空气中也有这种吸附放热作用。

5. 发酵放热自燃的物质

稻草、杂草、树叶、原棉、锯木屑、甘蔗渣、玉米芯等植物（大量堆积及受潮条件下易发酵放热、氧化放热，导致自燃）。

（二）遇水能发生自燃的物质

有些活性物质遇水或潮湿空气中的水分便发生水解反应，产生可燃气体并释放出热量，因此引起活性物质本身或生成的可燃气体发生自燃。这类物质在热水或水蒸气接触条件下更易发生自燃。这类活性物质一般称为遇水燃烧物品或遇湿易燃物品。这类活性物质很多，按其组成的不同举例如下：

1. 碱金属及碱土金属

钾、钠、锂、钙、锶、钡、钾钠合金、钾汞齐、钠汞齐等。

2. 金属氢化物

氢化锂、氢化钠、四氢化锂铝、氢化钙、氢化铝、氢化铝钠等。

3. 硼氢化合物

二硼氢（或称乙硼烷）、十硼氢（或称癸硼烷）、硼氢化钾、硼氢化钠等。

4. 金属磷化物

磷化钙 Ca_3P_2、磷化铝 AlP、磷化锌（包括 ZnP_2 和 Zn_3P_2）、磷化钠（包括 Na_2P、NaP_3、Na_3P_2）等。

5. 金属碳化物

碳化钙（电石）、碳化钠、碳化钾、碳化铝、碳化锰等。另外工业石灰氮（亦称氰氨化钙或碳氮化钙）中含有微量碳化钙和磷化钙杂质，遇水产生氨、乙炔、磷化氢（包括微量液态磷化氢）等，易发生自燃。

6. 金属粉末

锌粉、镁铝粉、镁粉、铝粉、钡粉、锆粉等。

7. 遇水发热的物质

这类物质与水混合接触或吸收空气中的水蒸气也会发生放热反应，但这类物质本身或反应产生的物质都是不能燃烧的，如生石灰、漂白精等。这类物质遇水放热，容易引燃周围的可燃物或造成液体的飞溅（物理性爆炸）。这类物质的遇水反应放热作用可认为是一种点火源。

8. 其他活性物质

如硅化镁、氰化钠、乙基钠、硫化钠、低亚硫酸钠、乙基黄原酸钠等。还有一些物质，如烷基铝类、三乙基硼、二苯基镁、丁硅烷、二甲基砷、氨基钠、硫化磷（包括 P_4S_7，P_2S_5，P_4S_3），铂黑以及放射性物质铀、钚、钍等。

（三）混合接触能发生自燃的物质组合

可燃物与强氧化性物质混合接触时，由于可燃物此时是还原性物质，所以会发生氧化还原反应，并放出热量，在一定的蓄热条件下，或接受一定的点火源能量（如加热、摩擦、振动、光线照射等）作用，便会有自燃或被引燃着火的危险。强氧化物质与可燃物构成混合接触自然的物质组合是很多的。发生混触自燃的各种组合和燃烧特点，见表 2–7。除此之外，还有很多混触自燃的物质组合。

表 2–7　发生混触自燃的各种组合和燃烧特点

氧化性物质	还原性物质	燃烧现象
发烟硝酸、浓硝酸	混合二甲苯、苯胺、磷化氢、硫化氢、松节油	着火、爆炸
过氧化氢	乙醇	爆炸
过氧化钾	水合肼、木炭、木刨花	着火
	硫黄、金属粉	摩擦着火
	铝粉 + 水	着火
	硫、锡、硅、镁	加热着火、摩擦爆炸
氧化性物质	还原性物质	燃烧现象
铬酸酐	苯胺、信纳水、丙酮、乙醇、润滑油	着火
	乙酸酐	爆炸
液态空气	氢、甲烷、乙炔、钠、金屈粉	爆炸
液态氧气	二甲酮、松节油、磷、活性炭、乙醚、木炭粉	爆炸
氯	黄磷、氨、乙炔	着火
	锑粉	着火、爆炸
溴	金属粉	着火
溴酸钾	氢硫基乙酸铵、过硫酸铵	着火
氯化氮	磷、脂肪油、橡胶、砷、松节油	爆炸
漂白精	乙炔	着火
	氯化铵	爆炸

续表 2–7

氧化性物质	还原性物质	燃烧现象
铬酸铅	鱼油	着火
重氮化钡	四氯化碳	摩擦着火
环烷酸钴	甲乙酮过氧化物	着火、爆炸
苦味酸	生石灰	着火
氧化铁	熔融铝	爆炸
顺丁烯二酸酐	氢氟化钠	爆炸
氯酸钾	硫、磷、硫化锑、金属粉、木炭	爆炸
高氯酸钾	联氨、木炭、金属粉、乙醚、一般可燃物	着火爆炸
亚氯酸钾	二硫化碳	着火
亚氯酸钠	草酸、硫代硫酸钠	着火
硝酸铵	硫、磷、木炭、锌、金属粉、硫化锑	着火、爆炸
亚硝酸钠	氯化铵	加热爆炸
亚硝酸	氰	着火
	乙醇、丙二酸	加热、撞击爆炸
重铬酸钾	硫酸、联氨、羟胺	着火、爆炸
高锰酸钾	甘油、硫、木炭、金属粉、磷、硫化锑、甲基磺酰胺	着火
	硫酸 + 砂糖	着火、爆炸

第四节　人机系统可靠性分析

人机系统一般是指任何人所操纵的机器以及物质和环境所组成的统一系统。人和机器通常是构成一个人机系统的两大要素，除了这两大要素之外，物质材料、环境条件也是不可缺少的。因此，人机系统又可称为人—机器—物质—环境系统，或称人—机器—材料—环境系统。本节以后将要讨论的人机系统，其中的“机”通常包括除人以外的机器设备、物质材料、环境条件等因素。

一、人机系统的功能

人机系统是为了实现安全与高效的目的而设计的，也是由于能满足人类的需要而存在的。在人机系统中，虽然人和机器各有其不同的特征，但在系统中所表现的功能却是类似的。

（一）人机系统功能组成

人机系统功能概括起来可分为四部分，即人机系统为满足人类的需要，必须具备四大功能：信息接受、信息储存、信息处理和执行等，其关系如图 2–16 所示。信息接受、信息处理和执行功能是按系统过程的先后顺序发生的，而信息储存与其他功能均有联系。

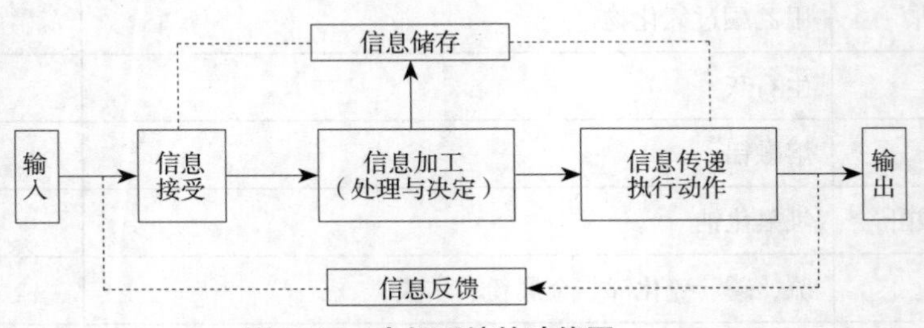

图 2–16　人机系统的功能图

（二）人机系统功能分配

1. 人的优势

人与机器相比所具有的优越特性可概括为以下几个方面：

（1）人体能量利用率高。

（2）人的可靠性较高，自动维修能力强。人脑是一个多重传递和模糊概率运算系统，有较高的可靠性。

（3）人的某些器官感受性强。如人的视觉器官对单个光子的感受性、人的听觉器官对不同音色的分辨力、人的嗅觉器官对某些化学物质的感受性等远比机器的测量强。

（4）人的学习、适应和应对突然事件的能力比机器强。

2. 机器的优势

机器与人相比所具有的优越特性可概括为以下几个方面：

（1）运算和操作速度快。

（2）能量大、精度高。机器的功率、发力等都大大地超过了人。

（3）能同时完成多种操作，且无疲劳和单调现象。

（4）机器接受超声、辐射、微波、电磁波、磁场等的能力极强，还可发射电信号、激光、射线等。

（5）机器信息传递能力比人大得多。

（6）机器的记忆速度和保持能力优于人。

（7）机器抗恶劣环境的能力比人强。

3. 人机系统功能分配注意事项

人机的功能分配，应全面考虑下列因素：

（1）人和机器的性能、特点、负荷能力、潜在能力以及各种限度。

（2）人适应机器所需的选拔条件、培训时间和体力限度。

（3）人的个体差异和群体差异。

（4）人和机器对突然事件适应和反应能力的差异及对比。

（5）机器代替人的效果，以及可行性、可靠性、经济性等分析对比。

二、人机系统的可靠性

（一）可靠性的定义

可靠性是描述系统、机器或零件等在规定的工作条件下，规定的时间内，保持规定功能的能力。如果在规定条件下能够充分实现其功能要求时，就是可靠的；反之，若随时间的进程，系统中的某一方面在某一时刻出现故障、失效，不能实现其功能要求时，是不可靠的。根据可靠性的定义，要明确以下几个问题：

1. 明确可靠性的研究对象

可靠性的研究对象指系统、机器、部件、人员等。

2. 明确系统所处的规定条件及时间

可靠性的高低与研究对象所处的环境和规定的时间有着密切的关系。研究对象所处的环境包括温度、湿度、振动、冲击、负荷、压力等，还包括维护方法，自动操作还是人工操作，操作人员的技术水平等广义的环境条件。规定的时间一般指通常的时间概念，也有因对象不同而出现的诸如次数、周期、距离等相当于时间指标的量。

3. 明确研究对象的功能、作用

研究对象的规定功能指研究对象的技术指标。完成规定功能的能力即研究对象无故障工作的能力。作为一个系统或元件，其功能作用有主次之分，其故障引起的损失程度也不同。

（二）可靠性的研究对象

长期以来，可靠性研究对象被局限在对“机器”的可靠性研究，事实上很多事故是由人的差错造成的。因此，系统的可靠性应从人和机器两方面来研究。

1. 人的差错率

当把人作为可靠性研究对象时，机器的状态即为规定条件；如果人在规定的时间内和规定的条件下没有完成规定的任务，就称为人为差错，相应地用人的差错率来度量。

2. 机器故障率

当把机器作为可靠性研究对象时，人的状态即为规定条件。机器在规定时间和规定的条件下丧失功能，就称为故障，用机器的故障率来度量。

3. 规定条件

规定条件包括使用条件、维护条件、环境条件、储存条件和工作方式等。例如，传感器在建筑内使用和在野外环境上使用，其可靠性有所区别。电气线路在超负荷下使用和连续不断工作都会使可靠性降低。相反，产品在减负荷，低于使用负荷下使用，可靠性提高。

4. 规定时间

规定时间依据不同对象和工作目的而异，如水基灭火器要求 1 年内工作可靠，干粉灭火器要求 2 年内工作可靠。一般来说，机器设备的可靠性随使用时间的增加而逐渐降低，使用时间越长，可靠性越低。因此，需要根据机器的特性规定合理的维护周期和报废年限。

5. 规定功能

规定功能是指机器设备本身的性能指标和包括人方便、安全、舒适的操纵机器的使用功能。当机器和设备达到规定功能，则可靠；当产品丧失规定功能，则称其发生故障、失效或不可靠。

（三）系统可靠与系统安全的关系

一般来说，系统的不可靠会导致系统的不安全。当系统发生故障时，不仅影响系统功能的实现，而且还会导致发生事故，造成人员伤亡或财产损失。例如，气体灭火系统的压力容器气体调节阀故障会导致压力容器失控，造成爆炸或火灾。

可靠性着眼于保证实现系统的功能，研究故障发生前直到故障发生为止的系统状态；安全性着眼于防止事故的发生，侧重于研究故障发生后对系统的影响。可见二者的连接点是故障，在防止故障的发生方面二者是一致的，密切关联的。通常，在提高系统可靠性的同时，既可以保证实现系统的功能，又可以提高系统的安全性。比如压力容器各部件可靠性的提高，既可以保证其压力容器系统本身功能的实现，又可以提高其系统的安全性。

三、可靠度

在很多情况下，对于一个系统的可靠与否仅仅做出定性的判断是不够的，为了对系统更进一步的研究必须给出定量的可靠性分析。可靠性通常是用可靠度来度量。

（一）可靠度的定义

可靠度是指系统中的研究对象人或机器在规定的工作条件下，规定的时间内，保持规定功能的概率。可靠度通常用 R 表示。人机系统的可靠性包括人的可靠性和机的可靠性，所以人机系统的可靠度应从两个方面来研究。

（二）人的可靠度

人的行为的可靠性是一个非常复杂的问题。人本身就是一个随时随地都在变化着的复杂系统。这样一个复杂系统被大量的、多维的自身变量制约着，同时又受到系统中机器与环境方面的无数变量的制约和影响，因此，在研究人的行为的可靠性时，不只要采用概率的方法，还需要结合因果的方法进行定量和定性的研究。

1. 概率的方法

概率的方法是借助工程可靠性的概率研究来解决人的行为的可靠性定量化问题。这种方法便于和机器可靠性进行综合，从而获得系统的总的可靠性量值。但有时对人过于硬件化的描述，会造成一定程度的不准确性。

人为失误的定量分析可以用人的失误率来表示：

$$F=1-R \tag{2-1}$$

式中：F——人的失误率；

R——人的行为可靠度。

当一组作业序中有多个作业单元时，其可靠度为每个作业单元可靠度的乘积，即

$$R=R_1R_2R_3\cdots R_i \qquad (2\text{–}2)$$

由于单个作业的可靠度小于或等于 1，因此，从式（2–2）可以看出，一个作业序中作业单元越多，其可靠度就越低，也即人的失误率也就越大。例如，读水压力数据时，人的可靠度为 0.994 5，而把读数记录下来可靠度为 0.996 6。若一个作业序中只有这两个作业，则这个作业序的可靠度为：$R=0.9945\times0.9966$。

这时人的失误率为：$F=1-(0.9945\times0.9966)=0.00888$。

以上提及的每一个作业单元的可靠度数值，是需要大量试验数据为依据的。

2. 因果的方法

因果的方法立足点是人的行为不是随机的，而是由一定原因引起的。只要系统的分析产生某种人的行为的内部和外部原因，采取相应的措施解决它们，人的差错就会消除或减少，就会提高人的可靠性。因此，这种方法对于评价和修正人机系统设计及改进作业人员的选拔和训练都是十分有益的。

人为失误的定性分析是利用因果分析方法，重点研究系统运行中人为失误的各种可能的原因及类型。主要包括以下环节和影响因素。

（1）信息感知。人需要通过自身生理结构接受机器和环境各方面的信息并做出反应，如视觉信息、听觉信息、触觉信息等。信息感知主要取决于人脑注意机制、信息源质量和环境因素。

1）在人机系统中，人对信息的接受和处理受人的信号决定通道的限制。研究表明，人只有一个单一的决定通道，所有信息都按次序通过这个通道，当两个信息同时传向大脑时，其中一个必须等另一个放入工作记忆中之后再执行处理和决定。这就是为什么人在同一时刻只能注意一件事情的原因。

2）信息源。当信息缺乏或过量、表述不明确、不清晰、不及时等，人的感知能力就会下降而犯错误，造成事故。信息量过大，超过人对信息接受能力的限度，也会造成感知上的失误。如在石化生产控制中心内有几百到上千信号器，事故预警和事故警示同时激活较多的信息无助于作业者接受主要信息并做出正确的判断。

3）环境因素。噪声、振动、超重、失重、高低温、照明不足等也都会引起人不能正确的感知信息。

（2）信息处理。在信息处理方面的人为失误，主要取决于人的精神状态、心理状态以及人对信息处理和加工的技能。

1）精神状态。当人长期从事某项工作时，会产生疲劳，这时人的神经活动的协调性遭到破坏，思维准确性下降，感知系统的机能下降，记忆力减退，从而影响了对信息处理的能力。

2）心理状态。人在工作时的心理状态直接关系到人对信息处理的可靠性。如生活上的压力、工作态度和责任心不强、感情的不稳定性等，都会造成工作时的精力不集中而引起失误。

3）个人能力。经过训练和培养的作业人员可以在大脑中储存和长期记忆许多正确的经验，这些经验越多，人在处理信息时就会从记忆中提取正确的决定方式。否则在处理信息当中，由于经验不足、能力低，就会造成误处理，尤其对于一些复杂信息的处理。

（3）操作执行。由于信息感知和信息处理所造成的失误，最终都会归结到执行和操作失误上。除此之外，操作环节本身可能发生的失误。其中违反操作规程而造成的失误是屡见不鲜的，这主要是对作业安全性重视程度不足或不熟悉规程导致的。例如，某些操作程序和步骤遗漏了，导致失误。改变操作程序后，操作者不熟悉、不习惯，而在新的操作中，采用了大脑保留的原操作程序，因此，造成失误。如某厂规定在混合搅拌化工原料时，要缓慢匀速，避免快速摩擦产生静电，一操作工人，因疏忽就没有按规定操作致使发生火灾。

实践证明，由于人失误的直接原因而导致的火灾事故占有相当大的比例。因此，必须重视和认真研究人在作业中容易发生差错的原因，从而找出防止失误的措施，提高人机系统的安全性。

（三）机器的可靠度

在人机系统中，由于机器设备本身的故障以及人机系统设计的协调性差而导致了许多事故的发生。因此，人们为了防止事故，在进行生产活动初始时，就要对机器设备的安全性进行预测，并根据具体情况，运用已有的经验和知识，及时调整和更正事先的预测，使预测的准确性达到最优。

1. 故障

构成设备或装置的元件，工作一定时期就会发生故障或失效。所谓故障就是指元件、子系统或系统在运行时达不到规定的功能。对可修复系统的失效就是故障。

2. 平均故障间隔

产品在两次相邻故障间隔期内正常工作的平均时间叫平均故障间隔期（*MTBF*），用 τ 表示。即某产品在第一次工作时间 t_1 后出现故障，第二次工作时间 t_2 后出现故障，第 n 次工作 t_n 时间后出现故障，则平均故障间隔为：

$$\tau = (t_1+t_2+\cdots+t_n) / n$$

平均无故障时间（*MTBF*）τ 一般通过实验测定几个产品的平均故障间隔时间的平均值得到一般由生产厂家给出，或通过实验得出。它是产品从运行到发生故障时所经历时间 t_i 的算术平均值，即：

$$MTBF = \frac{\sum_{i=1}^{n} t_i}{n} \tag{2-3}$$

式中：n——所测产品的个数；

t_i——故障间隔时间。

3. 平均故障率

产品在单位时间内发生故障的平均值称为平均故障率，用 λ 表示。平均故障率等于产品平均无故障时间 *MTBF*（或称平均故障间隔时间）的倒数，故障率的单位为故障次数 / 时间，通常为 1/h，即：

$$\lambda=1/MTBF=1/\tau \tag{2-4}$$

4. 故障率修正

产品故障率是通过实验测定出来的，在实验室条件下测出的故障率为 λ_0。实际应用时受到环境因素的不良影响，如温度、湿度、振动、腐蚀等，故应给予修正，即考虑一定的修正系数，称为严重系数 K。部分环境下的严重系数 K 的取值见表 2–8，适当选择严重系数 K 对 λ_0 进行修正，实际使用的故障率 $\lambda=K\lambda_0$。

表 2–8　严重系数值举例

使用场所	K	使用场所	K
实验室	1	火箭实验台	50
普通室	1.1 ~ 10	飞机	80 ~ 150
船舶	10 ~ 18	火箭	400 ~ 1 000
铁路车辆，牵引式公共汽车	13 ~ 30	—	—

5. 可靠度与故障率

在规定时间内和规定条件下，产品完成规定功能的概率称为可靠度，用 $R(t)$ 表示。元件在时间间隔（0，t）内的可靠度与故障率的关系符合式（2–5），即可靠度服从故障率和时间的指数分布，推导过程略[①]。

$$R(t)=e^{-\lambda t} \tag{2–5}$$

在规定时间内产品没有完成规定功能，即失效的概率就是故障概率，即不可靠度，用 $F(t)$ 表示。故障概率是可靠度的补事件，用下式得到：

$$F(t)=1-R(t)=1-e^{-\lambda t} \tag{2–6}$$

故障概率密度函数为：

$$f(t)=\lambda e^{-\lambda t} \tag{2–7}$$

以上公式只适用于故障率 λ 稳定的情况，许多产品的故障率随时间而变化，呈现周期规律性。

例题 1：有 5 个某种元件，从开始运行到全部都发生故障时所经历的时间分别为 t_1=5 000h，t_2=4 500h，t_3=5 500h，t_4=4 000h，t_5=6 000h，求 5 000h 的可靠度。

解：由式（2–3）可得：

$$MTBF=\frac{5\,000+4\,500+5\,500+4\,000+6\,000}{5}=5\,000\ (\mathrm{h})$$

把 $MTBF$=5 000h 代入式（2–4），可得出这种产品的故障率 λ 为：

$$\lambda=\frac{1}{5\,000}=2\times10^{-4}\ (1/\mathrm{h})$$

根据式（2–5），该元件在运行 5 000h 这一时刻的可靠度为：

$$R(t)=e^{-\lambda t}=e^{-\frac{1}{5\,000}\times5\,000}=e^{-1}=0.368$$

由此可见，产品的故障率与规定的使用时间有关系，即故障率是产品使用时间的函

① 林柏全，张景林．安全系统工程［M］．北京：中国劳动社会保障出版社，2007.

数。显然，随着使用时间的增加，机器或部件的可靠度不断降低，如图 2–17 所示。根据上式，当机器或部件使用时间等于平均无故障间隔时间时，机器或部件的可靠度为：

$$R(t)=e^{-1}=0.368$$

为了提高机器或部件的可靠度，使用时间要小于平均故障时间，λ_t 越小，机器可靠度越高。

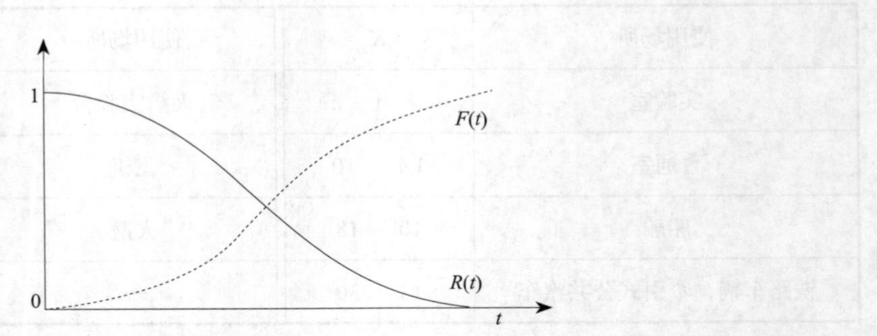

图 2–17　机器的可靠度与时间的关系

6. 故障率变化周期

通过以上分析可知，系统的故障率实际就是在某一时刻系统单位时间发生故障的概率，其量纲应为时间的倒数。机器或部件的故障率 $\lambda(t)$ 是随使用时间的递增按不同使用阶段变化的。故障率随时间变化呈现为三个时期，即早期故障期、偶然故障期和损耗故障期。设备在早期和后期的故障率都很高，其故障率 $\lambda(t)$ 随时间的变化如图 2–18 所示。

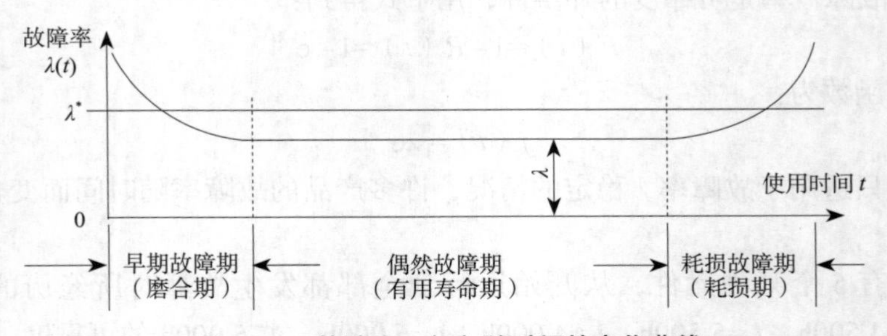

图 2–18　故障率 $\lambda(t)$ 随时间的变化曲线

（1）早期故障期，发生于机器试制或投产早期的试运转期间。其主要原因是由于设计或生产加工中潜在的缺陷所致，例如，使用了不合格的原材料或元器件、加工或装配精度低等。产品在使用初期暴露出来，就呈现为故障。为了尽早发现这些缺陷，就要对材料、元器件进行认真的筛选、试验、改进制造工艺，以及对成品做延时、老化处理、人机系统的安全性试验等，以提高机器在使用初期的可靠性。

（2）偶然故障期，是在机器处于正常工作状态下的偶发故障。这期间故障率较低且稳定，称为恒定故障期。它的故障率是设备在长期运行过程中，一些特定的元器件所积累的应力超过了其本身固有的强度而引起的报废。偶然失效期的特点是故障率低而且稳定，偶发故障是随机的，既无规律又不易预测。随机失效期是设备在其寿命中的主要工作期，在随机失效期系统的故障率近似为一常数，称为耐用寿命，或有效工期，在一定条件下耐用寿命越长越好。

（3）耗损故障期，即后期磨损故障。设备由于长期磨损，机器或部件老化、疲劳、腐蚀等，已发生严重磨损或老化而趋于报废，进而导致系统的故障率逐步增大。在研究机器耗损故障之后，在损耗期之前，制订出一套预防检修或更换部分元件的方法，定期保养、更换或修理即将失效元件，就可以使耗损故障期延迟到来，以延长有效工作期。

由此可见，故障率并非固定的，而是时间的函数。但在实际应用过程中，考虑到随机失效期作为系统的主要工作期，在此时期内系统的故障率近似为常数，因此，在设计或计算中对各种元器件或零部件的故障率通常取为常数，对某一类器件取其平均故障率，具体数值可在有关手册上查到，表 2-9 列举了消防系统常见设备的故障率。查得部件平均故障率后，根据式（2-5）和式（2-7）可以很方便地计算出相应器件或零件的可靠度函数和故障概率密度函数。

表 2-9　部分元件的故障率

元件	故障 /（次 · a^{-1}）	元件	故障 /（次 · a^{-1}）
控制阀	0.60	pH 计	5.88
控制器	0.29	压力测量	1.41
流量测量（液体）	1.14	泄压阀	0.022
流量测量（固体）	3.75	压力开关	0.14
流量开关	1.12	电磁阀	0.42
气相和液相色谱	30.6	步进电动机	0.044
手动阀	0.13	长纸条记录仪	0.22
指示灯	0.044	热电偶温度测量	0.52
液位测量（液体）	1.70	温度计温度测量	0.027
液位测量（固体）	6.86	阀动定位器	0.044
氧分析仪	5.65	—	—

三、维修度

机器发生故障后，从诊断故障的部位开始，进行一系列的修理，使系统恢复正常运行的过程称为维修。通常系统运行一段时间后会发生故障，必须经过维修后才能恢复正常运行，机器可修复的能力通常用维修性表示。维修性是指在规定条件下使用的产品在规定的时间内，按规定的程序和方法进行维修时，保持或恢复到能完成功能的能力。

（一）维修度的定义

对于可修复系统，发生故障后，通常经过维修后还可正常使用。对于这类系统，是否易于维修对系统实现其功能有重要影响。可修复系统维修的难易程度一般可用维修度来衡量，即维修度是指系统发生故障后在维修容许时间内完成维修的概率，或者说是在规定的条件下使用的产品，在规定时间按照规定的程序和方法进行维修时，保持或恢复到能完成规定功能状态的概率。

（二）维修度的度量

在确定系统维修度时需考虑的一个关键因素就是维修容许时间，在确定维修容许时间时不但要考虑一次维修所需的时间，还应考虑在系统预期使用周期内的总维修时间。由于故障发生的原因、部位以及设备所处的环境有所不同，维修所需的时间通常是一个随机变量。

1. 平均维修时间与维修率

在实际工作中，平均维修时间也可以按下式计算：

$$MTTR = \frac{n\text{ 次故障的总修复时间}}{n\text{ 次故障}}$$

维修率 $\mu(t)$ 是指维修工作进行到一定时刻之后的单位时间里可以完成维修工作的比率，它也是时间的函数。

平均维修时间 $MTTR$ 是指当维修率为常数，维修度随时间呈指数分布时，维修率与平均维修时间 $MTTR$ 互为倒数，即：

$\mu = 1/MTTR$

2. 维修度与维修率关系

维修度是时间的函数，通常用 $M(t)$ 表示。维修度 $M(t)$ 是一个能快速反应修复能力的综合指标，时间 t 越长，维修度 $M(t)$ 越小。

维修度和维修率两者之间的关系为：

$$M(t) = 1 - e^{-\int_0^t \mu(t)\mathrm{d}t} \tag{2-8}$$

维修度的概率密度函数应为：

$$m(t) = \frac{\mathrm{d}M(t)}{\mathrm{d}t} \tag{2-9}$$

在不考虑维修率随时间变化时，维修率为常量。此时的系统维修度和系统维修率密度应分别为：

$$M(t) = 1 - e^{-\mu t} \tag{2-10}$$

$$m(t) = \mu e^{-\mu t} \tag{2-11}$$

指数分布时的维修度函数 $M(t)$ 为：

$$M(t) = \int_0^\infty m(t)\mathrm{d}t = 1 - e^{-\mu t} = 1 - e^{-\frac{1}{MTTR}} \tag{2-12}$$

3. 可靠度与维修度的区别

可靠度指不发生故障的概率，也就是不易发生故障的程度。维修度是出故障后在规定时间和规定条件下能修复的概率。

维修度与可靠度相比，二者在数理上虽有相同的时间分布，但从构成时间的要素上看，二者确有很大差异。可靠度主要表征产品的优劣程度，它取决于设计的好坏；而维修度则不然，它与维修技术、维修设施等密切相关。

四、有效度

系统可靠性和维修性能反映系统的有效工作能力，称为有效性，它是指可以维修的系统在某时刻具有或维持规定功能的能力。

（一）有效度的定义

有效性的度量指标是有效度，有效度的数学定义是系统在规定的条件下，任意时刻正常工作的概率称为系统的瞬时有效度（或瞬时可用度），它与时间 t 有关。

（二）有效度的度量

对于可修复系统，有效度是在规定的使用条件和时间内能够保持正常使用状态的概率，采用可靠度与维修度综合衡量。

即给定某系统的预期使用时间为 t，维修所容许的时间为 τ，该系统的可靠度、维修度和有效度分别为 $R(t)$、$M(\tau)$ 和 $A(t, \tau)$，则有：

$$A(t, \tau)=R(t)+[1-R(t)]M(\tau) \tag{2-13}$$

由此式可以看出，要提高系统的有效度有两个途径，可靠度与维修度对有效度有合力影响效应，需要根据系统有效性目标寻求二者的最优平衡。

1. 提高系统的可靠度

如果在设计阶段，就能保证系统具有极高的可靠度，例如使 $R(t)=1$，也就是系统永远都不会出故障，有效度 $A(t, \tau)$ 自然为 1，若要保证高可靠度，势必增加系统初期投资。

2. 提高系统的维修度

如果不能保证完全可靠度，则 $R(t)<1$，也可以通过提高系统的维修度来提高有效度。比如若能保证 $M(t)=1$，根据有效度的计算式，也可使有效度 $A(t, \tau)=1$。这就相当于系统发生的故障总可以在规定的时间内顺利修复，也就可以认为系统的正常使用没有受到影响。

3. 可靠度是有效性的关键

对于不可修复系统由于 $M(\tau)=0$，系统有效度就是系统的可靠度，而对于可修复系统由于 $M(\tau)>0$，故系统的有效度大于系统的可靠度。显然，如果系统本身的可靠性很低，经常出故障，必然会提高系统维修费用。如果系统故障频发，就会使总的维修时间超过允许的范围，从而降低系统的维修度，最终导致系统有效度的下降。

（三）有效度的应用

在工程应用中，研究瞬时有效度的意义不大，且求解困难。因此，在工程应用中关心的是稳态有效度，为此给出稳态有效度的工程定义：系统在长期的运行中，正常工作的时间比例称为系统的稳态有效度，简称有效度（或可用度），与时间 t 无关，也是把系统的可靠性和维修性特性转换为有效性的一个指标参数，记为 $A(t)$。

一般可维修系统有两种状态，系统正常运行状态为 S，一旦发生故障则处于故障状态 F。发生故障后立即开始修理，一直到修复完毕后，系统又重新恢复功能。因此在任何时

刻 t，系统可能处于正常状态 S，也可能处于故障状态 F。两种状态之间的概率转移可用马尔可夫过程来描述。

令系统工作时间的故障概率密度函数为 $f_x(x)$，工作状态转移到故障状态的故障率为 $\lambda(t)$，同时维修时间的概率密度函数为 $f_y(y)$，故障状态转移到工作状态的修复率为 $\mu(t)$。当系统的故障寿命分布和修复时间分布均为指数分布时，$\lambda(t)=\lambda$（常数），$\mu(t)=\mu$（常数）。这样系统的马尔柯夫过程的解为：

$$f_x(x)=\lambda e^{\lambda x},\ 0\leqslant x\pi<\infty$$

$$f_y(y)=\mu e^{-\mu(y-\tau)},\ \tau\leqslant y\pi<\infty$$

其中，τ 为系统的第一次循环时间，从 τ 开始进行第一次修复。进而可得出系统瞬时有效度为：

$$A(t)=1-\frac{\lambda}{\lambda+\mu}[1-e^{-(\lambda+\mu)t}] \tag{2-14}$$

系统的稳态有效度为：

$$A(\infty)=\lim_{t\to\infty}A(t)=1-\frac{\lambda}{\lambda+\mu}[1-0]=\frac{\mu}{\lambda+\mu}=\frac{MTBF}{MTBF+MTTR} \tag{2-15}$$

式中，$MTTR$ 为平均修复时间 $\frac{1}{\mu}$。

由以上分析可知，一个人机系统只要知道了平均修复时间、平均无故障时间就能知道系统的可靠度、维修度、有效度，当可靠性设计的好时，系统的失效率低，则提高了系统的有效度；当系统的可维修性设计的好时，系统的维修率高，也提高了系统的有效度。

五、系统可靠性分析

人机系统的可靠性分析法是评价人机系统是否安全可靠的重要方法。系统可靠性的含义比安全性含义的外延要小，但内涵要深。人机系统的可靠性是指该系统在规定的时间内和规定的条件下完成规定功能的能力。一个系统由许多部件组成，无论是组成机器或设备的许多部件或零件之间，还是组成生产单元和生产系统的众多机器设备之间，在完成规定功能和保障系统正常运动时，都是按一定连接方式进行配置的。构成系统的各单元之间通常可归结为串联配置方式和并联配置方式两类。串联系统是指系统中任何一个元素出现故障都会导致系统故障的系统，如环环相接的链条系统等。并联系统是指系统中的某个（某些）元素虽然发生故障也不足以造成系统故障的系统，如并联供水系统等。

（一）串联系统的可靠性分析

1. 串联系统的可靠性计算

串联系统是组成系统的元素在实现系统功能方面缺一不可的系统，因此，又称作基本系统。这类系统的基本特征是组成系统的任一元素发生故障都会导致系统故障。系统故障时间 t_s 与元素故障时间 $t_1, t_2, \cdots, t_n$ 之间有如下关系：

$$t_s=\min(t_1, t_2, \cdots, t_n)$$

即系统故障时间等于最先发生故障元素的故障时间。

当串联系统的各元素的故障时间相互统计独立时，统计可靠度 $R_s(t)$ 与元素可靠度 $R_i(t)$ 间有如下关系：

$$R_s(t) = \prod_{i=1}^{n} R_i(t) \tag{2-16}$$

可见，串联系统的可靠度就是所有单元可靠度的连乘积。

同样，系统发生故障概率 $F_s(t)$ 与元件发生故障概率 $F_i(t)$ 之间具有如下关系：

$$F_s(t) = 1 - \prod_{i=1}^{n} [1 - F_i(t)]$$

若系统中每个单元的失效分布都服从指数分布，即：

$$R_i(t)=e^{-\lambda_i t} \qquad i=1，2，3，\cdots，n$$

则有：

$$R_s(t) = \sum_{i=1}^{n} R_i(t) = e^{-\sum_{i=1}^{n}\lambda_i t} = e^{-\lambda_s t} \tag{2-17}$$

$$\lambda_s = \sum_{i=1}^{n} \lambda_i$$

$$MTTF = \frac{1}{\lambda_s}$$

如果每个单元故障率（不可靠度）都相同时，系统可靠度可快速近似计算。

因为

$$R_s = \prod_{i=1}^{n} R_0 \tag{2-18}$$

所以

$$R_s=(1-q)^n \tag{2-19}$$

利用二项式，略去高次项，则可得：

$$R_s=1-nq \tag{2-20}$$

式中：q——单元的故障率（不可靠度）。

例题 2：一个串联系统是由 20 个相同单元的部件组成，单元的故障率为 0.000 000 5，求系统的可靠度 $R_s(t)$ 。

解：根据

$$R_s=1-nq$$

得

$$R_s=1-20\times 0.000\,000\,5=0.999\,99$$

很显然，串联系统的元素越多，可靠度越小，越易于发生故障。

2. 提升串联系统的可靠性途径

根据式（2-17）要提高串联系统的可靠度，有 3 个途径：

（1）提高各子系统的可靠度，即减少子系统的故障率。

（2）减少串联级数。

（3）缩短任务时间。

（二）并联系统的可靠性

人机系统可靠度采用并联方法来提高。常用的并联方法有并行工作冗余法和后备冗余法。并行工作冗余法是同时使用两个以上相同单元来完成同一系统任务，当一个单元失效时，其余单元仍能完成工作的并联系统。后备冗余法也是配备两个以上相同单元来完成同一系统的并联系统。它与并行工作冗余法不同之处在于后备冗余法有备用单元，当系统出现故障时，才启用备用单元。例如汽车备用轮胎。

1. 并联系统的可靠性计算

并联系统是一种常用的冗余系统。其基本特征是，只有组成并联系统的所有元素都发生故障时系统才发生故障。并联系统的故障时间、可靠度、故障概率与元素的故障时间、可靠度和故障率之间的关系都与串联系统相反，即：

$$t_s=\max[t_1, t_2, \cdots, t_n]$$

若系统中有 n 个单元相互独立，第 i 个单元的可靠度为 R_i，不可靠度为 $F_i=(1-R_i)$，根据定义，若系统中所有单元均失效，系统才失效，所以有：

$$F_s(t) = \prod_{i=1}^{n} F_i(t) \tag{2-21}$$

根据可靠度与不可靠度的关系，有：

$$R_s(t) = 1 - F_s(t) = 1 - \prod_{i=1} F_i(t) = 1 - \prod_{i=1} [1 - R_i(t)] \tag{2-22}$$

2. 并联系统的可靠性分析

并联系统的故障率与元素的故障率之间的关系较为复杂，很难明确表达，只能根据具体的情况来求解。采用并联方法提高系统可靠度的实例很多，例如，在生活中和生产中广泛应用所谓的“再一次”。人们在照纪念相时，往往一个镜头照两次，这是为了更保险。若一张的失败概率为1/1 000，那么两张总失败概率为1/106，几乎极难发生失误。再如重要系统安装双电源以保证火灾时消防用电也是同样道理。

一般来说，并联系统随着组成系统元素的增加，系统的平均故障时间也增加，系统的可靠性提高。但是考虑到可靠度的增加幅度、成本和体积等因素，并联系统的元素也不宜过多。

由上可见，串联系统中部件越多可靠性越差。同样的部件，并联起来同时工作的可靠性较大，这种允许有一个或若干个部件失效而系统能维持正常工作的复杂系统，称为冗余系统，如常见的表决系统、储备系统等。因此，对部件可靠性较差的场合，一般处理方式是适当的选择冗余系统。特别在人机系统中，人作为部件之一介入系统，为提高其可靠性，也需要采用这一系统。例如大型客机的飞机驾驶员往往配备两名，同时在驾驶室左、右位置上配备了相同的仪表和操作设备，以减少人的失误对飞机造成的危险性威胁。

（三）人机系统的可靠性分析

人机系统的可靠度据不同的系统模型来求出，通常情况下可看成串联系统。这时有：

$$R_s=R_{人} R_{机} \tag{2-23}$$

$$R_S=R_H R_M \quad (2-24)$$

式中：R_S——人机系统可靠度；

R_H——人的操作可靠度；

R_M——机器设备可靠度。

在串联系统中，系统的可靠度总是小于系统中最不可靠单元的可靠度（$R_S<R_i$）。

例如，机器可靠度 R_M=100%（理想状态），人的操作可靠度 R_H=40%，则：

$$R_S=R_H R_M=100\% \times 40\%=40\%$$

根据计算结果可以看出，一个可靠度绝高的机器，由于操作者的可靠度极低，而使人机系统可靠度大大降低。因此，对串联系统应有如下要求：

1. 避免薄弱环节

串联系统若无特殊需要，不允许有薄弱环节，理论上应由等强度、等可靠度的单元组成才是最经济的和最安全的。如自动灭火系统，喷头、管网、水流开关、压力开关、报警阀组、水泵、水箱等，每一个组件都要保障可靠，才能保障整个串联系统的安全。其可靠度用下式表示：

$$R_S=R_0^n \quad (2-25)$$

式中：R_0——每个组成单元的可靠度；

n——单元数量。

2. 设置切断装置

在特殊情况下，为了保护整个系统而特意设立薄弱环节，如设保险丝，以保护电路上各元件不损坏。

3. 增加并联冗余组件

在串联系统中，组成单元越多，系统可靠度越低。欲提高系统可靠度，或增加系统组成单元的可靠度，或减少系统组成单元的数目，例如，在消防设施中的关键组件，都采用一用一备的设计，如消防水泵和消防电源。

系统可靠性分析针对的是系统功能能否实现。但需要指出的是系统可靠性与系统安全性还是有区别的。从火灾事故预防的角度来看，系统功能丧失并不意味着一定会导致火灾事故；而系统在正常运转时也并不意味着就不会出事故。因此，如何保证系统安全运行，以及如何在系统故障时保证安全都是非常重要的。

思考题

1. 事故致因理论研究的内容是什么？
2. 海因里希因果连锁理论的价值是什么？
3. 海因里希事故法则揭示了什么样的事故规律？
4. 依据能量释放理论，事故防范的措施有哪些？
5. 轨迹交叉理论的贡献是什么？
6. 阐述二类危险源理论的内容。
7. 影响人的可靠度因素有哪些？

8. 机器的可靠度是什么，如何估算？
9. 机器的维修都是什么，如何估算？
10. 如何提升串联人机系统的可靠度？

第三章　消防安全检查表法

【导学】消防安全检查表是开展消防安全检查的工具，消防安全检查表法是各种系统消防安全分析的基础方法，应用广泛。通过本章的学习，应熟悉消防安全检查表的基本形式和结构，掌握消防安全检查表的编制和使用方法，能够编制各级消防安全检查表。

第一节　消防安全检查表法概述

一、消防安全检查表法的含义与作用

安全检查表（Safety Check List，简称 SCL）是在前期分析安全风险的基础上编制检查项目，能够按照表格逐项对照风险开展安全检查，并能即时分析得到人的不安全行为或物的不安全因素的一种工具。20 世纪 30 年代，国外就采用了安全检查表开展安全检查工作，至今仍然是各类安全系统工程中应用较为广泛的一种分析方法。安全检查表既可以针对某一工程全流程编制，也可针对某一工序、某一岗位、某类工种、某类设备等单独编制。

（一）消防安全检查表法的定义

消防安全检查表法，就是预先判断建筑、场所、区域、重点部位、重点岗位、某类消防设施、某类特殊设备的火灾风险，编制消防安全检查表，消防安全责任人、管理人、岗位负责人等相关人员等参照消防安全检查表开展防火巡查、检查、自查等的一种方法。

消防安全检查表是对生产系统或场所的系统科学分析，识别各种火灾危险因素，确定检查内容并编制“问题清单”，并以表格形式展现。

（二）消防安全检查表的作用

消防安全检查表具有以下几个方面的作用。

1. 作为系统安全检查的工具

消防安全检查的编制目的就是作为对照消防安全检查表开展安全检查，检查表能够展示消防安全检查的醒目、要点和要求，使用简单便捷。

2. 作为岗位消防安全教育的工具

消防安全检查表均结合国家法律、法规和相关技术标准编制，安全检查表的编制过程就是对上述内容不断了解、学习、熟悉的过程，安全检查表编制完成后可以分类作为岗位

制度对职工进行安全教育和安全提示。

3. 作为事故分析的工具

一旦发生安全生产事故，可以对照各岗位安全检查表开展复盘工作，便于及时发现事故原因，并应根据安全生产事故原因和安全生产工作风险及时修订岗位安全检查表。安全检查表责任明确，可作为安全检查人员或现场操作人员履职的证明，有助于安全生产责任制的实施。

4. 作为工程设计和运行的指导文件

安全检查表可以为系统设计人员提供清晰明确的安全要求，为系统运行提供安全操作指南。

二、消防安全检查表的类型

（一）设计审查用消防安全检查表

主要用于对企业生产性建设和技改工程项目进行设计审核时使用，也可作为“三同时”的安全预评价审核的依据。设计审查安全检查表是从安全的角度，对某项工程设计和验收进行安全分析评价的一种表格，主要应用于厂址选择（风向、水流、交通、排放物出路等）、厂区规划、工艺装置、工艺流程、安全设施与装置、建筑物和构筑物、操作的安全性、材料运输与贮存、运输道路、消防急救措施等方面。审查设计的安全检查由设计人员和安全监察人员及安全评价人员在设计审核时进行。

（二）公司级消防安全检查表

主要用于安全检查和安全生产的检查，也可用于安全技术、消防安全等部门的日常检查。其主要内容是各生产设备、设施设备的安全性和可靠性以及各类系统的主要不安全部位、不安全点，主要安全设备、装置和设施的敏感性和可靠性，有害物质的储存和使用，消防设施的可靠性，日常运营管理及遵守法律法规和相关公司条款等情况。公司安全技术人员可以会同有关部门共同开展公司厂级安全检查和日常安全检查工作。

（三）车间用消防安全检查表

车间用消防安全检查表供车间进行定期安全检查或预防性检查时使用。该检查表主要集中在防止人身、设备、机械加工等事故方面，其内容主要包括工艺安全、设备布置、安全通道在制品及物件存放、通风照明、噪声与振动、安全标志、人机工程、尘毒及有害气体浓度消防设施及操作管理等。车间的安全检查可以由车间主任或指定车间安全员负责。

各车间应采用各自的车间安全检查表进行定期或预防性检查。该清单主要侧重于人员、设备和机械加工等的事故预防，包括操作安全、设备布局、安全检查和零件存储工作、通风照明、噪声和振动、安全标志、人体工程学、灰尘和有毒有害气体压缩站以及操作管理。可以由车间经理或指定的车间安全员专职开展车间的安全检查。

（四）过程中和事后消防安全检查表

过程中和事后消防安全检查表常用于日常安全检查、员工自查、互检或安全教育中，主要侧重于预防因个人原因或不规范操作等造成的事故，其主要内容应根据整个系统的安全性编制，需明确工艺过程、危险部位等内容，要求具体、简洁、易操作。

（五）专业消防安全检查表

专业消防安全检查表由专业组织或职能部门编制和使用。主要用于电气设备、起重设备、压制容器、特种电器和设施等的专业检验。检查表的内容应符合职业安全技术保护措施的要求，如设备结构的安全性、设备安装的安全性、设备的安全性和参数的安全性、安全装置和报警装置的安全性和可靠性、安全使用的主要要求以及具体操作人员的安全技术评估等。

（六）事故分析预测用消防安全检查表

事故分析预测用消防安全检查表是借鉴同类事故的经验教训，根据对事故的分析、研究，结合有关规程和标准等编制而成。在分析事故时用这类检查表进行对照检查，找出事故原因；在预防事故时按照检查项目逐条加以控制，防止事故的发生。例如，触电死亡事故分析检查表和高空坠落死亡事故预测检查表等。

三、消防安全检查表法的优缺点

消防安全检查表之所以能得到广泛的使用，是因为消防安全检查表具有较多的优点，但仍存在一些缺点需要注意。在实践中，应该根据具体情况选择合适的检查方法，并结合其他检查方法进行综合检查，以确保安全检查的全面性和准确性。

（一）消防安全检查表法的优点

1. 消防安全检查表编制前经过系统消防安全分析，目标明确

消防安全检查表通过组织有关专家、学者、专业技术人员，经过详细的调查和讨论，事先编制。消防安全检查表具有全面性，如果能按照它的预期目的、要求和检查要点进行检查，可以突出重点，避免疏忽和盲目，及时识别和整改各类危险隐患。

2. 消防安全检查表具有应用的广泛性和灵活性

对于各种行业、岗位、设备、工种及系统，消防安全检查表都能广泛地应用。根据不同的区域和要求，可以汇总相应的安全检查表，使其安全监管功能标准化，并为新系统、工艺和新设备的设计提供有用的信息。根据消防安全检查表进行检查，是监控各项安全规章制度执行情况、纠正违章行为的有效途径。它可以克服不同检查标准造成的检查结果偏差，是提高检查水平和提升安全教育的有效手段。消防安全检查表既可以用于日常的检查，也可以用于定期的检查、事故分析和事故预测等。

3. 消防安全检查表法实用性强

消防安全检查表内容直观简单，有利于安全检查人员或现场操作人员熟悉掌握；消防安全检查表的检查方法可以明确检查目标和检查内容，避免遗漏、重复检查和流于形式，有利于提升安全检查效果；编制和使用消防安全检查表的过程有助于提升安全教育、提高安全技术人员安全管理水平。

4. 消防安全检查表法具有持续可更新性

消防安全检查表可以根据标准或规范，对检查内容进行标准化、量化，保证检查的客

观性和准确性，同时还可以根据实践情况和标准修订，随时进行修改、补充，更新便捷，可持续使用。

（二）消防安全检查表法的缺点

消防安全检查表法也存在一些缺点：

（1）检查表的内容需要事先编制，不能随时根据现场情况进行调整。

（2）检查表的编制需要具有丰富经验和相关专业知识的人员，否则容易出现漏项或错误。

（3）检查过程中需要逐项进行检查，花费时间较多，对于大型检查项目可能不太适用。

（4）检查过程中仅能发现已存在的问题，对于潜在的安全风险和隐患难以发现。

第二节　消防安全检查表的形式与编制

消防安全检查表是安全检查法的核心。消防安全检查表可以根据生产系统、车间、区域或重点部位编制。如果设备很重要，可以单独编写设备的安全检查清单。为使消防安全检查表更加切合实际，应结合安全管理人员、生产技术人员和岗位人员工作不断进行完善，使其日趋全面，进而形成标准化的检查表。

一、消防安全检查表的内容与形式

消防安全检查表的项目内容应全面、简单、实用。一般来说，安全检查表的基本内容包括四个组成部分，人、机器、环境和控制，并且通常包括但不限于以下6个要素：

（1）建筑防火：建筑类型、防火间距、防火分区与分隔、平面布置、安全疏散、周边环境等。

（2）生产工艺：原料、燃料、制造工艺、工艺流程、物料运输和储存的危险性与防火防爆技术措施等。

（3）消防设施：消防设施设置情况、可靠性、有效性、保护装置、安全装置等。

（4）消防管理：消防责任制与管理制度建设、消防安全组织机构、安全操作规程、消防检查与隐患整改、火灾风险管控、消防考核奖惩等。

（5）消防培训：消防宣传、消防培训、安全文化等。

（6）防灾措施：灭火力量、灭火器材、灭火预案、疏散演练、火灾事故处理等。

消防安全检查表的形式很多，检查表可根据不同的检查项目进行设计，也可按照统一要求的标准格式制作。要求在进行消防安全检查时，利用检查表能做到目标明确、要求具体、查之有据，对发现的问题做出简明确切的记录，并提出解决的方案，同时责任到人，以便及时整改。

1. 消防安全检查表一般形式

消防安全检查表一般包括检查项目、检查内容及要点、合格标准、检查依据、检查结果、整改意见、检查日期、检查者、被检查者、记事和备注等内容，消防安全检查表的基本格式式样如图 3–1 所示。对班（组）或岗位用消防安全检查表，由于检查频率较高，检查结果栏目可根据需要再分成若干项，制成每周或每月用检查表。

××消防安全检查表

<table>
<tr><td rowspan="2">检查项目</td><td rowspan="2">检查内容
及要点</td><td rowspan="2">检查合格
标准</td><td rowspan="2">检查
依据</td><td colspan="2">检查结果</td><td rowspan="2">检查处理
意见</td><td rowspan="2">备 注</td></tr>
<tr><td>是
（√）</td><td>否
（×）</td></tr>
<tr><td rowspan="2"></td><td></td><td></td><td></td><td></td><td></td><td></td><td></td></tr>
<tr><td></td><td></td><td></td><td></td><td></td><td></td><td></td></tr>
<tr><td rowspan="2"></td><td></td><td></td><td></td><td></td><td></td><td></td><td></td></tr>
<tr><td></td><td></td><td></td><td></td><td></td><td></td><td></td></tr>
<tr><td rowspan="2"></td><td></td><td></td><td></td><td></td><td></td><td></td><td></td></tr>
<tr><td></td><td></td><td></td><td></td><td></td><td></td><td></td></tr>
<tr><td>记 事</td><td colspan="7"></td></tr>
<tr><td>被检查单位
及负责人</td><td colspan="3">（签 字）
年 月 日</td><td>检查机关
及检查人</td><td colspan="3">（签 字）
年 月 日</td></tr>
</table>

图 3–1　消防安全检查表基本格式式样

2. 消防安全检查表栏目说明

（1）核心是检查内容。使用消防安全检查表的意义和有效性取决于消防安全检查表的内容。消防安全检查表必须包含检查场所或系统的所有主要部分，可以通过编制事故树查出基本原因事件作为检查表的基本检查项目，并且不能忽视主要和潜在的不安全风险，并且应扩大与之相关的任何其他潜在风险并从检查现场进行检查。每个检查地点应明确定义并便于实际操作。

（2）使用方法。消防安全检查表的格式应包括检查项目、检查方式、检查内容、检查结果、备注等内容，检查项目的内容和关键要素应以问题的形式记录。检查结果用“是”“否”或“√”“×”表示。

（3）最简单的消防安全检查表可只具备四个栏目，即序号、检查项目、“是”“否”栏和备注栏。

二、消防安全检查表的编制

编制人员需要在熟悉工艺和设备检查操作的人员的帮助下，在预期检查部分的情况下，共同深入分析，充分讨论，找出问题所在，同时根据理论知识、实践经验、相关标准、准则和事故信息进行仔细准确的思考之后，确定检查部位和检查要点并汇总成表格，以便在设计或检查中按照固定的内容识别和验证系统的潜在危害，并提出适当的解决措施和建议，为后续评估、预测、决策奠定基础。

（一）消防安全检查表的编制依据

为了能够切合实际、有针对性、简明扼要、易于实施并符合安全要求，应根据以下四个要素编制消防安全检查表：

（1）国家、各行业颁布有关法规、技术标准和规范以及单位内部的安全规章制度、操作规程等。

（2）本单位的消防安全管理经验。组织有关技术人员、管理人员、操作人员和安全技术人员等，共同总结本单位生产作业中的消防安全实践经验，分析潜在的危险因素和外界环境条件，以及过去安全检查发现的问题。

（3）有关火灾、爆炸事故的案例和剖析。通过剖析以往发生的火灾、爆炸事故的教训，导致火灾、爆炸事故的各种原因，结合本单位实际，提炼出能够导致火灾、爆炸事故的各种不安全状态。

（4）系统安全分析的结果。根据其他系统安全分析方法，如事故树分析、事件树分析、故障类型及影响分析和预先危险分析等，对系统进行分析，得出导致事故的各个基本事件。

（二）消防安全检查表的编制方法与流程

1. 细分系统构成

大规模的消防安全检查表很难直接编制，可以根据系统工程的角度进行分解，拆解系统，并建立实用的组建结构图。这样可以显示每个组件、组件与组件之间、子系统与整个系统之间的关系，并且可以获得整个系统的检查清单以及每个组件的检查清单。

2. 分析人员、机械、物力、管理、环境等方面因素

车间的人员、机械、物力、管理和环境都是生产系统的子系统。从安全角度来看，不仅要考虑“人机系统”，还要考虑“人—机—物—管理—环境系统”。

3. 分析潜在危险因素

复杂或新的系统，人们一时无法识别潜在的火灾危险因素和不安全风险，对于这类系统可以用类似的“黑匣子法”原理来探索，就是首先想象系统可能存在什么样的风险及其潜在的组成部分，并对其事故过程和概率进行总结，逐步将危险因素具体化，最后寻找应对危险的处置方法。通过分析，不仅可以发现潜在的危险因素，还可以掌握事故的机制和规律。

4. 形成消防安全检查表

根据有关危险因素和规章制度，吸取以往的事故教训、结合本单位实际，确定消防安全检查表的要点和内容。根据危险性大小及重要度顺序，对应检查项目，以提问的方式列出要点并制成表格。

5. 修改完善

消防安全检查表的最终完善和适用，往往需要经过反复多次的推敲、修改，并随着形

势的发展及使用中暴露出来的问题不断修改和完善。

（三）消防安全检查表的编制要求

一个好的消防安全检查表必须具备以下条件：

（1）项目齐全，检查内容和检查要点明确、精炼。

（2）切合实际，内容具体。

（3）充分考虑到火灾、爆炸事故发生的各种潜在因素。

（4）重点突出，检查点尽可能少，文字表达准确。

（5）符合有关消防安全技术标准和消防安全法规。

（四）编制消防安全检查表应注意的问题

（1）编制消防安全检查表的过程本质上是一个理论知识和实践经验相结合的系统过程，要建立高水平的安全检查表，需要全面的专业技术，多学科的整合和实践经验的统一。为此，应组织技术人员、管理人员、操作人员、安保人员深入现场进行集体讨论、结合实际工作梳理编写。

（2）按照危险源识别要求列出的检验项目应完整、具体、明确，突出重点，指明要害。为避免重复，应尽可能将相同性质的问题归类，并系统地记录问题或状态。此外，应具体说明检查方法，并应提供标准选择，防止清单的过于笼统或存在歧义。

（3）各类消防安全检查表都应有自己的特点，各有侧重点，不宜一概而论。

（4）收集同类或类似系统的事故教训和安全科学技术情报，了解多方面的信息，掌握安全动态。

（5）依据科学技术的发展和实践经验的总结，列举所有存在于系统中的不安全因素。应对危险部位进行详细检查，以确保在发生事故之前消除隐患。

（6）应整合安全系统工程中的事故树分析、事件树分析、预先危险性分析和可操作性研究等方法开展消防安全检查表编制工作。

第三节　消防安全检查表法应用实例

一、消防安全检查表的应用对象

某地某大型商业综合体总用地面积12.13万m^2，总建筑面积75万m^2。其中地上64.5万m^2，地下20.6万m^2，建筑高度98m，包括购物中心、酒店、写字楼、室外步行街、KTV、娱乐楼、影城、超市、百货等使用功能。建筑进行过消防性能化设计，位于四层的影城、室内步行街等区域进行过特殊消防设计，并确定相关技术措施。为对该大型商业综合体开展火灾风险评估或每月防火检查提供依据，参照《大型商业综合体火灾风险指南和火灾风险检查指引》、《建筑设计防火规范》GB 50016—2014（2018年版）、《汽车库、修车库、停车场设计防火规范》GB 50067—2014、《自动喷水灭火系统设计规范》GB 50084—

2017、《消防给水及消火栓系统技术规范》GB 50974—2014、《建筑防烟排烟系统技术标准》GB 51251—2017、《消防应急照明和疏散指示系统技术标准》GB 51309—2018、《火灾自动报警系统设计规范》GB 50116—2013 等消防技术标准，结合单位性能化防火设计研究报告、消防性能化设计复核报告、消防性能化设计专家评审会会议纪要特殊消防设计要求以及单位现场实际，按照大型商业综合体消防安全管理、火灾危险源、重点场所及部位、消防设施、应急处置能力五大类建立该大型商业综合体消防安全检查表。

二、消防安全检查表的编制

该大型商业综合体的消防安全检查表如表 3–1 所示。

表 3–1　大型商业综合体消防安全检查表

检查项目	序号	检查方式	检查内容	检查结果（是 / 否）	备注
消防安全管理	1	资料档案	综合体是否建立消防安全管理达标建设组织，履行达标建设职责，开展隐患排查与整治、应急准备与响应及其他消防安全管理的综合消防安全管理工作		
	2		综合体是否建立行政管理团队和技术管理团队两个消防安全管理团队，火灾扑救团队和技术处置团队两个应急处置团队，并按照产权单位、使用单位、业态或区域组建至少 7 个实体化运行管理小组，具体实施达标创建工作		
	3		行政管理团队是否至少有 1 人为一级注册消防工程师或取得相应等级的消防安全管理资格，是否能够保证每日不少于 9 名成员在位		
	4		技术管理团队是否能够保证每日不少于 15 名技术人员在位，技术人员是否均具备岗位需求的资格和能力素质		
	5		行政管理团队是否整合综合体内各个志愿消防队、微型消防站，形成火灾扑救团队		
	6		综合体是否按照性能化设计要求在楼层增设消防器材存放室		
	7		查看是否制作集团总部研究部署综合体消防安全管理工作档案，总部有否将消防安全纳入集团发展政策，是否切实解决了集团消防安全管理的主要问题		
	8		综合体集团总部是否组织定期对综合体开展检查		

续表 3–1

检查项目	序号	检查方式	检查内容	检查结果（是 / 否）	备注
消防安全管理	1	资料档案抽查	综合体内购物中心、酒店、写字楼、室外步行街、KTV、娱乐楼、影城、超市、百货等重点单位的消防安全责任人、管理人及其消防安全职责是否明确，某广场作为产权单位，是否厘清与购物中心、酒店、写字楼、室外步行街、KTV、娱乐楼、影城、超市、百货等各使用单位的消防安全责任		
	2		查看综合体内各单位消防安全管理制度和消防工作档案是否健全；火灾风险隐患自知、自查、自改以及承诺公示制度是否建立		
	3		影厅、室内步行街及购物中心处是否按照性能化防火设计研究报告和性能化设计复核报告内容建立特殊消防设计管理制度，是否严格落实消防性能化设计专家评审会会议纪要相关要求		
	4		查看综合体内各单位消防安全培训制度和员工培训记录，普通员工是否满足至少每半年接受一次培训要求，查看消防安全责任人、管理人、专兼职消防管理人员、消防控制室的值班、操作人员、其他依规定应当接受消防安全专门培训的人员接受消防安全专门培训的档案是否健全		
	5		综合体是否针对各店铺、各业态场所建立讲评通报和表彰奖励等各项消防安全管理规章制度体系		
	6		综合体购物中心、室外步行街、超市、百货等业态招租是否充分考虑性能化防火设计研究报告、性能化设计复核报告、消防性能化设计专家评审会会议纪要相关要求建立相应准入机制		
	7		综合体内各单位管理团队、各志愿消防队、微型消防站是否建立联勤联动工作机制		
	8		综合体行政管理团队是否每季度对综合体开展 1 次风险评估工作，定期向综合体内各单位提示火灾风险		

续表 3-1

检查项目	序号	检查方式	检查内容	检查结果（是/否）	备注
消防安全管理	9	资料档案抽查	行政管理团队、技术管理团队是否每月开展联合防火检查；应急处置团队、微型消防站、营业期间楼层值守的志愿消防队员是否开展常态化防火巡查工作		
	10		综合体内各单位是否对其使用、管理范围依法依规开展防火巡查检查工作，是否依法依规组织开展每日夜间防火巡查，是否建立火灾隐患清单和整改清单		
	11		综合体内位于首层和地下二层的 2 个消防控制室值班人员是否均取得中级及以上职业资格证书		
	12		查看综合体内各单位电器产品的线路和燃气用具的管路定期维护、检测记录是否符合要求		
	1	现场实体抽查	询问综合体内购物中心、酒店、写字楼、室外步行街、KTV、娱乐楼、影城、超市、百货等重点单位的消防安全责任人、管理人是否知晓自身消防安全职责，是否掌握本场所火灾风险和日常防火巡查检查要求		
	2		询问综合体购物中心、室外步行街、超市、百货等重点单位的商管部、物业部、工程部等相关部门负责人消防安全联动管理工作开展情况，询问商管部负责人消防安全准入机制落实情况并开展实地核查		
	3		询问购物中心、室外步行街、超市、百货等单位内相关店铺、场所负责人是否掌握单位商管部、物业部、工程部对其消防安全管理的要求，是否受到过奖惩		
	4		询问员工是否掌握本场所火灾风险、是否掌握“四个能力”等消防安全知识、是否掌握开展日常防火巡查检查方法		
	5		逐一核对是否按照性能化防火设计研究报告和性能化设计复核报告落实特殊消防设计要求，后续运营管理时是否擅自改变设计要求		

续表 3–1

检查项目	序号	检查方式	检查内容	检查结果（是 / 否）	备注
消防安全管理	6	现场实体抽查	抽查综合体内购物中心、酒店、写字楼、室外步行街、KTV、娱乐楼、影城、超市、百货等重点单位的防火巡查检查记录是否如实登记隐患问题，火灾隐患的整改流程是否“闭环”，有关责任人是否签字确认，抽查核对隐患整改是否与现场一致		
	7		综合体内部使用的宣传条幅、广告牌等临时性装饰材料是否采用不燃或难燃材料制作		
	8		是否在综合体主入口及周边相关醒目位置，设置提示性和警示性标识，标示外墙保温材料的燃烧性能、防火要求		
	9		综合体内各单位是否开展消防安全标识化管理，依法依规设置提示性、禁止性、引导性标识		
	10		综合体公共区域醒目位置是否公示消防安全管理团队和应急处置团队的制度机制、组织架构、人员情况、履职情况等信息		
	11		综合体内各单位的公共区域醒目位置是否公示“三自主两公开一承诺”内容		
	12		综合体内各单位的是否在各自公共区域醒目位置公示聘请的第三方消防技术服务机构营业执照、技术服务人员资格证书、投诉举报电话，以及按照《建筑消防设施的维护管理》GB 25201开展检查或维保的结论性文件等信息		
	13		抽查综合体内购物中心、酒店、写字楼、室外步行街、KTV、娱乐楼、影城、超市、百货等不同使用功能区域之间的防火分隔、安全疏散等是否符合要求，是否存在火灾相互蔓延、影响人员安全疏散的风险		
	14		实地检查时核对购物中心、酒店、写字楼、室外步行街、KTV、娱乐楼、影城、超市、百货等重点单位的相关维保记录、检测报告		

续表 3–1

<table>
<tr><th colspan="2">检查项目</th><th>序号</th><th>检查方式</th><th>检查内容</th><th>检查结果（是/否）</th><th>备注</th></tr>
<tr><td rowspan="11">火灾危险源</td><td rowspan="6">用火用油用气</td><td>1</td><td rowspan="3">资料档案抽查</td><td>购物中心、酒店、写字楼、室外步行街、KTV、娱乐楼、影城、超市、百货等重点单位是否制定并组织宣贯用火用油用气安全管理制度</td><td></td><td></td></tr>
<tr><td>2</td><td>购物中心、酒店、写字楼、室外步行街、KTV、娱乐楼、影城、超市、百货等重点单位是否制定并组织宣贯用火用油用气消防安全操作规程</td><td></td><td></td></tr>
<tr><td>3</td><td>检查购物中心、酒店、写字楼、室外步行街、KTV、娱乐楼、影城、超市、百货等重点单位的燃气设施的维保记录、检测报告是否上墙公示；查看综合体内各单位的燃气用具及其管路维保记录、检测报告是否合格</td><td></td><td></td></tr>
<tr><td>4</td><td rowspan="3">现场实体抽查</td><td>查看敷设燃气管道的地下室、半地下室、设备层和地上密闭房间是否具有良好的通风设施和固定的防爆照明设备</td><td></td><td></td></tr>
<tr><td>5</td><td>查看燃气管道检查、检测和保养记录是否与现场一致；查看燃气管道的法兰接头、仪表、阀门是否无破损、无泄漏和老化现象</td><td></td><td></td></tr>
<tr><td>6</td><td>查看 KTV、娱乐楼、影城等娱乐场所是否存在违规使用明火、吸烟、燃放冷烟花等行为</td><td></td><td></td></tr>
<tr><td rowspan="5">用电情况</td><td>1</td><td rowspan="5">资料档案抽查</td><td>检查购物中心、酒店、写字楼、室外步行街、KTV、娱乐楼、影城、超市、百货等重点单位是否制定并组织宣贯用电安全管理制度以及电气施工管理制度</td><td></td><td></td></tr>
<tr><td>2</td><td>检查购物中心、酒店、写字楼、室外步行街、KTV、娱乐楼、影城、超市、百货等重点单位电器产品及线路的维保记录、检测报告是否上墙公示</td><td></td><td></td></tr>
<tr><td>3</td><td>查看单位新增用电负荷审批制度是否建立并执行</td><td></td><td></td></tr>
<tr><td>4</td><td>电气线路敷设、电气设备安装和维修人员是否掌握现场电气线路基本情况，能否熟练操作检查器材，是否熟悉检查流程</td><td></td><td></td></tr>
<tr><td>5</td><td>电气线路和电器产品维护保养、检测报告是否与现场实际情况一致</td><td></td><td></td></tr>
</table>

续表 3-1

检查项目		序号	检查方式	检查内容	检查结果（是/否）	备注
火灾危险源	用电情况	6	资料档案抽查	是否制定各类电气设备操作规程和电气火灾应急处置预案，并定期组织员工培训和演练		
		7		查看电气线路、电气设备出厂合格证和质量检测证书，确保产品质量并确定是否与场所的环境相适应		
		1	现场实体抽查	查看现场短路、过负荷、漏电等保护装置是否完好有效		
		2		电缆井连通其他区域的孔洞防火封堵材料选择是否符合要求、现场封堵是否完好，电缆井是否采用防火门并保持完好		
		3		查看各场所更换或新增电气设备记录，是否根据操作规程进行工作		
		4		检查店铺是否违规使用大功率电气设备，是否擅自拉接临时电线		
		5		检查是否存在电动自行车违规在综合体内停放、充电现象		
		6		综合体外墙广告牌、商铺门头使用灯箱以及LED屏安装是否正确		
		7		询问场所负责人每日营业结束时，是否安排专人切断非必要电源		
	装修装饰材料	1	资料档案抽查	查看相关证明文件、出厂合格证，核查有关装饰装修材料燃烧性能是否符合消防技术标准		
		2		核查外墙外保温材料是否存在开裂、脱落现象		
		3	现场实体抽查	室内步行街是否按照性能化防火设计研究报告和性能化设计复核报告落实特殊消防装修装饰设计		
		4		查看疏散走道和安全出口的顶棚、墙面是否违规采用镜面反光材料		
		5		查看是否违规悬挂易燃可燃材料制作的广告照片、条幅、布艺及其他装饰		
		6		户外广告牌、外装饰是否采用易燃、可燃材料		
		7		不同使用功能场所之间分隔材料的燃烧性能是否达标		

续表 3–1

检查项目		序号	检查方式	检查内容	检查结果（是 / 否）	备注
火灾危险源	装修装饰材料	8	现场实体抽查	外墙与幕墙之间的空腔部位是否在每层楼板处采用防火封堵材料封堵		
	施工装修作业	1	资料档案抽查	施工单位是否在施工现场建立消防安全管理组织机构及义务消防组织，是否确定施工现场消防安全负责人和消防安全管理人员并落实消防安全管理责任		
		2		施工单位是否结合施工现场实际制订并落实消防安全管理制度		
		3		施工单位是否结合施工现场实际编制实施施工现场防火技术方案		
		4		施工单位是否结合施工现场实际编制施工现场灭火及应急疏散预案并组织人员演练		
		5		施工现场的消防安全责任人、消防安全管理、施工工人在入场前是否进行过消防安全教育和培训		
		1	现场实体抽查	施工现场是否设置与现场实际一致的临时消防设施和消防器材		
		2		施工围挡是否减少使用区域的疏散出口数量和宽度		
		3		施工现场作业时是否关停或遮挡消防设施，临时用电线路敷设是否符合要求		
		4		查看施工现场动火记录、动火程序是否符合要求		
		5		在施工现场围挡外是否设置消防安全警示标志		
		6		焊接、切割、烘烤或加热等动火作业现场是否至少有 1 人监护，是否配备灭火器材		
		7		动火作业后，是否明确人员确认现场无火灾危险		
		8		施工现场是否有明火或大功率电气取暖现象、是否存在吸烟等痕迹		
		9		施工现场电气回路是否均设置保护装置		

续表 3–1

检查项目		序号	检查方式	检查内容	检查结果（是 / 否）	备注
检查火灾危险源	施工装修作业	10	现场实体抽查	施工现场的临时疏散通道、安全出口是否保持畅通		
		11		施工现场内部消防设施器材是否完好有效		
重点场所及部位	超市、商铺	1	现场实体抽查	抽查是否存在防火分隔不到位导致的防火分区超标等问题		
		2		抽查商业部分每楼层设置的面积不小于 10m² 的消防安全设备储存室设备是否完好		
		3		抽查超过 300m² 的店铺增设的第二疏散出口是否畅通		
		4		抽查室内步行街每个商铺内是否设置消防卷盘		
		5		核查中庭步行街是否设置营业用功能		
		6		核查中庭步行街的装修、装饰材料燃烧性能等级是否满足消防性能化设计要求		
		7		核查精品店与步行街中庭是否采用钢化玻璃加水喷淋进行防火分隔、大于 300m² 的次主力店与步行街中庭是否采用防火玻璃加水喷淋进行防火分隔		
		8		查看地下一层超市、各层精品店、三层KTV、电玩区、四层影厅是否设置动作温度为57℃的快速响应喷头		
		9		核查店铺、临时中转仓库设置是否圈占公共疏散楼梯、疏散通道或消防设施		
		10		抽查是否违规变更场所使用功能，导致安全疏散、消防设施功能不能满足消防安全要求		
		11		抽查是否违规堆放货物或设置货物临时装卸区域占用疏散通道、安全出口		
		12		抽查临时周转仓库储存物品堆放是否符合顶距、灯距、墙距、柱距、堆距等间距要求		
		13		商品促销、节假日期间等广告、灯笼、货架、商品是否遮挡应急灯和安全出口标识		

续表 3-1

检查项目		序号	检查方式	检查内容	检查结果（是/否）	备注
重点场所及部位	餐饮场所	1	现场资料检查结合实体抽查	查看炉具检查、检测和保养报告内容是否与现场情况一致，燃气管道、法兰接头、仪表、阀门外观是否完好		
		2		核查排油烟罩、油烟道内油污是否严重		
		3		查看排油烟罩、油烟道清洗记录是否满足频率要求，填写内容是否与现场一致		
		4		查看建筑面积大于 1 000m^2 的餐馆烹饪操作间的排油烟罩及烹饪部位设置的自动灭火装置是否完好有效，现场服务人员是否掌握燃气管道上自动切断装置位置和手动切断方法		
		5		核查是否违规使用瓶装液化石油气及甲、乙类液体燃料		
		6		查看购物中心内餐饮区域的用餐区、开放式加工区是否违规使用明火加工食品		
		7		抽查场所电气线路保护装置是否完好有效		
		8		查看厨房与其他部位分隔用的墙、门、窗是否满足 2h 耐火极限要求、是否采用乙级防火门、窗		
		9		查看餐厅疏散路径设置是否满足规范要求		
		10		查看购物中心内餐饮区停止营业后厨房是否落实关火、关电、关气等措施		
	电影院	1	现场资料检查结合实体抽查	检查电影院是否与综合体消防控制室建立双向通信联络以及应急响应处置机制		
		2		核实电气线路、放映设备安全检测报告是否与现场实际一致		
		3		查看银幕架、扬声器支架、银幕和所有幕帘材料等内部装修材料燃烧性能是否符合规范要求		
		4		核对电影院每个厅室是否保持 2 个安全出口畅通，电影院独立设置的疏散楼梯是否畅通；重点核查需与其他场所共用的疏散楼梯的，在夜间营业时所有安全出口是否畅通		
		5		查看售票厅设置的设置区域安全疏散指示图是否符合现场实际		

续表 3–1

检查项目		序号	检查方式	检查内容	检查结果（是 / 否）	备注
重点场所及部位	电影院	6	现场资料检查结合实体抽查	查看影厅平面疏散指示图上标注的疏散路线、安全出口、疏散门、人员所在位置等信息是否符合现场实际		
		7		影院区域与其他区域分隔用的防火隔墙和甲级防火门是否完好有效		
		8		查看电影放映室与其他部位分隔的防火隔墙和乙级防火门是否完好有效，观察孔和放映孔是否采取防火分隔措施，是否设置火灾自动报警装置		
		9		观众厅、声闸和疏散通道内的顶棚、墙面、地面装饰装修材料燃烧性能是否符合规范要求		
		10		观众厅疏散门是否采用能够从两侧开启且向疏散方向开启的甲级防火门，防火门是否完好有效		
	儿童活动场所	1	现场资料检查结合实体抽查	查看是否在地下或四层及以上楼层设置儿童活动场所		
		2		核对儿童活动场所与其他场所或部位分隔用的防火隔墙，楼板，乙级防火门、窗是否完好有效		
		3		核对儿童活动场所所在防火分区是否设置独立的安全出口，且安全出口数量不少于 2 个		
		4		查看儿童活动场所顶棚、墙面、地面装饰装修材料燃烧性能是否符合规范要求		
		5		查看儿童活动场所内是否采用软包类易燃可燃材料装修装饰		
		6		查看儿童活动场所内消防设施是否完好有效		
		7		查看儿童活动场所电气线路敷设是否符合相关要求		
		8		场所内设置的房间和游乐设施是否圈占疏散走道、安全出口		
		9		抽查游乐设施等电气设备以及其线路安全检测报告是否与现场实际一致		
		10		查看游乐设施蓄电池是否与其他功能场所或部位设置防火分隔		

续表 3-1

检查项目		序号	检查方式	检查内容	检查结果（是 / 否）	备注
重点场所及部位	KTV	1	现场资料检查结合实体抽查	查看是否在地下二层及以下楼层布置该场所		
		2		查看厅、室的建筑面积是否大于 $200m^2$		
		3		厅、室之间及与建筑的其他部位之间用于防火分隔的防火隔墙、楼板、乙级防火以及该场所与建筑内其他部位相通的乙级防火门是否完好有效		
		4		核对该场所所在防火分区安全出口数量是否不少于 2 个		
		5		查看疏散门或疏散通道上、疏散走道及其尽端墙面上、疏散楼梯，是否镶嵌玻璃镜面等影响人员安全疏散行动的装饰物疏散走道上空是否悬挂装饰物、促销广告等可燃物或遮挡物		
		6		核查是否在场所内使用明火进行表演或燃放各类烟花		
		7		核查是否在包房内设置声音或视频警报，能否保证在发生火灾时能立即将其画面、音响切换到应急广播和应急疏散指示状态		
	游戏游艺场所	1	现场资料检查结合实体抽查	核查是否违规设置密室逃生类游戏游艺场所		
		2		核实电气线路敷设是否规范，是否直接敷设在可燃物上；核实游戏设备、电气线路是否定期进行安全检测，是否违规使用多个延长线插座串接游戏设备		
		3		查看是否大量使用塑料、泡沫类制作的游戏道具，是否违规采用泡沫、海绵、塑料、木板等易燃可燃材料装饰装修		
		4		厅、室之间及与建筑的其他部位之间，是否采用耐火极限不低于 2.00h 的防火隔墙和 1.00h 的不燃性楼板分隔，设置在厅、室墙上的门和该场所与建筑内其他部位相通的门是否采用乙级防火门		
		5		核对该场所所在防火分区安全出口数量是否不少于 2 个		
		6		核对场所内游乐设施摆放是否占用疏散走道、安全出口，是否增加疏散路径长度		

续表 3–1

检查项目		序号	检查方式	检查内容	检查结果（是 / 否）	备注
重点场所及部位	冰雪娱乐场所	1	现场资料检查结合实体抽查	核查场所是否经过特殊消防设计，核对冰雪娱乐场所经常停留人数是否超过疏散人数		
		2		查看保温材料是否采用易燃可燃材料，是否采用易燃可燃彩钢板搭建用房，电气线路是否直接敷设在保温材料上		
		3		核查是否与其他场所设置防火分隔，安全出口数量和疏散距离是否满足规范要求，冰雪景观、冰雪娱乐设施是否遮挡出口，影响疏散		
		4		核查保温材料是否遮挡原有排烟设施，场所的排烟设计是否符合规范要求		
		5		核查制冷设备是否定期进行安全检测，是否违规采用液氨作为制冷剂，制冷管道外包橡塑保温材料是否为难燃材料，电气线路、管道、制冷设备穿越防火分隔是否进行封堵		
	宾馆	1	现场资料检查结合实体抽查	宾馆前台和大厅是否配置对讲机、喊话器、扩音器、应急手电筒、消防过滤式自救呼吸器等器材		
		2		客房内是否配备应急手电筒、消防过滤式自救呼吸器等逃生器材及使用说明		
		3		应急手电筒和消防过滤式自救呼吸器的有效使用时间是否不小于 30min		
		4		客房内是否设置醒目、耐久的“请勿卧床吸烟”提示牌和楼层安全疏散及客房所在位置示意图		
		5		客房层是否按照有关建筑消防逃生器材及配备标准设置辅助逃生器材，并应有明显的标志		
	仓库、冷库	1	现场资料检查结合实体抽查	查看是否违规采用易燃、可燃材料作为冷库隔热层、隔汽层和防潮层使用		
		2		查看是否存在员工违规吸烟、采用明火取暖、点蚊香等现象		
		3		检查是否存在电气线路老化、绝缘层破损、受潮、水浸、过热、锈蚀、烧损、熔焊、电腐蚀等痕迹		

续表 3-1

检查项目		序号	检查方式	检查内容	检查结果（是/否）	备注
重点场所及部位	仓库、冷库	4	现场资料检查结合实体抽查	检查是否存在违规设置移动式照明灯具或照明灯具与货物距离过近等现象		
		5		检查是否存在违规使用电炉、电暖气、电熨斗等电热器具和电视机、电冰箱等家用电器等现象		
		6		检查是否存在员工将自用的电动自行车、三轮车、摩托车等车辆或蓄电池带至库区充电现象		
		7		检查是否擅自拆除防火分隔措施导致防火分区扩大；是否违规搭建用于货物存储的平台或建筑夹层		
		8		核对仓库是否超过规定储量，是否违规存放易燃易爆物品，是否不符合顶距、灯距、墙距、柱距、堆距等间距要求（即每垛占地面积不宜大于 $100m^2$，堆垛上部与楼板、平屋顶间距不小于 0.3m，垛与灯间距不小于 0.5m，垛与墙间距不小于 0.5m，垛与柱的间距不小于 0.3m，垛与垛间距不小于 1m，主要通道的宽度不小于 2m）		
		9		查看是否在库房外单独安装电气开关箱，工作人员离开库房是否拉闸断电		
		10		查看储存货架、货物的布置是否遮挡应急照明、疏散指示标志等消防设施		
		11		查看是否存在堵塞、占用、封闭疏散通道、安全出口现象		
	重要设备用房	1	现场资料检查结合实体抽查	查看机房内是否存放易燃可燃物品，机房内是否设置严禁烟火标志		
		2		查看配电柜开关触头接触及电容器、熔断器是否存在短路、过载、熔断等故障现象；配电柜内是否存在温度异常情况；变压器是否存在异响，温控器指示是否正常，超温时风机是否能正常启动，电流、电压是否超出正常额定范围		
		3		配电室内建筑消防设施设备的配电柜、配电箱是否有区别于其他配电装置的明显标识，配电室工作人员是否能正确区分消防配电和其他民用配电线路		

续表 3–1

检查项目		序号	检查方式	检查内容	检查结果（是 / 否）	备注
重点场所及部位	重要设备用房	4	现场资料检查结合实体抽查	核对发电机润滑油位、过滤器、燃油量、蓄电池电位、控制箱是否正常；燃油锅炉房、柴油发电机房内设置的储油间轻柴油总储存量是否超出 1m^3		
		5		核对燃气锅炉房内是否设置可燃气体探测报警装置，现场测试是否能够联动控制锅炉房燃烧器上的燃气速断阀、供气管道的紧急切断阀和通风换气装置；锅炉房、柴油发电机房内部是否设置防爆型灯具、事故排风装置，已安装的是否存在故障		
		6		查看机房内通风、空气调节系统的风管是否在穿越房间隔墙和楼板处设置防火阀；各类管线、电缆桥架是否在穿越房间隔墙和楼板处进行防火封堵		
		7		检查锅炉房、柴油发电机房、制冷机房、空调机房、油浸变压器室的防火分隔是否被破坏，内部设置的防爆型灯具、火灾报警装置、事故排风机、通风系统、自动灭火系统等是否保持完好有效		
		8		柴油发电机房内的柴油发电机是否定期维护保养，每月是否至少启动试验一次		
	屋顶及室外	1	现场资料检查结合实体抽查	屋顶是否搭建改变原建筑层数、高度的临时建筑，是否堆放易燃可燃物增加火灾荷载		
		2		室外消火栓是否有明显的永久性标志，是否未被埋压、圈占，或设置影响其正常使用的障碍物或停放机动车辆		
		3		消防水泵接合器否有明显的永久性标志，是否注明其所服务的灭火设施和供水范围，是否未被埋压、圈占，或设置影响其正常使用的障碍物或停放机动车辆		
		4		屋顶试验消火栓组件是否完整，静压是否不小于 0.1MPa，动压是否不小于 0.35 MPa		
		5		抽查建筑外墙的广告牌、LED 屏、霓虹灯箱，灯具及电气线路是否出现老化现象，接头是否松动		

续表 3–1

检查项目		序号	检查方式	检查内容	检查结果（是 / 否）	备注
重点场所及部位	屋顶及室外	6	现场资料检查结合实体抽查	核查环形消防车道是否施划标识，净宽度和净空高度是否不小于 4m，转弯半径是否不小于 13m，消防车道靠建筑外墙一侧的边缘距离建筑外墙是否不小于 5m，消防车道的坡度是否不大于 8%		
		7		核查建筑西侧消防车登高操作场地是否施划标识，是否不小于 10m，场地是否与消防车道连通，场地靠建筑外墙一侧的边缘距离建筑西侧外墙是否不小于 5m，且不大于 10m，场地的坡度是否不大于 3%		
		8		是否存在占道经营、违规停车、违规搭建等问题，是否存在高大树木、架空高压电力线、架空管廊等影响灭火救援作业情况		
		9		查看供消防救援人员进入的窗口的净高度和净宽度是否不小于 1m，下沿距室内地面是否不大于 1.2m，间距是否不大于 20m 且每个防火分区不应少于 2 个，其位置、标识设置是否便于消防员快速识别和利用；窗口、阳台等部位是否设置封闭的金属栅栏		
		10		在首层的消防电梯入口处是否设置供消防队员专用的操作按钮，电梯轿厢的内部装修应采用不燃材料；消防电梯前室、合用前室的防火分隔、防火门是否完好有效		
	汽车库	1	现场资料检查结合实体抽查	查看电动汽车充电设施所在的独立防火单元是否采用耐火极限不小于 2h 的防火隔墙或防火卷帘与其他防火单元和汽车库其他部位分隔，防火隔墙上需开设相互连通的门耐火等级是否不低于乙级防火门		
		2		附设在地下一层汽车库的消防控制室、地下二层自动灭火系统的设备室、消防水泵房和排烟、通风空气调节机房等，是否采用防火隔墙和耐火极限不低于 1.5h 的不燃性楼板相互隔开或与相邻部位分隔		
		3		抽查汽车库内是否有电动自行车违规停放、充电		

续表 3–1

检查项目		序号	检查方式	检查内容	检查结果（是 / 否）	备注
重点场所及部位	汽车库	4	现场资料检查结合实体抽查	检查是否擅自改变汽车库使用性质和增加停车位		
		5		核查汽车出入口电动卷帘断电后是否具备手动开启功能		
		6		抽查汽车库安全出口数量和消防设施是否符合要求		
消防设施	消防控制室	1	现场资料检查结合实体抽查	查阅《消防控制室值班记录》，核实值班人员是否每 2h 记录一次消防控制室内联动控制柜的运行情况，填写内容是否与联动控制柜状态信息内容一致		
		2		是否确保每天 24h 有自动消防系统操作人员值班，每班值班人员不少于 2 人且持有中级（四级）及以上等级证书，自动消防系统操作人员是否能够对自动消防系统熟练操作		
		3		模拟火灾报警、监管报警、故障报警信号，检查当班人员处理程序是否规范		
		4		指定广播区域，检查当班人员是否能熟练使用消防应急广播系统指定操作设备，检查当班人员是否能熟练自动或手动启停消防控制设备		
		5		消防控制设备是否正常运行，消防设施平面布置图、系统图、灭火救援等资料是否完整		
		6		消防控制室能否与商户实现双向互联互通		
		7		消防控制室设备的布置是否便于操作、维修（设备面盘前的操作距离不小于 2m，设备面盘后的维修距离不小于 1m，两端通道宽度不小于 1m）		
		8		抽查消防联动控制器功能是否正常；切断消防联动控制器主电源，查看是否自动转换至备用电源供电，是否正确显示主、备电源的状态		
		9		核查消防控制室标志是否醒目、是否保持完好		
		10		核查消防控制室的门是否向疏散方向开启，直通楼梯间的疏散通道是否畅通、与车库分区的防火分隔是否完整		

续表 3–1

检查项目		序号	检查方式	检查内容	检查结果（是 / 否）	备注
消防设施	消防控制室	11	现场资料检查结合实体抽查	查看剩余电流式电气火灾监控设备是否存在规章、反馈等信息处理不及时，值班人员是否掌握设备的使用操作方法		
	安全疏散设施	1	现场资料检查结合实体抽查	抽查日常检查巡查记录，查看是否按照要求对安全疏散设施进行检查，发现的问题是否落实整改措施		
		2		疏散门、疏散通道及其尽端墙面上是否设置镜面反光类材料遮挡、误导人员视线等影响人员安全疏散行动的装饰物，疏散通道上空是否悬挂可能遮挡人员视线的物体及其他可燃物，疏散通道侧墙和顶部是否设置影响疏散的凸出装饰物		
		3		抽查疏散通道、安全出口有无被占用、堵塞、封闭、圈占等现象，装修材料是否符合要求；抽查应急照明集中电源等消防设施、器材有无被损坏、屏蔽等现象		
		4		抽查常用疏散通道、货物运送通道、安全出口处用作疏散门的常开式防火门，是否在发生火灾时能自动关闭并反馈信号		
		5		抽查应急照明灯具、疏散指示标志时，使用照度计测量照度值是否满足要求		
		6		测试系统主电源断电后，应急照明配电箱是否连锁控制其配接的非持续型照明灯的光源应急点亮、持续型灯具的光源由节电点亮模式转入应急点亮模式		
		7		测试应急照明配电箱与灯具的通信中断时，非持续型灯具的光源是否应急点亮、持续型灯具的光源是否由节电点亮模式转入应急点亮模式		
		8		测试应急照明控制器与应急照明配电箱的通信中断时，应急照明配电箱是否连锁控制其配接的非持续型照明灯的光源应急点亮、持续型灯具的光源由节电点亮模式转入应急点亮模式		

续表 3–1

检查项目		序号	检查方式	检查内容	检查结果（是/否）	备注
消防设施	安全疏散设施	9	现场资料检查结合实体抽查	应急照明灯具、疏散指示标志是否指向最近的疏散出口，是否未被装饰、装修等遮挡		
		10		KTV、娱乐楼、影城、超市等与商业营业时间不一致的场所，是否确保营业期间安全疏散设施符合要求		
		11		平时需要控制人员随意出入的疏散门和设置门禁系统的安全出口、疏散门，是否保证火灾时不需使用钥匙等任何工具即能从内部易于打开，是否在显著位置设置具有使用提示的标识		
	防火分隔设施	1	现场资料检查结合实体抽查	抽查测试用于划分防火分区的防火墙、防火卷帘、防火门完好有效，信号反馈是否正常		
		2		综合体内缆井、管道井穿越楼板处的防火封堵材料选用和填塞是否符合消防技术标准。管井检查门是否采用防火门		
		3		抽查测试各类井道内是否堆放可燃物		
	消防供水设施	1	现场资料检查结合实体抽查	消防水池、水箱储水量是否满足设计要求，消防水箱出水管阀门是否处在开启状态		
		2		消防水池的排污管、溢流管是否引向集水井，通气孔是否畅通；消防水池浮球控制阀的启闭性能是否良好		
		3		消防水池供消防车取水的取水口保护措施是否完好、标志是否清晰		
		4		抽查室内消火栓组件是否完好、有效，消火栓栓口出水方向是否与设置消火栓的墙面成90°，消火栓箱标志是否醒目、清晰，箱体内是否张贴操作说明，箱门开启是否灵活，开启角度是否不小于120°，操作是否方便		
		5		抽查室内消火栓进行放水检查，系统内出水干管上的低压压力开关、高位消防水箱出水管上设置的流量开关是否有反馈，是否能联动启动室内消火栓泵		
		6		测试湿式报警阀组，核查压力开关是否动作，相应喷淋泵组是否启动，水力警铃是否动作，管网压力是否满足要求		

续表 3–1

检查项目		序号	检查方式	检查内容	检查结果（是 / 否）	备注
消防设施	消防供水设施	7	现场资料检查结合实体抽查	测试消防控制室和消防水泵房室内消火栓泵控制柜手动直接启泵按钮是否能够启动室内消火栓泵		
		8		抽查消防软管卷盘的操作是否方便、连接处是否无渗漏；消防水带在压力状态下是否能正常供水、各接口处是否无渗漏		
		9		查看消防水泵电气控制柜是否通电并处于自动状态；末端双电源配电柜是否处于自动状态；系统供水管路上阀门是否处于正常工作状态		
		10		检查湿式报警阀组件是否完整、开关启闭是否正常		
		11		抽查报警阀组最不利处的末端试试装置组件（试水阀门、试水接头、压力表）是否齐全，标志是否醒目、完整，打开试验阀，水流指示器、报警阀、压力开关、水力警铃是否动作正常，是否能够启动消防泵并反馈信号，接水漏斗等排水措施是否畅通并能有效排水		
		12		测试消防控制室和消防水泵房喷淋泵控制柜手动直接启泵按钮是否能够启动喷淋泵；以自动或手动方式启动喷淋泵是否均能在 55s 内投入正常运行		
		13		抽查喷头类型、安装方式、外观是否满足规范要求		
		14		管网标志是否清晰、材质是否满足规范要求		
		15		查看水泵接合器连接室内水灭火系统的供水管网上所有控制阀是否处于完全开启状态		
	消防供电设施	1	现场资料检查结合实体抽查	检查发电机仪表、指示灯是否完好有效，启动电瓶及充电装置是否处于正常工作状态		
		2		查看发电机储油箱油位计油位高度，储油量是否满足要求		
		3		核对消防设备应急电源仪表、指示灯是否正常，强制应急启动装置、操作开关、按钮是否灵活，标识是否清晰、完整		

续表 3–1

检查项目		序号	检查方式	检查内容	检查结果（是 / 否）	备注
消防设施	消防供电设施	4	现场资料检查结合实体抽查	核对消防配电柜是否有醒目标识，配电箱上的仪表、指示灯是否正常，开关及控制按钮是否灵活可靠，双电源切换装置是否处于“自动”切换模式		
		5		测试消防设备应急电源切换时，声光提示信号是否正常，是否能在规定的时间内自动切换；询问相关值班人员是否掌握火灾状态下的消防供电要求		
		6		剩余电流式电气火灾监控系统运行是否正常，剩余电流式电气火灾监控探测器设置与报警值设定是否符合规范要求		
		7		消防控制室、消防水泵房、防烟和排烟风机房的消防用电设备及消防电梯的供电是否其配电线路的最末一级配电箱处设置自动切换装置		
		8		抽查的防火分区内消防配电线路是否采取穿金属导管、封闭式金属槽盒等防火保护措施		
		9		启动应急发电机组，核查是否在规定时间内启动并达到额定输出功率；使用红外测温仪测量柜体、线路等，检测是否存在温度异常现象		
	消防联动控制	1	现场资料检查结合实体抽查	核查火灾报警控制器、消防联动控制器功能是否正常，是否定期进行联动测试		
		2		测试联动控制系统时，使用消火栓测压装置测试栓口的静压和出水动压；使用声级计测试铃声强度；使用感烟、感温探测器试验器，测试感烟探测器和感温探测器的反馈信号；使用风速计测量排烟口进风速度和送风口出风速度；使用微压计测量防烟楼梯间、前室的余压值		
		3		测试自动喷水灭火系统任一报警阀组的末端试验装置，查看报警阀组的联动启泵功能是否正常，消防控制室是否收到压力开关报警信号、喷淋泵组启动反馈信号等		
		4		测试火灾自动报警系统的手动以及联动控制功能，触发启动信号后，联动设备是否正常启动		

续表 3-1

检查项目		序号	检查方式	检查内容	检查结果（是/否）	备注
消防设施	消防联动控制	5	现场资料检查结合实体抽查	测试防火阀、排烟防火阀以及送风机、排烟机是否能手动、联动启动，消防控制室反馈信号及联动信号是否正常		
		6		测试排烟设施的手动、自动开启装置是否完好有效，开启面积以及信号反馈是否符合消防安全技术标准		
		7		查看自动跟踪定位射流灭火系统的控制装置是否处于“自动”状态，监视系统是否正常，测试回转机构的启动以及停止是否灵活，射流装置电磁阀的联动启动、关闭功能是否正常		
		8		测试通信机房设置七氟丙烷气体灭火系统的延时功能、联动控制功能、选择驱动功能是否正常，相关联动设备是否正常动作		
		9		七氟丙烷气体灭火系统防护区内是否设置火灾声报警器。防护区的入口处是否设置火灾声、光报警器和灭火剂喷放指示灯，以及七氟丙烷气体灭火系统的永久性标志牌；防护区的门是否向疏散方向开启，并能自行关闭；用于疏散的门是否能从防护区内打开		
应急处置能力	微型消防站	1	现场资料检查结合实体抽查	查看微型消防站库房设置是否合理，人员配备、业务能力、器材装备配备是否符合要求，是否建立通信联络机制，通信工具配备是否齐全		
		2		微型消防站是否建立运行保障制度、微型消防站组织管理架构、微型消防站学习训练制度、微型消防站区域联防制度、微型消防站值班备勤制度、微型消防站装备管理制度、微型消防站防火巡查制度、微型消防站应急响应制度并严格落实		
		3		查看队员是否熟悉建筑结构、功能布局、场所性质、重点部位、消防设施、疏散通道等情况，是否能熟练操作消防器材装备，是否开展日常训练和消防演练		

续表 3–1

检查项目		序号	检查方式	检查内容	检查结果（是/否）	备注
应急处置能力	应急处置团队	1	现场资料检查结合实体抽查	行政管理团队是否整合大型商业综合体内各个志愿消防队、微型消防站，形成火灾扑救团队		
		2		综合体内各楼层是否增设消防器材存放室，志愿消防队员是否在营业期间值班值守		
		3		查看是否建立专业技术处置队或技术处置小组，在应急状态时能够按专业岗位落实应急处置措施		
		4		是否每月至少召开 1 次联勤联动联席工作会议，阶段总结联勤联动情况，分析形势任务，查找存在问题，落实工作措施		
	灭火和应急疏散预案编制演练	1	现场资料检查结合实体抽查	查看综合体灭火和应急疏散总预案是否制定，是否明确火灾现场通信联络、灭火、疏散、救护、保卫等任务的负责人，是否明确火警处置、应急疏散组织、扑救初起火灾的程序和措施		
		2		查看是否制定大型商业综合体灭火和应急疏散分预案，明确各志愿消防队、微型消防站主战预案、增援预案及各专业配合预案		
		3		是否以大型商业综合体内各单位、区域、场所为作战单元，依据不同火灾事故类型处置需要，按标准组建完善各志愿消防队、微型消防站和技术处置团队跨单位增援作战第一出动力量编成		
		4		是否每季度以大型商业综合体内各单位的火灾风险及主要火灾事故类型为重点，制订熟悉演练计划，联合单位技术处置团队，按照大型商业综合体综合应急预案开展大型商业综合体灭火救援联合演练		
		5		是否每月组织大型商业综合体内各志愿消防队、微型消防站骨干开展交流见学，相互熟悉掌握各单位基本情况和处置力量、主要火灾事故类型及各单位灭火和应急疏散预案		

续表 3-1

<table>
<tr><th colspan="2">检查项目</th><th>序号</th><th>检查方式</th><th>检查内容</th><th>检查结果（是/否）</th><th>备注</th></tr>
<tr><td rowspan="3">应急处置能力</td><td rowspan="3">灭火和应急疏散预案编制演练</td><td>6</td><td rowspan="3">现场资料检查结合实体抽查</td><td>是否明确联勤联动工作中各志愿消防队、微型消防站的通信联络方法、组网方式，定期开展通信联络测试</td><td></td><td></td></tr>
<tr><td>7</td><td>商业综合体是否建立“处置团队＋单位”应急处置责任体系，是否能够满足“1 分钟响应、3 分钟处置、全程对接配合”要求</td><td></td><td></td></tr>
<tr><td>8</td><td>查看商业综合体是否与当地消防救援机构联合开展消防演练</td><td></td><td></td></tr>
</table>

思考题

1. 消防安全检查表由哪些栏目构成？
2. 消防安全检查表法有哪些优点？
3. 消防安全检查表的编制内容一般包括哪些方面？
4. 消防安全检查表的编制依据有哪些？
5. 简述消防安全检查表的编制方法？

第四章　火灾爆炸预先危险性分析法

【导学】预先危险性分析法是在系统设计、施工和生产之前，对系统中存在的危险性类别、出现条件、导致事故的后果等进行初步的分析和评估，以识别系统中的潜在危险，确定危险等级，并提出相应的控制措施。通过本章的学习，应熟悉火灾爆炸预先危险性分析方法相关的概念，掌握预先危险性分析法的流程及步骤，能够辨识具体系统的火灾爆炸的危险源。

第一节　火灾爆炸预先危险性分析法概述

预先危险性分析法是一种简便、有效的安全风险评估方法，适用于各种工程项目的安全风险评估。但是在实际应用中，需要结合其他评估方法进行综合评估，以确保评估结果的准确性和全面性。

一、火灾爆炸预先危险性分析的概念

预先危险性分析（Preliminary Hazard Analysis，简称 PHA）也称初始危险分析，其目标是识别危险以及可能给特定活动、设备或系统带来损害的危险情况及事项，是一种归纳分析法[①]。

火灾爆炸预先危险性分析具体指的是在一个可能存在火灾爆炸事故的区域、场所或系统，对目标区域、场所或系统设计的开始阶段存在的火灾爆炸危险进行识别，以及对其出现条件及可能造成的事故后果等做概略的分析，尽可能评价出潜在的火灾爆炸危险性，该方法也是作为实现区域、场所或系统火灾爆炸危害分析的初步计划，所以这种方法可以成为进一步研究工作的前提，同时也为区域、场所或系统的防火防爆设计提供必要信息。

二、火灾爆炸预先危险性分析的目的

火灾爆炸预先危险性分析的主要目的包括：识别区域、场所或系统的火灾爆炸危险，确定火灾爆炸危险的关键因素、部位，评价火灾爆炸危险的程度，确定防火防爆措施的设计准则，提出消除或控制火灾爆炸危险的措施。即通过预先对区域、场所或系统存在的危险性分析、评价、分级，而后根据其火灾爆炸危险性的大小，采取恰当的控制措施，避免火灾爆炸事故的发生。

---

① 徐志胜，姜学鹏．安全系统工程［M］．第 3 版．北京：机械工业出版社，2016.

火灾爆炸预先危险性分析的重点应放在具体区域、场所或系统的主要引起火灾爆炸事故的危险源上，并提出控制这些危险源所采取的措施。分析的结果可作为对区域、场所或系统综合评估的依据，可供制定防火防爆措施的指导方针、操作规程和设计说明使用，也可为制定标准、技术规范或文献提供必要的资料。同时以后要进行的其他危险分析可以通过预先危险性分析打下基础。

三、火灾爆炸预先危险性分析的评价程序及步骤

（一）火灾爆炸预先危险性分析的评价程序

火灾爆炸预先危险性分析中的信息应能指出潜在的火灾爆炸危险及其影响，进行区域、场所或系统的火灾爆炸预先危险性分析所需要的资料应全面。火灾爆炸预先危险性分析评价程序示意图见图 4–1。

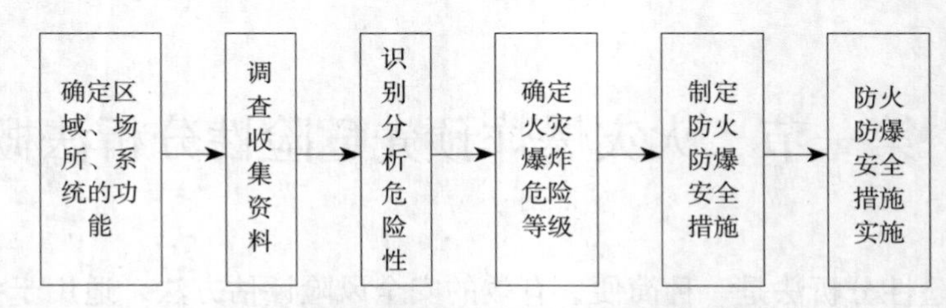

图 4–1　火灾爆炸预先危险性分析评价程序示意图

（二）火灾爆炸预先危险性分析的步骤

进行火灾爆炸预先危险性分析，大致分为以下几个步骤：

1. 熟悉区域、场所和系统

在对区域、场所或系统进行火灾爆炸危险性分析之前，对所要分析的区域、场所或系统的功能、消防设计、工艺过程、操作条件以及周围环境进行比较充分的调查，在此基础上，根据过去的经验、资料以及同类区域、场所或系统过去发生过的事故信息，查明分析对象可能造成的火灾爆炸损害，分析目标对象是否也会出现类似情况和可能发生的火灾爆炸事故。

2. 辨识火灾爆炸危险因素

使用实况调查、安全检查表法、经验判断或技术判断等方法，进行火灾爆炸危险源的辨识，查找能够造成人员伤亡、财产损失和系统损害的火灾爆炸危险因素，确定火灾爆炸危险因素形成的原因事件，即所谓“触发事件”。

3. 识别火灾爆炸危险转化条件

研究某些危险因素转变为火灾爆炸事故状态的触发条件，即哪些条件存在可以使危险因素转化为火灾爆炸事故，确定由危险的因素发展为火灾爆炸事故的客观条件。

4. 确定火灾爆炸危险因素的危险等级

为了确定危险的重要程度，给预计到的潜在火灾爆炸事故划分危险等级，由此指出应重点控制的火灾爆炸危险源。危险程度通常可以分为四个等级，划分标准见表 4–1。

表 4–1　危险性等级划分

危险级别	危险程度	可能后果
Ⅰ	安全的（可忽视的）	不会造成人员伤亡、财产损失、环境危害、社会影响和系统的损坏等
Ⅱ	临界的	可能降低整体安全等级，处于火灾爆炸事故的边缘状态，暂时还不会造成人员伤亡、其他的损失，能通过采取有效的各类措施避免火灾爆炸危险的发生
Ⅲ	危险的	在现有消防条件下，会很容易造成人员伤亡以及其他等损失，要立即采取有效措施应对
Ⅳ	破坏性的（灾难性的）	造成人员重大人员伤亡、财产损失、环境危害、社会影响和系统的损坏等灾难性事故，要立即采取措施

5. 根据危险等级，制定预防危险所采取的防火防爆安全措施

根据危险程度和可能造成的火灾爆炸事故后果，确定能够消除或控制危险的方法，制订相应的防火防爆事故预防措施和技术管理对策。

6. 对提出的防火防爆安全措施指定落实负责人员

对所提出的防火防爆安全措施应指定相应的人员负责，以确保安全防护措施得以落实。完成以上分析步骤后，应整理出完整的分析工作表，并在此基础上完成分析研究报告。

（三）火灾爆炸预先危险性分析的格式

预先危险性分析结果可以通过表格的形式呈现出来。火灾爆炸预先危险性分析的表格形式可见表 4–2 和表 4–3。对那些易发生火灾爆炸的关键部位以风险等级表征火灾爆炸风险定性评估的最终结果。确定出减少发生的可能性及发生后弥补损失的最佳方法。

表 4–2　预先危险性分析表格形式 1

1	2	3	4	5	6	7	8	9
引发火灾爆炸事故的子事件	运行形式	故障模式	概率估计	危害状况	影响	危险等级	预防方法	确认

表 4–3　预先危险性分析表格形式 2

1	2	3	4	5	6	7	8
危险因子	触发事件	现象	原因事件	事故情况	后果	危险等级	预防措施

四、预先危险性分析法的特点及应用

（一）优点

（1）可以系统地识别出潜在的危险源和危险情况，提前采取措施进行防范。

（2）分析过程简单明了，易于掌握，可以快速评估系统的安全风险。

（3）可以对系统的整个生命周期进行全面的分析，包括设计、制造、使用、维护等各个阶段。

（4）可以帮助制订详细的安全计划和应急预案，减少事故发生的概率和损失。

（二）缺点

（1）分析的结果受到分析人员的经验和知识水平的限制，可能出现主观性和误判。

（2）分析过程仅是一种初步的分析和评估，对于复杂系统的安全风险评估可能不够准确。

（3）分析结果缺乏定量评估，对于不同危险源的优先级难以进行区分。

综上所述，预先危险性分析法是一种简便、有效的安全风险评估方法，适用于各种工程项目的安全风险评估。但是，在实际应用中，需要结合其他评估方法进行综合评估，以确保评估结果的准确性和全面性。

（三）应用注意问题

在进行火灾爆炸预先危险性分析时，应充分考虑区域、场所或系统的特点和火灾爆炸的危险特性，例如区域、场所或系统生活生产过程中涉及的物质的火灾、爆炸等危险特性，使用的设备、设施和装置的性质，环境和生产操作过程中的特殊状态以及消防安全和其他安全措施等。火灾爆炸的预先危险性分析是一种重要的定性风险分析方法，具有简单易行、经济有效的优点，能够快速识别可能的危险。

第二节　火灾爆炸危险源辨识

区域、场所或系统中可能有各种火灾爆炸危险源。这些危险源是造成火灾爆炸的根源，它的存在形式一般是比较隐蔽的。为了防止火灾爆炸的发生，需要控制火灾爆炸危险源，这就需要专门的技术以识别生产、生活过程中潜在的火灾爆炸危险源。辨识导致区域、场所或系统火灾爆炸发生和蔓延的火灾爆炸危险源对于防止火灾爆炸发生、控制火灾爆炸蔓延和风险评估具有重要意义。本章首先介绍一般危险源的概念、分类及其辨识方法，然后在此基础上，引入火灾爆炸危险源的概念，并介绍了火灾爆炸危险源的分类等内容。

一、危险源的定义

“危险源”来自对“HAZARD”一词的汉译，外延比较宽泛，包括不安全的根源、状态与行为，从汉语字面含义，危险源一词更倾向于被理解为不安全的源头、根源性物质[①]。因此，可以理解为危险源是危险的根源，是指在人类生产、生活过程中存在的各种危险。消防工程中所谓的危险源是指各种火灾爆炸事故发生的根源，即通常人们所说的导致火灾爆炸事故发生的不安全因素，或称火灾爆炸事故致因因素。

为了达到防止事故发生的目的，人们一直在探究引发事故的危险源。随着科学技术的进步，人们在探索事故发生规律的过程中相继提出了许多阐明事故发生原因、事故发生过程及如何防止事故发生的理论。这些理论统称事故致因理论。事故致因理论的发展与生产、生活活动的发展密切相关，因而有鲜明的时代特征。

20 世纪二三十年代，美国的海因里希提出事故因果连锁论，认为事故的发生是一系列互为因果的原因事件相继发生的结果，该理论强调了人的不安全行为和机械的或物质的不安全状态是事故发生的直接原因，但是海因里希的理论将人和物的不安全的产生原因完全归因于人的缺点，具有一定局限性；此后，博德提出了反映现代安全观点的事故因果连锁理论，作为导致事故的重要原因，人的不安全行为和物的不安全状态是背后原因的征兆，它们的产生是由于个人原因以及工作条件方面的原因，把事故的根本原因归结于管理的失误，表现为对各种事故危险源控制的不足。“二战”后，随着科学技术的飞跃进步，提出了能量意外释放论，认为事故是一种不正常的或不希望的能量释放，通过分析各类能量释放所可能造成的伤害，分析事故的发生、发展过程，这一理论的提出，对于人们进行危险源辨识、采取危险源控制措施有重要的指导意义。

二、两类危险源理论

实际上，生产、生活活动中的危险源种类繁多、数量浩大，要开展危险源辨识、评价和控制工作需要对危险源做进一步的分析考察。目前国内主流的危险源分类方式，即将危险源分成两大类：第一类危险源和第二类危险源[②]，他们是性质完全不同的两类危险源，其辨识、控制和评价的方法也不相同。

（一）第一类危险源

根据事故致因理论中的能量意外释放论，事故是能量的意外释放，能量或危险物质在事故致因中占有非常重要的位置，我们称它们是第一类危险源。

在生产、生活活动中，能量一般被解释为物质做功的能力。这种能力只有在做功时才显现出来。实际中往往把产生能量或拥有能量的载体看作第一类危险源，能产生能量的能量源为危险物质本身，例如金属抛光厂房内的粉尘、面粉厂内的面粉，以及其他各种具备易燃易爆危险性的危险品。拥有能量的能量载体为盛装各类危险物质的载体，例如，装有压缩气体或液化气体的储罐，如液化石油气、压缩天然气储罐等，盛装石油原油的立式钢制储罐等。

第一类危险源能量越高，发生事故后的后果就越严重，反之危害越小。同样，第一类危险源的危险物质的数量越多，危险性也越大。

---

① 范维成，孙金华，陆守香，等.火灾风险评估方法学［M］.北京：科学出版社，2004.

② 吴立志，杨玉胜.建筑火灾风险评估方法与应用［M］.北京：中国人民公安大学出版社，2015.

（二）第二类危险源

生产、生活活动中，人们为了利用能量，让能量按照人们的意图运转，也需要采取措施约束、限制能量，即采取措施控制第一类危险源。绝对可靠的控制措施并不存在，措施可能会失效，导致能量意外释放从而造成事故。这类导致能量或危险物质的约束或限制措施破坏或失效的各种不安全因素被定义为第二类危险源。

从系统安全的观点来考察导致能量或危险物质的约束或限制措施破坏的原因时，可以认为第二类危险源包括人、物、环境三个方面的问题。人的不安全行为可能直接破坏第一类危险源控制措施，也可能造成物的不安全状态，进而由物的不安全状态导致事故。物的因素的问题可以概括为物的不安全状态，例如，管路破裂致使其中的易燃易爆介质泄漏；电线绝缘损坏导致漏电；散热系统故障导致热量积累，从而可能造成火灾等。环境因素主要是指系统所处的环境。例如，高温干燥的环境容易引起火灾的发生；照明不够的环境会导致发生火灾时人员疏散不畅等。第二类危险源与发生事故的可能性相关，第二类危险源出现的频繁程度决定事故发生的可能性大小。

（三）两类危险源的关系

上述两大类危险源中，第一类危险源的存在是事故发生的前提，第一类危险源在发生事故时释放出的能量或者危险物质是导致损失的能量体，可以理解为是一些物理实体，决定事故后果的严重程度；第二类危险源是围绕着第一类危险源而出现的一些异常现象或状态，决定事故发生可能性的大小。在第一类危险源存在的前提下，才会出现第二类危险源。第一类危险源是事故的根本原因，第二类危险源是导致事故的必要条件。评价危险源的危险性要通过综合评价第一类危险源确定事故后果的严重程度以及第二类危险源出现导致事故发生的可能性。

三、火灾爆炸中的危险源

火灾是失去控制的燃烧所造成的灾害，是一种频繁发生的、危害严重的事故。

爆炸是在自然界中经常发生的一种物理变化过程。广义地讲，爆炸是物质非常急剧的物理、化学变化。在变化过程中，物质所含能量快速转化，变成物质本身或变化产物或周围介质的压缩能或运动能。爆炸的一个显著特征是爆炸点周围介质发生剧烈的压力突跃，并且由于介质受震动而发生一定的音响效应。

火灾和爆炸事故根据其危险物质和所处的环境状态是相伴相生的，由于民用建筑和工业建筑的功能特点，民用建筑更易发生火灾事故，而工业建筑易发生火灾爆炸事故，因此，不同功能场所涉及的危险源不同。

（一）火灾爆炸的第一类危险源

1. 民用建筑中的第一类火灾爆炸危险源

民用建筑中的第一类火灾爆炸危险源主要有以下几种：

（1）可燃物。可燃物是产生火灾的根本原因。根据存在的状态，可燃物可以分为气态可燃物、液态可燃物和固态可燃物三种。可燃物的危险程度可以用建筑物内可燃物的火灾荷载密度、建筑物内发生火灾后的热释放速率、可燃物起火后对环境的辐射热流量等指标来描述。

1）火灾荷载密度。火灾荷载定义为建筑物内所有可燃物燃烧释放的总热量，单位面积所承受的热量称为火灾荷载密度。

火灾荷载将影响火灾的严重程度和持续时间，是预测可能出现的火灾的规模大小和后果严重程度的基础。火灾荷载密度越高，可能出现火灾的危害就越高，因为可燃物的燃烧时间是和火灾荷载成正比的。火灾荷载是火灾危险源识别的重要参数。

火灾荷载可以分为两类：第一类是固定火灾荷载，主要包括固定在墙或地板上的可燃物；第二类是移动火灾荷载，主要包括比较容易移动的可燃物，如家具和其他一些装饰品等。

2）火灾热释放速率。所谓热释放速率，就是单位时间内火灾释放的热量。

火灾热释放速率是决定火灾发展及危害的另一个主要参数。火灾热释放速率与建筑物内的可燃物的种类、火灾荷载密度以及建筑物内的通风情况等因素有关。

建筑物内发生火灾后的热释放速率是决定火灾发展及危害的主要参数，是可燃物在单位时间内燃烧所释放的热量。热释放速率也是采取消防对策的基本依据。该量是可燃物包含的能量的释放强度的表征。目前主要是通过实验方法来估算特定火灾中的热释放速率。常用的测量方法有质量损失法和氧消耗法等。

3）火灾对环境的辐射热流量。热辐射是物体因其自身温度而向外界发射的一种电磁波。物体的温度越高，它向外界辐射的热辐射就越高。火灾发生时可燃物起火后，着火区温度较高，同时产生高温烟气，这些高温区域将通过热辐射的形式将热量传递给周围的人或物体。当人或物体表面受到的辐射热流量达到一定程度，就会被灼烧或起火燃烧。若受到的辐射热流量小于受辐射材料的引燃临界热流量或人员能够承受的临界热流量时，则可以认为该处的人或物是安全的。

（2）火灾烟气及有毒、有害气体。

1）烟气及有毒、有害气体的产生。

火灾中一般都会产生大量的火灾烟气。火灾烟气是可燃物在燃烧或分解时散发出的固态或液态的悬浮微粒以及混合进去的空气。所以火灾烟气是一种混合物，可以分为三部分：一是可燃物热解或燃烧产生的气态物质，如未燃气、水蒸气、一氧化碳以及多种有毒、有害气体。二是可燃物热解或燃烧产生的多种微小的固态颗粒和液滴。三是由于卷吸而进入的空气。

2）火灾烟气的危害。

烟气的减光性。烟气的浓度是由烟气中所含的固体颗粒或液滴的多少及性质决定的。光通过烟气时，这些颗粒或液滴会降低光的强度，这就是烟气的减光性。由于烟气的减光作用，场所的能见度降低，会对火灾中人员的安全疏散造成严重影响。另外，烟气中对人眼有刺激作用的成分也对人在烟气中的能见度有很大影响。

烟气的毒性。火灾中会产生大量的有毒气体。有毒气体通常是火灾中受害者首先遭受的有害物质，其危害在于导致人体器官先期失能。一般认为，火灾中产生的有毒、有害气体主要是一氧化碳（CO）、氢氰酸（HCN）、二氧化碳（CO_2）、丙烯醛、氯化氢（HCl）、氧化氮（NO_x）以及混合的燃烧产生气体等。

烟气的温度。火灾烟气的高温对人和物都会产生不良影响。人对烟气高温的忍受能力与人本身的身体状况、衣服的透气性和隔热程度、空气的湿度等有关。

2. 工业建筑中的第一类火灾爆炸危险源

工业建筑中的第一类火灾危险源主要有以下几种：

（1）易燃易爆危险品。《中华人民共和国消防法》中规定的易燃易爆危险品系指现行国家标准《危险货物分类和品名编号》GB 6944 和《危险货物品名表》GB 12268 中以燃烧、爆炸为主要危险特性的爆炸品、气体、易燃液体、易燃固体、易于自燃的物质和遇水放出易燃气体的物质、氧化性物质和有机过氧化物，以及毒性物质和腐蚀性物质中的部分易燃易爆危险品，主要分为 9 大类，工业场所存在的易燃易爆危险品是工业场所产生火灾爆炸的根本原因。根据存在的状态，易燃易爆危险品可以分为气态可燃物、液态可燃物和固态可燃物三种。易燃易爆危险品的危险程度取决于其本身的危险性。

（2）工业环境中的供给能量的装置、设备。如工业场所的变电所、锅炉房等。

（3）工业环境中含有各种易燃易爆原料、中间产物及产品的生产装置、设备或场所。如化工生产过程中一些进行强烈放热反应的工艺装置，化工、石油生产装置等。

（4）工业环境中含有各种易燃易爆危险品的储存装置、设备、场所。如各种压力容器、受压设备，各类液化石油气、天然气、油品储罐、危险品仓库等。

（二）第二类火灾爆炸危险源

由前面定义可知，导致能量或危险物质的约束或限制措施破坏或失效的各种不安全因素为第二类危险源。从系统安全的观点来看，可以认为人、物、环境三个方面的问题为第二类危险源。根据国家消防救援局发布的相关火灾爆炸事故数据，导致火灾爆炸事故的原因里，属于第二类危险源的人的原因主要有人的错误行为和失误，主要包括：行为失误、行为错误和错误指令，如用火不慎、遗留火种、吸烟、玩火、生产作业中的违章操作等，此外还有人为破坏和战争两个方面，如人为的放火事件以及恐怖袭击事件。

属于第二类危险源的物的原因主要有电气的原因引起火灾爆炸，在全国的火灾统计中，电气火灾一直居于各类火灾原因的首位。根据以往电气火灾案例分析，电气火灾主要原因有电气线路故障、电加热器具火灾和电气设备故障。电气线路故障可以细分为短路、断路、过负荷、接触不良、漏电、配电盘故障和其他。2014 年之后，电动车充电故障火灾和电气线路火灾增多，主要是因为电气线路有使用年限，我国大部分电气火灾的发生与线路使用寿命到期、绝缘老化严重有明显关系。

工业场所中属于第二类危险源的物的原因还有用于生产、储存物质的设备失效方面。设备本身的故障是导致火灾与爆炸事故的主要原因，如设备腐蚀严重、仪表失灵、运转机械的零部件损坏、设备局部破损等。此外，超温、超压和长期运行造成的设备强度下降，以及外力造成的设备损伤破坏都是导致设备故障的直接原因。

属于第二类危险源的环境的原因主要为天灾。地震、大风、雷击、暴雨、高温等自然灾害的破坏会直接引发火灾爆炸事故。

以上主要考虑的是引起火灾爆炸事故的直接原因，也就是造成火灾与爆炸事故并可能导致灾害扩大的最原始最基本的第二类危险源。这一类危险源由最直接的肇事者（人）或设备本身（物）及环境承担主要责任。此外，为了防止火灾的发生、减少火灾损失，人们在建筑物设计中采取各种消防管理和消防技术对策控制或改变火灾爆炸过程。这些消防技术对策从本质上来说是采取措施约束、限制火灾爆炸中的可燃物、烟气、爆炸冲击波等危险源。若采用这些消防管理或消防技术对策来约束、限制火灾爆炸危险源，就不会发生火灾爆炸。但是，根据系统安全理论，绝对安全的系统是不存在的，这些消防管理或消防技术对策中总会存在一些隐患，这些隐患将导致建筑物发生火灾的可能性增大。消防隐患是建筑物发生火灾的危险源之一，它和可燃物、火灾烟气等第一类危险源不同，属于第二类危险源，可以理解为引发火灾爆炸事故的间接原因或事故扩大原因。

从火灾爆炸发生发展的过程来看，火灾爆炸的预防与控制体系包括火灾爆炸预防、火灾爆炸控制和火灾爆炸扑救三道防线，火灾爆炸预防要通过消防宣传教育和社会消防管理最大限度地防止火灾爆炸的发生。火灾爆炸控制的手段有被动消防和主动消防两个方面，主要包括建筑防火设计、消防设施的建设等。实施火灾扑救要有合理可行的灭火预案和充分的灭火救援能力。每一道防线在火灾爆炸的过程中分别起着不同的约束和限制作用，其作用大小和效果影响着第二类火灾危险源危险性程度的高低。

第三节 火灾爆炸预先危险性分析的应用实例

某输油站现有 $2\times10^4m^3$ 外浮顶油罐 3 座，$5\times10^4m^3$ 外浮顶油罐 2 座，$10\times10^4m^3$ 外浮顶油罐 10 座，总库容为 $116\times10^4m^3$，储存介质为庆油、俄油。庆油属于第 3 类易燃液体，火灾危险性为乙$_A$类，闪点为 33℃，蒸气爆炸极限为 1.1% ~ 8.7%，俄油属于第 3 类易燃液体，火灾危险性为甲$_B$类，闪点为 4℃，蒸气爆炸极限为 1.1% ~ 8.7%。站场外浮顶储罐火灾爆炸事故预先危险性分析表见表 4–4。

表 4–4 外浮顶储罐火灾爆炸事故预先危险性分析表

潜在事故	罐体泄漏火灾	浮盘密封圈处爆炸起火	全面积池火
危险因素	庆油、俄油油品泄漏	庆油、俄油密封圈处油气泄漏	浮顶油盘倾覆
触发事件一	①储罐、进出口阀门、罐底脱水口等泄漏或破裂；②储罐超装溢出；③储罐、阀门、管道、仪表等连接处泄漏；④储罐、进出口阀门、罐底脱水口等因质量不好（如制造加工质量、材质、焊接等）或安装不当泄漏；⑤人为破坏造成储罐破裂而泄漏；⑥自然灾害（如台风、地震等）	密封圈密封不严	①罐上检修、维修时违章作业；②浮顶油盘缺陷故障；③人为破坏；④自然灾害等（如台风、地震等）

续表 4-4

触发事件二	各类点火源：①吸烟；②抢修、检修时违章动火；③外来人员带入火种；④维修时使用非防爆工具；⑤着非防静电服导致静电火花；⑥雷击；⑦进入车辆未带阻火器等（一般要禁止驶入）；⑧焊、割、打磨产生火花等	雷击	各类点火源： ①吸烟；②抢修、检修时违章动火；③维修时使用非防爆工具；④着非防静电服导致静电火花；⑤焊、割、打磨产生火花等
发生条件	泄漏的油品遇各类点火源	遇雷击点火源	外浮顶储罐油面遇各类点火源
后果	造成罐壁流淌火或防火堤内池火，油品漏损、人员伤亡、停产、造成严重经济损失	造成局部密封圈火灾或全部密封圈火灾，严重时可造成全液面火灾，油品漏损、人员伤亡、停产、造成严重经济损失	造成全液面火灾，油品漏损、人员伤亡、停产、造成严重经济损失
危险等级	Ⅳ	Ⅲ	Ⅳ
预防措施	（1）控制与消除火源：①进入易燃易爆区严禁烟火；②办理动火作业手续，严格执行作业要求；③严格防爆型电器使用；④按规定使用防爆工具；⑤避雷设施完好有效；⑥防静电措施完好有效；⑦车辆进入危险区域配备完好阻火器。 （2）严格控制设备及其安装质量：①设备为合格且质量好的产品，并安装正确；②定期检查、检验、检测、保养、维修设备设施。 （3）加强管理、严格工艺纪律。 （4）安全设施齐全完好：①安全设施（如消防设施等）齐备并保持完好有效；②储罐安装高、低液位报警器；③易燃、易爆场所安装可燃气体检测报警装置	（1）控制与消除火源避雷设施完好有效。 （2）严格控制设备及其安装质量。 定期对探测报警器、监测装置等进行检查、保养、维修，保持完好有效。 （3）安全设施（如消防设施等）齐备并保持完好有效	（1）控制与消除火源：①办理动火作业手续，严格执行作业要求；②按规定使用防爆工具。 （2）严格控制设备及其安装质量：①设备为合格且质量好的产品，并安装正确；②定期检查、检验、检测、保养、维修设备设施。 （3）加强管理、严格工艺纪律。 （4）安全设施齐全完好：①安全设施（如消防设施等）齐备并保持完好有效；②储罐安装高、低液位报警器；③易燃、易爆场所安装可燃气体检测报警装置

思考题

1. 火灾爆炸预先危险性分析的概念是什么？
2. 请阐述火灾爆炸预先危险性分析的评价程序。
3. 什么是两类危险源理论？
4. 举例说明火灾爆炸事故中的第一类危险源和第二类危险源。

第五章　消防系统故障类型影响和致命度分析法

【导学】故障类型和影响分析（FMEA）是一种质量风险管理方法，用于识别可能的故障模式及其对系统或产品的影响，并确定采取预防措施的优先级。通过本章的学习，应了解火灾爆炸事故故障类型影响和致命度分析的基础概念，掌握火灾爆炸事故故障类型影响和致命度分析的定性、定量分析方法，能够对具体的消防系统进行故障类型影响和致命度分析。

第一节　故障类型和影响分析

故障类型和影响分析是由可靠性工程发展起来的，主要分析系统、产品的可靠性和安全性。其基本内容是查出各子系统或元件可能发生的各种故障类型，并分析它们对系统或产品功能造成的影响，提出可能采取的预防改进措施，以提高系统或产品的可靠性和安全性。

一、故障类型影响分析的含义和术语

（一）故障类型影响分析的产生与含义

故障类型和影响分析（Failure Modes and Effects Analysis，简称 FMEA）是一种定性的系统安全分析方法，可对故障严重度进行分级。具体地讲，FMEA 是通过识别产品、设备或生产过程中潜在的故障模式，分析故障模式对目标对象的影响，并将故障模式按其影响的严重程度进行分级。在实施过程中，将目标对象进行分割成若干个子系统，逐个分析子系统可能发生的故障类型，以及对整个系统产生的影响，最后确定解决措施。

1957 年，美国开始在飞机发动机上使用 FMEA 法。在实践过程中，由于应用目的不同，FMEA 法已发展出了设计 FMEA（Design FMEA）、过程 FMEA（Process FMEA）、功能 FMEA（Functional FMEA）及系统 FMEA（System FMEA）[①]。FMEA 法不仅仅是一种微观分析法，它的分析对象可以小到一个单元或元件，也可以大到整个生产系统。虽然不同的 FMEA 法有不同的特点和适用性，但它们的基本思路是相通的。

火灾爆炸事故中的故障类型和影响分析就是把所要分析可能发生火灾爆炸事故的目标

① 林柏泉，张景林．安全系统工程［M］．北京：中国劳动社会保障出版社，2007.

系统、场所或对象切割成较小的子系统，以直观的方式表示各部分的层次关系，从而进行系统、场所或对象风险分析。故障类型和影响分析是比较周密和完善的系统分析方法，基本上能够查明各系统、场所或对象发生故障时的危害性。

（二）相关术语

1. 故障（Failure）

故障的含义为：系统、子系统或元件在规定时间内和运行条件下未按规定要求完成功能或功能下降。

系统或产品发生故障有多方面原因，以火灾自动报警系统为例，其生产、安装、使用等多个环节中都有可能出现各种隐患，如缺陷、失误、偏差与损伤，这就是可能发生故障的状态。

应及时了解和掌握分析目标故障的类型、产生的原因及其影响，才能正确地采取相应措施。分析故障类型需要积累大量的实际工作经验，若对故障类型分析不全面，有可能因为没有采取防止措施而发生事故。

2. 故障类型或故障模式（Failure Mode）

故障类型是故障的表现形态，可表述为故障出现的方式（如熔丝断）或对操作的影响（如阀门不能开启）。对于不同的产品，故障类型也会有所不同。例如，消防水泵、排烟风机等运转部件的故障类型有：误启动、误停机、启动不及时、停机不及时、速度过快、反转等；容器的故障模式有：泄漏、不能降温、加热等。

3. 故障检测机制（Detection Mechanism）

由操作人员在正常操作过程中或由维修人员在检修活动中发现故障的方法或手段。

4. 故障原因（Failure Cause）

导致系统、产品故障的原因既有内在因素（如系统、产品的硬件设计不合理或有潜在的缺陷，系统、产品有缺陷等），也有外在因素（如环境条件和使用条件：环境中的振动、噪声、冲击、灰尘、湿度和温度过高或过低、有害气体等）。

5. 故障影响（Failure Effect）

某种故障类型对系统、子系统、单元的操作、功能或状态所造成的影响。一个系统或产品从正常发展成事故有一个过程，出现异常，但还未达到故障乃至事故与灾害的状态可以称之为征兆状态。通过征兆状态收集征兆信息，由征兆信息，可以预测故障与事故的发展。讨论故障时需考虑功能、条件、时间和故障概率四个因素。

6. 故障严重度（Severity）

考虑故障所能导致的最严重的潜在后果，并以伤害程度、财产损失或系统永久破坏加以度量。

7. 严重度分级（Severity Classification）

按故障可能导致的最严重的潜在后果，可将故障严重度分成以下 4 级，见表 5–1。

表 5–1　故障等级划分

故障等级	危险程度	可能造成的后果
Ⅰ	可忽略的	不会造成人员轻伤和职业病、系统不会受损

续表 5-1

故障等级	危险程度	可能造成的后果
Ⅱ	临界的	可能造成人员轻伤、轻职业病或次要系统损坏
Ⅲ	严重的	可能造成人员严重伤害、严重职业病或主系统损坏
Ⅳ	致命的	可能造成死亡或系统损失

二、故障类型和影响分析的实施步骤

故障类型和影响分析的实施主要包括以下步骤：

（一）调查情况，明确系统的任务和组成

对所研究系统进行分析，确定系统的功能及特性，按功能将系统划分为子系统，审查系统和各子系统的工作原理图、示意图、草图，查明它们之间及元件组合件之间的关系，明确系统含有多少子系统，各个子系统又含有多少元件，了解各元件之间的相互关系等，为分析打下基础。

（二）确定分析的基本要求及分析程度

明确分析对象之后，应确定对系统进行分析的基本要求，并决定相应的分析程度。要求首先确定系统，分清系统的主要功能和次要功能，并搞清楚系统或设备在不同阶段的任务；明确操作环境和人员对系统和设备可能产生的影响；分析系统或设备可能发生故障的原因；最后，确定不同部位的分析程度，对关键危险部位要进行深入详细的分析，次要部位可进行简略分析。

（三）对所分析的系统进行详细说明

对系统进行的详细说明主要包括两个部分，一是系统的功能说明，包括对系统的各个子系统的构成要素以及功能均应详细进行说明；二是系统的功能框图，将被分析系统或设备的所有子系统及构成要素之间的关系均通过图解的形式表示出来，从而能够清晰地看出各个子系统的故障对整个系统的影响。

（四）分析故障类型及影响，确定进行影响分析的故障类型

通过所有可能出现的故障对整个系统影响的分析，按照可靠性框图，根据过去的故障资料，列举出所有的故障类型，考虑所有可能的故障模式，选出对系统有影响的故障类型。然后从其中选出对子系统以至系统有影响的故障类型，深入分析其影响后果、故障等级及应采取的措施。如果经验不足、考虑不周，则无法准确选择对系统有影响的故障类型，从而给分析带来影响。

选定、判明故障类型是一项技术性很强的工作，必须细致、准确。可以通过 5W1H 启发性分析方法完成对故障事故的思考。主要包括：Why（例如，为什么会发生故障？）、What（例如，功能、条件、规范标准是什么？）、Who（例如，谁操作？）、When（例如，

何时做的监测？）、Where（例如，何处发生故障？）、How（例如，后果如何？）。

在故障分析时，应从全局出发，综合各种信息，从外部分析到内部分析。根据对象的不同采取不同的分析方法，大胆进行故障原因的假设，进而求证。

（五）查明故障原因

对已经确定进行影响分析的故障类型，查明故障发生的所有可能原因，一个故障类型可能仅有一个原因，也可能有多种原因，都应该进行详细的调查和分析。

（六）分析结果

确定故障等级按故障对系统功能、人员及财产安全的影响确定故障等级，尽可能对整个系统标示出最重要的故障，并判断是否需要采取相应的安全措施。确定故障等级的方法可以参照前述表 5–1 的简单划分法执行。

（七）编制故障类型和影响分析表

表格可以根据对目标对象分析的目的、要求设立必要的栏目，简捷明了地显示全部分析内容。常用的分析表格见表 5–2。

表 5–2　故障类型和影响分析表格项目

项目	构成因素	故障模式	故障影响	故障等级	检查方法	改进措施

三、故障类型和影响分析、危险度分析

危险度分析的目的在于评价系统每种故障类型的危险度，据此按轻重缓急确定对策措施。一般采用概率——严重度来评价故障类型的危险度，也可以说是风险优先级（*RPN*）。

危险度或风险优先级（*RPN*）是系统的任何一种问题发生的严重度（*S*）和故障率（或称发生率）（*O*）的综合评价，其受严重度和故障率（发生率）的共同影响，表示方法如下式所示：

$$RPN = S \times O \tag{5–1}$$

风险优先级越高，就意味着所对应的故障因素的危险性也越大。对目标系统故障原因进行风险优先级的统计，则得出结果最大者即为主要故障原因，其次为关键故障原因，以此类推可得到各故障原因对目标系统安全性的影响程度的大小。

（一）故障概率

故障概率是指在规定的期限内，故障类型所出现的次数。可以使用定性和定量方法确定单个故障类型的概率。对于定性分析法可以将故障概率分为故障概率很低、低、中等、高四个等级。定量分类法中故障率（*O*）指各个故障原因在案例上发生的次数和总事件数之间的比率，即：

$$故障率（O）=原因发生次数（n）/总事件数量（N） \tag{5-2}$$

（二）严重度

严重度是指故障类型对系统功能的影响程度。按照定性分析，可以分为"低的""主要的""关键的""灾难性的"四个等级，进一步的定量分析可根据目标对象造成损失的情况对严重等级划分进行赋值，在进行目标事故案例统计的基础上，采用层次分析法或其他适合方法估算每个事故中不同故障原因所占权重，将权重与每个案例的严重等级相乘，得到每个案例中故障原因的严重度。

第二节 致命度分析

致命度分析（CA）是一种概率计算方法，用于评估系统中每个元件发生故障对整个系统的影响。它可以确定每个元件的故障概率，并定量描述故障的影响。

一、致命度分析的含义

致命度分析（Criticality Analysis，简称CA）是在故障模式及影响分析的基础上扩展出来的。在系统进行初步分析（如故障模式及影响分析）之后，对其中特别严重的故障模式Ⅳ级——致命的（有时也针对Ⅲ级——严重的）故障类型单独再进行详细分析。致命度分析是一种定量分析方法，是对系统中各个不同的严重故障模式计算临界值，致命度指数是给出某故障模式产生致命度影响的概率。与故障模式及影响分析结合使用时，称为故障模式、影响及致命度分析（FMECA）①。FMECA是在FMEA的基础上，将识别出的故障模式按照其影响的严重程度和发生概率进行综合评价。

显然，FMECA具有完全意义上的风险评价功能。FMECA的目的是给出某种故障类型的发生概率及故障严重度的综合度量。可以把概率和严重度分别划分为若干等级。根据经验确定故障发生概率，再用概率和严重度等级的不同组合区分故障类型所导致的风险程度。

美国航空航天局和陆军进行工程项目招标时，都要求承包方提供FMECA。美国航空航天局还把FMECA当作保证航天飞机可靠性的基本方法。目前，FMECA已在核电站、动力工业、仪器、仪表、冶金工业中得到了广泛的应用。FMECA可对故障所带来的风险做定量评价。

二、致命度分析的目的

尽量消除致命度高的故障模式；当无法消除故障模式时，应尽量从设计、制造、使用和维修等方面去降低其致命度和减少其发生的概率；根据故障模式不同的致命度，对其零部件或产品提出相应的不同质量要求，以提高其可靠性和安全性；根据不同情况可采取对产品或部件的有关部位增设保护装置、监测预报系统等措施。

① 林柏泉，张景林. 安全系统工程［M］. 北京：中国劳动社会保障出版社，2007.

三、致命度指数的计算

致命度指数按式（5-3）计算：

$$C_r = \sum_{n=1}^{i}(\alpha \cdot \beta \cdot K_A \cdot K_E \cdot \lambda_G \cdot t \cdot 10^6) \quad (5-3)$$

式中：C_r——致命度指数，表示相应系统元件每 100 万次（或 100 万件产品中）运行造成系统故障的次数（或件数）；

i ——元件的致命性故障模式总数；

n ——致命性故障模式的第 n 个序号；

λ_G——元件单位时间或周期的故障率；

K_A——元件 λ_G 的测定值与实际运行条件强度修正系数；

K_E——元件 λ_G 的测定值与实际运行条件环境修正系数；

t ——完成一项任务，元件运行的小时数或周期（次）数；

α ——致命性故障模式与故障模式比，即 λ_G 中致命性故障模式所占的比例；

10^6——单位调整系数，将 C_r 值由每工作一次的损失换算为每工作 10^6 次的损失换算系数，经此换算后 C_r>1；

β ——致命性故障模式发生并产生实际影响的条件概率，其值见表 5-3。

表 5-3　致命性故障模式发生并产生实际影响的条件概率

故障影响	实际丧失规定功能	很可能丧失规定功能	可能丧失规定功能	没有影响
条件概率（β）	1.00	$0.1 \leqslant \beta \leqslant 1.00$	$0<\beta \leqslant 0.1$	0

四、致命度分析表格形式

致命度分析所用的表格形式见图 5-1。

致命度分析表

系统名称 ____________　　日期 ____________

子系统 ____________　　制表 ____________

主管 ____________

1	致命故障			致命度计算									
	2	3	4	5	6	7	8	9	10	11	12	13	14
项目编号	故障模式	运行阶段	故障影响	项目数	K_A	K_E	λ_G	故障率数据来源	运转时间或周期	可靠性数据	α	β	C_r

图 5-1　致命度分析表形式

致命度分析（或故障模式、影响及致命度分析）的正确性取决于两个因素：首先与分析者的水平有直接关系，要求分析者有一定实践经验和理论知识；其次则取决于可利用的信息，信息多少决定了分析的深度，如没有故障率数据时，只能利用故障模式发生的概率，用风险矩阵的方法分析，无法填写详细的致命度分析表；若所用的数据不可靠，则分析的结果必然有差错。

第三节　故障类型和影响分析应用实例

石油化工中存在较多的易燃易爆物质，具有安全隐患多、危险系数高等特点，而且石油化工厂一旦出现火灾爆炸等燃烧事故，将会产生巨大的人员伤亡及经济财产损失。为了保障工厂的安全，采用故障类型和影响分析（FMEA）对石油化工厂进行系统安全分析、落实一定的解决措施是有一定意义的。

以某石油化工厂的油品装卸、油品储存及油品加工为例进行 FMEA 分析，主要以此进行研究，得出石油化工厂的子系统、各子系统所对应的不期望事件以及故障类型和原因分析，并应用多起实际案例进行分析，判定风险优先级的因素大小，对其提出切实的解决措施。

一、子系统、不期望事件及故障类型

根据现代消防安全常识，从人的不安全行为、物体的不安全状态和环境问题三个层面，将某石油化工厂这一系统的子系统划分为管理层面、设备设施和环境因素三个方面。其中管理层面和设备设施各有两个不期望事件，环境因素有一个不期望事件，对应的故障类型和原因分析均在表 5-4 中有所体现。

表 5-4　子系统、不被期望事件、故障类型

<table>
<tr><th>子系统</th><th>不期望的事件</th><th>故障类型</th><th>原因分析</th></tr>
<tr><td rowspan="4">管理层面</td><td rowspan="2">燃烧</td><td>泄漏</td><td>人员操作失误、
人为破坏</td></tr>
<tr><td>罐体受腐蚀</td><td>工程设计失误</td></tr>
<tr><td rowspan="2">爆炸</td><td>泄漏</td><td>人员操作失误、
人为破坏</td></tr>
<tr><td>危险状态储存</td><td>管理不善</td></tr>
<tr><td rowspan="3">设备设施</td><td>燃烧</td><td>泄漏</td><td>设备损坏</td></tr>
<tr><td rowspan="2">爆炸</td><td>电气故障</td><td>设备损坏、
静电、
雷击</td></tr>
<tr><td>储罐超压</td><td>自动控制系统失误</td></tr>
</table>

续表 5–4

子系统	不期望的事件	故障类型	原因分析
环境因素	爆炸	泄漏	人员操作失误、 人为破坏、 设备损坏

二、故障类型的原因、危险度及措施分析

有学者通过对国内外 61 起石油化工厂的火灾案例进行研究，各火灾事故的发生都是由多个原因共同导致的，根据这些火灾案例，得到发生火灾事故的故障原因共有 9 种，取危害最大的直接原因对火灾案例进行归类，统计各原因所对应的火灾案例次数[①]。根据危险度定性分析方法，将严重度（S）数值和发生率（O）数值相乘，得到危险度的数值，如表 5–5 所示，人员操作失误的危险度最大，故其为首要故障原因，其次是设备损坏，所以在石油化工厂中应该优先加强设备的检测与维修以及人员操作规范方面的管理，以最大限度地降低石油化工厂的火灾风险。

表 5–5　石油化工厂火灾案例原因统计

序号	原因分析	发生次数	危险度	措施
1	设备损坏	14	9	定期对设备进行检测与维修
2	自动控制系统失误	1	1	定期检测自动控制系统的灵敏度
3	静电	2	1	设置静电保护装置，并定期检修
4	雷击	3	1	设置避雷针等装置
5	工程设计失误	6	2	提高技术人员的责任意识与业务能力
6	人员操作失误	26	16	加强操作人员的业务能力，对其定期进行培训，要求其掌握基本知识
7	管理不善	7	4	提高管理人员的社会安全意识
8	人为破坏	1	1	提高人员的责任意识，抓牢内部管理制度
9	其他因素	1	1	定期对石油化工厂进行隐患排查

① 何艳，钱舒畅 . 基于 FMEA 模式的石油化工厂系统安全分析［C］. 中国消防协会学术工作委员会消防科技论文集（2022）: 453–456.

思考题

1. 阐述故障类型和影响分析中故障严重度的分级方法。
2. 简述故障类型和影响分析的实施步骤。
3. 简述致命度分析的目的。
4. 举例说明一起火灾爆炸事故中的故障类型。

第六章　火灾爆炸事故危险与可操作性分析法

【导学】危险与可操作性分析法是一种有效地、系统地分析潜在危险和操作风险的形式结构化的方法。通过本章的学习，理解掌握危险与可操作性分析法的基础术语，掌握危险与可操作性分析法的特点、分析过程，能够在火灾爆炸领域应用该方法进行实例分析。

第一节　危险与可操作性分析法概述

危险与可操作性分析法通过小组会议的形式，借助专业人员的丰富经验，对系统进行分析，指出潜在问题，并寻求解决机会以减少损失。该方法适合化工、石油化工等生产装置，对处于设计、运行、报废等各阶段的全过程进行危险分析。

一、危险与可操作性分析的含义

危险与可操作性分析（Hazard and Operability Study，简称 HAZOP）分析方法是由 T. 克莱兹在 1963 年发明，随后在英国帝国化学公司内部进行摸索和应用，1970 年首次对外公布。主要用于化工系统的设计和定型阶段发现潜在危险性和操作难点，以便考虑控制和防范措施。由于自动化、连续化、大型化工业的日益发展，生产工艺越来越复杂，其中任何一个环节发生故障都会对整个系统产生很大影响，甚至酿成事故。由于生产是一个系统活动，是一个运动着的整体，所以还必须考虑操作，考虑运动时的危险性。目前，该方法还广泛应用于化工、机械、仓储、运输系统。从大型连续生产到小型间断反应，从设计定型阶段到操作规程的审查等领域，并在实践中形成了多种应用类型，如过程 HAZOP（Process HAZOP，主要用于分析工厂或工艺过程）、程序 HAZOP（Procedure HAZOP，主要用于分析操作程序）、人的 HAZOP（Human HAZOP，主要用于分析人的差错）、软件 HAZOP（Software HAZOP，用于分析软件开发过程中可能出现的错误）[①]。不同的应用类型的主要区别是结合不同的系统，对引导词（guide-words）做出各自合理的解释，但基本方法都是一致的。

在消防工程领域 HAZOP 可用于各类石油化工等危险工艺或其他场所的火灾爆炸事故原因分析或隐患排查。该方法是基于要分析的各类上述专业、具有不同相关知识背景的人

---

① 林柏泉，张景林. 安全系统工程［M］. 北京：中国劳动社会保障出版社，2007.

员所组成的分析组，分析组各成员进行积极的创新思维，基于引导词，对具体问题通过专家们的讨论，集思广益，可以识别更多的火灾爆炸危险因素。该方法采用表格式分析形式，对系统工艺、操作过程中的各类因素中存在的可能导致有害后果（如火灾爆炸）的各种偏差加以系统识别的定性分析方法。该方法一种启发性的、实用的具有专家分析特性的分析方法。

二、危险与可操作性分析的特点

消防工程领域 HAZOP 应用是对石油化工等危险工艺或其他场所的火灾爆炸事故的原因或隐患特殊点进行分析，这些特殊的点称为“分析节点”（或工艺单元，或操作步骤或场所消防现状）。HAZOP 着重分析每个工艺单元（或操作步骤、场所消防现状），识别出那些具有潜在可能发生火灾爆炸危险的偏差，这些偏差通过“引导词”（也称为关键词）标出。使用引导词就是为了保证对所有偏差都进行分析。有时，分析专家组对每个工艺单元（或操作步骤、场所消防现状）可能会提出很多的导致火灾爆炸事故的偏差，并分析它们可能的原因和后果，在对指定工艺单元（或操作步骤、场所消防现状）的所有偏差分析完毕后，继续分析下一个“分析节点”，直至全部“分析节点”分析完毕。

火灾爆炸事故的危险与可操作性研究的主要特点有：

（1）火灾爆炸的 HAZOP 分析是从研究对象的状态参数出发来研究对象安全目标的偏差，运用“引导词”来研究因本身状态或环境等其他现状参数的变动可能引起的事故的原因、存在的火灾爆炸危险以及采取的对策。

（2）HAZOP 是故障类型和影响分析的发展。它研究和本身状态或环境等其他现状参数有关的因素，从中间过程出发，向前分析火灾爆炸的事故原因，是事故树分析，向后分析其结果，是故障类型和影响分析。HAZOP 更易查找事故的基本原因和发展结果，直观有效。

（3）研究结果既可用于消防系统设计的评价，又可用于消防管理行为的操作评价，还可以作为火灾爆炸隐患的排查；既可用来编制、完善安全规程，又可作为可操作的消防安全教育材料。

（4）HAZOP 分析研究的本身状态或环境等其他现状参数正是需控制的指标，针对性强。

（5）HAZOP 在分析不同的工艺单元（或操作步骤、场所消防现状）时，在应用原理不变的基础上，分析的过程、方式和表达形式可以根据分析对象的实际情况不同而灵活变化。

三、危险和可操作性研究的引导词及分析术语

HAZOP 使用引导词来确定本身状态或环境等其他现状参数的偏差，进行分析。引导词是一些用于启发思维、激发人对系统偏差产生联想的简短词汇。HAZOP 分析的引导词及相关分析术语可以根据所分析对象专业相关内容，保持较强的逻辑性和系统性，有针对性地定义专用的词汇。这些词汇能够引导和启发人们的思考，保证对系统 HAZOP 分析的质量，所以把这些在 HAZOP 分析中专用的词汇称为引导词。

表 6–1 所示为 HAZOP 在生产工艺的火灾爆炸事故中，生产系统工艺流程的状态参数（如温度、压力、流量等）一旦与设计规定的条件发生偏离就会发生问题或出现火灾爆炸的危险。因此，需要从中间入手提出问题，进而追问原因及产生的结果。表 6–2 所示为常

用的 HAZOP 分析术语。

表 6–1　HAZOP 的引导词及其意义 [①]

引导词	意义	备注
没有（否或空白）（none）	完全实现不了设计或操作规定的要求	未发生设计上所需要的事件，如没有物料输入（或流量为零），或温度、压力无显示等
多（过大或过量）（more）	比设计规定的标准值数量增大或提前	如温度、压力、流量比规定值要大，或对原有活动，如“加热”和“反应”的增加
少（过小或减量）（less）	比设计规定的标准值少或滞后达到	如温度、压力、流量比规定值要小，或对原有活动，如“加热”和“反应”的减少
多余（以及或伴随）（as well as）	在完成规定功能的同时，伴有其他（多余）事件发生	如在物料输送过程中消失或同时对几个反应容器供料，则有一个或几个没有获得物料
部分（局部或部分）（part of）	只能完成规定功能的一部分	如物料某种成分在输送过程中消失或同时对几个反应容器供料，则有一个或几个没有获得物料
相反（反向或相逆）（reverse）	出现与设计或操作要求相反的事件或物	如发生反向抽送或逆反应
其他（异常）（other than）	出现了不相同的事件或物	发生了异常的事或状态，完全不能达到设计或操作标准的要求

表 6–2　常用 HAZOP 分析术语

项目	说明
工艺单元或分析节点	具有确定边界的设备（如两容器之间的管线）单元
操作步骤	间隙过程的不连续动作，或是由 HAZOP 分析组分析的操作步骤
工艺指标	工艺过程的正常操作条件、工艺说明、流程图、管道图等
引导词	引导识别工艺过程危险的提示语
工艺参数	与过程有关的物理或化学特性
偏差	一系列偏离工艺指标的情况
原因	发生偏差的原因
后果	偏差所造成的结果
安全保护	用以避免或减轻偏差发生造成后果的设计
措施或建议	修改设计、规程，或进一步的建议

① 林柏泉，张景林. 安全系统工程［M］. 北京：中国劳动社会保障出版社，2007.

第二节 危险与可操作性分析法分析过程

一、HAZOP 分析的主要方法

HAZOP 分析的主要步骤可以是：分析的准备、完成分析和编制分析结果报告。主要方法有找出偏差、分析原因和后果、提出对策及措施。该研究应用系统的分析方法，以关键词为基础，对系统进行分析，发现系统内任何潜在的危险问题，用列表的方式把结果记录下来。

常用的传统技术 HAZOP 形式有三种：引导词式、经验式和检查表式。基于引导词的 HAZOP 方法由面向分析对象相关专业的专家共同分析目标对象中存在的安全问题（如发生火灾爆炸事故）以及解决问题（避免发生火灾爆炸事故）的方法，是一种系统化的分析目标对象潜在危害的分析方法，根据相关的参数选用适合的引导词来研究目标对象状态的偏差，为目标对象建议更为有效的安全保障措施。经验式 HAZOP 在一定程度上脱离引导词，主要依托原有经验对复用项目的相关及改变部分做 HAZOP 研究，此方法依靠 HAZOP 主持人的经验引导，耗时较少，兼顾了分析的完整性。检查表式 HAZOP 是最简单的、最易执行的方法，由有经验的分析目标相关专业人员列出需要检查的项目，再针对被检查对象逐项回答检查表上的问题，但容易产生细节的遗漏。

根据分析结果提出改进意见，采用危险与可操作性研究方法进行风险分析，基本的步骤主要包括：定义危险与可操作性分析所要分析的目标对象，定义分析所关注的重点问题，分解被分析的对象并建立偏差，进行危险与可操作性分析工作，对结果进行决策。HAZOP 需要成立一个专家小组，全部应具备较好的分析目标相关的专业知识和经验，分析过程中只考虑可能引起各种事故的原因事件的内在原因，而不考虑外部原因，结论是建议性。HAZOP 分析时需注意，该分析方法对专家小组成员要求较高，由能提供准确性和真实性信息的本专业领域内丰富经验的专家组成。

二、HAZOP 分析基本步骤

HAZOP 采用的是不同专业领域专家的“头脑风暴”法，通过引导词激发设计人员、安全专业人员和操作人员等不同专业领域人员的想象力，使他们能够辨识目标对象的潜在危险性，以采取措施排除影响目标正常运行、使用和人身安全的隐患。HAZOP 分析过程如图 6–1 所示。整个过程包括：分析准备、分析实施、编制报告三个阶段。

（一）HAZOP 分析的准备

分析对象的大小和复杂程度决定了准备工作的工作量。

1. 确定分析的目的、对象和范围

尽可能明确分析的目的、对象和范围。按照正确的方向和既定目标开展分析工作，并且明确需考虑到的危险后果。

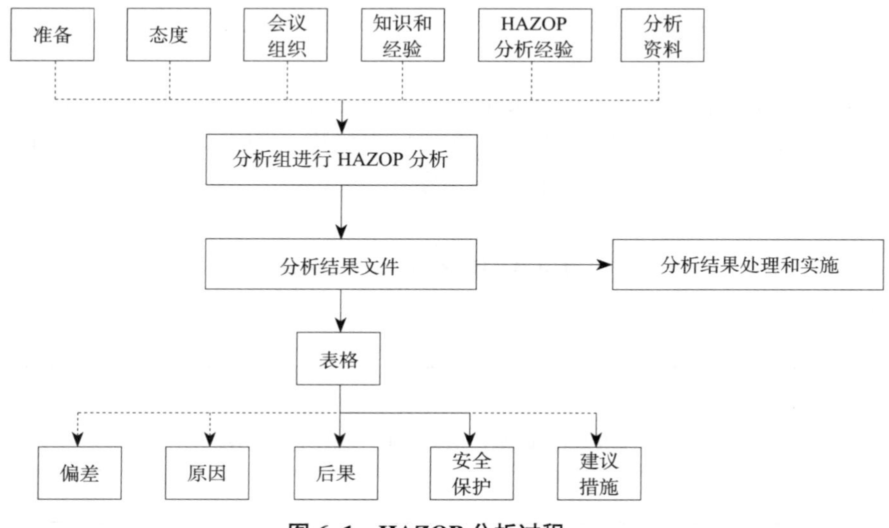

图 6–1　HAZOP 分析过程

2. 组成 HAZOP 分析组

由适当的且有经验的人员组成 HAZOP 分析组。成员包括组织者、记录员、数名熟悉目标涉及专业知识的人员。

3. 必要资料的获取

根据分析对象和目标确定需要的资料，如图纸（工艺流程图、布置图、总平面图、消防设计图）等，或者为目标对象的现场情况勘察资料。此外，还包括操作规程、分析对象需遵守的各项消防法律法规、技术标准等。

4. 对资料进行预先处理

在正式分析前对收集的资料作一定的预先处理，可以通过表格的形式拟定分析顺序，确定分析节点，确保与会人员都应有这些资料。发挥集体的智慧是 HAZOP 分析方法的精髓。在分析会议开始之前制订详细的计划，确定最佳的分析程序，当然 HAZOP 分析过程也是一个学习过程，在分析过程中允许进行修改。

5. 确定分析的次数和时间

制订会议计划，确定分析会议所需时间，对于较为大型或复杂的对象，可以考虑组成多个分析组同时进行，设立协调员协调完成分析工作。

（二）HAZOP 分析的实施

HAZOP 分析需要将分析目标过程划分为分析节点或操作步骤，然后用引导词找出过程的危险。

分析组对每个节点或操作步骤使用引导词进行分析，得到一系列的结果：

（1）偏差发生的原因、导致的后果、需采取的保护措施、最终的建议措施。

（2）需获取更多的资料才能对偏差进行进一步的分析。

在分析过程中，立足现实的解决方法应对偏差或危险。过程危险性分析的主要目的是发现问题，而不是解决问题。但是如果解决方法是明确和简单的，应当作为意见或建议记录下来。

（三）编制分析结果

编制文件分析记录，记录所有重要的意见。如必要，可举行分析报告审核会，对最终报告进行审核和补充。通常 HAZOP 分析会议以表格形式记录，见表 6-3。具体分析参数要根据分析目标确定。具体可参见本章第三节。

表 6-3　HAZOP 分析记录表

分析人员：　　　　图纸号：

会议日期：　　　　版本号：

序号	偏差	原因	后果	安全保护	建议措施
分析节点或操作步骤说明，确定设计指标					

第三节　火灾爆炸事故危险与可操作性分析法应用实例

HAZOP 可用于区域或建筑的火灾隐患排查，以区域或建筑中的火灾事故为例，影响火灾事故的重要因素可以归为 5 类：可燃物、助燃物、点火源、失控、伤损[①]。通过分析火灾事故发展过程的重要因素，构建火灾事故的参数框架，结合分析对象确定具体参数，基于参数筛选引导词，利用“引导词 + 参数”辨识存在的火灾隐患。模型术语及定义见表 6-4。

表 6-4　模型术语及定义

术语	定义	备注
火灾隐患	存在发生火灾的可能或潜在危险	对应 HAZOP 方法的偏差
节点	具有确定边界的独立单元	可以是整个目标场所（商场、具体娱乐场所、某生产厂房、仓库等），也可以是目标中的各个功能独立单元
重要因素	对火灾事故发生起决定性作用的因素	包括可燃物、助燃物、点火源、失控、伤损
参数	重要因素包含的具体实物或措施	不同节点包含的参数各异，根据实际情况进行动态调整
引导词	判断参数是否构成隐患的简单词语	包括许可、标量、合格、规范、稳定性、时限、其他

① 田彬，崔晓君．基于 HAZOP 偏差分析方法的沿街商铺火灾隐患排查方法研究［J］．安全，2021，42（10）：35-41.

可通过文献查询、实际调研，统计目标场所的火灾爆炸事故案例，筛选详细、典型的事故案例资料进行目标场所的火灾隐患分析，在火灾事故重要因素的体系结构上，分析得到目标场所火灾隐患排查模型参数体系，如通过统计分析新中国成立以来古建筑火灾事故案例以及现有的相关技术规范，得到古建筑场所常见火灾隐患排查模型参数体系，见表 6–5。

表 6–5　排查模型的参数体系

<table>
<tr><th>重要因素</th><th>定义</th><th>参数框架</th><th colspan="2">参数</th></tr>
<tr><td rowspan="3">可燃物</td><td rowspan="3">可以点燃的一切物质</td><td>固定式可燃物</td><td colspan="2">木质建筑构建</td></tr>
<tr><td>活动式可燃物</td><td colspan="2">古建筑内家具、文物等展品；宗教活动场所悬挂的绸缎等易燃物</td></tr>
<tr><td>临时式可燃物</td><td colspan="2">游客随身携带的可燃物</td></tr>
<tr><td rowspan="2">助燃物</td><td rowspan="2">促进燃烧扩大的物质或设备</td><td>助燃物</td><td colspan="2">空气</td></tr>
<tr><td>助燃设备</td><td colspan="2">—</td></tr>
<tr><td rowspan="2">点火源</td><td rowspan="2">提供燃烧所需要的能量</td><td>明火火源</td><td colspan="2">违规吸烟，违规使用明火，违规储存、使用易燃易爆危险品；明火设施管理不足；违规取暖，违规进行明火作业；厨房用火不慎；违规使用易燃可燃液体燃料；用餐区域、开放式食品加工区违规用火</td></tr>
<tr><td>电气火源</td><td colspan="2">违规使用大功率用电设备以及照明灯具；未正确选择电气线路导线类型、线路未穿管保护，存在老化、绝缘层破损以及过热等问题，无合适的短路、过载保护装置；电气线路、照明灯具等直接敷设、安装在易燃可燃材料上，或未采取隔热措施。电井内及配电装置周围存在可燃物。临时活动场所现场违规使用大功率用电设备，电气线路敷设、连接不规范。违规取暖；闭馆后未采取断电措施；用电装置长时间违规通电，电动汽车停放、充电未与古建筑保持安全距离；防雷设施有缺陷等</td></tr>
<tr><td rowspan="7">失控</td><td rowspan="7">能发现或控制住燃烧，未能扑灭初期火灾</td><td rowspan="5">防火</td><td>火灾探测器</td><td>烟感、温感、气体、红外、紫外等探测器</td></tr>
<tr><td>电气火灾监控器</td><td>剩余电流式、测温式探测器</td></tr>
<tr><td>火灾报警控制器</td><td>壁挂式、琴台式、柜式</td></tr>
<tr><td>火灾报警器</td><td>声光报警器、水力警铃等</td></tr>
<tr><td>消防联动控制系统</td><td>自动控制、手动控制</td></tr>
<tr><td rowspan="2">灭火</td><td>灭火器</td><td>水基、干粉、泡沫、二氧化碳等</td></tr>
<tr><td>消火栓</td><td>室内消火栓、室外消火栓</td></tr>
</table>

续表 6–5

重要因素	定义	参数框架		参数
失控	能发现或控制住燃烧，未能扑灭初期火灾	灭火	自动灭火系统	自动喷水灭火系统、自动喷淋灭火系统
			气体自动灭火系统	七氟丙烷、二氧化碳、混合气体、气溶胶等
伤损	影响火灾伤损（人员伤亡、财产损失）的因素	人员		数量/密度、安全意识、消防知识、灭火技能、疏散逃生
		设施		防排烟设施、防火门、应急照明灯、防毒面罩/空气呼吸器
		环境		防烟楼梯、疏散指示、安全出口、消防通道、消防车道
		管理	自身	消防管理制度、疏散演练、隐患排查
			政府	年检复查、日常监管、宣传教育

HAZOP 偏差分析方法中的引导词主要用于装置或工艺过程，为更好地适用于目标火灾隐患排查，结合原引导词、火灾发展理论和隐患排查需求，重新定义 7 个新引导词，见表 6–6。

表 6–6　引导词及其含义

引导词	定义
许可	目标建筑中是否允许存在
标量	储存/使用的量（数量、高度等）是否超标或不足
合格	是否为合格的产品或设施
规范	是否规范设置或使用
稳定性	目标环境下是否能稳定存在
时限	是否在有效期，是否按期维保
其他	上述 6 条不包括的描述

基于以上术语定义，在火灾事故发展模型和 HAZOP 偏差分析理论的基础上，结构化火灾隐患排查方法的实施步骤，可分为以下 8 步：

步骤 1：确定对象，收集资料。确定要进行火灾隐患排查的具体场所，收集相关资料，主要包括场所规模、建筑构造、装修情况、空间功能、可燃物储存、职工情况等，可参照表 6–5 进行收集。资料收集配合当面问询和现场查验，效果更佳。

步骤 2：划分节点。一般面积不大的单个功能建筑可作为一个节点进行分析；对于面积大、功能多的区域建筑，可以按照功能区进行划分，如面积较大的古建筑群可分为参观建筑、布展建筑、文物储存建筑、小商业建筑、管理用房、办公用房等节点。

步骤 3：选择重要因素。逐一选择火灾事故发展过程的 5 个重要因素进行分析。

步骤 4：分析参数。针对选择的重要因素，结合参数体系和目标建筑的实际情况，分析存在的所有参数。

步骤 5：筛选引导词。针对每个参数，从表 6-6 中筛选合适的引导词。

步骤 6：辨识隐患。利用“引导词 + 参数”方式，辨识参数在引导词的修饰下是否构成火灾隐患，若构成则输出辨识结果。

步骤 7：判断是否还有引导词、参数、重要因素、节点未完成分析。循环完成步骤 2 至 6，确保所有适用的节点、要素及参数均已进行分析。

步骤 8：整理输出结果。将所有隐患进行整理，合并类似或同类的隐患，删除无现实意义的隐患，最后输出整理后的结果。

通过 HAZOP 系统化参数体系分析所有可能引起目标火灾的参数及隐患，排查结果较为系统性和全面性。参数和引导词的动态调整，提高了排查方法的适用性和排查结果的针对性。

思考题

1. 简述危险与可操作性分析法的主要分析步骤。
2. 简述 HAZOP 在消防工程领域的应用方式。
3. 阐述什么叫 HAZOP 分析中的“分析节点”。
4. 运用 HAZOP 方法进行某一类消防安全重点场所的火灾隐患排查。

第七章　因果分析图法

【导学】因果分析图法是从事故或隐患出发，追根溯源找到导致事故或隐患的根本原因，进而采取相应对策的系统性分析方法，是一种透过现象看本质的分析方法。通过本章的学习，应掌握因果分析图法的基本原理、类型、因果分析图的绘制方法，能够应用该方法进行消防系统实例分析。

第一节　因果分析图法概述

火灾爆炸事故发生或隐患的出现必然有一定的原因，常表现为直接原因和间接原因，也区分主要原因和次要原因。找到主要原因，挖掘深层次原因非常重要，因果分析图法就是着眼于问题－原因分析的事故分析方法。该方法简单易行，通过将各种可能的相关原因进行归纳、分析，用简明的文字和线条加以全面表示，使复杂的原因系统化、条理化、清晰化，梳理出问题的主要原因，进而形成有的放矢的预防对策。

一、因果分析图法的含义与优点

（一）因果分析图法的含义

因果分析图，又叫特性要因图、石川图或鱼刺图，它是由日本东京大学教授石川馨提出的一种通过带箭头的线，用于将产品质量问题与原因之间的关系表示出来，是分析影响产品质量的因素之间关系的一种工具。应用因果分析图进行问题溯源，把系统中产生事故的原因及造成的结果所构成错综复杂的因果关系，采用简明文字和线条加以全面表示的方法称为因果分析图法。

因果分析图被应用到导致安全事故发生和隐患产生原因的分析中形成事故分析方法，即因果分析图法，是将系统中造成事故的各种因果关系用简明文字和线条全面地表示出来，并据此得出事故不同阶段的“因”和“果”，找出事故发生的基本原因及事故预防对策的因果分析图法[①]。在安全管理过程中，造成事故的原因是多方面的，而每一种原因的作用又不同，往往需要在考虑综合因素时，按照从大到小、从粗到细的方法，逐步深入研究寻找发生事故或引发隐患问题的根源。

① 沈裴敏．安全系统工程［M］．北京：机械工业出版社，2022.

（二）因果分析图法的优点

鱼刺图可以帮助我们透过现象看本质，并快速的发现问题的“根本原因”。其实，从本质上来说，鱼刺图也可以看作是“树形图”，只不过树形图是纵向的，而鱼刺图是横向的。因果图分析法的优势：

（1）通过结果—1 级原因—2 级原因—…—n 级原因的结构性的方式，找出造成某个问题的根本原因和关键原因。

（2）运用鱼刺层级关系有序的、便于理解的图标格式阐明因果关系，直观清晰，系统性强。

（3）通过原因的层层深入，有利于全面的分析考虑造成问题的各种原因，而不是只看某些明显的表面因素。

因果分析图法也有一定的局限性，就是对于某些极端复杂、因果关系错综复杂的问题分析成效欠佳。

二、因果分析图法的原理

（一）事故的因果关系

事故发生往往需要具备一定的条件，各条件之间呈相互依存与制约的关系，因果关系是事故发生相互依存和相互制约关系中的一种。原因和结果是相对的，必然引起其他事件的起因叫作原因，被原因所引起事件就是结果。原因—结果（原因）—…—结果的因果关系具有继承性，即第一层级的结果往往是第二层级的原因，第二层级的原因是第三层级，如图 7–1 所示。事故 A 原因有事件 B_1、B_2、B_3、…、B_n，导致事件 B_1 的原因又是 C_{11}、C_{12}、C_{13}、…、C_{1n}，导致事件 B_2 的原因又是 C_{21}、C_{22}、C_{23}、…、C_{2n}，导致事件 B_n 的原因又是 C_{n1}、C_{n2}、C_{n3}、…、C_{nn}，同样 B 也是 C 的结果。以此类推，由近因找到远因，由直接原因追踪到间接的原因，有表象原因挖掘到本质原因。事故因果分析图法就是基于这样的逻辑思想进行事故分析的，着重分析输入条件的各种组合，每种组合条件就是“因”，它必然有一个输出的结果，这就是“果”。电烤箱失火的原因分析逻辑示例如图 7–2 所示。

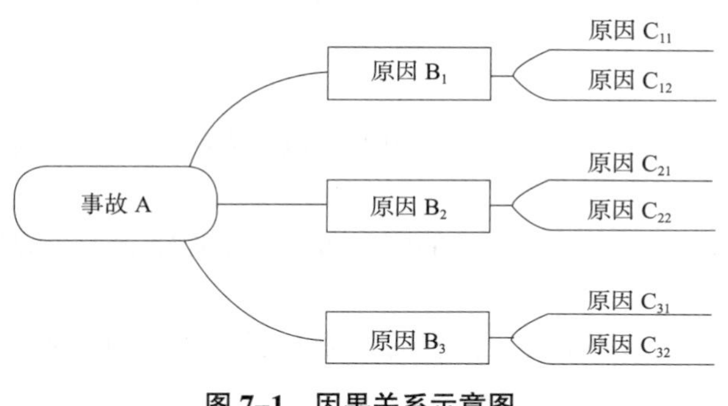

图 7–1　因果关系示意图

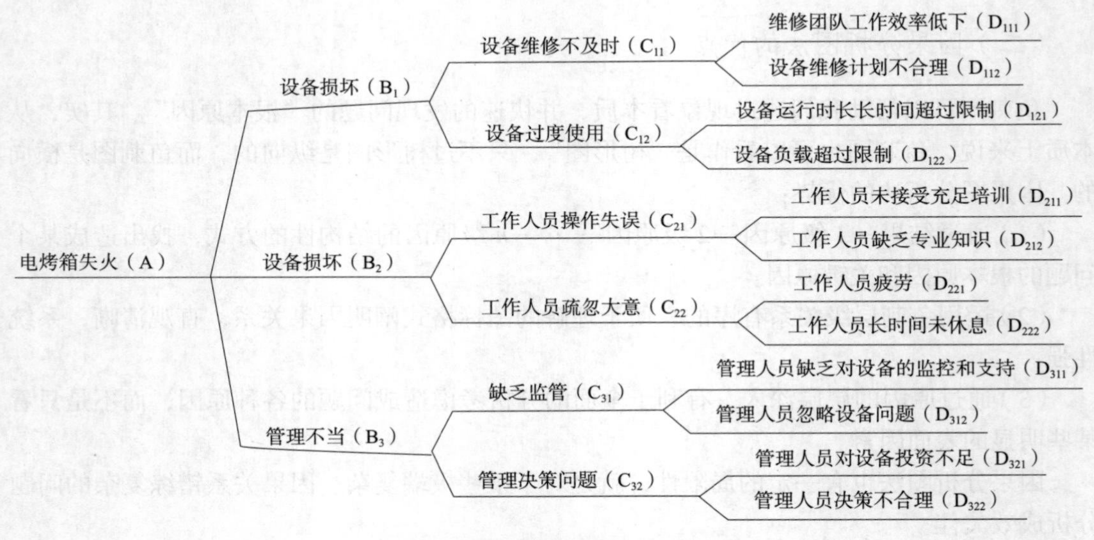

图 7–2　事故因果关系示例

（二）事故的因果要素

事故的发生是由特定的因素决定的，任何特定事故都同时存在激发事故发生的若干事件和情况。海因里希提出的观点认为，事故的发生按照以下 5 个因素的顺序进行：①人体本身；②按人的意志进行的动作；③潜在的危险；④发生事故；⑤人体受伤害。它们就像多米诺骨牌产生连锁反应，按照因果关系依次发生[①]。

有的学者认为这 5 个因素是：①社会环境和管理；②人的过失所引起的危险性；③物的不安全因素状态引起的危险性；④意外事件；⑤人体受伤害。

对以上观点进行概括，事故因果连锁通常从五方面要素进行分析，即人、物、环境、时间和方式。具体的事故可根据事故特点对五方面要素进行取舍和细分。

1. 人的因素

事故的发生往往与人的行为有关，人的因素包括身体状况、技能水平、心理状态、工作压力等。

2. 物的因素

事故的发生也可能与设备、工具、材料等有关，物的因素包括质量、状态、使用方式等。

3. 环境的因素

事故的发生还可能与环境有关，环境的因素包括光线、气候、场地条件等。

4. 技术的因素

事故的发生与技术水平有关，技术的因素包括工作程序、工艺流程、操作规程等。

5. 管理的因素

事故的发生往往与管理有关，管理的因素包括工作时间安排、培训效果、制度建设等。

---

① 沈斐敏 . 安全系统工程理论与应用［M］. 北京：煤炭工业出版社，2001.

事故因果连锁五方面要素是事故发生原因分析的重要指导方针，可以帮助人们从以上要素入手找出事故的根本原因，并采取有效的预防措施避免事故的再次发生。

三、因果分析图法的类型

因果分析图是表示事故和产生原因之间关系的系统。根据系统的不同，因果分析可分为三种类型[①]。

（一）离差分析型因果分析

离差分析型因果分析是将系统看作由多个子系统构成的一个整体，把事故视为子系统组合偏离目标的结果，将该偏移离差分解到系统的每个子系统中寻找原因，然后把原因从大到小，按照直接与间接的关系，绘制成大骨、中骨、小骨和细骨，形成离差因果分析图。通过离差因果分析，可以厘清各个原因事件之间的关系，从而有针对性地采取对策减少离差。

离差分析最早是用于改进产品或零部件的质量，降低设备故障率。这种类型的分析方法对全面了解和掌握产品生产的各环节间的关系非常有利，但是因为该方法是把各种影响因素集中归纳在一起，如果因素太多易把一些细小的因素漏掉，因此，需要在绘因果分析图时进行全面周密的思考，防止遗漏。在研究较大系统安全问题时，用这种类型的因果分析方法则需要先将大系统划分成小系统、子系统，将复杂问题分解细化，是比较适合的系统安全分析法。

（二）工序分析型因果分析

工序分析型因果分析是按照生产工的次序，依次寻找当前工中对事故有影响的原因并进行分析，从大到小，从粗到细将各个因素的因果关系绘制成图。这种分析类型的优点是作图简便，容易理解。缺点是有些相同影响因素会出现多次，如操作者的因素，在各道序中都存在，可能会三番五次地出现同一个问题。此外，系统运行的工序一般都比较多，分析较复杂，通常有效的做法时先做出工序流程图，再进行工序因果分析。工序分析型因果分析法适用于生产工艺流程重的事故分析。

（三）层次分析型因果分析

影响系统安全的因素很多，包括人员、设备、环境、技术、管理等。每一个因素都可能成为事故发生的一个要因，而这些要因又由许多更为具体的细节原因导致。这些原因存在层次递进关系。先找出诱发事故的要因，再找其产生的次级原因，而这些次级原因则是由更细节的原因形成的，将所有原因分门别类地归纳起来，绘成图形，则可清晰表示各个原因之间的关系。通过层次分析把造成事故发生的各种因素条理化，有利于制定系统性的解决对策和针对性的措施。

消防安全事故的发生常常是多种复杂因素耦合所致，多采用层次分析型因果分析法，将引发事故的重要因素分层加以剖析，在图上将原因和结果的关系用箭头表示，分层的多少取决于系统安全分析的深度和广度。

---

① 沈斐敏．安全系统工程［M］．北京：机械工业出版社，2022.

第二节　因果分析图的绘制方法

把系统中产生事故的原因及造成的结果所构成错综复杂的因果关系，采用简明文字和线条加以全面表示的图形为因果分析图，其结构和绘制方法有特定的规则和要求。

一、因果分析图的结构

（一）因果分析图的基本形态

因果分析图从展示事故诱发的直接原因，到从直接原因里引出更深层次的原因，并用箭头所指示方向表示出因果关系，展示了事故因果分析的过程，是事故因果分析法的呈现载体与分析过程记录，是对系统结果与可能影响系统结果的因素之间图果关系的图解，能十分直观地展现导致事故或隐患多种原因及其关系。因果分析图的形状像鱼刺，故也叫鱼刺图，如图 7–3 所示。

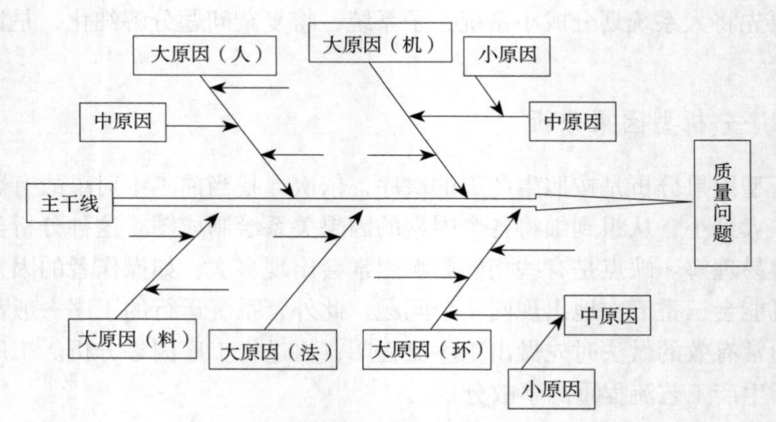

图 7–3　鱼刺图形状

（二）因果分析图的组成

1. 基本结构

因果分析图中的内容分为原因与结果两部分，原因部分构成鱼刺图的“鱼刺”，“鱼刺”的箭头指向结果事件，表示该原因事件对所指向因素有直接影响，如图 7–4 所示。

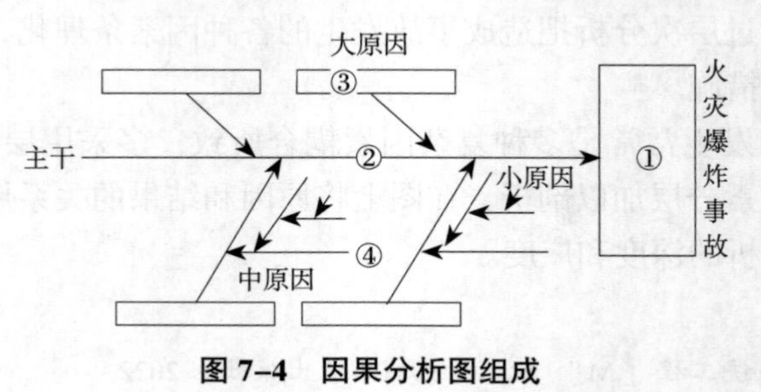

图 7–4　因果分析图组成

2. 主骨

事故类型和特征写在右端，用四方框圈起来；主骨用粗线画，加箭头标志，指向事故类型和后果，如图 7–5 所示。

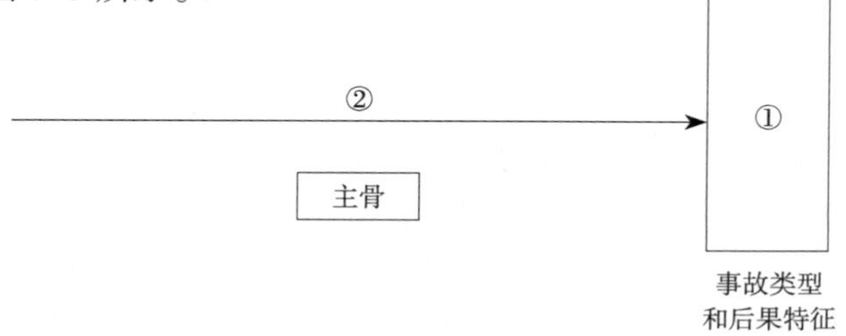

图 7–5　主骨示意图

3. 大骨

用“大骨”表示要因，大骨为大层面原因，如人、机器、工艺、设备、环境等，用四方框圈起来，箭头链接主骨，如图 7–6 所示。

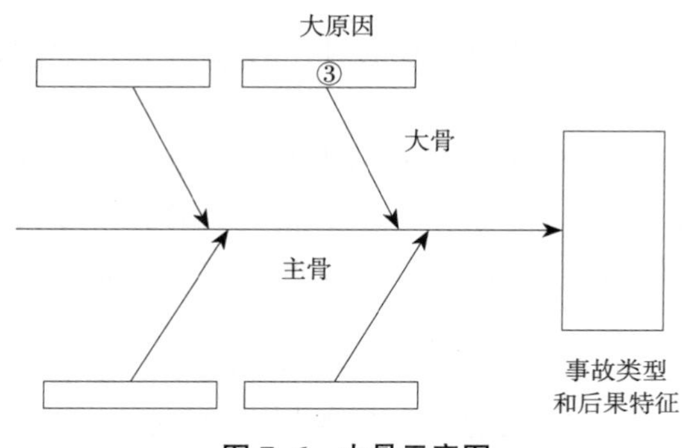

图 7–6　大骨示意图

4. 中骨、小骨和细骨

“中骨”表示中原因，“小骨”要围绕中骨分析原因，“细骨”围绕小骨更进一步追查，表示更细节的原因，具体结构如图 7–7 所示。

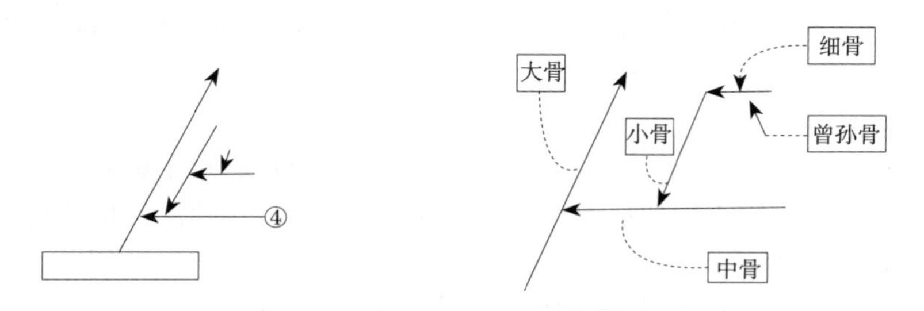

图 7–7　中骨、小骨、细骨示意图

5. 箭头

箭头为单箭头，由原因指向结果，表示因果关系。

二、因果分析图的绘制

一般情况下，因果分析可从人的不安全行为（安全管理、设计者、操作者等）和物质条件构成的不安全状态（设备缺陷、环境不良等）的大层面因素开始从大到小，从粗到细，由表及里，深入分析，通过对原因的依次展开，即把对结果有影响的因素一层一层加以分类和标出，直到能直接具体地看清问题，则可得出类似的鱼刺图。

（一）因果分析图绘制步骤

在绘制鱼刺图时，首先确定要分析的某个特定事故，写在最右边，画出主干，箭头指向事故；然后确定造成事故的因素分类项目，画出大骨；再分析各分类项目造成事故的原因，画出中骨，事故原因用文字记在中骨线的上下，如此将原因层层展开，画出小骨、细骨；最后确定鱼刺图中的主要原因，作为重点控制对象。因果分析图的图形看似简单，实质上，图的质量与追问深度有关，追问越深，探索的原因因素也越细。

绘图步骤可归纳为：针对结果、分析原因、先主后次、层层深入。一般情况下，可从人员、机械设备、环境、技术及管理因素，从粗到细，由表及里，一层一层地深入分析。在绘制因果图时，一般可按下列步骤进行。

1. 确定分析对象

找出系统中的安全问题。一般是事故或隐患，绘制出主干及结果部分。

2. 绘制主因

寻找事故发生的主要原因或直接原因可从人的不安全行为、物的不安全状态以及管理等方面入手。绘制因果分析图的“大骨”，并将该因素用简要的文字描述，标注在“大骨”末端，箭头指向主干。画图时，注意相邻箭头之间的夹角为锐角（大约 60°）。

3. 剖析次级

分析每个原因主因，找出相应的次因，绘制出因果分析图的“中骨”，并将该因素用简要的文字描述，标注在“中骨”横线上，箭头指向“大骨”。

4. 梳理次级

将次要原因层层展开，一直到不能再分为止，将这些原因都用简要文字概括，按照直接、间接关系用箭头表示出来，绘制出因果分析图上的“小骨”和“细骨”。

5. 确定关键原因

采用公认法、投标法、排列图法和评分法等，并将其做出标记，作为重点控制的因素。

6. 检查遗漏

检查是否有被遗漏的原因。由于个人思维的局限，所以，对于影响安全的原因每个人都能根据自己的经验提出不同的认识，因此，集思广益，发现遗漏，把影响安全的各种主次因素都统一到因果图上来，及时补充。

通过以上步骤画出的因果分析图比较完整，既能群组化，又有连续性，逻辑关系强，能够恰到好处地表达事物内在的原因结构。

（二）因果分析图绘制举例

以安全管理缺陷引发的事故致因分析为例。

1. 第一阶段原因分析

造成安全管理缺陷从而引发事故（结果）有 7 大因素（原因）。①生产经营者素质低下；②安全管理机构、人员不健全或不符合要求；③未建立健全的管理制度和安全规程；④安全教育、培训、考核不符合要求；⑤安全监督与检查不到位；⑥未制定事故应急救援预案；⑦安全设施不符合要求，安全投入不足。从主干线引出箭头作为“大骨”，将七要素简要文字标注。

2. 第二阶段原因分析

第一阶段的上述 7 大因素（原因）又是第二阶段的结果，导致这些结果又有其原因。以“生产经营者素质低下”为例进一步进行分析。导致“生产经营者素质低下”（结果）有 6 个因素（原因）[①]：一是国家安全生产方针与安全生产劳动保护政策不落实；二是违背科学生产规律决策、指挥；三是缺乏专业技术知识；四是安全生产能力不足；五是法制观念差，未依法生产经营；六是安全意识薄弱，重经济效益，轻安全生产。从“大骨”上引出“中骨”箭头，将六要素简要文字标注。其他类推，因果分析鱼刺图见图 7-8。

三、因果分析图的功能

因果分析图法简便、实用，易于推广，具有以下基本功能：

（1）通过因果分析图，可以直接读取出两个基本信息，一是因果分析的要素，二是因果之间联系的结构。

（2）因果分析图可用于预测故及发现事故隐患，也可用于事后分析事故原因，调查处理事故。

（3）因果图可用于建立安全技术档案，一事一图，这样便于保存，为日后的设计审查、安全管理及技术培训提供技术资料。

（4）指导实践。因果分析图既来源于实践，又高于实践。可使存在的问题系统、条理化后，再返回到生产实践中去，用来检验和指导实践，以改善管理工作。

① 赵铁锤. 安全评价［M］. 北京：煤炭工业出版社，2002.

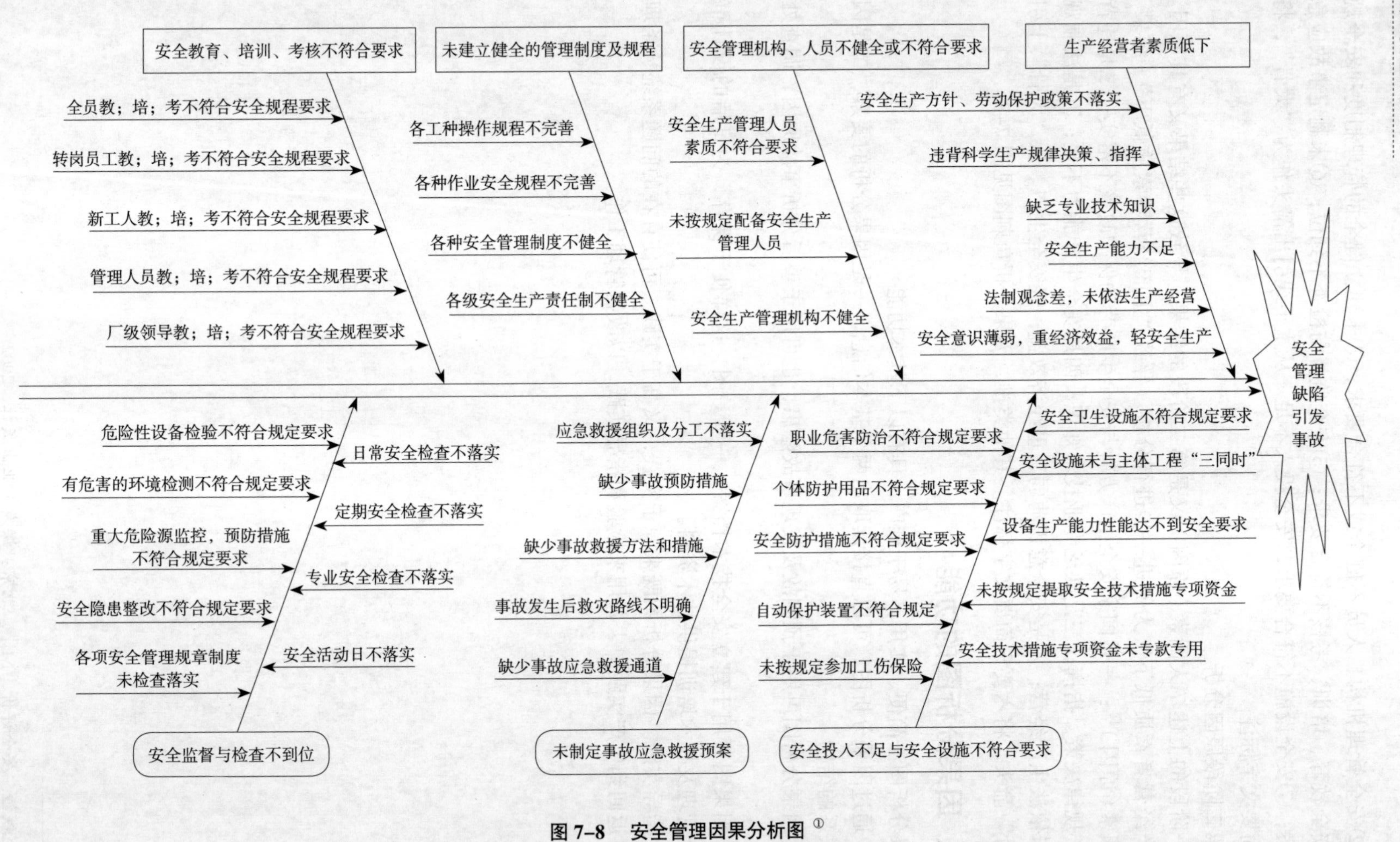

图 7-8　安全管理因果分析图 [①]

① 张秀华. 因果（鱼刺）图分析法在安全预评价中的应用［J］. 机械管理开发，2014，141（05）：64-65.

第三节　因果分析图法的应用

一、因果分析图法应用说明和绘制说明

（一）因果分析法应用说明

1. 分清因果地位

在运用因果分析法前，需确认分析对象与因素之间是否确实存在因果关系，不能牵强罗列不相关因素。

2. 注因果对应

任何结果是由一定的原因引起的，一定的原因产生一定的结果，因果常常是一一对应的，不能混淆，张冠李戴。

3. 循因导果，执果索因

在安全分析中，从不同的方向用不同的思维方式去进行因果分析，有利于发展多向性思维。

4. 客观评价每个因素的重要性

分析者往往是根据自己的先验知识和经验来列举各因素，但应注意在判断原因层级时不能仅凭随意的主观臆断来评价各因素的重要程度，要采用科学研究方法客观评价因素的重要性。

5. 使用因果分析时要不断加以改进

利用因果图可以帮助人们梳理因果图需要在日常加强检查的重要因素。然而随着人们对客观因果关系认识的变化，必然导致因果关系发展变化，就需要不断更新和调整因果分析图，指导安全工作。

（二）因果分析图绘制说明

因果分析图绘制要求是“重要的因素不遗漏”和“不重要的因素不绘制”。

1. 集思广益，充分发扬民主，以免疏漏

因果分析图应组织技术、安全、管理等人员采用头脑风暴，集思广益，全面汇总对结果影响相关的因素。

2. 原因需具体明确

在分析导致事故的原因时需尽可能具体、详细，厘清因与果的逻辑关系，为后续因果分析图的应用奠定基础。

3. 原因能够可控

要想改进系统安全性，原因必须要细致到能采取措施解决问题。如果分析出的原因不能采取有效的措施进行控制，说明问题还没有得到解决，需要继续分析细致原因。

二、因果分析图法应用举例

（一）含硫油品储罐自燃事故鱼刺图分析[①]

发生含硫油品储罐自燃事故必须具备的三个必要条件是：①油品储罐内壁有硫腐蚀产物硫化铁生成；②储罐内部氧气浓度达到一定水平；③储罐内部的温度达到硫化铁的自燃点。当环境满足以上三个条件时，储罐自燃事故就一定会发生。把可能导致这三个条件得到满足的原因分成人—机—料—法—环五个大因素，再对这五个大因素分别进行分析。

1. 人的因素分析

人的不安全行为是直接导致事故发生的人因失误。在含硫油品储罐的日常管理中，若管理人员未能及时发现或发现但未及时汇报罐体腐蚀情况等不安全因素时，会直接导致罐内壁腐蚀或温度升高等危险隐患慢慢加剧；同样，在操作人员操作失误时，也会使自燃事故概率逐渐升高。这两个中因素分别是由以下小因素引起的：

（1）因安全教育不足致使管理人员无危险意识。

（2）安全管理不到位。

（3）人操作人员未经过安全培训或培训不充分。

（4）操作人员违章操作。

（5）操作人员操作不熟练。

2. 机的因素分析

在这个事故分析中，“机”指的是装有含硫油品的储罐。当储罐是由不耐腐蚀的材质制成、防腐涂层脱落，同时罐内存在电化学腐蚀的情况时，会造成含硫油品储罐内壁腐蚀，生成硫腐蚀产物硫化铁；空气在罐体内浮盘密封圈失效或透气孔不严时进入罐内，导致储罐内部含氧量上升，加强储罐内壁的腐蚀作用。由此，生成的硫化铁越积越多，含氧量越来越高，储罐发生自燃事故的可能性也同步上升。

3. 料的因素分析

在这个事故分析中，“料”的因素分析针对的是储罐内油品的含硫量。不同油品的含硫量相差很大，所以发生自燃事故的概率也不同。硫含量高的油品在炼制和加工过程中会产生更多的活性硫，而活性硫对储罐内壁的腐蚀作用很大。通常含硫量越高，发生自燃事故的概率越高，反之越低。

4. 法的因素分析

在这个事故分析中，“法”指的是炼制含硫油品的工艺方法。采用不同的油品炼制工艺和方法所得到的含硫油品中的活性硫含量不同，通常脱硫效果差的工艺过程（如一脱四注）或工艺条件控制不好（如蒸馏装置温度控制不好）时，会产生更多的活性硫，导致储油罐内硫化铁的含量上升，从而增加了自燃事故发生的概率。

5. 环的因素分析

环境的影响因素主要是罐内的温度、大气湿度和含氧量。通常环境的温度越高，储罐

① 李凡，董哲仁，刘颖阳，等．含硫油品储罐自燃事故鱼刺图分析［J］．试验研究，2018，34（8）:17-20.

的蓄热条件就越好，硫化铁的氧化反应所释放出的热量就越不容易向外界辐射，从而发生热积聚，储罐内部环境温度就越容易达到硫化铁的自燃点温度；空气的湿度越大，硫化氢气体就越容易离解，硫离子的生成量就越大，对储油罐内壁的腐蚀程度就会越大，直接导致硫化铁的生成量越大；采用低液位操作或在储罐检修时，空气会进入储罐内部从而使罐内氧气浓度增大，在这些情况下储罐自燃事故都会更容易发生。

6. 绘制鱼刺图

根据上述含硫油品储罐自燃事故的原因分析，按人—机—料—法—环五个大因素进行分类挖掘来绘制鱼刺图。把“含硫油品储罐自燃事故”作为分析的事故，位于图的右边，划出干线。在干线上方为三个支线（大因素）即人、物料和环境，下方为储油罐和工艺方法，将各类大因素层层展开，逐层分析，从中因素到小因素再到细因素，画出含硫油品储罐自燃事故的鱼刺图，如图 7–9 所示。

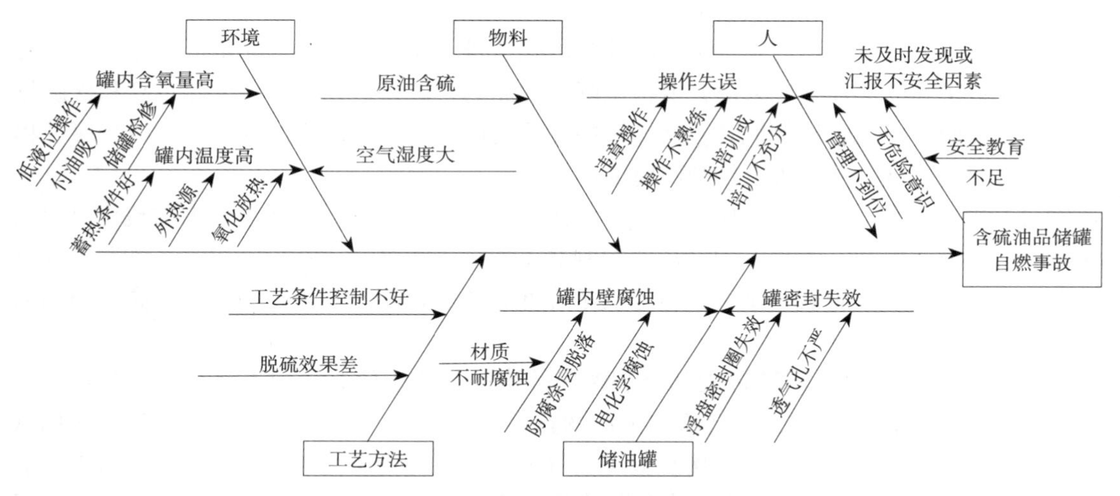

图 7–9　含硫油品储罐自燃事故鱼刺图

7. 分析预防与控制措施

由上述含硫油品储罐自燃事故鱼刺图分析，应从对人—机—料—法—环五个方面因素的分析出发，采取针对性措施预防含硫油品储罐自燃事故发生；重点采取以下预防控制措施，确保含硫油品储罐的存储管理安全性和可靠性。

（1）人的因素。① 安全生产责任制必须严格落实，企业安全管理责任必须明晰；专职从事安全工作的机构设置应逐步科学化、完善化；专业人才数量充足。② 在员工上岗前必须进行安全教育以及相关安全技能的训练，并在通过考核合格后才能上岗；完善规章制度，强迫员工遵章守纪，实现“要我安全”；日常生产中通过教育、座谈、产前会等形式着重提高员工自我的安全意识，实现“我要安全”。③ 建立完善的安全管理制度，加强对储油罐区的安全检查和巡察力度，发现异常或事故苗头应及时进行上报，并由专业人员及时采取恰当措施排除隐患，例如，储罐局部异常高温、温度监测器报警，通风孔、结构连接处等处冒出白烟或发出刺激性气味等。在条件允许的情况下可设闭路电视监控系统或多种形式的无人监测器。

（2）机的因素。① 将腐蚀金属用于储罐内壁腐蚀高发部位的制作或将现有储罐进行局部耐腐蚀材料喷镀或涂镀，使易腐罐体与氧气和硫化氢隔离开来，消除腐蚀发生的条件，既可以延长含硫油品储罐的寿命，还可以有效防止硫腐蚀产物的生成与自燃。② 加强油罐的切水工作，减少罐底的垫层中含硫水的切除，以降低气相空间的硫化氢浓度和水蒸气浓度，减少电解质的形成，降低对储罐材料的电化学腐蚀。③ 确保储罐内浮顶及透气孔的密封性良好。④ 同时增加储罐清罐检修的频率，并重点检修易损关键零部件。检修过程中应完全清除储罐内壁及底部堆织的硫化铁，防止其发生自燃。⑤ 在油品储罐顶部安装水喷淋设施，在高温环境下，在储罐上喷淋水可降低油罐内气相温度达 5 ~ 15℃，温度降低可以极大程度延缓硫化氢对碳钢的腐蚀速度，同时还能减少腐蚀产物硫化铁的堆积量，减少硫化铁的量也可极大延缓储罐腐蚀速度和降低罐内温度。最高气温超过 30℃ 的工作日必须启用水喷淋设施降低储罐温度。同时，为控制蓄热条件，应在设备设计时就注意到储罐内部的散热问题，进行合理设计或增加安全设施以减少在储罐内部的热量积聚，防止达到硫化亚铁的自燃点温度。

（3）料的因素。严格控制各类进罐油品的硫含量，应尽量储放含硫量低的原油。若必须储放含硫量高的原油则应采取必要措施降低油品的含硫量，例如，将含硫量高和含硫量低的油品按照一定混合比例混装，将储罐中油品的硫化氢单位体积浓度降低，减少腐蚀程度。通过控制硫含量从源头上控制硫腐蚀速率。

（4）法的因素。在工艺上应改进“一脱四注”技术，减少粗汽油组分中的硫化氢等腐蚀介质；蒸馏装置初、常顶汽油冷却要控制好（不小于 40℃）；减少硫化氢气体等进入汽油中间罐；利用加氢脱硫、微波脱硫等技术降低原油的含硫。也可使用适合于高硫原油的缓蚀剂，降低腐蚀速度。

（5）环的因素。① 向储罐内部充装氮气等惰性气体，使储罐内部氧气含量降低，可以有效防止硫化铁的氧化，降低硫腐蚀产物自燃的危险性。② 储罐付油操作时，使用低压瓦斯代替进入储罐的空气。可保护储罐的气相空间始终处于无氧状态，硫化铁将无法氧化自燃。③ 储罐在付油操作时，采用收付混合操作方式，使浮盘在较小的范围内上下浮动，减少浮盘以下的硫化铁与空气接触氧化。

（二）基于鱼刺图的锂离子电池火灾原因分析 ①

锂离子电池因其具有能量密度高、工作电压高、无记忆效应、循环寿命长及自放电率低等优点，被广泛应用于电子产品、电动交通工具、航空航天及电站等领域，然而，由于锂离子电池化学成分以及其电能储存转换介质和结构的特殊理化性能，在使用不当及环境不良等情况下易于发生热失控，引起火灾或爆炸。导致锂离子电池火灾的风险因素分布在锂离子电池生命周期的设计生产运输、使用和回收等各阶段，所以，从物质条件构成的不安全状态和人的不安全行为两大方面，利用鱼刺图分析法结合锂离子电池的生命周期确定事故的分类因素，从材料、设计、制造、操作者、管理及环境等方面系统分析引起锂离子电池火灾的原因，并从锂离子电池的本质安全及安全管理等方面提出预防火灾发生的措施，为有效预防锂离子电池火灾事故的防火工作提供理论指导。

① 余晨颖，赵玲．基于鱼刺图的锂离子电池火灾原因分析［J］．化工管理，2022，9：134-137.

1. 锂离子电池火灾风险因素分析

（1）材料。锂离子电池材料的热稳定性是影响其火灾危险性的主要因素。锂离子电池电极材料热稳定性不高。在充电时，正极材料具有较强的氧化性，在高温下易分解释放出氧。当由于短路等原因导致锂离子电池内部温度升高时，正极材料发生分解并释放大量的热和氧，锂离子电池的电解液是易燃液体，当电解液过热时，会分解并产生大量可燃气体和热量，这些气体及热量使锂离子电池内部气压与温度不断上升，同时电解液分解产生的气体与正极材料分解产生的氧混合，最终导致燃烧与爆炸的发生。

隔膜是锂离子电池的关键组件之一，其作用是隔离正、负极，防止正、负极接触短路，同时保证锂离子通过，热稳定性差的隔膜在温度上升时更易于发生变形或熔断，力学性能差的隔膜在负极析出锂枝品时更易于被刺破，从而引起正角极短路。此外，隔膜且有微孔自闭功能，当温度达到了隔膜闭孔温度时，孔洞会闭合，离子通道关闭使电流中断，内部反应停止，如果隔膜微孔自闭功能差，可能会出现闭孔率较低或者不闭合的情况。

（2）设计及制造。锂离子电池内部的设计安全间值低等缺陷易造成短路，短路时有较大电流通过，从而使电池内部产生大量热量，造成热失控。例如，为了提高锂离子电池的体积能量密度而减少隔膜厚度的做法，易造成隔膜缺陷。锂离子电池安全预警和自动控制技术薄弱，也会导致热失控难以被检测及控制。

锂离子电池生产过程要求极高，生产过程的一些缺陷有可能引发内部短路，5锂离子电池隔膜破损是导致其内部短路的重要因素。锂离子电池在极片冲切时，容易出现极片毛刺超标，致使在存放及使用过程中毛刺可能刺穿隔膜，引起正负极微短路，在极片冲切时产生的粉尘颗粒过多过大，也易导致隔膜穿孔，引发锂离子电池内部的微短路，在生产过程中由于电解液涂布不均匀而造成的各点导电率有所差异，使负极表面更易析出锂结晶，结晶刺破隔膜，进而易引发锂离子电池内部短路。此外，隔膜在生产过程中形成的薄厚不均也易于造成锂离子电池正负极间发生短路。

（3）操作者。撞击、挤压、针刺、火源烤燃及过充过放等电池油用会引发一系列放热反应，导致锂离子电池内部温度升高，进而引起热失控。

锂离子电池受到外界撞击、挤压等机械冲击时会引起壳体形变，瞬间挤压内部隔膜及电极等，造成内部隔膜及正负极等内部破坏，使正负极直接接触，引发电池内部短路。引发热失控，如果机械冲击致使锂离子电池外壳破裂，负极将暴露在空气中，会存在自燃的风险，当锂离子电池被尖锐物刺入时，会引起正负极接触发生短路，在极短时间内有很大电流通过，当锂离子电池受到机械破坏时可瞬间引发热失控，反应应急时间很短。

长时间充电或用高电压充电，在保护电路失效的情况下，会导致锂离子电池过充，因为过充导致锂离子电池热失控事故的比较多。过充时，锂离子电池正负极电压持续上升，正极料分解放出大量热，同时释放的氧气过剩，造成内部压力升高，负极由于脱锂量过大使脱锂过程越来越困难，电池内阻急剧增大，产生大量热量，此外，在应用中存在锂电池放电时超过截止电压继续放电的情况，与过度充电相比，锂离子电池过度放电的危害易于被忽视当锂离子电池过度放电时，会导致负极碳片层结构出现塌陷，电池正极铜金属沉积，这可能刺穿隔膜，引起内部短路。

（4）管理。目前，锂离子电池国际标准有基础标准和部分常见的产品标准，但尚缺乏诸如电极材料、制造工艺、制造及检测设备以及一些新兴产品类等标准。我国锂离子电池标准发展相对缓慢，缺乏安装、环境及一些工业设备类标准，在设计、生产储存运输、使用及回收等整个寿命周期内对锂离子电池安全性与可靠性方面的标准比较缺乏，滞后以及安全管理不严格等是与致其存在安全隐患的重要因素。例如，设计技术标准满后，可能导致设计可靠性不高，增加热失控的风险；装配线抽检程序不严格、检测缺乏统一性等可能导致电池缺陷；在运输过程中锂离子电池荷电状态高，会增加火灾危险性。

（5）环境。锂离子电池和周围环境的热交换过程与环境的温度、湿度及通风情况有关。张培红等研究了 NCM 三元锂离子电池在湿热环境下的热失控行为，表明高温高湿环境将增加 NCM 三元锂离子电池热失控的危险性，环境初始温度提高会使热失控的发生时间提前，环境湿度增加会使热失控导致的最高温度上升。

锂离子电池在生产运输、储存及使用过程中日能会遇到高温环境。锂离子电池对 0 ~ 40℃的环境温度不敏感，超过了这个区间，安全性降低环境温度对锂离子电池热稳定性有一定影响，随着温度升高，热稳定性变差。高温会破坏锂离子电池内部的化学平衡，发生副反应，并且随温度的升高，副反应加快，电池达到热失控的时间也会缩短。当环境温度过低时，也会增加锂离子电池的火灾风险性。当锂离子电池在温度低于 0℃时充电，正极将析出锂，会增加其对捕击、挤压及震动等机械破坏的敏感性。

当环境湿度大形成雾滴时，雾滴会聚积在锂离子电池安全阀处，可能导致安全阀泄压效率下降而不能及时泄压，致使内部压力逐渐增加，最终引发锂离子电池爆炸，此外，环境湿度大会加剧电解液分解物和水蒸气的反应，加快热失控进程的同时增大事故后果严重程度。

2. 锂离子电池火灾鱼刺图

基于锂离子电池火灾风险因素的分析绘制鱼刺图如图 7–10 所示，各种因素直接或间接造成的电池内部短路，是导致锂离子电池火灾的主要原因，可列为重点控制对象。

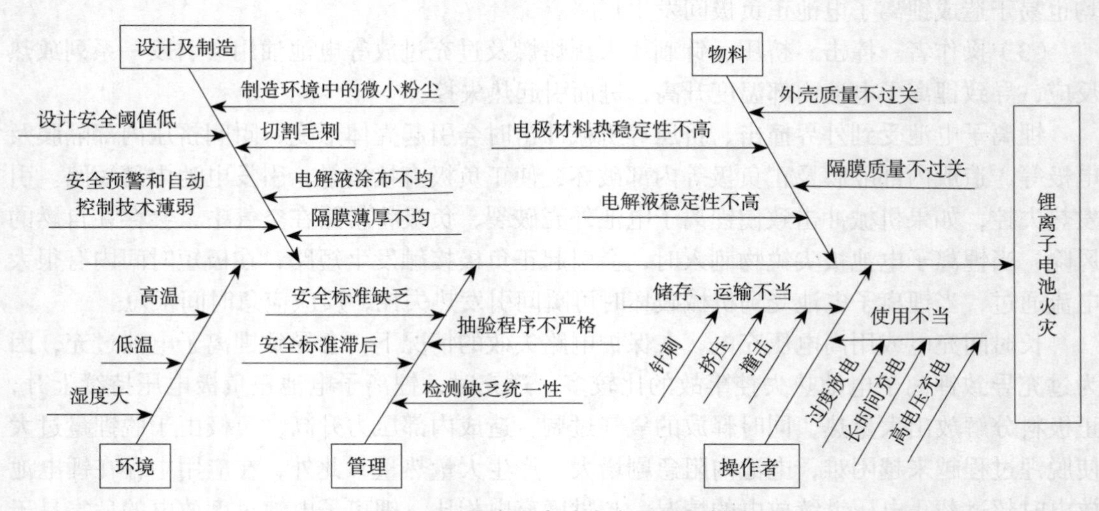

图 7–10 锂离子电池火灾原因鱼刺图

3. 锂离子电池火灾预防

基于鱼刺图分析得到的锂离子电池火灾原因，可从以下几方面预防火灾事故的发生。

（1）提高材料的固有安全性，可通过掺杂、取代等改性技术提高正极材料的固有热稳定性，优化电极术料的核壳及包覆，通过添加剂、离子液体、固体电解质等技术手段来改善电解液的热稳定性，采用绝缘效果更好的新型隔膜材料，尽可能降低其厚度的同时提高隔膜的抗形变能力。

（2）优化安全设计。优化正、负极容量比，防止正极容量过量易引起的内部短路，优化电解液用量，避免电解液过少引起内阻增大而导致的热失控，改善电池安全保护设计，例如，根据不同电流的过充临界时间设计相应的防护措施，提高实时照测电池热失控的早期故障参数的精度，实现热失控的早期精准预警。

（3）严格控制生产工艺及生产设备防止极片毛刺的产生，严格要求制造环境，在生产过程中避免落入金属粉尘等杂质，严格检测，筛除微短路和内部短路的电芯。

（4）提高及完善锂离子电池安全标准，完善及规范锂离子电池的检测、运输、储存及使用的相关规定。

（5）避免运输中的过度颠簸震动、挤压及碰捕等。存储按规定摆放，存储环境温度避免过高或过低，注意通风及环境湿度，在使用中注意充电器与电池的匹配，避免过度充电及放电。

思考题

1. 简述事物之间的因果关系。
2. 简述因果分析图法（鱼刺图法）。
3. 简述常见的因果分析图的类型。
4. 简述因果分析图的作用及其特点。
5. 选定一个“事故”，用因果分析图法进行分析。

第八章　事件树分析法

【导学】事件树分析法是一种重要的消防安全分析方法，也是一种重要的消防安全评估方法。通过事件树分析，可以了解火灾事故的发生发展规律，了解不同火灾场景出现的可能性，为消防安全评估和消防安全措施的选择奠定坚实的理论基础。更加重要的是，使用事件树既可以对消防安全系统进行定性分析，又可以对消防安全系统进行定量分析。通过本章的学习，要求了解事件树和事件树分析的基本概念，掌握事件树的编制方法和事件树分析的原理与步骤，掌握事件树的定性分析和定量分析方法；针对实际火灾事故案例，能够用事件树分析法进行定性和定量分析。

第一节　事件树分析法概述

一、事件树分析的引入

事件树分析对应的英文是 Event Tree Analysis，因此事件树分析也常被写成 ETA。事件树分析法与运筹学中的决策树分析法（Decision Tree Analysis，简称 DTA）类似。在运筹学中，决策树分析法主要用于对不确定问题进行决策；而在火灾事故的发生发展过程中，其后果（或称为火灾场景）实际上也是不确定的，故事件树分析法和决策树分析法在本质上是一致的，都是对不确定性的场景进行决策分析。因此，可以认为事件树分析法实质上也是一种决策树分析法。事件树分析法的理论基础是概率论和运筹学。

系统都是由元素组成的，也就是说系统可以分成不同的组成部分。在实践中，对于每一个系统，其各个组成部分都存在着正常工作（成功）和失效（失败）两种状态。各个组成部分工作状态的不同组合，决定了系统的工作状态是成功或失败。同时，事故致因理论认为，事故的发生也是许多事件相继发生发展的结果。因此系统的观点和事故致因理论也是事件树分析的理论基础。

从事件的初始状态出发，按照事故的发展顺序分成不同的发展阶段，逐步进行分析，其中在每一步的分析中，都考虑成功（即希望发生的事件）和失败（即不希望发生的事件）两种可能的状态，并用上连线表示成功，下连线表示失败，直到最终结果，就形成了一个水平放置的树形图。这种树形图称为事件树，如图 8–1 所示。需要注意的是，在事件树中把成功分支画在上面，失败分支画在下面，是事件树的一般规范画法。

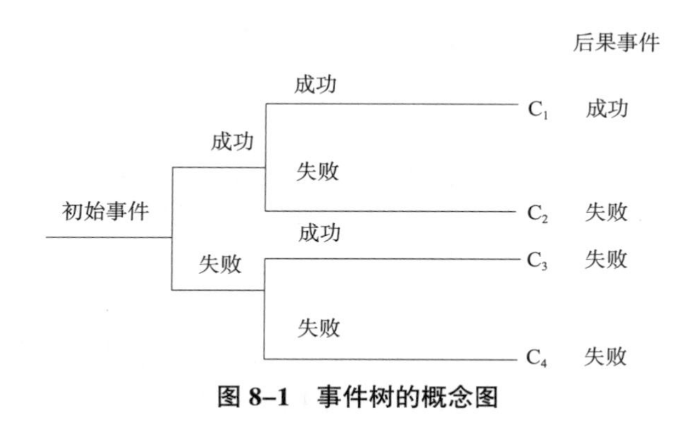

图 8–1　事件树的概念图

这种从初始事件发展为事故的过程及后果的逻辑分析方法被称为事件树分析法。即事件树分析法从事件的初始状态出发，用逻辑推理的方法，依据各个组成部分的工作顺序，推导事故后果场景的发展过程，进而根据这一过程可以了解事故的发生的原因和发展规律。

事件树分析经常应用在以下场合：

（1）一项特定事件可能导致一个以上不同的后果场景。

（2）人们希望能够得到不同的后果场景发生的概率。

一个以上的结果暗示着几种可能的结果。如果是这种情况，则可以用事件树分析法对系统的危险性进行分析。

事件树分析法在核工业、化学工业以及消防安全系统的危险分析和风险评估中得到了广泛的应用。用事件树分析法对系统进行分析，通常能够估计系统的安全性，并能确定采取何种合理的安全措施，以防止初始事件发展成为事故。

二、事件树分析法的几个概念

在事件树分析中，经常要用到初始事件、环节事件、结果事件等概念，这些概念的定义如下：

1. 初始事件

触发系统火灾事故序列开始的故障或不期望事件，称为初始事件，如加油站的油气储罐发生泄漏等。初始事件是否导致火灾事故的发生，依赖于系统中的消防安全控制措施能否成功地运行。在某些情况下，可能发展为火灾事故；在某些情况下，不会发展为火灾事故。

2. 环节事件

由于系统一般都是由许多子系统组成的，不同的子系统在不同的时间或环境下发挥作用。因此初始事件能否发展为火灾事故还与这些子系统能否发挥正常功能密切相关。这些子系统引起的事件介于引起系统火灾事故的初始事件和最终结果事件之间，一般就称为中间事件或环节事件。在消防安全系统中，环节事件就是系统中不同消防安全子系统的成功或者失败的事件。典型的环节事件就是火灾探测器失效、火灾报警器失效、自动喷水系统失效等。

在事件树分析中，一定要区分初始事件和环节事件这两种不同类型的事件。事件树分析都是从初始事件开始的。环节事件的不同状态决定了初始事件的发展规律和结果事件的类型。

一般情况下，可以根据以下事实来识别一个事件是否是初始事件，即各环节事件只能在初始事件发生之后才发生。因此，只有在初始事件发生时，事件树才有意义。需要注意的是，环节事件是出现在初始事件之后的。

3. 结果事件

初始事件最终将导致一系列事件。这些事件序列的后果是从一个初始事件开始，随后按照时空序列逐渐展开的环节事件，最终导致不期望的火灾事故后果出现，这就是结果事件。常见的结果事件是火灾引起人员伤亡和财产损失等。

4. 事件树

将某一初始事件可能经过的环节事件和可能产生的多个结果事件用图形化方式表示的模型，称为事件树。

5. 事件树分析法

通过建立事件树，利用逻辑思维规律，分析火灾事故的起因、发展和结果的过程称为事件树分析法。事件树分析一般包括定性分析和定量分析两个方面。

三、事件树的编制

事件树的编制是事件树分析法的基础和前提，也是为事件树分析服务的。若编制的事件树不正确，则事件树分析将不准确，也就是说此时的事件树分析是没有意义的。

编制事件树的步骤如下：

第一步，确定系统及其组成元素。明确所分析的对象及范围，找出系统的组成元素。

第二步，对各子系统（元素）进行分析。分析各元素的因果关系，分析其成功与失败两种状态对系统状态的影响。

第三步，确定初始事件和中间的环节事件。在消防安全系统分析中，初始事件一般是可燃物着火，环节事件是各种探测、报警、灭火以及疏散等消防安全系统是否能够有效地发挥作用。另外，需要根据系统的结构和工作机理，确定各环节事件发生的先后次序。

第四步，编制事件树。在编制事件树时，一般把初始事件写在最左边，各环节事件按照发生的先后次序写在右面。首先，从初始事件画一条水平线到第一个环节事件，在水平线末端画一条垂直线段，垂直线段上端表示成功，下端表示失败；再从垂直线两端分别向右画水平线到下个环节事件，同样用垂直线段表示成功和失败两种状态；依次类推，直到最后一个环节事件为止。这样就得到了一个图形化的事件树。

按照这种方法编制事件树，经过第一个环节事件，产生 2 个分支；再经过第二个环节事件时，每个分支又将产生 2 个分支，此时就有 4（2×2）个分支了。若有系统有 n 个环节事件，由于每个环节事件都将产生 2 个不同的结果，因此将有 2^n 个不同的结果事件。例如，在有 4 个环节事件的情况下，事件树将有 16（2^4）种结果事件。

在实际的系统中，如果某一环节事件发生后，其后续的其他环节事件无论发生与否均不影响该事件分支的后果时，则该事件序列结束。此时此环节事件就不需要往下分析。在编制事件树时，将水平线直接延伸到结果事件，而不再画出其他分支，这就是事件树的化简。事件树的一般形式为如图 8–2 所示。

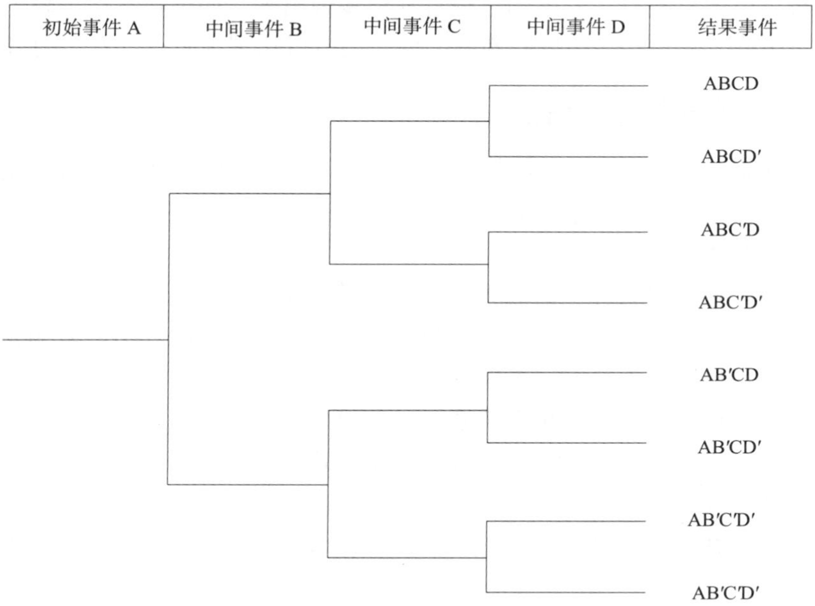

初始事件 A	中间事件 B	中间事件 C	中间事件 D	结果事件

ABCD
ABCD′
ABC′D
ABC′D′
AB′CD
AB′CD′
AB′C′D′
AB′C′D′

图 8–2　事件树的一般形式

第二节　事件树分析

一、事件树分析的基本原理

事件树分析法是一种从原因到结果的演绎分析方法。

事件树分析最初用于可靠性分析，它是用元件可靠性来表示系统可靠性的一种系统分析方法。这种分析方法的理论基础是认为系统是由元素组成的，对于系统中的每个元素，都存在具有与不具有某种规定功能的两种可能。因此事件树分析的基本原理是：任何系统从初始事件到最终结果事件所经历的每一个中间环节事件都有成功（正常工作）或失败（失效）两种可能的状态。各环节事件工作状态的不同组合，决定了系统的工作状态——成功或失败。事故的发生也是这样，它是许多环节事件相继发生发展的结果。事件树分析是从一个初始事件开始，按顺序分析向前发展中各个环节事件成功与失败的过程和结果。如果这些环节事件都失败或部分失败，就会导致事故发生。

从事故的发生过程看，任何事故的发生都是由于在初始事件的一系列中间环节事件中的失败而产生的。因此，利用事件树原理对事故的发生发展过程进行分析，不但可以掌握事故发展过程的规律，还可以辨识导致火灾事故的危险源。

事件树分析是利用逻辑思维的规律和形式，分析事故的起因、发展和结果的整个过程。利用事件树，可以分析事故的发生过程，分析各环节事件成功与失败两种情况，从而预测系统可能出现的各种结果。

因此，事件树分析的目的是考察一个初始事件可能导致不同后果的可能火灾场景。

通过分析可以把事故发生发展的过程直观地展现出来，如果在事件（隐患）发展的不同阶段（环节事件）采取恰当措施阻断其向前发展就可达到预防火灾发生的目的。

二、事件树分析的步骤

事件树分析通常包括以下步骤，即确定初始事件、找出与初始事件有关的环节事件、编制事件树、事件树的定性、定量分析。

1. 确定初始事件

初始事件就是在一定条件下造成火灾事故后果的最初原因事件。在事件树分析中，确定初始事件是事件树分析和编制事件树的第一步，也是很重要的环节。若初始事件没有找对，则编制的事件树也将不全面，事件树分析将不准确。

在一般的系统中，初始事件可以是系统的故障、设备失效、人员的误操作或工艺过程异常等。而在消防安全系统中，初始事件一般是导致火灾事故产生的原因，如可燃物、助燃物、引火源相互作用的因素。

一般情况下，在进行事件树分析时，应该选择火灾后果比较严重的异常事件作为事件树的初始事件。

若和事故树分析结合起来使用，初始事件可以选择为事故树的顶上事件。其中的详细内容可以参考事故树分析的相关章节。

2. 找出与初始事件有关的环节事件

环节事件就是出现在初始事件后一系列可能造成事故后果的其他原因事件，也就是说，环节事件可看作对初始事件依次做出响应的消防安全功能事件。在消防安全系统的事件树分析中，环节事件可以认为是防止初始事件造成不期望火灾后果的消防安全措施，如火灾探测、报警系统、水喷淋等。

环节事件与系统的组成密切相关。因此对系统进行详细的分析，明确系统的工作机理是找出环节事件的前提和基础。

需要注意的是，中间的各个环节事件的出现顺序一般不能颠倒。事件树与中间不同环节事件出现的时间顺序是密切相关的。不同的环节事件序列将产生不同的后果事件，也就是说事件树也可能是不同的。

3. 编制事件树

事件树以图形化方式显示事件的发生、发展序列。根据因果关系及出现的状态，从初始事件开始，由左向右展开，逐渐构建事件树。从初始事件开始，事件树从左到右构建。事件树的编制方法在第一节中已经讨论过了，这里不再赘述。

在编制事件树时，需要注意两点：一是当某一环节事件的发生概率极低时可以不列入后续事件中；二是在进行事件树分析时，若系统的某些环节事件含有两种以上状态，则需要进行特殊处理。一种方法是将多态事件归纳为不同层级的两种状态，以符合事件树的编制规律。另一种方法是将两态事件树扩展为多态事件树。这样，可以把事件树的两分支变为多分支，而不改变事件树分析的结果。

4. 事件树定性分析

事件树的定性分析是在事件树最右边写明由初始事件引起的各种不同的结果事件。

在事件树分析中，为了清楚起见，对事件树的初始事件和各环节事件用不同字母加以标记。如 A 表示事件 A 发生或成功，A′ 表示事件 A 不发生或失败；B 表示事件 B 发生或成功，B′ 表示事件 B 不发生或失败等。这样不同的结果事件可以表示为 ABC、……、A′BC、……。

5. 事件树定量分析

事件树的定量分析则是根据初始事件和中间各个环节事件的发生概率，计算各种不同结果事件发生的概率。

如前所述，初始事件发生的概率通常由事故树分析确定的，有时也可以直接从事故数据库中获取。同样。环节事件发生的概率也可以由事故树分析确定或从事故数据库中直接获取。无论选择哪种方法，初始事件和每个环节事件都有特定的概率。事件 A 的概率用 P（A）表示，事件 B 的概率用 P（B）表示，依此类推。这意味着 A 不发生的概率等于 1–P（A），B 不发生的概率等于 1–P（B）。

每个结果事件的概率可以通过将初始事件的概率乘以导致该结果的路径上的环节事件的概率来确定。应该强调的是，只有当起始事件和环节事件都可以被视为独立事件时，才可以进行这种量化。如果不是这种情况，则必须使用条件概率或贝叶斯原理描述的方法进行定量分析。

6. 分析结果的应用

根据事件树分析结果，可以确定不同火灾场景发生的可能性，为消防系统安全评价奠定基础。同时可以找到导致风险的主要因素，进而在此基础上，制定出相应地降低系统风险的措施。

三、事件树分析例题

例题 1：简单串联系统。图 8–3 所示是由一个泵 A 和一个阀门 B 组成的液体输送系统。液体经过泵 A 和阀门 B。设泵 A 正常的概率 P（A）=0.999 9，阀 B 正常的概率 P（B）=0.999，求系统失效的概率。

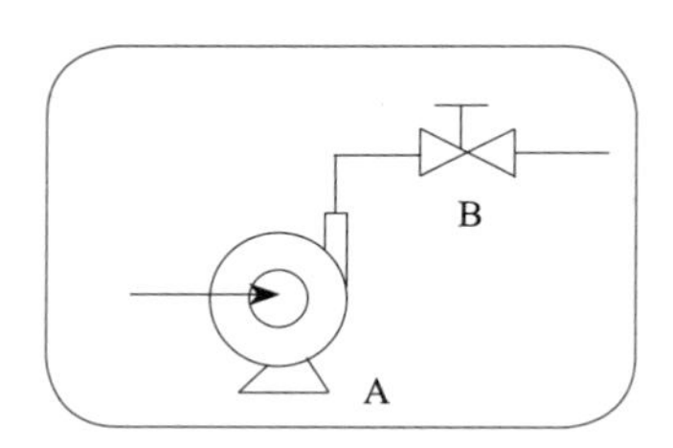

图 8–3　串联输送系统

解：

（1）确定初始事件。

液体物料进入输送系统。

（2）确定中间环节事件。

中间环节事件是泵 A 和阀门 B。泵 A 和阀门 B 都有正常和失效两种状态。

（3）编制事件树。

本题的事件树如图 8–4 所示。从图中可以看出，只有在泵 A 和阀门 B 都正常的情况下，输送系统才能正常工作。在泵A正常工作和阀门B失效的情况下，输送系统不能正常工作。当泵A失效时，不论阀门B是正常或失效，输送系统都不能正常工作。因此泵A失效的分支可以化简为一个，这就是事件树化简的一个实例。

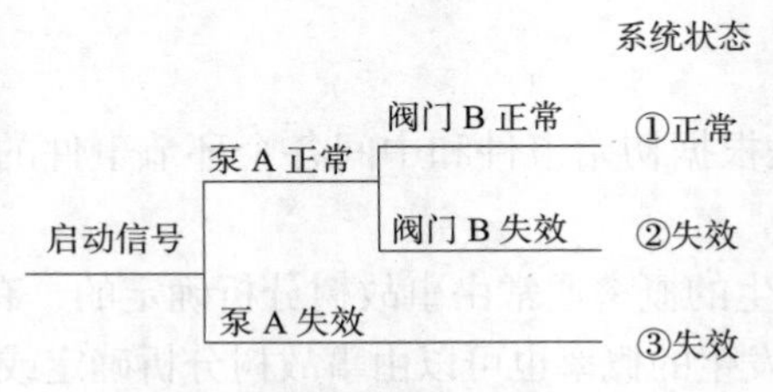

图8–4 对应的事件树图

（4）定性分析。

在泵A失效的情况下，输送系统不能正常工作。

在泵A正常的情况下，若阀门B失效，系统也不能正常工作；只有在泵A和阀门B都正常的情况下，系统才能正常工作。

因此状态①为成功情景；而状态②和状态③均为失败情景。

（5）定量分析。

先求出系统各个状态的概率：

状态①概率。该状态是泵A正常，阀门B正常，因此概率为：

$$P_1=P(\mathrm{A})P(\mathrm{B})=0.9999\times0.999=0.9989$$

状态②概率。该状态是泵A正常，阀门B失效，因此概率为：

$$P_2=P(\mathrm{A})[1-P(\mathrm{B})]=0.9999\times(1-0.999)=0.0010$$

状态③概率。该状态是泵A失效，因此概率为：

$$P_3=1-P(\mathrm{A})=1-0.9999=0.0001$$

在状态②和状态③下，系统都将失效，因此系统失效的概率为：

$$P(\text{失效})=P_2+P_3=0.0010+0.0001=0.0011$$

例题2：物料串联输送系统。图8–5所示是由一个泵和两个串联阀门组成的物料输送系统。物料沿箭头方向顺序经过泵A、阀门B和阀门C。设泵A、阀门B和阀门C的可靠度均为0.95，求系统成功和失败的概率。

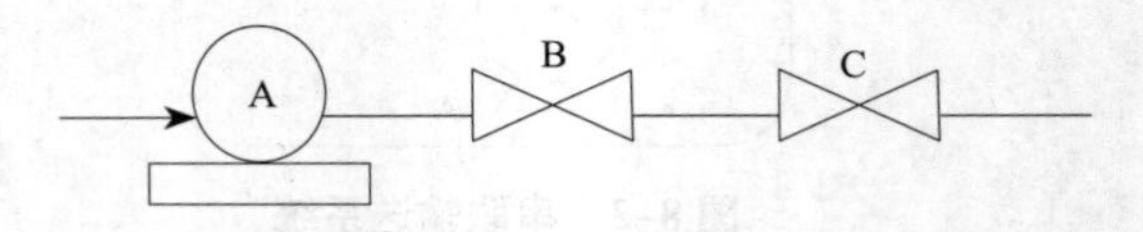

图8–5 串联输送系统

解：

（1）确定初始事件。

液体物料进入输送系统。

（2）确定中间环节事件。

中间环节事件是泵A、阀门B和阀门C。泵A和2个阀门B、阀门C都有正常和失效两种状态。

（3）编制事件树。

第一步，物料经过泵 A。当泵 A 得到启动指令后，可能启动成功，也可能启动失败，因此泵 A 启动结果有成功或失败两种，也就是启动状态有两个分支，画图时将成功状态放在上分支，失败状态放在下分支。如果泵 A 启动失败，系统将失效，不能输送物料，因此就不需要再分析下去。

第二步，如果泵 A 启动正常，物料经过阀门 B。此时分两种情况，一种情况是阀门 B 未成功启动，则系统失败，不再需要分析阀门 C 的状态。另一种是阀门 B 成功启动，则到达阀门 C。

第三步，阀门B正常，则到达阀门C；此时又分两种情况，一种是阀门C未成功启动，则系统失败；另一种是阀门 C 成功启动，则整个系统成功。

这样，就得到物料输送系统的事件树如图 8–6 所示。

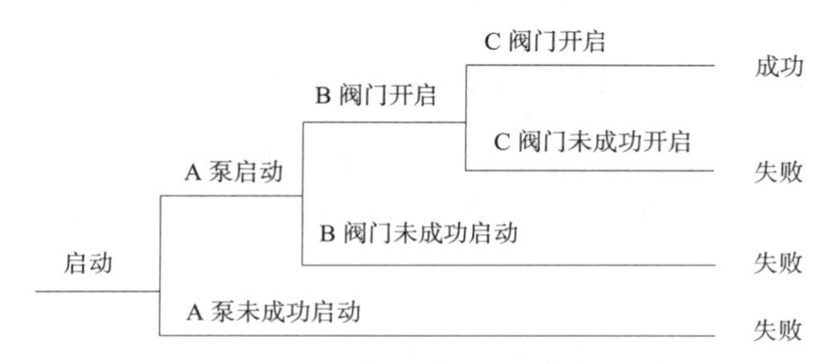

图 8–6　事件树的定性分析

（4）定性分析。

在泵 A 失效的情况下，输送系统不能正常工作。

在泵 A 正常的情况下，若阀门 B 失效，系统也不能正常工作。

在泵 A 正常的情况下，若阀门 B 成功、阀门 C 失效的情况下，系统也不能正常工作。

只有在泵 A、阀门 B、C 都正常的情况下，系统才能正常工作，其他三种情况系统均处于失效状态。

（5）定量分析。事件树分析的定量计算就是计算每个分支发生概率。把各个分支概率标在事件树上，如图 8–7 所示，这样就可以依次求出各分支的概率：

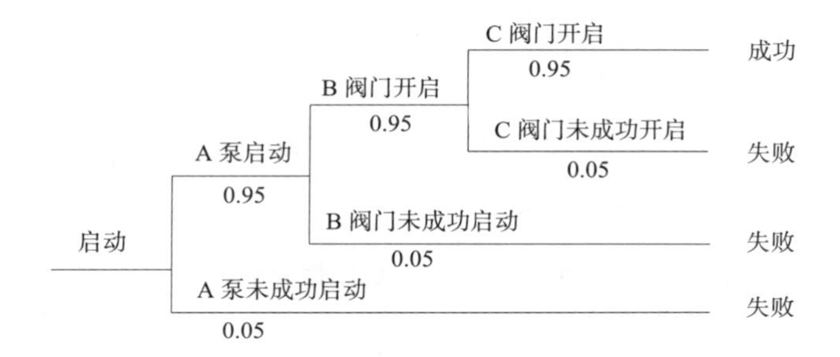

图 8–7　事件树的定量分析

由于每个分支的概率等于分支上各因素概率的乘积，因此可以得到：

$P(S_1)=P(A)P(B)P(C)=0.95\times0.95\times0.95=0.857\ 375$

$P(F_1)=P(A)P(B)[1-P(C)]=0.95\times0.95\times0.05=0.045\ 125$

$P(F_2)=P(A)P[1-P(B)]=0.95\times0.05=0.047\ 5$

$P(F_3)=0.05$

因此，系统成功的概率为：

$$P(S)=P(S_1)=0.857\ 375$$

系统失效的概率为：

$$P(F)=P(F_1)+P(F_2)+P(F_3)=0.142\ 625$$

可见，系统成功的概率 $P(S)$ 为 A、B、C 均处于成功状态时的概率。

例题 3：物料并联输送系统。图 8–8 所示是由一个泵和两个并联阀门组成的物料输送系统。

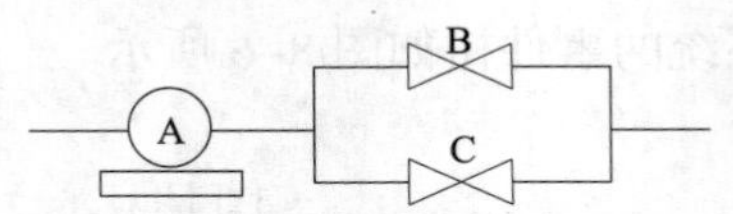

图 8–8　并联物料输送系统

图中A代表泵，阀门C是阀门B的备用阀，只有当阀门B失效时，阀门C才开始工作。假设泵 A、阀门 B 和阀门 C 的可靠度均为 0.95，求系统成功和失败的概率。

解：

（1）确定初始事件。

该系统的初始事件也是液体物料进入输送系统。

（2）确定证件环节事件。

同例题 2 中间环节事件是泵 A、阀门 B 和阀门 C。泵 A、阀门 B 和阀门 C 都有正常和失效两种状态。

（3）编制事件树。

物料经过泵 A。若泵 A 失效，则整个系统失效；泵 A 启动成功后，到达阀门 B，此时分两种情况，一种是阀门 B 成功启动，此时系统成功；若阀门 B 未成功启动，则启用备用的阀门 C；此时若是阀门 C 未成功启动，则系统失效；若阀门 C 成功启动，则整个系统成功。事件树图如图 8–9 所示。

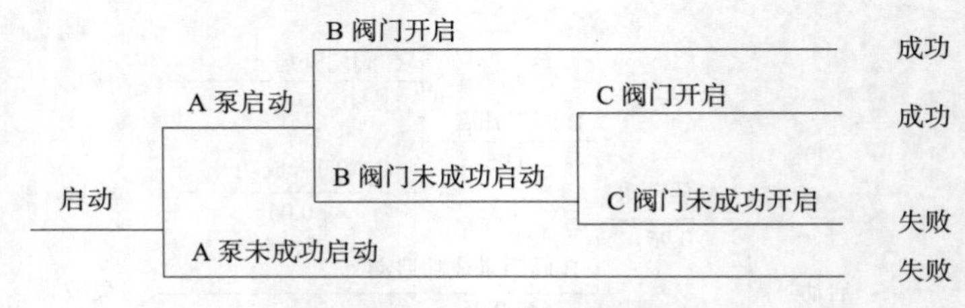

图 8–9　事件树的定性分析

（4）定性分析。

在泵 A 失效的情况下，输送系统不能正常工作。

在泵 A 正常的情况下，若阀门 B 成功，系统正常工作。

在泵 A 正常的情况下，若阀门 B 失效、阀门 C 失效，系统不能正常工作。

在泵 A 正常的情况下，若阀门 B 失效、阀门 C 正常，系统正常工作。

只有在泵 A 正常的情况，只要阀门 B、C 有一个正常，系统能正常工作。

（5）定量分析。把各个分支概率标在事件树上，如图 8-10 所示。

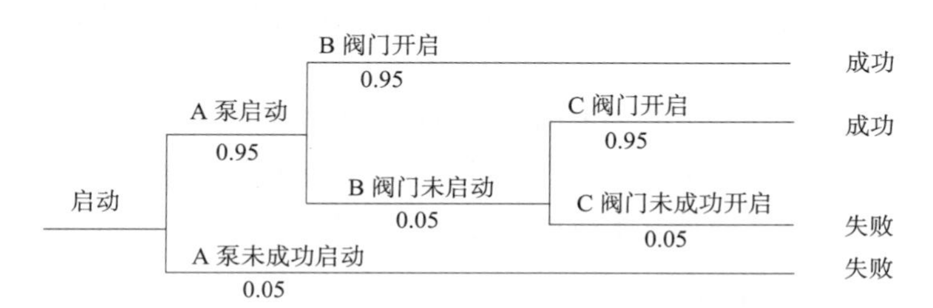

图 8-10　事件树的定量分析

由于每个分支的概率等于分支上各因素概率的乘积，因此可以得到：

$P(S_1) = P(A)P(B) = 0.95 \times 0.95 = 0.902\,5$

$P(S_2) = P(A)[1-P(B)]P(C) = 0.95 \times 0.05 \times 0.95 = 0.045\,125$

$P(F_1) = P(A)[1-P(B)][1-P(C)] = 0.95 \times 0.05 \times 0.05 = 0.002\,375$

$P(F_2) = 0.05$

因此系统成功的概率为：

$$P(S) = P(S_1) + P(S_2) = 0.947\,625$$

系统失效的概率为：

$$P(F) = P(F_1) + P(F_2) = 0.052\,375$$

因此这个系统成功的概率为 0.947 625，系统失效的概率为 0.052 375。比较例题 2 和例题 3，可以看出，阀门并联物料系统的可靠度比阀门串联时要大得多。

四、事件树分析软件

为了便于使用事件树进行系统安全分析，人们开发了许多事件树分析的计算机程序，这些程序通常与事故树分析程序结合使用。如果不打算将事件树与事故树结合起来，则可以使用简单的电子表格计算程序（例如 Excel）对事件树进行定量分析。

目前，使用最为广泛的事件树和事故树分析程序是欧盟的 RISK SPECTRUM 和美国的 NUPRA、CAFTA 程序等。国内的许多公司也开发了事件树和事故树分析软件。这些软件都支持事故树分析和事件树分析，并具有图形化功能。

第三节　事件树分析法的作用与特点

一、事件树分析的作用

一般来说，事件树分析对任何一种消防安全系统均是可以使用的，而且尤其适用于分析由多个环节事件构成的系统的消防安全状况。

事件树具有图形化的结构，因此形象直观，能够分析火灾事故产生发展的过程，对于预防火灾事故具有积极的意义，而且还能够进行定性、定量分析。从中也可以看出事件树分析的具有如下的作用：

（1）能够明确火灾事故的发生、发展过程，进而能够指出控制火灾事故发生的消防措施。

（2）能够分析系统可能发生的火灾场景，进而掌握系统中火灾事故的发生发展规律。

（3）能够找出最严重的火灾事故场景，进而为确定事故树的顶上事件提供参考依据。

（4）可以用于对已发生的火灾事故进行分析，查找火灾事故产生的原因。

二、事件树分析的特点

事件树分析的主要特点如下：

（1）事件树既可以用于对已发生事故的系统进行分析，也可用于对未发生事故系统进行分析和预测。

（2）在对消防安全系统进行事件树分析时，由于事件树是以图形化的形式展现的，因此事件树分析法比较明确，在寻求火灾事故预防和控制对策时也比较直观。

（3）通过对事件树的定性分析，可以明确从初始事件到不同火灾后果场景的详细发展过程，直观地展现了中间环节事件成功或失败的情景。

（4）通过对事件树的定量分析，可以明确发生可能性较大的火灾事故后果场景，因此便于对重大消防安全问题进行决策和控制。

（5）事件树分析可以和事故树分析结合起来使用，二者的结合点就是事件树的初始事件。事件树的初始事件可以是事故树的顶上事件，因此事件树分析也提供一种确定事故树顶上事件的方法和手段。

三、事件树分析的优点和缺点

1. 优点

（1）事件树分析是基于图形化的事件树，以一种方便的方式分析某一特定初始事件可能引发的所有可能的事故场景过程，分析过程比较简单，容易掌握。

（2）事件树分析过程逻辑严密，判断准确，能够找出事故的发生发展规律，也可以明确为什么某些事故场景会发生，为什么其他事故场景没有发生。

（3）事件树既可以进行定性分析，也可以进行定量分析。

（4）使用事故树分析能够找到后果较为严重的事故场景，便于采取消防安全措施。

2. 缺点

（1）在编制事件树时，需要了解系统火灾事故产生的机理，尤其是对中间的环节事件要分析得比较清楚，不能有错误。

（2）当环节事件较多时，事件树的规模将变得庞大，编制过程也就比较复杂。

（3）事件树的定量分析需要知道不同中间环节事件成功与失败的概率，而这是建立在概率统计的基础之上的，因此事件树分析需要有大量的统计数据。

第四节　事件树分析法应用实例

一、实例描述

本节以学生宿舍为例，来说明事件树在电器火灾事故分析中的应用[①]。

在学生宿舍中，导致电器火灾的因素有很多，主要是电气线路老化、电器故障（如电器元件发热、短路等）、保险装置失效（主要是过载不动作）、插座（插线板）故障等。

以学生使用电器作为初始事件，以电器、线路、保险装置、电器使用、插座插线板等为中间的环节事件，编制该事件的事件树，并进行定性、定量分析和提出对策措施。

二、事件树分析法的应用

（一）事件树的编制

在编制事件树时，把中间环节事件成功的分支画在上分支，失败的分支画在下分支。在本案例中，当电器不正常时，将会发生危险，直接画到结果事件——危险。若电器正常，将到达线路环节，若电气线路老化，则也将会出现危险事故，直接画到结果事件。这样依次分析保险装置、电器使用情况和插座插线板的情况，可以编制出学生宿舍使用电器发生火灾的事件树，如图 8–11 所示。

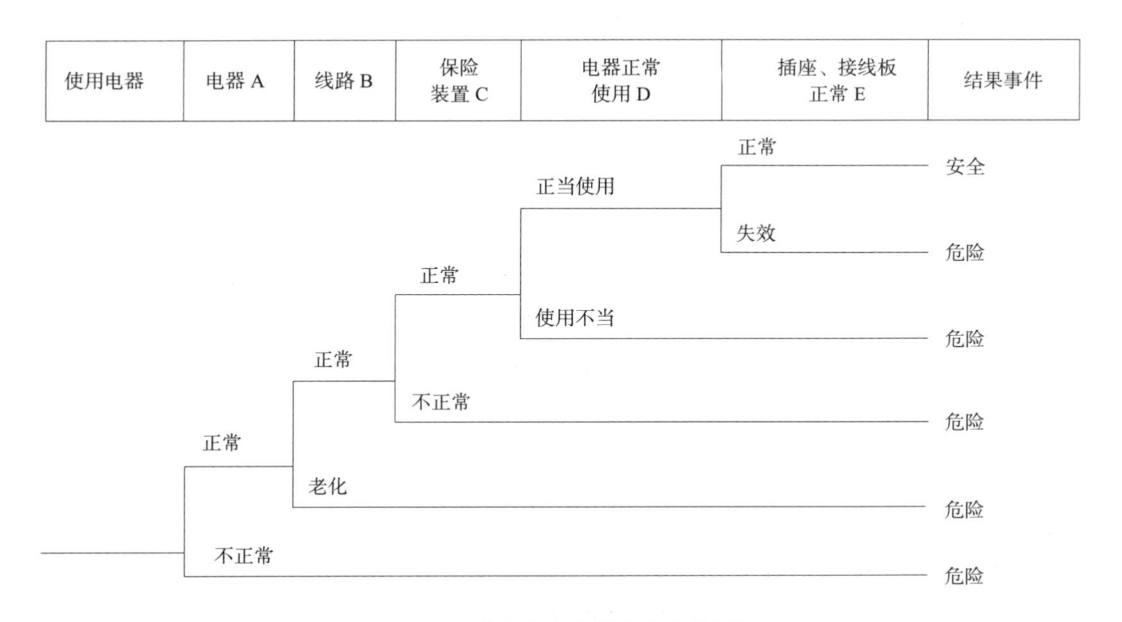

图 8–11　学生宿舍电器火灾事件树图

① 李华敏.基于事件树法的高校学生宿舍电器火灾分析［J］.中国西部科技，2008（1）：62–63，50.

（二）事件树的定性分析

在图 8–11 所示的事件树中，结果事件有两类，一类是安全事件，另一类是危险事件。危险事件有 5 种情景，分别是 A′（电器不正常）、AB′（电器正常而线路老化）、ABC′、ABCD′、ABCDE′。可以看出，5 个中间环节事件中，只要有一个失效，都将产出危险的事故情景。只有在所有的中间环节事件都正常的情况下，即 ABCDE，才能得到安全的情景，即电器的使用才是安全的。

（三）事件树的定量分析

在编制出事件树和对事件树进行定性分析以后，就可以对事件树进行定量分析，即求出不同结果事件的可能性。

为了进行定量分析，首先必须得到中间环节事件正常或不正常的概率。环节事件的概率可以通过统计分析、咨询相关专家、专业领域内的安全管理人员等而得到。这里假定通过统计数据，得到 5 个环节事件成功的概率分别为 0.99、0.97、0.98、0.95 和 0.99。分别把这些概率写在事件树的上分支，失败的概率写在事件树的下分支，如图 8–12 所示。

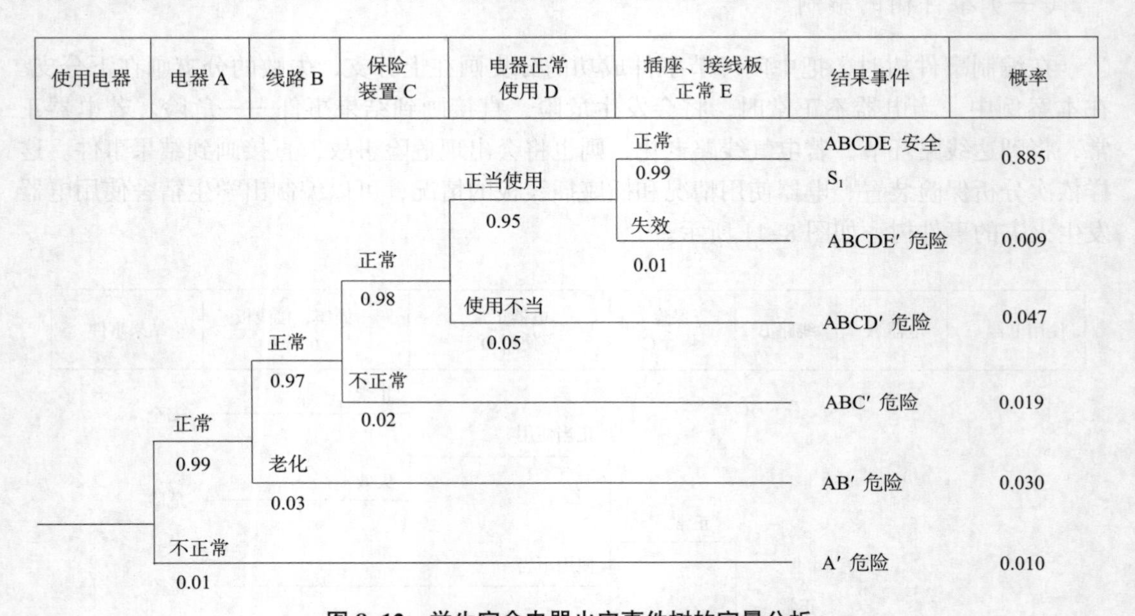

图 8–12　学生宿舍电器火灾事件树的定量分析

为了分析问题方便，我们假定各事件的发生是相互独立的，这样就可以计算得到各分支链的后果事件概率。

$P(A')=1-P(A)=1-0.99=0.010$

$P(AB')=P(A)P(B')=0.99\times(1-0.97)=0.030$

$P(ABC')=P(A)P(B)P(C')=0.99\times0.97\times0.02=0.019$

$P(ABCD')=P(A)P(B)P(C)P(D')=0.99\times0.97\times0.98\times0.05=0.019=0.047$

$P(ABCDE')=P(A)P(B)P(C)P(D)P(E')$

$=0.99\times0.97\times0.98\times0.95\times0.01=0.009$

$P(ABCDE)=P(A)P(B)P(C)P(D)P(E')$
$=0.99\times0.97\times0.98\times0.95\times0.99=0.885$

只有 ABCDE 情景是安全的，因此使用电器安全的概率为：

$$P(S)=P(ABCDE)=0.885$$

使用电器危险的概率是前 5 种情景的叠加，即：

$P(F)=P(A')+P(AB')+P(ABC')+P(ABCD')+P(ABCDE')$
$=0.010+0.030+0.019+0.047+0.009$
$=0.115$

或者用下面的方法来计算：

$$P(F)=1-P(S)=1-0.885=0.115$$

不同后果事件的概率计算结果如图 8–12 所示。

三、消防安全管理措施

通过上述对学生宿舍使用电器所引起火灾的事件树分析，可以知道，应该从如下的几个方面加强消防安全管理，以降低电器火灾事故发生的可能性。

（1）对学生加强消防安全教育，引导学生正确用电。教育学生要购买合格的电器设备，避免使用劣质电器；教育学生在宿舍内不要使用大功率的电器设备，以免电气线路负载过大，电器元件发热，引起线路短路而发生火灾。

（2）要完善学生宿舍用电设施，避免产生火灾隐患。由于学生宿舍内使用电器逐渐增多，如电脑、电视机、手机充电器，甚至空调等，宿舍内的用电设施难以满足学生同时使用电器的要求。所以要完善宿舍用电设施，增大用电负荷，对老化的电气线路要加强改造，使用高质量电气设施，为学生提供安全用电的环境，避免火灾隐患的产生。

（3）除了安全教育、工程技术措施外，还要建立健全用电安全检查制度，定期检查用电线路及用电设施，保证它们处于正常工作状态。建立消防安全检查制度，及时发现并消除火灾隐患。

将事件树分析法应用于学生宿舍电器火灾分析，能显示电器火灾的动态发展过程，并且可以在事故发生的不同阶段采取适当的措施，阻断事故的发展进程。事件树分析方法对控制火灾事故的产生是非常有意义的。

思考题

1. 什么是事件树？
2. 简述事件树分析的基本原理。
3. 简述事件树分析的分析步骤。
4. 绘制事件树的关键有哪些？
5. 如图 8–13 所示，系统由一个水泵和三个阀门串、并联而成，且已知 A、B、C、D 的可靠度分别为 $R_A=0.95$，$R_B=R_C=R_D=0.9$。

（1）试绘制出该系统的事件树图；

（2）求出成功和失败的概率；
（3）叙述成功启动的过程。

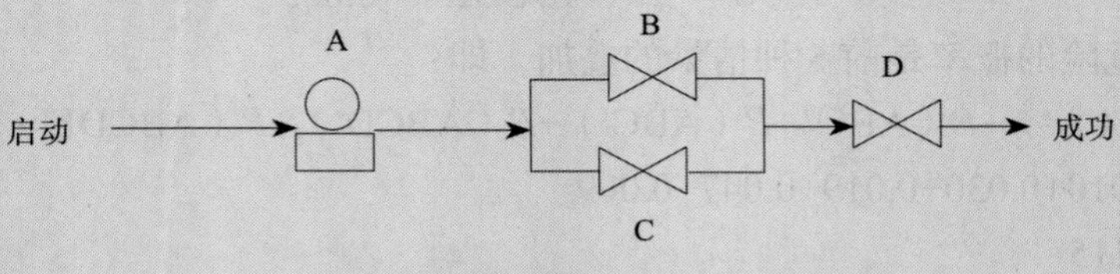

图 8–13　系统结构图

第九章　事故树分析法

【导学】事故树分析是一种重要的消防安全分析方法，也是一种重要的消防安全评估方法，同时也是系统安全分析中得到广泛应用的一种方法。通过事故树分析，可以了解火灾事故产生的原因，分析预防火灾事故的控制措施和预测火灾事故发生的可能性，为消防安全风险评估和消防安全措施的选择奠定坚实的理论基础。通过本章的学习，要求了解事故树分析的基本概念和基本原理，掌握事故树的编制和化简方法，重点内容是事故树的定性分析和定量分析方法，包括最小割集、最小径集、结构重要度、概率重要度、临界重要度计算以及顶上事件发生概率的计算，并会分析控制火灾事故发生的措施。

第一节　事故树分析法概述

一、事故树分析法的发展历程

20 世纪 60 年代初期，很多新产品在研制过程中，因对系统的可靠性、安全性研究不够，新产品在没有确保安全的情况下就投入市场，造成大量安全事故的发生，用户纷纷要求厂商进行赔偿，从而迫使企业寻找一种新的科学方法来确保产品安全。在这种情况下，事故树分析方法顺势产生。

事故树分析首先是由美国电话电报公司 AT&T（原美国贝尔电话公司）贝尔电话研究所维森于 1961 为研究民兵式导弹发射控制系统时提出来的。后来，美国波音公司的哈斯尔、舒劳德、杰克逊把事故树分析应用到飞机的设计之中，进而进入航空航天工业。

1974 年，美国原子能委员会运用事故树分析方法对核电站事故进行了风险评价，发表了著名的《拉姆逊报告》。该研究对事故树分析做了大规模有效的应用，在社会各界引起了极大的反响，受到了广泛的重视，从而使得事故树分析迅速在许多国家和许多企业应用和推广。这是事故树分析发展进程中的一个重要里程碑。

后来，事故树分析进入电子、化工、机械等领域，在其中发挥了很好的作用。

我国开展事故树分析方法的研究是从 1978 年开始的。目前已有很多部门和企业正在进行普及和推广工作，并已取得一大批成果，促进了企业的安全生产，取得了较好的效果。

二、事故树分析的基本概念

在风险评价和可靠性分析的过程中，通常希望知道某个事件发生的可能性、该事件所依赖的条件以及该事件发生的可能性是如何受到影响的。这就要用到所谓的事故树分析技术。

（一）树

“树”的分析技术是属于图论范畴，“树”也是图论中的概念。要明确什么是“树”，首先要弄清什么是“图”，什么是“圈”，什么是连通图等。

图论中的图是指由若干个点及连接这些点的连线组成的图形。图中的点称为节点，线称为边或弧。节点表示某一个事物，边表示事物之间的关系。在图中，若任何两点之间至少有一条边则称这个图是连通图，如图 9–1 所示。若图中某一点、边顺序衔接，序列中始点和终点重合，则称之为圈（或回路）。

树就是一个无圈或无回路的连通图，如图 9–2 所示。

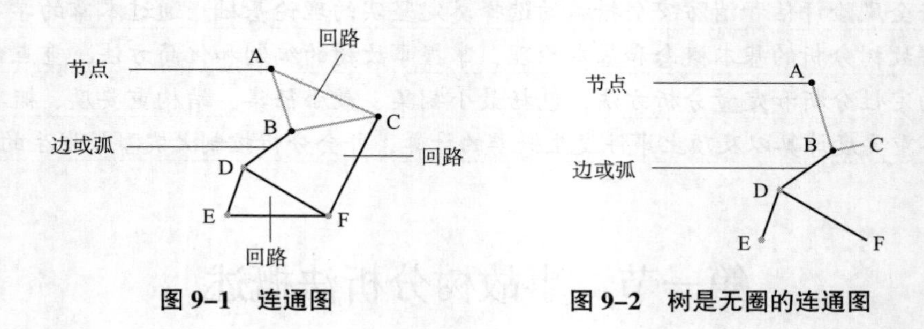

图 9–1　连通图　　　图 9–2　树是无圈的连通图

（二）事故树

事故树是用来描述事件产生原因的有向逻辑树。即从一个可能事故开始，一层一层地逐步寻找引起事故的直接原因和间接原因，并分析这些原因之间的相互逻辑关系，用逻辑树图把这些原因以及它们的逻辑关系表示出来，就是事故树，如图 9–3 所示。

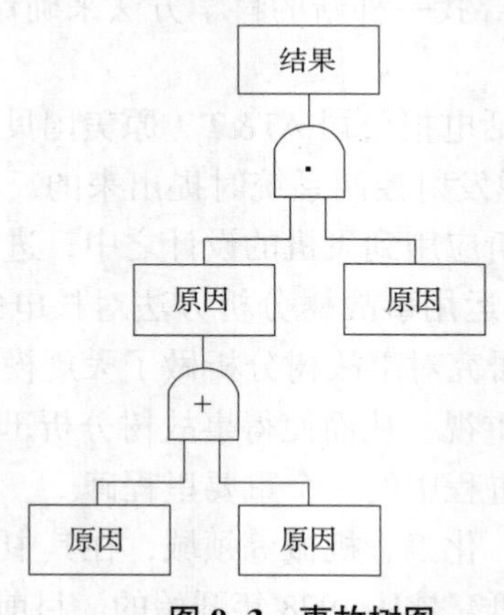

图 9–3　事故树图

从结构上看，事故树就是从结果倒查原因，进而用来描述事故发生的有向逻辑树。事故树的英文名称为 Fault Tree，简称 FT。严格地说，Fault Tree 应该叫故障树，因为故障毕竟还不是事故。但是为了和事件树（Event Tree，ET）相对应，本书就称为事故树。因此在本书中，事故树和故障树的概念是相同的。

（三）事故树分析

事故树分析方法（Fault Tree Analysis，简称FTA）是一种从结果分析原因的分析方法。通过对事故树的定性与定量分析，找出事故发生的主要原因，为确定安全对策提供可靠依据，以达到预测与预防事故发生的目的。

从以上事故树分析的定义来看，事故树分析从结果开始，寻求结果事件（通称顶上事件）发生的原因事件，是一种逆时序的分析方法，这与事件树分析法相反。事故树分析法将通过结果倒查产生事故的直接原因和间接原因以及各种原因之间的逻辑关系。

事故树分析能对各种系统的危险性进行辨识和评价，不仅能分析出产生事故的直接原因，而且还能分析事故产生的潜在的间接原因。用事故树来描述事故产生机理，因果关系直观明了、思路清晰、逻辑性强。另外事故树既可进行定性分析，寻求事故产生的原因以及预防事故产生的措施，又可进行定量分析，预测事故发生的概率。

三、事故树分析法的优缺点

事故树分析描述了事故发生和发展的动态过程，便于找出事故的直接原因和间接原因及原因的组合。但事故树分析是数学和专业知识的密切结合，事故树的编制和分析需要坚实的数学基础和相当的专业技能。

1. 优点

事故树分析具有以下优点：

（1）事故树分析是一种图形化方法，是在一定条件下的逻辑推理方法。它可以围绕某特定的事故，逐层深入分析，因而在事故树图形下，能够清晰地表达系统内各事件之间的逻辑联系，并指出系统产生事故与各种原因之间的逻辑关系，便于找出系统的薄弱环节。

（2）事故树分析具有很大的灵活性，不仅可以用来分析某些机械故障对消防安全系统的影响，还可以用来对导致系统事故的特殊原因，如人为因素、环境影响、管理原因等进行分析。

（3）采用事故树进行分析的过程，是一个对系统更加深入认识的过程，它要求分析人员把握系统内各要素之间的内在联系，弄清各种潜在因素对事故发生影响的途径和程度，因而许多问题在分析的过程中就能被发现和解决，从而提高了系统的安全性。

（4）利用事故树分析可以定量计算复杂系统发生事故的可能性，为改善和评价系统消防系统的安全性提供了定量依据。

2. 缺点

事故树分析也存在许多不足之处，主要是：

（1）事故树分析需要花费大量的人力、物力和时间；有些事故树分析还需要专业人员才能完成。

（2）事故树分析的难度较大，尤其是对于复杂的系统，其事故树的编制过程复杂，需要经验丰富的技术人员参加，即使这样，也难免发生遗漏和错误。

（3）在事故树分析中只考虑成功或失败两种状态的事件，而大部子系统存在局部正常、局部故障的状态，因而建立数学模型作结构重要度分析时，会产生较大误差。

（4）在事故树分析中，虽然可以考虑人的因素，但人的失误却很难量化。

事故树分析仍处在发展和完善中。目前，事故树分析在自动编制、多状态系统 FTA、相依事件的 FTA、数据库的建立及 FTA 技术的实际应用等方面尚待进一步分析研究，以寻求新的发展和突破。

第二节 事故树的编制

编制事故树是事故树分析的前提，如果事故树编制错误，或分析原因有遗漏，则后面的定性和定量分析将失去意义。为能正确编制事故树，首先应了解与事故树有关的名词术语和符号。

一、事故树基本结构

事故树的基本结构如图 9–4 所示。在事故树中，各个事件之间的基本关系是因果逻辑关系，包括与、或、非等。事件之间的相互关系通常用逻辑门来表示。因此事故树是以逻辑门为中心而构成的，其中事故树的上层事件是下层事件发生后所导致的结果，一般称为输出事件；下层事件是上层事件发生的原因，称为输入事件。

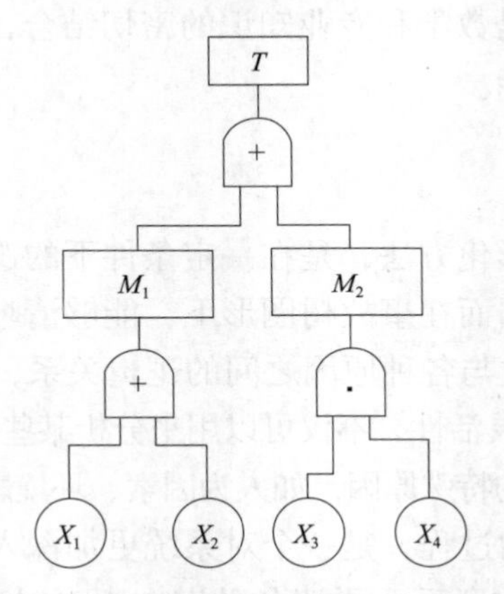

图 9–4 事故树的基本结构

在事故树中，根据位置和原因不同，事件可以分为三类。

第一类事件是顶上事件。一般把所要研究的特定事故绘制在事故树的顶端，这个需要详细研究的事件被称为顶上事件，如图 9–4 中表示的事件 T。需要注意的是，事故树只能有一个顶上事件，因而它只能是某个逻辑门的输出事件，而不能是任何逻辑门的输入事件。同时，顶上事件一定要清楚明了，不要笼统。如“交通事故”“爆炸着火事故”之类的描述就不具体，作为顶上事件就难以深入分析。所以顶上事件必须是具体的事故，如“电动车起火”“反应装置爆炸”等具体事故。

第二类事件是基本事件。导致顶上事件发生的最基本的原因事件就是基本事件，基本事件一般绘制于事故树下部的各分支的终端，如图 9–4 中 X_1、X_2、X_3、X_4 所表示的事件就是基本事件。基本事件一般不需要进行进一步的分析和研究。基本事件可以是人的差错，也可以是零部件、设备、机械故障或环境因素等。

第三类事件是中间事件，中间事件是处于顶上事件和基本事件之间的事件。中间事件既是产生顶上事件的原因，又是由基本事件产生的结果，如图 9–4 中 M_1、M_2 所表示的事件就是中间事件，它们既是某个逻辑门的输出事件，又是其他逻辑门的输入事件。

二、事故树的符号及其意义

事故树是由各种事件及其事件之间的逻辑关系构成的，事件以及逻辑门是用符号来表示的，因此事故树的核心是表示事件的符号以及表示事件之间逻辑关系的逻辑门符号。下面介绍常见的符号。

（一）事件符号

在事故树中，常用的事件符号有矩形符号、圆形符号、屋形符号和菱形符号。各符号的说明和功能如下。

1. 矩形符号

矩形符号如图 9–5（a）所示，表示逻辑门的输出事件，即需要详细分析的事件，如顶上事件或中间事件等。在编制事故树时，需要将事件说明扼要记入矩形框内。

2. 圆形符号

圆形符号如图 9–5（b）所示，表示逻辑门的基本事件。基本事件是不需要再进行分析的事件。基本事件一般位于事故树的底端，只能是逻辑门的输入事件，不可能是逻辑门的输出事件。在编制事故树时，需要将事故原因扼要记入圆形符号内。

3. 屋形符号

屋形符号如图 9–5（c）所示，表示正常事件，是在正常工作条件下必然发生或必然不发生的事件。如“探测器报警”“水喷淋系统启动”等，将正常事件扼要记入屋形符号内。

4. 菱形符号

菱形符号如图 9–5（d）所示，表示省略事件，即表示当前不能分析，或者没有必要再分析下去的事件。在编制事故树时，需要将省略事件扼要记入菱形符号内。需要注意的是省略事件也是一种基本事件。

（a）矩形符号　（b）圆形符号　（c）屋形符号　（d）菱形符号

图 9–5　事件符号

在编制事故树时，最主要的符号是圆形符号和矩形符号。圆形符号只能是逻辑门的输入事件，矩形符号表示逻辑门的输出事件，当然也可能是逻辑门的输入事件。这两种符号在事故树中是不可缺少的。

（二）逻辑门符号

逻辑门是连接各个事件的，用来表示各个事件之间的逻辑关系。在事故树中，逻辑门符号主要有与门、或门、非门、条件与门、条件或门以及限制门等符号。

1. 与门符号

与门连接表示输出事件是输入事件的“与”，因此与门符号表现为逻辑积的关系。如

图 9-6（a）所示的与门，表示在输入事件 B_1、B_2 同时发生的情况下，输出事件 A 才会发生的连接关系，用逻辑表达式表示即为 $A=B_1 \cap B_2$，或 $A=B_1 \cdot B_2$。

与门的功能可以用图 9-6（b）所示的与门电路图来说明。在图 9-6（b）中，只有当 B_1、B_2 都接通（此时 $B_1=1$，$B_2=1$）时，电灯才亮（出现信号），用布尔代数表示为 $A=B_1B_2=1$。当 B_1、B_2 中有一个断开或都断开（此时有三种情况，即 $B_1=1$，$B_2=0$ 或 $B_1=0$，$B_2=1$ 或 $B_1=0$，$B_2=0$）时，电灯不亮（没有信号），用布尔代数表示为 $A=B_1B_2=0$。

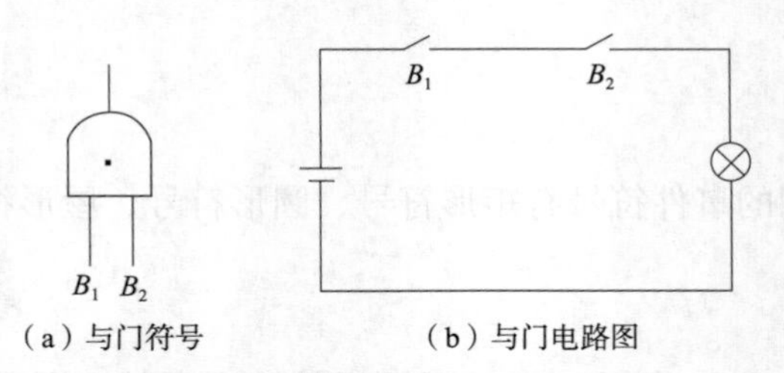

（a）与门符号　　（b）与门电路图

图 9-6　与门符号及与门电路图

2. 或门符号

或门连接表示输出事件是输入事件的“或”，因此或门符号表现为逻辑和的关系。如图 9-7（a）所示的或门，表示输入事件 B_1 或 B_2 中，任何一个事件发生都可以使事件 A 发生，写成逻辑表达式，即为 $A=B_1 \cup B_2$，或 $A=B_1+B_2$。

或门的功能可以用图 9-6（b）所示的或门电路图来说明。在图 9-6（b）中，当 B_1、B_2 都断开（此时 $B_1=0$，$B_2=0$）时，电灯才不会亮（没有信号），用布尔代数表示为 $A=B_1+B_2=0$。当 B_1、B_2 中有一个接通或两个都接通（此时也有三种情况，即 $B_1=1$，$B_2=0$ 或 $B_1=0$，$B_2=1$ 或 $B_1=1$，$B_2=1$）时，电灯亮（出现信号），用布尔代数表示为 $A=B_1+B_1=1$。

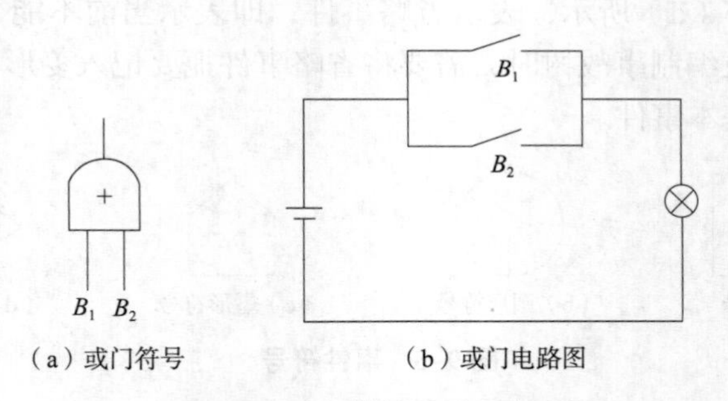

（a）或门符号　　（b）或门电路图

图 9-7　或门符号及或门电路图

3. 非门符号

非门表示输出事件是输入事件的对立事件。非门符号如图 9-8 所示。

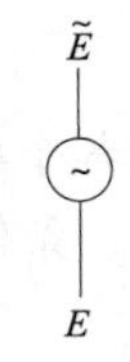

图 9-8　非门符号

4. 条件与门符号

条件与门相当于在某种条件下的与门，如图 9–9 所示的条件与门，表示只有当 B_1、B_2 同时发生，且满足条件 α 的情况下，A 才会发生。实际上，条件与门就是三个输入事件的与门。即 $A=B_1 \cap B_2 \cap \alpha$。在事故树中，将条件 α 记入六边形内。用逻辑表达式即为 $A=B_1B_2\alpha$。

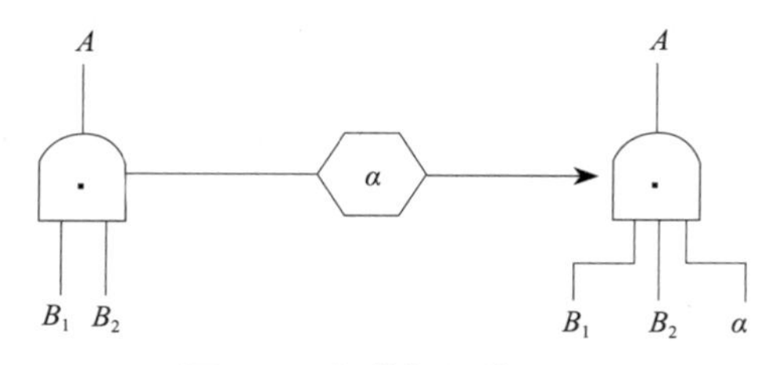

图 9–9　条件与门符号图

5. 条件或门符号

条件或门相当于在某种条件下的或门，如图 9–10 所示表示的条件或门，表示 B_1 或 B_2 任何一个事件发生，且满足条件 β，输出事件 A 才会发生。即逻辑表达式为 $A=(B_1 \cup B_2) \cap \beta$，相应的布尔表达式为 $A=(B_1+B_2)\beta$。在事故树中，将条件 β 记入六边形内。

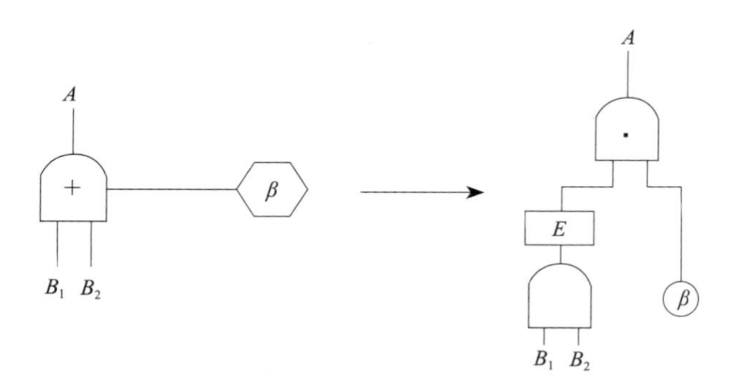

图 9–10　条件或门符号图

6. 限制门符号

限制门符号是逻辑上的一种修正符号，即输入事件发生且满足条件 γ 时，才产生输出事件。相反，如果不满足条件 γ，则不发生输出事件。在事故树中，条件 γ 写在椭圆形符号内，如图 9–11 所示。

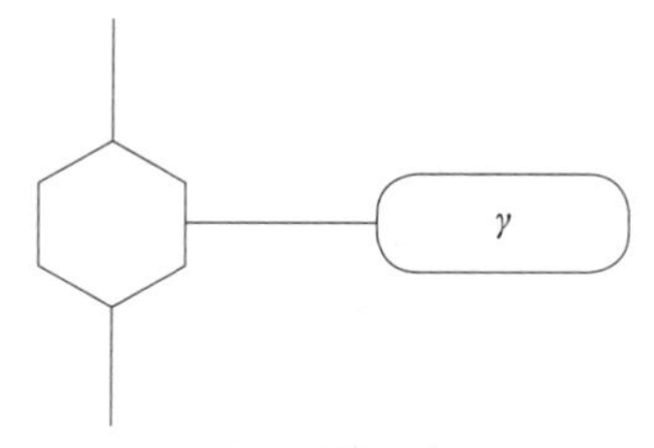

图 9–11　限制门符号

条件与门、条件或门、限制门等都属于特殊门。在逻辑门符号中，最常见的是与门符号和或门符号，这两种符号在编制事故树时最常用。

（三）转移符号

当事故树的规模很大时，则在一张纸上就难以绘制出完整的事故树，此时就需要将事故树的某些部分画在另外一张纸上。为了便于阅读和理解事故树，就要用到转出符号和转入符号，以标出向何处转出和从何处转入。

转出符号，用三角形符号表示，它表示向其他部分转出，△内记入向何处转出的标记，如图 9–12（a）所示。

转入符号，用三角形符号表示，它表示从其他部分转入，△内记入从何处转入的标记，如图 9–12（b）所示。

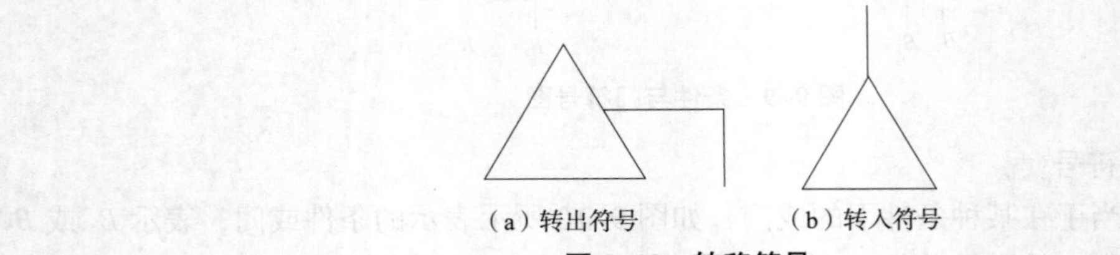

图 9–12　转移符号

三、事故树分析的程序

根据研究系统的性质、分析目的的不同，事故树分析的程序也不尽相同。但是在一般情况下，事故树分析都是按照下面的基本程序进行，图 9–13 为事故树分析的一般程序。这种分析程序具有一定的普遍性。

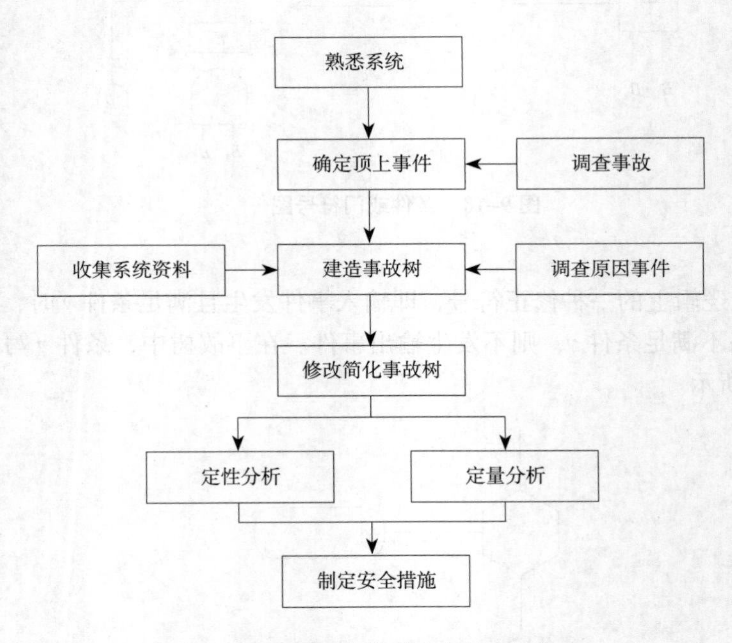

图 9–13　事故树分析的一般程序

1. 熟悉系统

和其他系统安全分析方法一样，事故树分析的第一步也是熟悉要分析的系统。在编制事故树之前，必须准确地了解系统的工作机理以及系统中的各个组件的功能，包括系统工作流程、各种重要参数、作业环境等。在熟悉系统以后，可以画出系统的框架结构图和工艺流程图等，这些都将有助于事故树的编制和分析。

2. 调查事故

要求在已有的事故案例、火灾事故统计数据和相关理论研究的基础上，尽量广泛地调查系统或相近系统可能发生的事故场景。需要调查的事故既可以包括本单位已经发生的事故，也可以包括未来可能发生的事故，同时也要调查外单位和同类系统已经发生的事故。

3. 确定顶上事件

事故树分析的关键是确定所要分析的顶上事件。顶上事件要具体。对要研究的系统，确定可能产生的事故后，要分析各个事故的严重程度和发生的概率，从中找出后果严重且发生概率大的事件，一般把此事故作为事故树的顶上事件。

4. 调查原因事件

调查与顶上事件相关的所有原因事件，包括直接原因、间接原因，如设备故障、机械故障、人的操作失误、管理和指挥错误、环境因素等。事故原因要具体详细，并找出各个原因之间的逻辑关系。

5. 编制事故树

编制事故树是事故树分析的核心部分之一。根据系统的组成以及事故产生的机理，从顶上事件开始，运用逻辑推理，一级一级地找出所有中间原因事件（包括直接原因事件和间接原因事件），直至找到基本原因事件为止。然后按照事件之间的逻辑关系，用逻辑门连接各种事件之间输入、输出关系（即上下层事件），画出事故树图。详细的讨论将在本节的后面部分介绍。

6. 事故树的化简

对于结构复杂的事故树，可以应用相应的布尔代数计算或图示的方法，化简为等效的事故树图。

7. 定性分析

事故树的定性分析包括确定事故树的最小割集和最小径集，确定基本事件的结构重要度大小等。根据定性分析的结论，可以明白事故产生的原因集合及各个基本事件的重要程度，进而为事故的预防和控制对策措施提供参考。这部分内容将在事故树的定性分析部分讨论。

8. 定量分析

事故树定量分析包括顶上事件出现的可能性计算、概率重要度计算和临界重要度计算等。事故树的定量计算是为安全评价服务的，是定量评价的关键步骤。这部分内容将在事故树的定量分析部分讨论。

9. 制订安全措施

事故树分析的目的是查找隐患，找出薄弱环节，查出系统的缺陷，然后加以改进。在对事故树进行详细的定性、定量分析之后，可以根据分析的结果，制订可靠的消防安全措施，防止火灾事故的发生。在选择消防安全措施时，应在充分考虑资金、技术、可靠性等条件之后，选择最经济、最合理、最切合实际的对策。

四、事故树的编制

（一）编制程序

编制方法一般分人工编制、计算机辅助编制两类。人工编制事故树是通过人的思考来分析顶上事件是怎样发生的。一般要按照“顶上事件→中间事件→基本事件”的顺序来编制事故树。

1. 确定顶上事件

顶上事件就是所要分析的事故。选择顶上事件，一定要在详细了解系统组织结构框架、有关事故发生的可能性和事故的严重程度等资料的情况下进行，而且事先要仔细寻找造成事故的直接原因和间接原因。然后，根据事故的严重程度和发生可能性确定所要分析的顶上事件，并将其扼要地填写在表示顶上事件的矩形框内。

顶上事件也可以是已经发生过的事故。如燃气泄漏引发的火灾、电线老化导致的火灾等。

2. 调查原因事件

在顶上事件确定之后，为了编制好事故树，必须将造成顶上事件的所有直接原因事件和间接原因事件找出来，且尽可能不要漏掉。火灾事故的原因事件可以是可燃物、点火源等，也可以从人的因素、物的因素、环境因素或管理因素等方面来分析。

要找出原因事件，需要对造成顶上事件的原因进行调查，可以采取专家咨询的方法进行，也可根据以往的一些经验或理论分析进行，最终确定造成顶上事件的原因事件。

3. 绘制事故树

在确定顶上事件并找出造成顶上事件的各种原因事件之后，就可以用相应事件符号来表示这些事件，并用适当的逻辑门符号把它们从上到下分层连接起来，这样通过层层向下，直到最基本的原因事件，就构成一个事故树图。

在用逻辑门连接上下层之间的事件原因时，若下层事件必须全部同时发生，上层事件才会发生时，就用“与门”连接；若下层事件只要有一个发生，上层事件才会发生时，就用“或门”连接。逻辑门的连接问题在事故树中是非常重要的，不能出错，它涉及各种事件之间的逻辑关系，直接影响着后面定性分析和定量分析的结果。

4. 审核事故树

编制后的事故树图是逻辑模型的表达。既然是逻辑模型，那么各个事件之间的逻辑关系就应该严密、合理，否则在分析过程中将难以得到正确的结果。因此，对事故树的编制要十分慎重。在编制过程中，一般要进行反复推敲、修改，除局部更改外，有的甚至要推倒重来，有时还要反复进行多次。因此，在编制完成以后，还要认真审核，直到符合实际情况为止。

（二）事故树编制的注意事项

事故树应能反映出系统故障的内在联系和逻辑关系，同时能使人一目了然，形象地掌握这种联系与关系，并据此进行正确的分析；为此，编制事故树时应要注意以下几点：

1. 熟悉分析系统

绘制事故树由全面熟悉系统开始，必须从系统结构入手，充分了解系统的功能以及辅助功能等，如现有的冗余功能以及安全、保护功能等。除此之外，还要考虑系统的使用、维修状况等。这就要求广泛地收集与系统相关的设计、运行、流程、设备技术规范等技术文件及资料，并进行深入细致的分析研究。

2. 按照循序渐进的规则逐层进行

事故树的编制过程是一个逐级展开的过程。首先，从顶上事件开始分析其发生的直接原因，判断逻辑关系，绘制出逻辑门；其次，找出逻辑门下的全部输入事件；再分析引起这些事件发生的原因，判断逻辑关系，绘制出逻辑门；继续逐层分析，直至列出引起顶上事件发生的全部基本事件和上下逻辑关系。

3. 选好顶上事件

编制事故树首先要选定一个顶上事件，顶上事件就是需要研究分析的不希望系统发生的故障事件。在大型系统中需要研究的顶上事件可能不止一个。顶上事件在很多情况下是用故障类型及影响分析、危险预先性分析、危险与可操作性研究或作业危险性条件分析等方法得出的。顶上事件一般应优先考虑风险大的事件，或可能造成人身伤亡或导致设备财产的重大损失事件等。

4. 准确判明各事件之间的因果关系和逻辑关系

对系统中各事件之间的因果关系和逻辑关系必须分析清楚，不能有逻辑上的紊乱及因果矛盾。每一个故障事件包含的原因事件都是事故事件的输入，即原因事件是逻辑门的输入，结果事件是逻辑门的输出。逻辑关系应根据输入事件的具体情况来定，若输入事件必须全部发生时顶上事件才发生，则用“与门”；若输入事件中任何一个发生时顶上事件即发生，则用“或门”。

5. 避免门与门相连

为了保证逻辑关系的准确性和完整性，事故树中任何逻辑门的输出都必须也只能有一个结果事件，而不能是逻辑门，即逻辑门与逻辑门之间必须通过事件相连，不能将逻辑门与其他逻辑门直接相连。

（三）事故树编制软件

在具体分析时，可以根据分析的目的、投入人力物力的多少、人的分析能力的高低以及对基础数据的掌握程度等，来确定事故树的规模和分析程度。如果事故树规模很大，也可以借助计算机来辅助编制。

事故树被广泛应用于系统安全分析和安全评价中，而在实际应用中，系统往往是由众多复杂要素构成的，人工编制事故树工作量较大，且对复杂事故树进行定性、定量分析，如最小割集、最小径集、顶上事件概率的计算都是一个庞大的工程。为了解决这个问题，目前，一些学者或机构开发了事故树编制与分析的应用软件。使用这些工具软件，安全工程技术和管理人员可以快速编制事故树和对事故树进行定性、定量分析，而且这些工具软件都是图形化的、可视化的，操作简单、功能丰富、便于使用。

目前，常用的事故树分析软件有 FreeFta、EasyDraw、CARA-FaulTree、CAFTA 等。通过应用软件，可以很方便地选择各种事件符号和逻辑门符号，快速绘制事故树，并通过相应的最小割集、最小径集、顶上事件概率计算等软件功能，实现快速事故树的定性、定量分析。

各种事故树软件为事故树的编制及相应计算提供了简单快捷的工具，但事故树编制是建立在对系统进行全面分析基础上的。也就是说，事故树工具软件仅提供了一个编制和分析的工具，事故树分析的基础和前提依然是分析人员对系统结构、功能、机理的掌握程度以及运用事故树分析的原理和方法对研究对象进行的系统研究。只有在此基础上，才能正确地运用事故树软件来编制事故树和对事故树进行正确的定性、定量分析。

另外，在 Matlab 中，也有用于 FTA 定量分析的子程序，且功能非常强大，而且使用也非常方便。

第三节　事故树定性分析方法

一、事故树的数学描述

为了对事故树进行详细的定性、定量分析，在事故树编制完成以后，还需要写出事故树的数学表达式，对事故树进行化简。布尔代数是描述事故树数学模型的工具，也是事故树定性、定量分析的数学基础。本节首先介绍布尔代数的相关知识。

布尔代数是一种逻辑运算方法，因此有时也被称为逻辑代数。布尔代数主要用于描述只能取两种对立状态的事物变化过程，如成功（一般取值为 1）或失败（一般取值为 0）。布尔代数的特征和事故树中事件出现的特点是相适应的，因此布尔代数可以用于描述事故树的数学模型，进而可用于事故树的化简和分析。

（一）布尔代数的基本知识

1. 集合的概念

由某种共同属性的事物组成的全体叫作集合，集合中的事物叫作元素。包含一切元素的集合称为全集，用符号 Ω 表示；不包含任何元素的集合称为空集，用符号 φ 表示。

元素与集合之间是属于关系，若 a 是集合 $\boldsymbol{A}$ 的元素，则称 a 属于集合 $\boldsymbol{A}$，即 $a \in \boldsymbol{A}$，否则 a 就不属于 $\boldsymbol{A}$，即 $a \notin \boldsymbol{A}$。

集合之间是包含关系，若集合 $\boldsymbol{B}$ 的元素全部都是 $\boldsymbol{A}$ 的元素，则称为 $\boldsymbol{B}$ 包含于 $\boldsymbol{A}$，即 $\boldsymbol{B} \subset \boldsymbol{A}$，或 $\boldsymbol{A}$ 包含 $\boldsymbol{B}$，此时 $\boldsymbol{B}$ 是 $\boldsymbol{A}$ 的子集。

集合之间最常见的运算是交集和合集。

（1）两个集合相交之后，相交的部分为两个集合的共有元素的集合，称为交集。两个集合相交的关系用符号∩表示，如 $C_1=B_1 \cap B_2$ 表示由 B_1 和 B_2 的共同元素组成的集合。

（2）两个集合相交之后，合并成一个较大的子集，这两个集合中元素的全体构成的集合，称为并集。并集的关系用符号∪表示，如 $C_2=B_1 \cup B_2$ 表示是由 B_1 和 B_2 的所有元素组成的集合。注意在求并集时，两个集合的相同的元素只取一个。

2. 逻辑代数与逻辑运算

逻辑代数也就是布尔代数。在布尔代数中，运算的结果只有两个 0 或 1。逻辑运算的对象是命题。命题是具有判断性的语言。如果一个命题成立，这个命题叫作真命题，其值为 1；如命题“10–6=4”成立，是真命题，其值为 1。不成立的命题叫作假命题，其值为

0。如命题“10-6>4”不成立，是假命题，其值为0。注意这里的真值“1”和“0”只是表示真或假，不是算术中的数值1和0。

逻辑代数运算有三种，即逻辑加、逻辑乘、逻辑非。

（1）逻辑加。给定两个命题A、B，对它们进行逻辑运算后构成的新命题为S，若A、B两者有一个成立或同时成立时，S就成立；否则，S就不成立。则这种A、B间的逻辑运算叫作逻辑加，也叫“或”运算。构成的新命题S叫作A、B的逻辑和，记作$S=A \cup B$或$S=A+B$。

逻辑加相当于集合运算中的“并集”。

根据逻辑加的定义可知：

$1+1=1$，$1+0=1$，$0+1=1$，$0+0=0$

逻辑加的特点是，只要有一个为真，结果就为真。

（2）逻辑乘。给定两个命题A、B，对它们进行逻辑运算后构成新的命题P。若A、B同时成立，P就成立，否则P就不成立，则这种A、B间的逻辑运算，叫作逻辑乘，也叫“与”运算。构成的新命题P叫作A、B的逻辑积。记作$P=A \cap B$或$P=A \times B$，也可记作$P=AB$。逻辑乘相当于集合运算中的“交集”。

根据逻辑乘的定义，可知：

$1 \times 1=1$，$1 \times 0=0$，$0 \times 1=0$，$0 \times 0=0$

逻辑乘的特点是，只有全部为真时，结果才为真。

（3）逻辑非。给定一个命题A，对它进行逻辑运算后，构成新的命题为F，若A成立，F就不成立；若A不成立，F就成立。这种对A所进行的逻辑运算叫作命题A的逻辑非，构成的新命题F叫作命题A的逻辑非。A的逻辑非记作“A'”。逻辑非相当于集合运算的求“补集”。

根据逻辑非的定义，可知：

$1'=0$，$0'=1$

逻辑非的特点是：输出与输入完全相反。输入为真，则输出为假；输入为假，则输出为真。

3. 逻辑运算的法则

在用布尔代数表示事故树的数学模型时，需要用到逻辑运算法则。下面是几种常用的运算法则，详细的证明可以参考相关文献。

（1）结合律：$(A+B)+C=A+(B+C)$、$(A \cdot B) \cdot C=A \cdot (B \cdot C)$

（2）交换律：$A+B=B+A$、$A \cdot B=B \cdot A$

（3）分配律：$A \cdot (B+C)=(A \cdot B)+(A \cdot C)$、$A+(B \cdot C)=(A+B) \cdot (A+C)$

（4）等幂律：$A+A=A$、$A \cdot A=A$

（5）吸收律：$A+A \cdot B=A$、$A \cdot (A+B)=A$

（6）零一律：$A+1=1$、$A \cdot 0=0$

（7）同一律：$A+0=A$、$A \cdot 1=A$

（8）互补律：$A+A'=1$、$A \cdot A'=0$

（9）对合律：$(A')'=A$

（10）德莫根律：$(A+B)'=A' \cdot B'$、$(A \cdot B)'=A'+B'$

在事故树分析中，等幂律“$A+A=A$”“$A \cdot A=A$”和吸收律“$A+A \cdot B=A$”“$A \cdot (A+B)=A$”几

个法则用得较多，请注意掌握。另外就是分配律“$A+(B \cdot C)=(A+B) \cdot (A+C)$”是布尔代数中特有的，也需要注意。

（二）事故树的布尔代数表达式

将事故树中连接各事件的逻辑门用相应的布尔代数运算表示，就得到了事故树的布尔代数表达式，或称事故树的结构函数。通常，可以自上而下地将事故树逐渐展开后，便可得到了布尔代数表达式。下面以图 9-14 的事故树为例，介绍事故树的布尔代数表达式及展开过程。

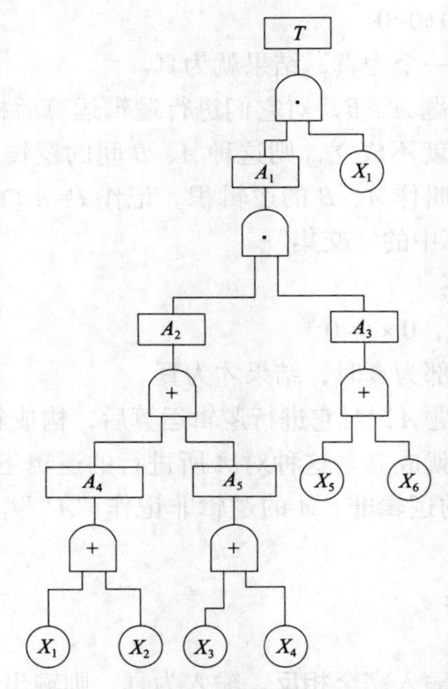

图 9-14　事故树图

第一步，第一层，顶上事件在事件 A_1 和事件 X_1 同时发生的情况下才发生，因此 T 是 A_1 和 X_1 的逻辑乘，可以得到：

$$T=A_1X_1$$

第二步，第二层，事件 A_1 在事件 A_2 和事件 A_3 同时发生的情况下才发生，因此 A_1 是 A_2 和 A_3 的逻辑乘，可以得到：

$$A_1=A_2A_3$$

代入，可得：

$$T=A_2A_3X_1$$

第三步，第三层，事件 A_2 是 A_4 和 A_5 的逻辑加，事件 A_3 是 X_5 和 X_6 的逻辑加，可以得到：

$$A_2=A_4+A_5$$

$$A_3=X_5+X_6$$

代入，可得：

$$T=(A_4+A_5)(X_5+X_6)X_1$$

第四步，第四层，事件 A_4 是 X_1 和 X_2 的逻辑加，事件 A_5 是 X_3 和 X_4 的逻辑加，可以得到：

$$A_4=X_1+X_2$$

$$A_5=X_3+X_4$$

再代入顶上事件的表达式中，得到：

$$T=[(X_1+X_2)+(X_3+X_4)](X_5+X_6)X_1$$

即：

$$T=(X_1+X_2+X_3+X_4)(X_5+X_6)X_1$$

以上就是事故树的布尔代数表达式。当然这个表达式还可以进一步化简。另外就是熟悉了以后，可以把解题的过程简化，不需要描述得这么详细。

事故树的布尔代数表达式就是事故树的数学表述，也可以看成是事故树的数学模型。对于给定的事故树可以写出其相应的数学表达式；同样，对于给定的布尔代数表达式，也可以绘制出与其相应的事故树。二者可以认为是等价的。

二、事故树的化简及意义

（一）为什么要对事件树进行化简

在事故树编制完成之后，为了对事故树进行分析和准确计算顶上事件发生的概率，需要对事故树进行化简，以消除多余的基本事件，特别是在事故树的不同位置存在同一基本事件时，必须进行化简，然后才能进行定性分析和定量计算，这样得到的顶上事件发生概率才可能是准确的，否则就可能造成分析和计算上的错误。

例如，在图 9-15 所示的事故树中，假设 3 个基本事件概率为 $q_1=q_2=q_3=0.1$，现在求顶上事件的发生概率（定量计算将在第四节介绍，这里只是为了说明为什么要对事故树进行化简）。

该事故树的数学表达式为：

$$T=A_1A_2=X_1X_2(X_1+X_3)$$

按独立事件概率和与积的计算公式，顶上事件发生概率为：

$$\begin{aligned} q_T&=q_1q_2[1-(1-q_1)(1-q_2)] \\ &=0.1\times0.1\times[1-(1-0.1)\times(1-0.1)] \\ &=0.001\ 9 \end{aligned}$$

若先对事故树进行化简：

$$\begin{aligned} T&=X_1X_2(X_1+X_3)\text{（未经化简形式）} \\ &=X_1X_2X_1+X_1X_2X_3\text{（应用分配律展开）} \\ &=X_1X_2+X_1X_2X_3\text{（应用等幂律去掉多余的 }X_1\text{）} \\ &=X_1X_2\text{（应用吸收律去掉多余的 }X_3\text{，这样就得到最简形式）} \end{aligned}$$

故顶上事件的发生概率为：

$$q_T=q_1q_2=0.01$$

这个结果和没有化简就计算得到的结果是不同的。学习了后面的内容，就会明白化简后的计算结果是正确的，而没有化简就直接计算的结果是不正确的。

图 9-15 的等效树图如图 9-16 所示。没简化时，有无关事件 X_3，化简后，只要有 X_1、X_2 发生，不论 X_3 发生与否，顶上事件都发生。由此可见，在事故树的分析和计算中，必须先对事故树进行化简，才能得到正确结果。

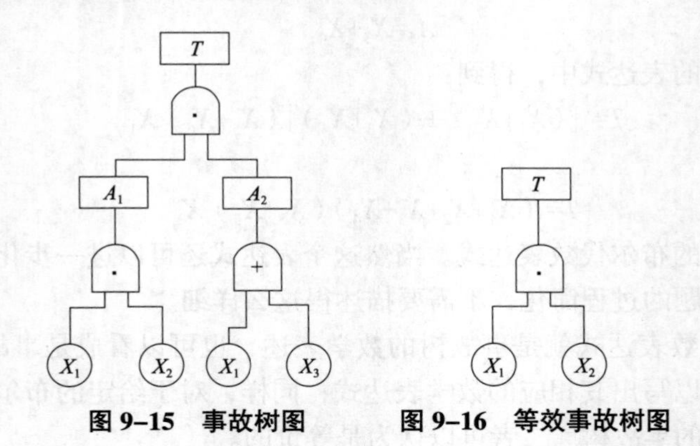

图 9-15　事故树图　　图 9-16　等效事故树图

（二）事故树的化简方法

事故树的化简过程就是运用布尔代数运算法则，对事故树的布尔表达式进行运算，得到最简的表达式。

事故树的化简步骤为：

第一步，列事故树的布尔代数式（即结构函数）。

第二步，使用布尔代数运算规则，对布尔代数式进行化简。

第三步，绘制出化简后事故树。

在事故树的化简过程中，要注意以下三点：一是布尔代数式若有括号应先去括号，即将首先将布尔代数式展开；二是要利用布尔代数的幂等法则归纳相同的项；三是要充分利用吸收法则直接化简。

例题 1：化简图 9-17 所示的事故树。

解：$T=A_1+A_2$

$=(X_1A_3X_2)+(X_4A_4)$

$=X_1(X_1+X_3)X_2+X_4(A_5+X_6)$

$=X_1X_1X_2+X_1X_3X_2+X_4(X_4X_5+X_6)$

$=X_1X_2+X_1X_2X_3+X_4X_4X_5+X_4X_6$

$=X_1X_2+X_4X_5+X_4X_6$

根据化简后的布尔代数式，可以绘制出图 9-17 的等效事故树图，如图 9-18 所示。

例题 2：化简图 9-19 所示的事故树。

解：$T=A_1+A_2$

$=X_1X_2+(X_3+B)$

$=X_1X_2+[X_3+(X_1X_3)]$

$=X_1X_2+X_3$

所以其等效图如图 9-20 所示。

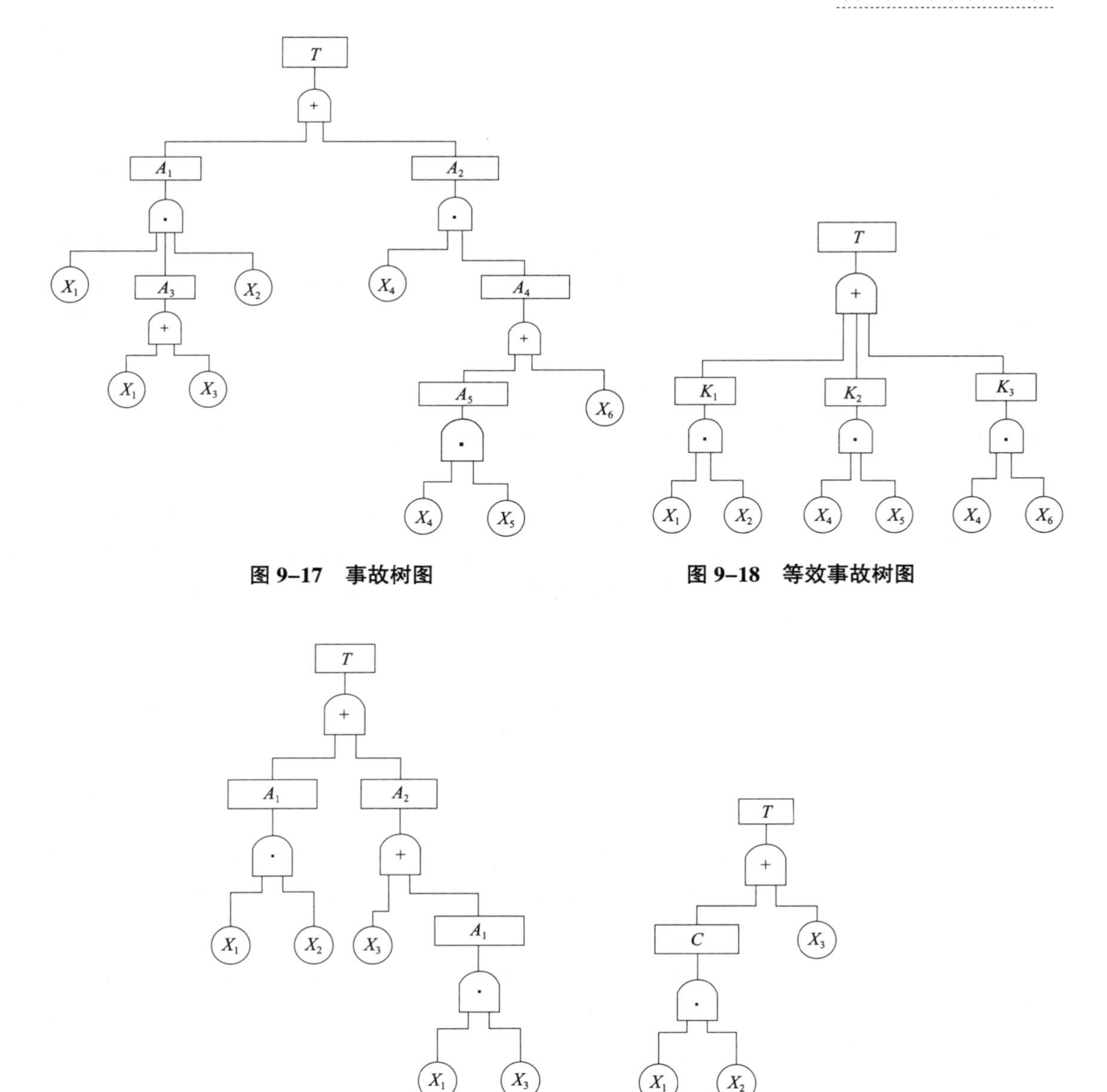

图 9-17　事故树图

图 9-18　等效事故树图

图 9-19　事故树图

图 9-20　等效事故树图

三、事故树的定性分析

事故树的定性分析，就是不考虑基本事件的实际发生可能性，而是依据事故树的结构对所有基本事件在发生或不发生两种状态进行分析的方法。定性分析的目的是查明顶上事件发生的途径，确定顶上事件的发生模式及基本事件对顶上事件的影响程度等，最终为改善系统安全性能提供技术支撑。事故树的定性分析是在找出导致顶上事件发生的全部基本事件和编制事故树基础之后进行的。事故树定性分析的主要包括割集与最小割集、径集与最小径集以及结构重要度的计算等内容。

（一）割集与最小割集

1. 割集与最小割集的概念

根据事故发生的机理可知，如果事故树中的全部基本事件都发生，则顶上事件必然发生。但是，在大多数情况下并不一定要求所有基本事件都发生，顶上事件才能发生，而是只要其中的某几个基本事件同时发生就能导致顶上事件的发生。这些由于同时发生就能导致顶上事件发生的基本事件集合称为事故树的割集，也称为截集或截止集。从割集的定义可以知道，割集中的基本事件之间是逻辑乘的关系。事故树的割集也就是系统的故障模式，即割集中的基本事件同时发生，则顶上事件一定发生。

如果在某个割集中任意除去一个基本事件就不再是割集了，这样的割集就称为最小割集。也就是能够引起顶上事件发生的最低数量的基本事件的集合叫最小割集。

例如，某事故树的结构函数为 $T=X_1X_2+X_3X_4$，$\{X_1、X_2、X_3、X_4\}$ 同时发生必将导致顶上事件发生，因此 $\{X_1、X_2、X_3、X_4\}$ 为该事故树的割集。但是 $\{X_1、X_2、X_3、X_4\}$ 不是该事故树的最小割集。因为在此集合中，去掉 X_4 后，$\{X_1、X_2、X_3\}$ 同时发生，也将导致顶上事件的发生，因此 $\{X_1、X_2、X_3\}$ 也是该事故树的割集。同样的道理，$\{X_1、X_2、X_3\}$ 也不是最小割集，因为去掉 X_3 后，$\{X_1、X_2\}$ 同时发生，也将导致顶上事件的发生。但是在 $\{X_1、X_2\}$ 中，若去掉 X_2，则 X_1 的发生不一定导致顶上事件的发生，因此 $\{X_1\}$ 就不是事故树的割集，故 $\{X_1、X_2\}$ 也是该事故树的一个最小割集。同样可以分析得知，$\{X_3、X_4\}$ 也为该事故树的一个最小割集。

2. 最小割集的求解方法

求解最小割集的方法有三种。

（1）行列法。行列法是由富赛尔和文西利在 1972 年提出，所以也称为富塞尔法。其理论依据是：与门使割集容量增加，而不增加割集的数量；或门使割集的数量增加，而不增加割集的容量。这种方法是从顶上事件开始，按照逻辑门的顺序，用下一层事件逐渐代替上一层的中间事件，把与门连接的事件按行横向排列，把或门连接的事件按列纵向排列。这样，逐层向下，直至所有的基本事件都代完为止。这样就列出若干行，最后利用布尔代数化简，便得到所求的最小割集。

行列法求最小割集的步骤如下：

第一步，从顶上事件开始，逐层用下一层事件代替上一层事件。对或门连接的输入事件按列排列；对与门连接的输入事件按行排列。

第二步，逐层向下替换，直到顶上事件全部为基本事件表示为止。

第三步，最后列出的每一行基本事件集合，即是一个割集。

第四步，经过简化，若集合内元素不重复出现，且各集合间没有包含的关系，这些集合便是最小割集。

注意，在一般情况下，用行列法计算最小割集时，需要用布尔代数法对各行进行化简。

例题 3：应用行列法，计算图 9–21 所示的事故树的最小割集。

解：从图中可以看到，顶上事件 T 与中间事件 A_1、A_2 之间是用或门连接的，所以，应当按列纵向排列，即：

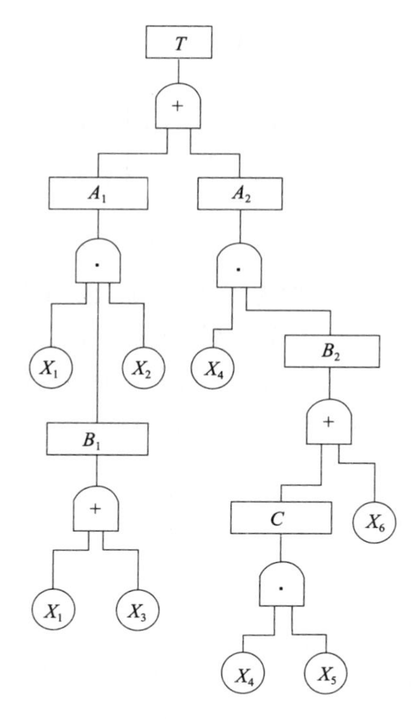

图 9–21　事故树图

$$T \to \begin{cases} A_1 \\ A_2 \end{cases}$$

A_1、A_2 与下一层事件 B_1、B_2、X_1、X_2、X_3 的连接均为“与门”，所以成行排列：

$$T \to \begin{cases} A_1 \to X_1 B_1 X_2 \\ A_2 \to X_4 B_2 \end{cases}$$

再依此类推，得到：

$$T \to \begin{cases} A_1 \to X_1 B_1 X_2 \to \begin{cases} X_1 X_1 X_2 \\ X_1 X_3 X_2 \end{cases} \\ A_2 \to X_4 B_2 \to \begin{cases} X_4 C \to X_4 X_4 X_5 \\ X_4 X_6 \end{cases} \end{cases}$$

整理上式得：

$$T \to \begin{cases} X_1 X_1 X_2 \\ X_1 X_3 X_2 \\ X_4 X_4 X_5 \\ X_4 X_6 \end{cases}$$

下面对这四组集合用布尔代数化简，可以得到：

$$T \rightarrow \begin{cases} X_1X_2 \\ X_1X_3X_2 \\ X_4X_5 \\ X_4X_6 \end{cases} \rightarrow \begin{cases} X_1X_2 \\ X_4X_5 \\ X_4X_6 \end{cases}$$

于是就得到三个最小割集 $\{X_1, X_2\}$、$\{X_4, X_5\}$、$\{X_4, X_6\}$。按最小割集，可以绘制出化简后的事故树，如图 9–22 所示，即为图 9–21 等效的事故树。

等效事故树是利用最小割集将事故树表达成一个包含 3 层事件（顶上事件、最小割集所代表的中间事件、基本事件）的等效树。其中，项上事件与最小割集所代表的中间事件（最小割集所包含的基本事件同时发生）用或门连接，最小割集与其中所包含的基本事件用与门连接。

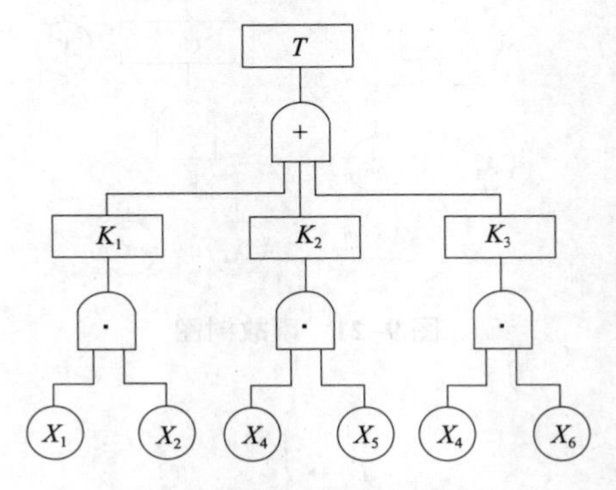

图 9–22　等效事故树图

（2）结构法。这种方法的理论依据是事故树的逻辑结构式来表示事故树。下面用该方法对图 9–20 所示事故树进行化简，过程如下：

$$\begin{aligned} T &= A_1 \cup A_2 = (X_1B_1X_2) \cup (X_4B_2) \\ &= X_1(X_1 \cup X_3)X_2 \cup X_4(\mathrm{C} \cup X_6) \\ &= (X_1X_2) \cup (X_1X_3X_2) \cup X_4(X_4X_5 \cup X_6) \\ &= (X_1X_2) \cup (X_1X_2X_3) \cup (X_4X_5X_4X_5) \cup (X_4X_6) \\ &= (X_1X_2) \cup (X_4X_5) \cup (X_4X_6) \end{aligned}$$

这样就得到了三个最小割集 $\{X_1, X_2\}$、$\{X_4, X_5\}$、$\{X_4, X_6\}$，这种方法和第一种方法的结果是完全一样的。然而，这种方法写起来比较麻烦，一般常用的还是下面将要介绍的布尔代数法。

（3）布尔代数法。这种方法的理论依据是：事故树的布尔代数式和事故树的结构式完全等价，因此也可以用布尔代数方法来对事故树进行化简，所不同的是结构式中交集"∪"要换成布尔表达式的逻辑加，结构式中并集"∩"要换成布尔表达式的逻辑乘。实质上，布尔代数式中的逻辑加"+"和结构式中的"∪"是一致的，布尔代数式中的逻辑加"·"和结构式中的"∩"是一致的。这样，用布尔代数法将事故树的布尔代数表达式进行化简，最后得到的若干事件逻辑积的逻辑和，即把事故树的结构函数化为与或范式，其中，每个逻辑积就是最小割集。

这种方法的主要步骤为：

第一步，写出事故树的结构函数，即列出其布尔表达式。

第二步，将布尔表达式整理为与或范式。

第三步，化简与或范式为最简与或范式。

第四步，根据最简与或范式写出最小割集。

例如，某事故树的结构式为 $T=X_1X_2+X_4X_5+X_4X_6$。此为最简与或范式，不需要再化简了，因此此事故树的最小割集有三个，分别是 $K_1=\{X_1, X_2\}$、$K_2=\{X_4, X_5\}$、$K_3=\{X_4, X_6\}$。

现在还以图 9-21 所示为例，用布尔代数方法进行化简，则有：

$$
\begin{aligned}
T &= A_1 + A_2 = X_1B_1X_2 + X_4B_2 \\
&= X_1(X_1+X_3)X_2 + X_4(C+X_6) \\
&= (X_1X_2) + (X_1X_3X_2) + X_4(X_4X_5+X_6) \\
&= (X_1X_2) + (X_1X_2X_3) + (X_4X_4X_5) + (X_4X_6) \\
&= X_1X_2 + X_4X_5 + X_4X_6
\end{aligned}
$$

因此该事故树有三个最小割集，分别是 $\{X_1, X_2\}$、$\{X_4, X_5\}$、$\{X_4, X_6\}$，与第一种、第二种方法的结果是相同的。

一般来说，这三种方法都可以用来计算最小割集，但是在实践中，布尔代数方法最为简单，一般为大家所采用。也建议用布尔代数的方法来计算事故树的最小割集。

（二）径集与最小径集

1. 径集与最小径集的概念

从事故发生机理，可以知道，如果事故树中的全部基本事件都不发生，则顶上事件一定不会发生。但是，在某些特殊的情况下，如果事故树中某些基本事件不同时发生，则也可以使得顶上事件不发生。这些不同时发生的、可以使顶上事件不发生的基本事件集合称为事故树的径集，也称为通集或导通集。从径集的定义可以知道，径集中的基本事件之间是逻辑加的关系。

同样，可以定义最小径集。最小径集是指能够使得顶上事件不发生的最小数量的基本事件的集合。最小径集指明了哪些基本事件不同时发生就可以使顶上事件不发生的安全模式。

2. 最小径集的求解方法

最小径集的计算方法也有三种方法：结构式法、布尔代数法和成功树法。其中结构式法与布尔代数法是类似的。

布尔代数法就是对表示事故树的结构函数进行化简而得到的。在计算最小割集时，是把结构函数化简为与或范式，即基本事件的与的或，这种化简方法比较简单。而最小径集则要把结构函数化简为基本事件的或的与，即或与范式，类似于对代数式进行因式分解。显然这是比较困难的。

因此用布尔代数法求解最小径集的方法一般不常用，常用的还是成功树方法。

利用成功树求最小径集的理由是根据德·摩根律：$(A+B)'=A'B'$、$(AB)'=A'+B'$，即事件或的补等于补事件的与，事件与的补等于补事件的或。根据这种思路，或与范式取补后就变成了补事件的与或范式。这样首先就要把事故树进行变换，即把原事故树的事件发生用事件不发生代替，把与门用或门代替，或门用与门代替，这样得到的树图就是与原事故树对偶的成功树。

对于成功树，它的最小割集是使其顶上事件（原事故树顶上事件的补事件）发生的一种途径，即使原事故树顶上事件不发生的一种途径。因此成功树的最小割集就是原事故树的最小径集。

这样，最小径集的计算方法如下：

第一步，求出与事故树对偶的成功树，即把原来事故树的与门换成或门，或门换成与门，各类事件发生换成不发生，这样得到的就是原事故树的对偶成功树。

第二步，利用行列法、结构式法或布尔代数法等，求出成功树的最小割集。

第三步，再对得到的最小割集，经对偶变换，得到的结果就是事故树的最小径集。

图 9–23 给出了事故树转换为成功树的两种常用的转换方法。

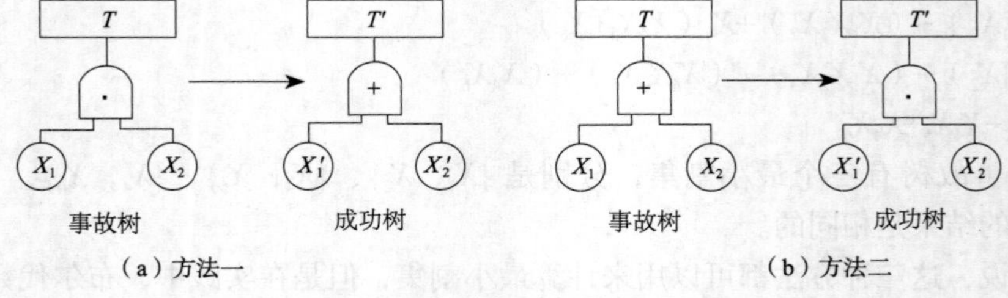

图 9–23　与事故树对偶的成功树的转换关系图

例题 4：计算图 9–21 所示事故树的最小径集。

解：

首先，把图 9–21 所示的事故树转化为图 9–24 所示的对偶成功树。

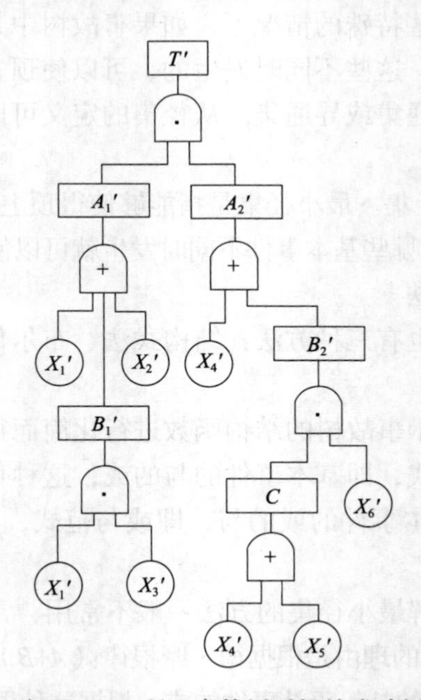

图 9–24　与图 9–21 所示事故树对偶的成功树图

其中，用 T'、A_1'、A_2'、B_1'、B_2'、C'、X_1'、X_2'、X_3'、X_4'、X_5'、X_6'分别表示各事件 T、A_1、A_2、B_1、B_2、C、X_1、X_2、X_3、X_4、X_5、X_6 的对偶事件。

然后，用布尔代数化简法求对偶成功树的最小割集：

$T'=A_1'A_2'$

$=(X_1'+B_1'+X_2')(X_4'+B_2')$

$=(X_1'+X_1'X_3'+X_2')(X_4'+C'X_6')$

$=(X_1'+X_2')[X_4'+(X_4'+X_5')X_6']$

$=(X_1'+X_2')(X_4'+X_4'X_6'+X_5'X_6')$

$=(X_1'+X_2')(X_4'+X_5'X_6')$

$=X_1'X_4'+X_1'X_5'X_6'+X_2'X_4'+X_2'X_5'X_6'$

这样就得到成功树有 4 个最小割集，分别为 $\{X_1'、X_4'\}$、$\{X_2'、X_4'\}$、$\{X_1'、X_5'、X_6'\}$、$\{X_2'、X_5'、X_6'\}$。

最后，再经对偶变换就得到事故树的 4 个最小径集，即：

$T=(X_1+X_4)(X_1+X_5+X_6)(X_2+X_4)(X_2+X_5+X_6)$

每一个逻辑与就是一个最小径集，则得到事故树的 4 个最小径集为：$\{X_1、X_4\}$、$\{X_2、X_4\}$、$\{X_1、X_5、X_6\}$、$\{X_2、X_5、X_6\}$。

同样，也可以用最小径集表示等效事故树，如图 9–25 所示。其中 P_1、P_2、P_3、P_4 分别表示 4 个最小径集。

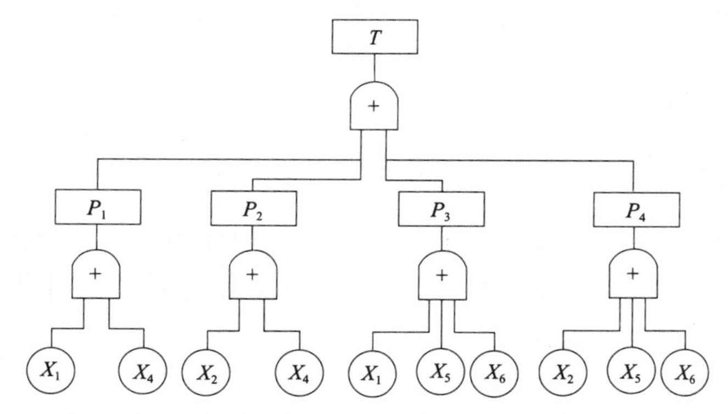

图 9–25　用最小径集表示的等效事故树

例题 5：用成功树法求图 9–26 所示的事故树的最小径集。

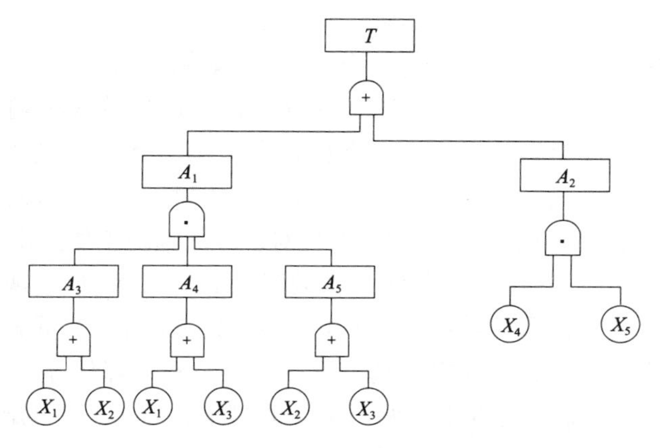

图 9–26　事故树

解：首先，将事故树转换为与之对偶的成功树，如图 9–27 所示。

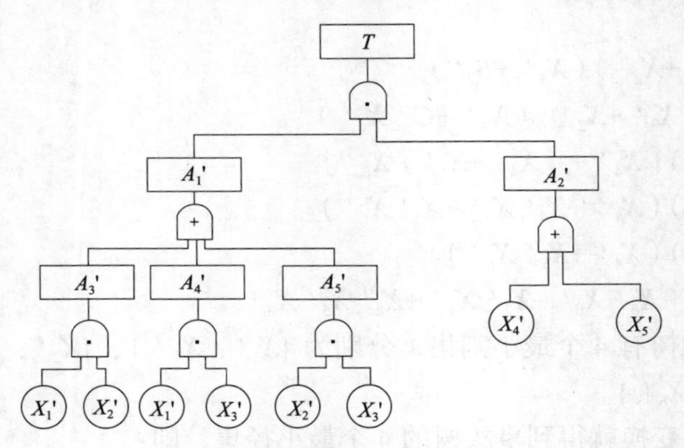

图 9–27　成功树

然后，用布尔代数化简法求成功树的最小割集：

$T'=A_1'A_2'=(A_3'+A_4'+A_5')(X_4'+X_5')$

$=(X_1'X_2'+X_1'X_3'+X_2'X_3')(X_4'+X_5')$

$=X_1'X_2'X_4'+X_1'X_3'X_4'+X_2'X_3'X_4'+X_1'X_2'X_5'+X_1'X_3'X_5'+X_2'X_3'X_5'$

所以，该成功树有 6 个最小割集，即原事故树有 6 个最小径集：

$P_1=\{X_1,\ X_2,\ X_4\}$，$P_2=\{X_1,\ X_3,\ X_4\}$，$P_3=\{X_2,\ X_3,\ X_4\}$

$P_4=\{X_1,\ X_2,\ X_5\}$，$P_5=\{X_1,\ X_3,\ X_5\}$，$P_6=\{X_2,\ X_3,\ X_6\}$

（三）最小割集和最小径集在事故树分析中的作用

最小割集和最小径集在事故树分析中起着极其重要的作用。灵活运用最小割集和最小径集能对事故树分析起到事半功倍的效果，并为有效地控制事故的发生提供重要依据。

最小割集和最小径集的主要作用是：

1. 最小割集在事故树分析中的作用

（1）最小割集表示系统的危险性。割集是导致顶上事件发生的事件的集合，因此是顶上事件发生的原因组合。事故树的最小割集越多，导致顶上事件的模式就越多，系统越危险；同样，最小割集的个数越少，系统越安全。求出最小割集可以掌握事故发生的各种途径，为事故调查和事故预防提供技术支撑。

一起事故的发生，并不都遵循一种固定的模式，如果求出了最小割集，就可以马上知道发生事故的所有可能途径。例如，求得图 9–21 所示事故树的最小割集为 $\{X_1, X_2\}$、$\{X_4, X_5\}$、$\{X_4, X_6\}$，即造成顶上事件发生有三条的途径：第一条途径是 X_1、X_2 同时发生；第二条途径是 X_4、X_5 同时发生；第三条途径是 X_4、X_6 同时发生。这对全面掌握事故发生规律，找出隐藏的事故原因是非常有效的，而且对事故的预防工作提供了非常全面的信息。

（2）从最小割集可以知道基础事件的重要性。最小割集能直观地、概略地告诉人们，哪种事故模式最危险，哪种稍次，哪种可以忽略。例如，某事故树有三个最小割集：$\{X_1\}$、$\{X_1, X_3\}$、$\{X_4, X_5, X_6\}$（如果各基本事件的发生概率都相等）。一般来说，一个事件的割集比两个事件的割集容易发生；两个事件的割集比三个事件的割集容易发生等。这是因为一个事件的割集只要一个事件发生，如 X_1 发生，顶上事件就会发生；而两个事件的割集则必须满足两个条件（即 X_1 和 X_3 同时发生）才能引起顶上事件发生，同样，三个事件的割集则必须满足三个条件（即 X_4、X_5 和 X_6 同时发生）才能引起顶上事件发生。因此最小割集为降低系统的危险性提出控制方向和预防措施。

（3）利用最小割集可以直接排出基本事件结构重要度顺序。

（4）利用最小割集可以对事故树进行定量分析，方便地计算顶上事件发生的概率。

第三个和第四个作用将在后面介绍。

2. 最小径集在事故树分析中的作用

（1）最小径集表示系统的安全性。从事故树径集的定义可以知道，径集是导致顶上事件不发生的基本事件的集合，因此事故树的最小径集越多，防止事故的途径也就越多，系统越安全。求出最小径集可以知道，要使事故不发生，可以有哪几种可能方案。例如，图 9–21 中的事故树共有 4 个最小径集：$\{X_1, X_4\}$，$\{X_2, X_4\}$，$\{X_1, X_5, X_6\}$，$\{X_2, X_5, X_6\}$。从这个等效图的结构可以看出，只要切断“与门”下的任何一个最小径集，就可以使顶上事件不发生，也就是说，上述四组事件中，只要任何一组不发生，顶上事件就可以不发生。

（2）从最小割集可以选择事故预防措施。从图 9–25 中可以看出，要消除顶上事件 T 发生的可能性，可以有四种可能的途径，究竟选择哪种途径最简单、最经济呢？从直观角度看，一般以消除含数量少的最小径集中的基本事件为最简单、最经济的措施。消除一个基本事件应比消除两个或多个基本事件要简单、经济。因此利用最小径集，可以从经济、有效的角度选取确保系统安全的最佳方案。

（3）利用最小径集可以直接排出结构重要度顺序。

（4）利用最小径集可以对事故树进行定量分析，即计算顶上事件发生的概率。

第三个和第四个作用也将在后面介绍。

3. 提高系统安全性的途径

根据以上对割集和径集作用的分析，可以看出，提高系统的安全性应该从以下四种途径来考虑：

（1）减少最小割集数，优先考虑消除那些含基本事件最少的割集。

（2）增加割集中的基本事件数，优先考虑给含基本事件少、又不能清除的割集增加基本事件。

（3）增加新的最小径集，也可以设法将原有含基本事件较多的径集分成两个或多个径集。

（4）减少径集中的基本事件数，优先考虑减少含基本事件多的径集。

（四）割集或径集数量的估算

从例题可以看出，一个事故树的最小割集和最小径集的数量一般是不相等的。我们也知道，最小割集数量少时，从最小割集入手分析较为简便；反之，最小径集数量少时，则从最小径集入手分析较为方便。那么如何不经过计算，直接从事故树的结构出发，对一个事故树的割集或径集数量进行估算呢？

其实在用行列法计算最小割集时，提到其理论依据是：与门使割集容量增加，而不增加割集的数量；或门使割集的数量增加，而不增加割集的容量。因此依据这种观点和事故树的结构，就可以使用所谓的加乘法来估算割集或径集的数量。

这种方法是将基本事件赋值为 1，直接利用加法或乘法来估算割集或径集的数量：在估算割集数量时，或门用加法，与门用乘法。例如图 9-28 所示的事故树中，割集的数量为：

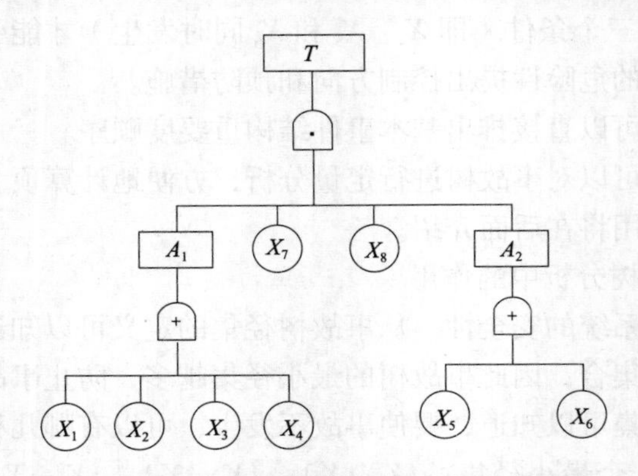

图 9-28　用加乘法估算割集或径集的数量

$X_{A1}=X_{A1.1}+X_{A1.2}+X_{A1.3}+X_{A1.4}=1+1+1+1=4$

$X_{A2}=X_{A2.5}+X_{A2.6}=1+1=2$

$X_{T}=X_{A1}\times X_{T.1}\times X_{T.2}\times X_{A2}=4\times 1\times 1\times 2=8$

径集的数量为：

$X_{A1}=X_{A1.1}\times X_{A1.2}\times X_{A1.3}\times X_{A1.4}=1\times 1\times 1\times 1=1$

$X_{A2}=X_{A2.5}\times X_{A2.6}=1\times 1=1$

$X_{T}=X_{A1}+X_{T.1}+X_{T.2}+X_{A2}=1+1+1+1=4$

注意：利用上述公式估算割集或径集的数量时，并不是最小割集或最小径集的数量，而是最小割集或最小径集数量的上限。只有当事故树中没有重复基本事件时，所求的割集或径集数量才是最小割集或最小径集的数量。

四、结构重要度分析

结构重要度分析是从事故树的结构上来分析各个基本事件的重要程度，即在不考虑各个基本事件的发生概率，分析各个基本事件的发生对顶上事件发生所产生的影响程度。第 i 个基本事件的结构重要度一般用 $I_{\Phi}(i)$ 表示。基本事件结构重要度越大，它对顶上事件的影响程度就越大；反之，基本事件结构重要度越小，它对顶上事件的影响程度就越小。

结构重要度分析可采用两种方法，一种是精确求出结构重要度系数，以系数的大小来排列各基本事件和重要顺序；另一种是利用最小割集或最小径集来排出结构重要度顺序。前者精确，但当系统中基本事件较多时就显得特别烦琐；后者简单，但不够精确。下面介绍这两种结构重要度的分析方法。

（一）基于状态值表的结构重要度系数

在事故树分析中，各个基本事件都是两种状态，一种状态是发生，即 $X_i=1$；另一种状态是不发生，即 $X_i=0$。各个基本事件状态的不同组合又构成顶上事件的不同状态，即顶上事件发生，$\Phi(X)=1$ 或顶上事件不发生，$\Phi(X)=0$。

在某个基本事件 X_i 的状态由 0 变成 1（即 $0_i\rightarrow 1_i$）、其他基本事件的状态保持不变时，顶上事件的状态变化可能有三种情况：

第一种情况是顶上事件处于 0 状态不变，即：

$\Phi(0_i, X)=0 \rightarrow \Phi(1_i, X)=0$，即 $\Phi(1_i, X)-\Phi(0_i, X)=0$

第二种情况是顶上事件由不发生变为发生，即其状态变量由 0 变为 1：

$\Phi(0_i, X)=0 \rightarrow \Phi(1_i, X)=1$，即 $\Phi(1_i, X)-\Phi(0_i, X)=1$

第三种情况是顶上事件处于 1 状态不变，即：

$\Phi(0_i, X)=1 \rightarrow \Phi(1_i, X)=1$，即 $\Phi(1_i, \mathrm{X})-\Phi(0_i, X)=0$

在第一种情况和第三种情况下，顶上事件都不发生变化，此时不能说明 X_i 的状态变化对顶上事件的发生起什么作用，只有第二种情况说明 X_i 的作用，即当基本事件 X_i 的状态从 0 变到 1，其他基本事件的状态保持不变时，顶上事件的状态由 $\Phi(0_i, X)=0$ 变到 $\Phi(1_i, X)=1$，也就说明，这个基本事件 X_i 的状态变化对顶上事件的状态发生起了作用。

考虑基本事件 X_i 的状态由 0 变为 1，而其他基本事件的状态保持不变的所有可能，第二种情况出现的越多，说明 X_i 的状态对顶上事件的作用越重要。显然，对一个包含 n 个基本事件的事故树，除去 X_i 后，还有 $n-1$ 个基本事件，这 $n-1$ 个基本事件共有 2^{n-1} 种可能的状态组合（X_j, $j=1, 2, \cdots, 2^{n-1}$）。对应这 2^{n-1} 种组合状态，假设其中有 m_i 个当 X_i 由 0 变为 1 时，顶上事件的状态由 0 变为 1，则定义基本事件 X_i 的结构重要度系数为：

$$I_\Phi(i)=\frac{m_i}{2^{n-1}}=\frac{1}{2^{n-1}}\sum_{j=1}^{2^{n-1}}[\Phi(1_i, X_j)-\Phi(0_i, X_j)] \tag{9-1}$$

把所有这样的情况累加起来乘以一个系数 $1/2^{n-1}$，就是结构重要度系数（n 是该事故树的基本事件的个数）。

例题 6：求图 9-29 所示事故树的基本事件的结构重要度系数。

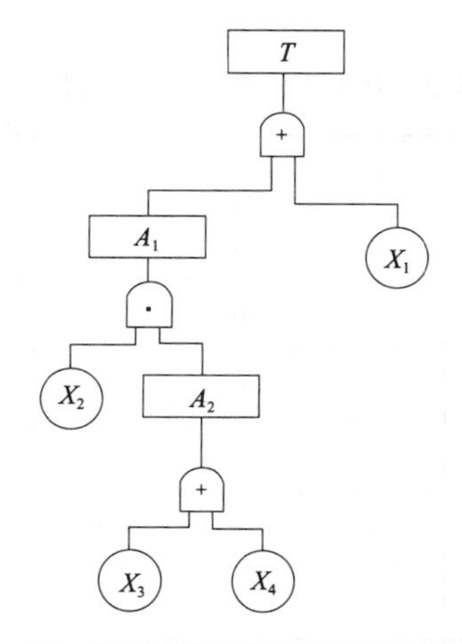

图 9-29　计算结构重要度系数的事故树

解：该事故树的结构函数为：

$$\mathrm{T}=X_1+X_2X_3+X_2X_4$$

首先考虑基本事件 X_1。除 X_1 外，该事故树还有 3 个基本事件 X_2、X_3 和 X_4。这 3 个事件的状态共有 8 种组合，对应这 8 种状态分别考虑 X_1 的 0、1 两种状态，可根据事故树图或事故树的结构函数确定顶上事件的状态，见表 9-1。

表 9–1　基本事件与顶上事件状态值表

编号	X_1	X_2	X_3	X_4	$\Phi(X)$	X_1	X_2	X_3	X_4	$\Phi(X)$
1	0	0	0	0	0	1	0	0	0	1
2	0	0	0	1	0	1	0	0	1	1
3	0	0	1	0	0	1	0	1	0	1
4	0	0	1	1	0	1	0	1	1	1
5	0	1	0	0	0	1	1	0	0	1
6	0	1	0	1	1	1	1	0	1	1
7	0	1	1	0	1	1	1	1	0	1
8	0	1	1	1	1	1	1	1	1	1

由上表可以看出，在 X_2、X_3、X_4 的 8 种组合状态中，有编号 1、2、3、4、5 等 5 种组合，当 X_1 由 0 变为 1 而其他基本事件保持不变时，顶上事件状态由 0 变 1，即 m_1=5，代入公式（9–1）可得：I_Φ（1）=5/8。

再考虑基本事件 X_2。除 X_2 外，该事故树还有 3 个基本事件，这 3 个事件的状态也有 8 种组合，对应这 8 种状态分别考虑 X_2 的 0、1 两种状态，按照同样的方法，顶上事件的状态变化见表 9–2。需要说明的是，表 9–2 和表 9–1 在内容上是相同，只不过在表 9–1 中，把 X_1 作为第一个变量，而在表 9–2 中，把 X_2 作为第一个变量。这样做是为了能够看得更清晰。

表 9–2　基本事件与顶上事件状态值表

编号	X_2	X_1	X_3	X_4	$\Phi(X)$	X_2	X_1	X_3	X_4	$\Phi(X)$
1	0	0	0	0	0	1	0	0	0	0
2	0	0	0	1	0	1	0	0	1	1
3	0	0	1	0	0	1	0	1	0	1
4	0	0	1	1	0	1	0	1	1	1
5	0	1	0	0	1	1	1	0	0	1
6	0	1	0	1	1	1	1	0	1	1
7	0	1	1	0	1	1	1	1	0	1
8	0	1	1	1	1	1	1	1	1	1

由上表可以看出，在 X_1、X_3、X_4 的 8 种组合状态中，有编号 2、3、4 等 3 种组合，当 X_2 由 0 变为 1 而其他基本事件保持不变时，顶上事件状态由 0 变 1，即 m_2=3，代入公式（9–1）可得：I_Φ（2）=3/8。

按照同样的方法，可以得到；$I_\Phi(3)=1/8$；$I_\Phi(4)=1/8$。

根据计算结果，可作出基本事件结构重要排序如下：

$$I_\Phi(1) > I_\Phi(2) > I_\Phi(3) = I_\Phi(4)$$

仅从基本事件在事故树结构中所占的位置来分析，X_1 最为重要，其次是 X_2，再次是 X_3 和 X_4。

以上是用统计方法计算结构重要度系数。下面介绍用简易办法确定各基本事件的结构重要度系数。

例如，还是计算 X_1 的结构重要度系数。从表 9–1 中可以看出，当 $X_1=1$ 时，$\Phi(X)=1$ 的个数是 8 个，而 $X_1=0$ 时，$\Phi(X)=1$ 的个数为 3，则：

$$I_\Phi(1) = \frac{1}{8}(8-3) = \frac{5}{8}$$

X_2 的结构重要度系数：从表 9–2 中可以看出，当 $X_2=1$ 时，$\Phi(X)=1$ 的个数是 7，而 $X_2=0$ 时，$\Phi(X)=1$ 的个数为 4，那么：

$$I_\Phi(2) = \frac{1}{8}(7-4) = \frac{3}{8}$$

X_3 的结构重要度系数：从表 9–2 中可以看出 $X_3=1$，$\Phi(X)=1$ 的个数是 6，而 $X_3=0$ 时，$\Phi(X)=1$ 的个数为 5，则：

$$I_\Phi(3) = \frac{1}{8}(6-5) = \frac{1}{8}$$

X_4 的结构重要度系数：从表 9–2 中可以看出 $X_4=1$，$\Phi(X)=1$ 的个数是 6，而 $X_4=0$ 时，$\Phi(X)=1$ 的个数为 5，则：

$$I_\Phi(4) = \frac{1}{8}(6-5) = \frac{1}{8}$$

这样用简易方法计算出的各基本事件结构重要度系数，与上述方法计算出的结果完全一致，但这种方法简便得多。

结构重要度分析属于定性分析，要排出各基本事件的结构重要度顺序，不一定非求出结构重要度系数，因而大可不必花费很大的精力去编排基本事件状态值和顶上事件状态值表，再一个个去数去算。如果事故树结构很复杂，基本事件很多，列出的表就很庞大，基本事件状态值的组合也很多（共 2^n 个），这就给结构重要度的分析带来很大困难。因此，一般采用最小割集或最小径集来排列各种基本事件的结构重要度顺序，这样较简单，而效果相同。

（二）基于最小割集或最小径集的结构重要度分析

1. 运用原则

采用这种方法时，需要遵循以下原则进行处理：

频率原则：当最小割（径）集中的基本事件个数不等时，基本事件少的割（径）集中的基本事件比基本事件多的割（径）集中的基本事件结构重要度大。如单个事件即可构成最小割（径）集，则该基本事件结构重要度最大。在同一最小割（径）集中出现且在其他最小割（径）集中不再出现的基本事件，结构重要度相同。

频数原则：若最小割（径）集中包含的基本事件数目相等，则累计出现次数多的基本事件结构重要度大，累计出现次数相等的结构重要度相等。

频率频数原则：若几个基本事件在不同最小割（径）集中重复出现的次数相等，则在基本事件少的割（径）集中出现的事件结构重要度大。

例题 7：某事故树的最小割集为 $\{X_1, X_2, X_3, X_4\}$，$\{X_5, X_6\}$，$\{X_7\}$，$\{X_8\}$，求各基本事件的结构重要度。

解：根据频率原则，第三、四个最小割集都只有一个基本事件，所以 X_7 和 X_8 的结构重要度最大；其次是 X_5，X_6，因为它们位于两个事件的最小割集中；接下来就是 X_1，X_2，X_3，X_4，因为它们所在的最小割集中基本事件最多。这样就可以很快排出各基本事件的结构重要度顺序：

$$I_\Phi(7)=I_\Phi(8)>I_\Phi(5)=I_\Phi(6)>I_\Phi(1)=I_\Phi(2)=I_\Phi(3)=I_\Phi(4)$$

例题 8：某事故树有 8 个最小割集：$\{X_1, X_5, X_7, X_8\}$，$\{X_1, X_6, X_7, X_8\}$，$\{X_2, X_5, X_7, X_8\}$，$\{X_2, X_6, X_7, X_8\}$，$\{X_3, X_5, X_7, X_8\}$，$\{X_3, X_6, X_7, X_8\}$，$\{X_4, X_5, X_7, X_8\}$，$\{X_4, X_6, X_7, X_8\}$，求各基本事件的结构重要度。

解：在这 8 个最小割集中，每个割集都包含 4 个基本事件。统计基本事件出现的次数，得到 X_7 和 X_8 均各出现过 8 次；X_5 和 X_6 均各出现过 4 次；X_1，X_2，X_3，X_4 均各出现过 2 次。这样，尽管 8 个最小割集基本事件个数都相等（4 个），但由于各基本事件在其中出现的次数不同，根据频数原则，则可以排出其结构重要度顺序：

$$I_\Phi(7)=I_\Phi(8)>I_\Phi(5)=I_\Phi(6)>I_\Phi(1)=I_\Phi(2)=I_\Phi(3)=I_\Phi(4)$$

例题 9：某事故树的最小割集为 $\{X_1\}$，$\{X_2, X_3\}$；$\{X_2, X_4\}$，$\{X_2, X_5\}$，求各基本事件的结构重要度。

解：根据频率频数原则，结构重要度顺序为：

$$I_\Phi(1)>I_\Phi(2)>I_\Phi(3)=I_\Phi(4)=I_\Phi(5)$$

例题 10：某事故树的最小割集为 $K_1=\{X_5, X_6, X_7, X_8\}$、$K_2=\{X_3, X_4\}$、$K_3=\{X_1\}$、$K_4=\{X_2\}$，求各基本事件的结构重要度。

解：由于在 K_3、K_4 中仅有一个基本事件，所以其结构重要度最大；其次 X_3、X_4 所在割集为两个元素，所以居第二，以此类推，可排出各基本事件的结构重要度顺序为：

$$I_\Phi(1)=I_\Phi(2)>I_\Phi(3)=I_\Phi(4)>I_\Phi(5)=I_\Phi(6)=I_\Phi(7)=I_\Phi(8)$$

2. 简易算法

这种方法首先给每一个最小割集都赋给分值 1，这个分值 1 将由最小割集中的基本事件平分，然后对每个基本事件进行积累计算得分，按基本事件得分多少，排出结构重要度的顺序。

例题 11：某事故树最小割集：$K_1=\{X_5, X_6, X_7, X_8\}$、$K_2=\{X_3, X_4\}$、$K_3=\{X_1\}$、$K_4=\{X_2\}$，求各基本事件的结构重要度。

解：X_5、X_6、X_7、X_8 是割集 K_1 的 4 个基本事件，结构重要度均为 1/4。

X_3、X_4 是割集 K_2 的 2 个基本事件，结构重要度为 1/2。

X_1 是割集 K_3 的基本事件，且只有 1 个，所以 X_1 的结构重要度为 1。同理可得 X_2 的结构重要度也为 1。

所以 $I_\Phi(1)=I_\Phi(2)>I_\Phi(3)=I_\Phi(4)>I_\Phi(5)=I_\Phi(6)=I_\Phi(7)=I_\Phi(8)$。

需要说明的是，上述简便算法同样适合于最小径集。

（三）用最小割集或最小径集进行结构重要度分析的三个近似计算公式

当最小割（径）集确定后，则可依据下述三个公式求出某基本事件的结构重要度系数，然后依据其系数值的大小进行排序。

1. 近似计算公式一

$$I_\Phi(i) = \frac{1}{N}\sum_{x_i \in K_j}^{k}\frac{1}{n_j} \qquad (9-2)$$

式中：k——最小割集总数；

K_j——第 j 个最小割集；

n_j——第 j 个最小割集的基本事件数。

2. 近似计算公式二

$$I_\Phi(i) = \sum_{x_i \in K_j}\frac{1}{2^{n_j-1}} \qquad (9-3)$$

式中：n_j——第 j 个基本事件所在 K_j 中各基本事件数。

3. 近似计算公式三

$$I_\Phi(i) = 1 - \prod_{x_i \in K_j}\left(1 - \frac{1}{2^{n_j-1}}\right) \qquad (9-4)$$

例题 12：已知某事故树的最小割集：$K_1=\{X_1, X_2, X_3\}$，$K_2=\{X_1, X_2, X_4\}$。利用上述三个近似计算公式求结构重要度系数并排序。

解：(1) 利用近似计算公式（9-2）求解。

因为

$$I_\Phi(i)=\frac{1}{N}\sum_{j=1}^{k}\frac{1}{n_j}\ (j \in k_j)$$

本题中 $N=2$，包含 X_1 的割集只有 2 个，即 K_1，K_2 各有 2 个基本事件，所以

$$I_\Phi(1)=\frac{1}{2}\times\left(\frac{1}{3}+\frac{1}{3}\right)=\frac{1}{3}$$

同理，可得：

$$I_\Phi(2)=\frac{1}{2}\times\left(\frac{1}{3}+\frac{1}{3}\right)=\frac{1}{3}$$

$$I_\Phi(3)=\frac{1}{2}\times\left(\frac{1}{3}+\frac{0}{3}\right)=\frac{1}{6}$$

$$I_\Phi(4)=\frac{1}{2}\times\left(\frac{0}{3}+\frac{1}{3}\right)=\frac{1}{6}$$

故各基本事件结构重要度系数排序如下：

$$I_\Phi(1)=I_\Phi(2)>I_\Phi(3)=I_\Phi(4)$$

（2）利用近似计算公式（9–3）求解。

因为

$$I_{\Phi}(i)=\sum_{n_j\in k_j}\frac{1}{2^{n_j-1}}$$

所以

$$I_{\Phi}(1)=\frac{1}{2^2}+\frac{1}{2^2}=\frac{1}{2}$$

$$I_{\Phi}(2)=\frac{1}{2^2}+\frac{1}{2^2}=\frac{1}{2}$$

$$I_{\Phi}(3)=\frac{1}{2^2}+0=\frac{1}{4}$$

$$I_{\Phi}(4)=0+\frac{1}{2^2}=\frac{1}{4}$$

故各基本事件结构重要度系数排序如下：

$$I_{\Phi}(1)=I_{\Phi}(2)>I_{\Phi}(3)=I_{\Phi}(4)$$

（3）利用近似计算公式（9–4）求解。

因为

$$I_{\Phi}(i)=1-\prod_{n_j\in k_j}\left(1-\frac{1}{2^{n_j-1}}\right)$$

所以

$$I_{\Phi}(1)=1-\left(1-\frac{1}{2^2}\right)\left(1-\frac{1}{2^2}\right)=\frac{7}{16}$$

$$I_{\Phi}(2)=1-\left(1-\frac{1}{2^2}\right)\left(1-\frac{1}{2^2}\right)=\frac{7}{16}$$

$$I_{\Phi}(3)=1-\left(1-\frac{1}{2^2}\right)=\frac{1}{4}$$

$$I_{\Phi}(4)=1-\left(1-\frac{1}{2^2}\right)=\frac{1}{4}$$

故各基本事件结构重要度系数排序如下：

$$I_{\Phi}(1)=I_{\Phi}(2)>I_{\Phi}(3)=I_{\Phi}(4)$$

此例题用三个不同计算公式求出的排序结果一致。

例题 13：已知某事故树的最小割集：$K_1=\{X_1, X_2\}$；$K_2=\{X_3, X_4, X_5\}$；$K_3=\{X_3, X_4, X_6\}$，用上述三个近似计算公式求 $I_{\Phi}(i)$。

解：（1）利用近似计算公式（9–2）求解。

已知 $N=3$，包含 X_1 的割集只有 1 个，即 K_1，K_1 中各有 2 个基本事件，所以

$$I_{\Phi}(1)=\frac{1}{3}\times\frac{1}{2}=\frac{1}{6}$$

同理可得：$I_{\Phi}(2)=\frac{1}{6}$，$I_{\Phi}(3)=\frac{2}{9}$，$I_{\Phi}(4)=\frac{2}{9}$，$I_{\Phi}(5)=\frac{1}{9}$，$I_{\Phi}(6)=\frac{1}{9}$。

故 $I_{\Phi}(3)=I_{\Phi}(4)>I_{\Phi}(1)=I_{\Phi}(2)>I_{\Phi}(5)=I_{\Phi}(6)$。

（2）利用近似计算公式（9–3）求解。

已知包含 X_1 的割集只有 1 个，即 K_1，K_1 中各有 2 个基本事件，所以

$$I_{\Phi}(1)=\frac{1}{2^{2-1}}=\frac{1}{2}$$

同理可得：$I_{\Phi}(2)=I_{\Phi}(3)=I_{\Phi}(4)=\frac{1}{2}$，$I_{\Phi}(5)=I_{\Phi}(6)=\frac{1}{4}$。

故 $I_{\Phi}(1)=I_{\Phi}(2)=I_{\Phi}(3)=I_{\Phi}(4)>I_{\Phi}(5)=I_{\Phi}(6)$。

（3）利用近似计算公式（9–4）求解。

已知包含 X_1 的割集只有 1 个，即 K_1，K_1 中各有 2 个基本事件，所以

$$I_{\Phi}(1)=1-\left(1-\frac{1}{2^{2-1}}\right)=\frac{1}{2}$$

同理可得：$I_{\Phi}(2)=\frac{1}{2}$，$I_{\Phi}(3)=\frac{7}{16}$，$I_{\Phi}(4)=\frac{7}{16}$，$I_{\Phi}(5)=\frac{1}{4}$，$I_{\Phi}(6)=\frac{1}{4}$。

故 $I_{\Phi}(1)=I_{\Phi}(2)>I_{\Phi}(3)=I_{\Phi}(4)>I_{\Phi}(5)=I_{\Phi}(6)$。

此例用上述三个公式算出来的排序不一样，就其精度而言，用近似计算公式（9–4）较好。

由上例计算可见，利用近似公式求解结构重要度排序时，可能出现误差。因此，在选用公式时，应酌情选用。一般说来，对于最小割集中的基本事件数相同时，利用三个公式均可得到正确的排序；若最小割集包含的事件数（阶数）差别较大时，式（9–3）、式（9–4）可以保证排列顺序的正确；若最小割集的阶数差别仅为 1 或 2 时，使用式（9–2）、式（9–3）可能产生较大的误差。在三个近似计算公式中，式（9–4）的精度最高。

分析结构重要度，排出各基本事件的结构重要度顺序，可以从结构上了解各基本事件对顶上事件的发生影响程度如何，以便按结构重要度顺序安排防护措施，对基本事件加以控制。

第四节　事故树定量分析方法

事故树定量分析是在定性分析的基础上进行的。事故树定量分析包括顶上事件发生概率计算、概率重要度及临界重要度计算。定量分析有两个目的，一是在求出各基本事件概率的情况下，计算顶上事件的发生概率，并根据所获得的结果与预定的目标进行比较。如果事故的发生概率及其造成的损失为社会所认可，则不需要投入更多的人力、物力进行治理。如果超出了目标值，就应采取必要的系统改进措施，使其降至目标值以下；二是计算出概率重要系数和临界重要系数，以便了解改善系统的安全状况应从何处入手，以及根据重要程度的不同，按照轻重缓急安排人力、物力，分别采取对策，或按主次顺序编制安全检查表，以加强人的控制，使系统处于最佳安全状态。在事故树的定量分析中，一般假定基本事件之间是相互独立的。

一、事故树顶上事件发生概率的计算

（一）基本事件的发生概率

在进行事故树的定量分析时，首先要知道基本事件发生的概率。基本事件发生概率主要包括物的故障概率和人的失误概率两个方面。

1. 物的故障概率

要计算物的故障概率，首先必须获得物的故障率。所谓物的故障率，是指设备或系统的单元（部件或元件）工作时间的单位时间（或周期）的失效或故障的概率，它是单元平均故障间隔期 T 的倒数，若物的故障率为 λ，则有：

$$\lambda = \frac{1}{T} \tag{9-5}$$

其中的 T 一般由厂家给出，或通过实验室得出。

有了故障率，就可以计算元件的故障发生概率 q。对一般可修复系统，即系统故障修复后仍投入正常运行的系统，单元的故障发生概率为：

$$q = \frac{\lambda}{\lambda + \mu} \tag{9-6}$$

式中：μ——可维修度。

可维修度是反映单元维修难易程度的量度，是所需平均修复时间 τ（从故障发生到投入运行的平均时间）的倒数，即 $\mu=1/\tau$，因为为 $T \propto \tau$，故 $\lambda \propto \mu$，所以：

$$q = \frac{\lambda}{\lambda + \mu} = \frac{\lambda}{\mu} = \lambda\tau \tag{9-7}$$

因此，单元的故障发生率近似为单元故障率与单元平均修复时间的积。

对一般不可修复系统，即使用一次就报废的系统，如水雷、导弹等系统，单元的故障发生概率：

$$q=1-e^{-\lambda t} \tag{9-8}$$

式中：t——元件的运行时间。

如果把 $e^{-\lambda t}$ 按无穷级数展开，略去后面的高阶无穷小，则：

$$q \approx \lambda t \tag{9-9}$$

在实践中，可以通过长期的运行经验，或若干系统的运行过程，粗略地估计元件平均故障间隔期，其倒数就是所观测对象的故障率，进而估算出物的故障概率。

2. 人的失误概率

人的失误是事故树中另一种常见的基本事件。人的失误原因特别复杂，因此，估算人的失误概率非常困难，许多专家进行了大量的研究，但目前还没有较好地确定人的失误率的方法。1961 年，斯温和罗克曾提出了“人的失误率预测法”（THERP），使用这种方法可以估算人的失误概率。

人的失误概率受多种因素影响，如作业的紧迫程度、单调性、不安全感，人的生理状况，教育、训练情况，以及社会影响和环境因素等。因此，仍然需要用修正系数来修正人的失误概率。

在知道了基本事件发生概率以后，就可以对事故树进行定量分析。

（二）逐级向上推算法

该方法也叫直接分步算法，适用于事故树中基本事件没有重复的情况。这种方法的理论基础是独立事件的和与积的概率计算，即或门或与门的输出事件概率的计算。

1. 与门输出结果事件的概率计算

当各基本事件均是独立事件时，凡是与门连接的结果事件，其发生的概率可用几个独立事件逻辑积的概率计算公式来表示，即独立事件都发生的概率：

$$q_A = q_1 q_2 \cdots q_n = \prod_{i=1}^{n} q_i \tag{9-10}$$

式中：$\prod$——数学运算符号，表示逻辑积；

q_A——与门输出结果事件的概率；

q_i——基本输入事件 i 发生的概率。

2. 或门输出结果事件的概率计算

当各基本事件均是独立事件时，凡是或门连接的结果事件，其发生的概率可用几个独立事件的逻辑和的概率计算公式来表示。逻辑和表示其中的任一事件发生，和事件就发生，它是独立事件都不发生的互斥事件，因此或门概率的计算公式：

$$q_0 = \coprod_{i=1}^{n} q_i = 1 - (1 - q_1)(1 - q_2)\cdots(1 - q_n) = 1 - \prod_{i=1}^{n}(1 - q_i) \tag{9-11}$$

式中：$\coprod$——数学运算符号，表示逻辑和；

q_0——或门输出结果事件的概率；

q_i——基本输入事件 i 发生的概率。

按照给定的事故树写出其结构函数表达式，根据表达式中的各基本事件的逻辑关系，从底部的门事件算起，逐次向上推移，直至算到顶上事件为止，即可计算出顶上事件的发生概率。

例题 14：如图 9-30 所示的事故树，各个基本事件的发生的可能性见图，试计算顶上事件发生的概率。

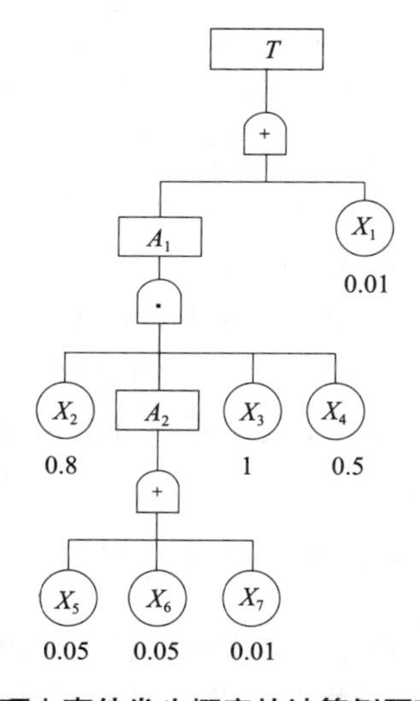

图 9-30　顶上事件发生概率的计算例题事故树图

解：按照从下逐层往上计算。首先A_2是或门的输出事件，输入事件是X_5、X_6、X_7，按照或门概率计算得到，A_2发生的概率为：

$q_{A2}=1-(1-q_5)(1-q_6)(1-q_7)=1-(1-0.05)(1-0.05)(1-0.01)=0.106\ 525$

A_1是与门的输出事件，与门的输入事件为X_2、A_2、X_3、X_4，按照与门概率计算公式，可以得到，A_1发生的概率为：

$q_{A1}=q_1q_{A2}q_3q_4=0.8\times0.106\ 525\times1.0\times0.5=0.042\ 61$

顶上事件是或门的输出事件，输入事件为A_1和X_1，所以顶上事件发生的概率：

$g=q_T=1-(1-q_{A1})(1-q_1)=1-(1-0.042\ 61)(1-0.01)=0.052\ 18$

例题 15：如图 9-31 所示的事故树，已知各基本事件的概率：$q_1=q_2=0.01$，$q_3=q_4=0.02$，$q_5=q_6=0.03$，$q_7=q_8=0.04$，求顶上事件发生的概率。

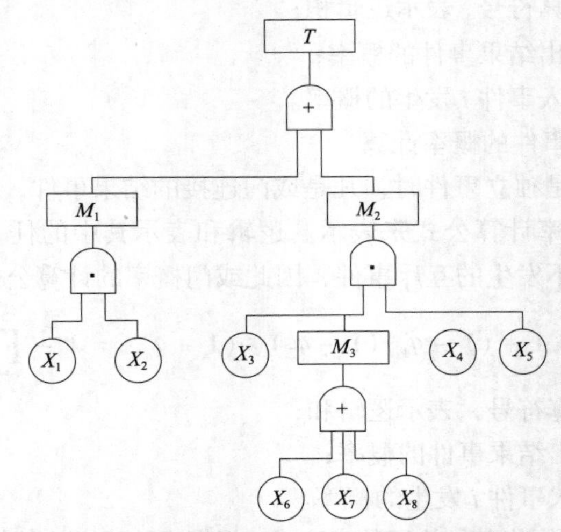

图 9-31　顶上事件发生概率的计算例题事故树图

解：第一步，先求M_3的概率，因为是或门连接，求得：

$$P_{M3}=1-(1-0.03)(1-0.04)(1-0.04)=1-0.839\ 395=0.106\ 05$$

第二步，求M_2的概率，因为是与门连接，求得：

$$P_{M2}=0.02\times0.106\ 05\times0.02\times0.03=0.000\ 001\ 27$$

第三步，求M_1的概率，因为是与门连接，求得：

$$P_{M1}=0.01\times0.01=0.000\ 1$$

第四步，求T的概率，因为是或门连接，求得：

$$P_r=1-(1-0.001)(1-0.000\ 001\ 27)=0.001$$

需要说明的是，逐层向上推算法适用于事故树规模不大且没有重复基本事件的简单事故树情景。当事故树规模较大，且有重复基本事件的情况下，这种方法的计算量巨大，一般难以进行下去，同时也不精确。

（三）利用最小割集计算顶上事件的发生概率

如果各最小割集中彼此没有重复的基本事件，则可以先求各个最小割集的概率，即最小割集所包含的基本事件的交（逻辑与）集，然后求所有最小割集的并集（逻辑或）概率；即得顶上事件的发生概率。

假定事故树有 r 个最小割集 K_j（j=1，2，…，r），根据用最小割集表示的等效树，可以写出事故树的结构函数：

$$\Phi(x)=\coprod_{j=1}^{r}K_j(x_i)=\coprod_{j=1}^{r}\prod_{x_i\in K_j}x_i \tag{9-12}$$

由于基本事件 X_i 发生的概率 q_i 是 x_i=1 的概率，顶上事件的发生概率 $P(T)$ 是 $\Phi(x)$=1 的概率，所以，如果在各最小割集中没有重复的基本事件，且各基本事件相互独立时，则顶上事件的发生概率：

$$P(T)=\coprod_{j=1}^{r}\prod_{x_i\in K_j}q_i \tag{9-13}$$

可以先求各个最小割集的概率，即最小割集所包含的基本事件的交集（逻辑与），然后求所有最小割集的并集（逻辑或）概率，即得顶上事件的发生概率。

如果事故树的各最小割集中有重复事件，则上式不能成立。这时需将上式展开，根据布尔代数的等幂法则消去每个概率因子中的重复因子，方可得到正确的结果。

计算各最小割集彼此有重复事件的一般公式：

$$P(T)=\sum_{j=i}^{r}\prod_{x_i\in K_j}q_i-\sum_{1\leqslant j<h\leqslant r}\left(\prod_{x_i\in K_j\cup K_h}q_i\right)+\cdots+(-1)^{r-1}\left(\prod_{x_i\in K_1\cup K_2\cup\cdots\cup K_r}q_i\right) \tag{9-14}$$

式中：r　——最小割集的个数；

　　i　——基本事件的序数；

　　j，h——最小割集的序数。

例题 16：利用最小割集，计算图 9-32 所示事故树的顶上事件发生的概率，其中基本事件发生的概率为 q_1、q_2、q_3。

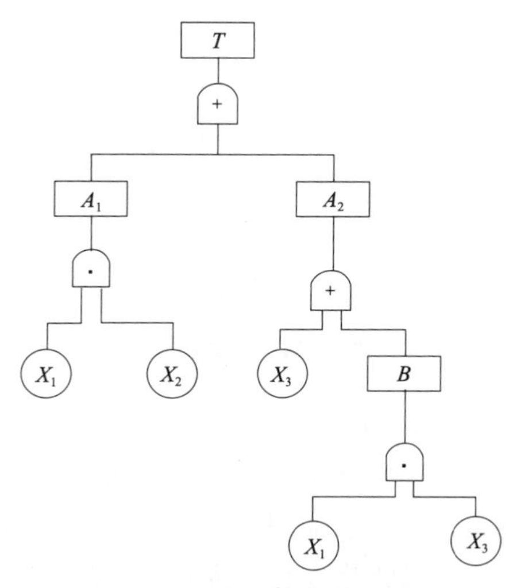

图 9-32　事故树图

解：首先，对事故树进行化简：

$$T=A_1+A_2=X_1X_2+X_3+B=X_1X_2+X_3+X_1X_3=X_1X_2+X_3$$

所以，该事故树有 2 个最小割集：$K_1=\{X_1, X_2\}$，$K_2=\{X_3\}$，其等效事故树如图 9-33

所示。

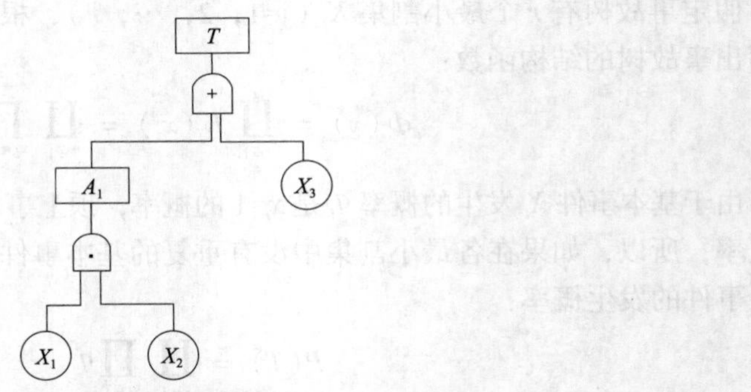

图 9-33　等效事故树图

最小割集没有重复的基本事件，因此顶上事件的概率为：

$$P(T)=\coprod_{j=1}^{2}\prod_{x_i\in K_j}q_i=1-\left(1-\prod_{x_i\in K_1}q_i\right)\left(1-\prod_{x_i\in K_2}q_i\right)$$

而

$$\prod_{x_i\in K_1}q_i=q_1q_2 \quad \prod_{x_i\in K_2}q_i=q_3$$

故

$$P(T)=1-(1-q_1q_2)(1-q_3)=q_1q_2+q_3-q_1q_2q_3$$

例题 17：计算图 9-34 所示事故树的顶上事件发生的概率，其中基本事件发生的概率为 q_1、q_2、q_3。

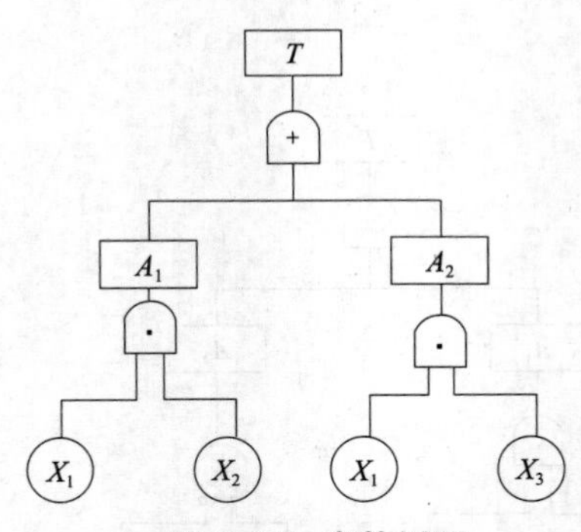

图 9-34　事故树图

解：该事故树有 2 个最小割集：$K_1=\{X_1, X_2\}$，$K_2=\{X_1, X_3\}$，所以顶上事件的概率为

$$Q=1-(1-q_{K_1})(1-q_{K_2})=1-(1-q_1q_2)(1-q_1q_3)$$

因为两个最小割集中都有 X_1，利用此式直接代入进行概率计算，必然造成重复计算 X_1 的发生概率。因此，需要将上式展开，消去其中重复的概率因子，否则将得出错误的结果。由于

$$Q=q_1q_2+q_1q_3-q_1q_2q_1q_3=q_1q_2+q_1q_3-q_1q_2q_3$$

例题 18：某事故树共有 3 个最小割集：$G_1=\{X_1, X_2\}$，$G_2=\{X_2, X_3, X_4\}$，$G_5=\{X_2, X_5\}$，各个基本事件的概率为 q_1、q_2、q_3、q_4、q_5，试求顶上事件发生的概率。

解：该事故树的结构函数：

$$T=G_1+G_2+G_3=X_1X_2+X_2X_3X_4+X_2X_5$$

顶上事件发生概率为：

$$Q=1-(1-q_{G1})(1-q_{G2})(1-q_{G3})$$
$$=(q_{g1}+q_{G2}+q_{G3})-(q_{G1}q_{G2}+q_{G1}q_{G3}+q_{G2}q_{G3})+q_{G1}q_{G2}q_{G2}$$

其中，$q_{G1}q_{G2}$ 是 G_1、G_2 交集的概率，即 $X_1X_2X_2X_3X_4$，根据布尔代数等幂律可得：

$$X_1X_2X_2X_3X_4=X_1X_2X_3X_4$$

故

$$q_{G1}q_{G2}=q_1q_2q_3q_4$$

同理

$$q_{G1}q_{G3}=q_1q_2q_5$$
$$q_{G2}g_{G3}=q_2q_3q_4q_5$$
$$q_{G1}q_{G2}q_{G3}=q_1q_2q_3q_4q_5$$

故顶上事件的发生概率：

$$Q=(q_1q_2+q_2q_3q_4+q_2q_5)-(q_1q_2q_3q_4+q_1q_2q_5+q_2q_3q_4q_5)+q_1q_2q_3q_4q_5$$

（四）利用最小径集计算顶上事件的发生概率

如果各最小径集中彼此没有重复的基本事件，则可以先求各个最小径集的概率，即最小径集所包含的基本事件的并集（逻辑或）的概率，然后求所有最小径集的交集（逻辑与）概率，即得顶上事件的发生概率。

用最小径集表示事故树等效图时，顶上事件与最小径集是用与门连接的，各个最小径集与基本事件是用或门连接的。设事故树最小径集的个数为 s，各最小径集彼此无重复事件且相互独立时，则顶上事件发生的概率 $P(T)$ 可表示为：

$$P(T)=\prod_{j=1}^{s}\coprod_{x_i\in P_j}q_i=\prod_{j=1}^{s}\left[1-\prod_{x_i\in P_j}(1-q_i)\right] \tag{9-15}$$

若各最小径集彼此有重复事件，则需将上式展开，用布尔代数的等幂律消去概率积中的重复因子，可得利用最小径集计算顶上事件发生概率的一般公式为：

$$P(T)=1-\sum_{j=i}^{s}\prod_{x_i\in P_j}(1-q_i)+\sum_{1\leqslant j<h\leqslant s}\left[\prod_{x_i\in P_j\cup P_h}(1-q_i)\right]+\cdots+(-1)^s\left[\prod_{x_i\in P_1\cup P_2\cup\cdots\cup P_s}(1-q_i)\right] \tag{9-16}$$

式中：s ——最小径集的个数；

i ——基本事件的序数；

j，h——最小径集的序数。

由于事故树的各独立的基本事件一般是相交集合（即相容的），且各最小割（径）集一般也是相交集合（相容的），所以在实际运算中利用最小割（径）集计算顶上事件发生概率的方法，是非常繁琐的。解决的办法，就是运用化相交集合为不相交集合理论，将事故树的最小割集（径集中的相容事件化为不相容事件），即把最小割（径）集的相交集合化为不相交集合。

例题 19：计算图 9–35 所示事故树的顶上事件发生的概率，其中基本事件发生的概率为 q_1、q_2、q_3。

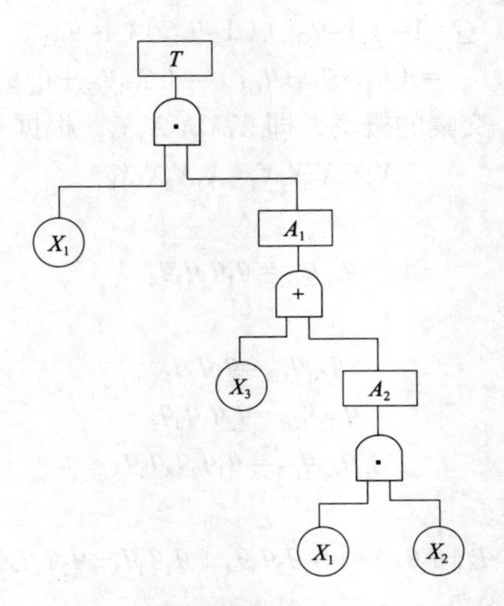

图 9–35　事故树图

解：对事故树进行化简，可以得到：

$$T=X_1A_1=X_1(X_3+A_2)=X_1(X_3+X_1X_2)=X_1X_3+X_1X_1X_2=X_1X_3+X_1X_2$$

写成或与范式，可得

$$T=X_1(X_2+X_3)$$

这样，就得到 2 个最小径集：$P_1=\{X_1\}$，$P_2=\{X_2, X_3\}$，等效事故树如图 9–36 所示。因而顶上事件发生概率为

$$P(T)=\prod_{j=1}^{s}\coprod_{x_i\in P_j}q_i=\prod_{j=1}^{s}\left[1-\prod_{x_i\in P_j}(1-q_i)\right]$$

$$=[1-(1-q_1)][1-(1-q_2)(1-q_3)]=q_1[1-(1-q_2)(1-q_3)]$$

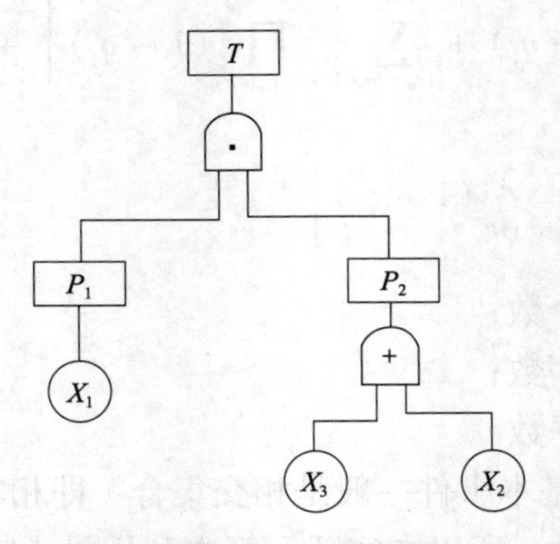

图 9–36　等效事故树图

例题 20：设某事故树有 3 个最小径集：$P_1=\{X_1, X_2\}$，$P_2=\{X_3, X_4, X_5\}$，$P_3=\{X_6, X_7\}$。

各基本事件发生的概率分别为 q_1、q_2、…、q_7，求顶上事件发生的概率。

解：根据事故树的 3 个最小径集，做出用最小径集表示的等效图，如图 9-37 所示。

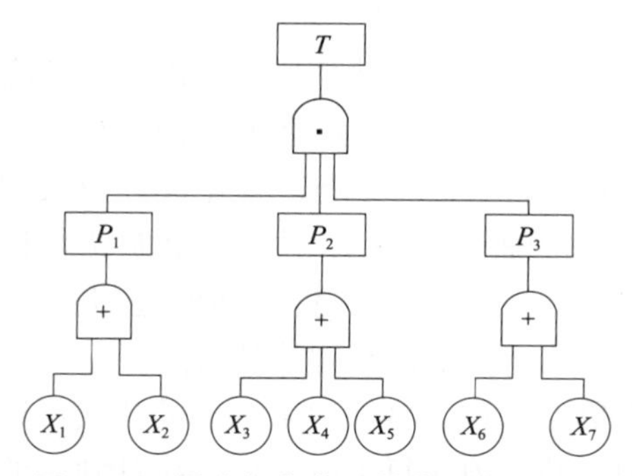

图 9-37　最小径集表示的等效事故树图

3 个最小径集的概率，可由各个最小径集所包含的基本事件的逻辑或分别求出：

$$q_{P1}=1-(1-q_1)(1-q_2)$$

$$q_{P2}=1-(1-q_3)(1-q_4)(1-q_5)$$

$$q_{P3}=1-(1-q_6)(1-q_7)$$

顶上事件的发生概率，即求所有最小径集的逻辑与，得：

$$g=[1-(1-q_1)(1-q_2)][1-(1-q_3)(1-q_4)(1-q_5)][1-(1-q_6)(1-q_7)]$$

在利用最小径集计算任意一个事故树顶上事件的发生概率时，要求各最小径集中没有重复的基本事件，也就是最小径集之间是完全不相交的。如果事故树中各最小径集中彼此有重复事件，则式（9-22）不成立，需要将式（9-22）展开，消去概率积中重复的基本事件。

例题 21：某事故树共有 3 个最小径集：$P_1=\{X_1, X_2\}$，$P_2=\{X_2, X_3\}$，$P_3=\{X_2, X_4\}$。各基本事件发生的概率分别为 q_1、q_2、q_3、q_4，求顶上事件发生的概率。

解：根据径集的意义，可写出事故树的结构函数为：

$$T=P_1P_2P_3=(X_1+X_2)(X_2+X_3)(X_2+X_4)$$

顶上事件发生的概率为：

$$Q=Q_{P1}Q_{P2}Q_{P3}=[1-(1-q_1)(1-q_2)][1-(1-q_2)(1-q_3)][1-(1-q_2)(1-q_4)]$$

将上式进一步展开得：

$$Q=1-(1-q_1)(1-q_2)-(1-q_2)(1-q_3)+(1-q_1)(1-q_2)(1-q_2)(1-q_4)-(1-q_2)(1-q_4)+(1-q_1)(1-q_2)(1-q_2)(1-q_4)+(1-q_2)(1-q_3)(1-q_2)(1-q_4)-(1-q_1)(1-q_2)(1-q_2)(1-q_3)(1-q_2)(1-q_4)$$

根据等幂律：

$$X_iX_i=X_i$$

故

$$(1-q_i)(1-q_i)=1-q_i$$

整理上式得：

$$Q=1-[(1-q_1)(1-q_2)+(1-q_2)(1-q_3)+(1-q_2)(1-q_4)]+[(1-q_1)(1-q_2)(1-q_3)+(1-q_1)(1-q_2)(1-q_4)+$$

$$(1-q_2)(1-q_3)(1-q_4)-(1-q_1)(1-q_2)(1-q_3)(1-q_4)]$$

（五）顶上事件发生概率的近似计算方法

当逻辑门和基本事件的数目很多时，计算顶上事件概率精确值的计算量将非常大。在许多实际工程计算中，这种精确计算是没有必要的，因为统计得到的各元件、部件的故障率本身就不很精确，加上设备运行条件、运行环境不同以及人的失误率等，因此元件、部件的影响因素很多，很难得到精确值。因此，用这些数据进行计算，必然得不出很精确的结果。所以，对于大型事故树，可以采用一种简便的近似算法来计算顶上事件的发生概率，以便在获得满意计算精度的情况下，节省计算时间。

近似算法是利用最小割集计算顶上事件发生概率的公式得到的。一般情况下，可以假定所有基本事件都是统计独立的，因而每个割集也是统计独立的。下面介绍两种常用的近似算法的公式。

设有某事故树的最小割集等效树如图 9-38 所示。

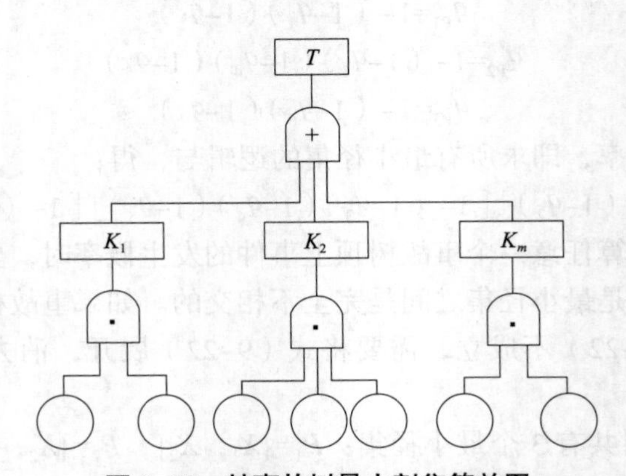

图 9-38　某事故树最小割集等效图

顶上事件与割集的逻辑关系为：$T=K_1+K_2+\cdots+K_m$。顶上事件 T 发生的概率为 q，割集 K_1、K_2、…、K_m 的发生概率分别为 q_{K1}、q_{K2}、…、q_{Km}，由独立事件的概率公式可以得到：

$$\begin{aligned} q(K_1+K_2+\cdots+K_m) &= 1-(1-q_{K1})(1-q_{K2})\cdots(1-q_{Km}) \\ &= (q_{K1}+q_{K2}+\cdots+q_{Km})-(q_{K1}q_{K2}+q_{K1}q_{K3}+\cdots+q_{K(m-1)}q_{Km})+ \\ &\quad (q_{K1}q_{K2}q_{K3}+q_{K1}q_{K3}q_{K4}+\cdots+q_{K(m-2)}q_{K(m-1)}q_{Km})+(-1)^m q_{K1}q_{K2}\cdots q_{Km} \end{aligned}$$

事故树顶上事件发生的概率，起主要作用的是首项与第二项，后面一些项的数值都极小。只取第一个小括号中的项，将其余的二次项、三次项等全都舍弃，则得顶上事件发生概率近似公式即首项近似公式：

$$Q\approx q_{K1}+q_{K2}+\cdots+q_{Km}$$

这样，顶上事件发生概率近似等于各最小割集发生概率之和。

1. 首项近似法

根据由最小割集计算顶上事件发生概率的公式，可设：

$$F_1=\sum_{j=i}^{r}\prod_{x_i\in K_j}q_i$$

$$F_2 = \sum_{1 \leqslant j < h \leqslant r} \left(\prod_{x_i \in K_j \cup K_h} q_i \right)$$

$$\vdots$$

$$F_r = \left(\prod_{x_i \in K_1 \cup K_2 \cup \cdots \cup K_r} q_i \right) = \prod_{i}^{n} q_i$$

式中：n——事故树的基本事件个数。

则顶上事件发生概率可改写为

$P(T) = F_1 - F_2 + \cdots + (-1)^{r-1} F_r$

逐次求出 F_1，F_2，…，F_r 的值，当认为满足计算精确度时就可以停止计算。一般说来，由于 $F_1 >> F_2$，$F_2 >> F_3$，…，所以求出第一项 F_1，就可近似地当作顶上事件的发生概率，即

$$P(T) = F_1 = \sum_{j=i}^{r} \prod_{x_i \in K_j} q_i \quad (9\text{–}17)$$

上式说明，顶上事件发生概率近似等于所有最小割集发生概率的代数和。

仍以图 9–35 事故树为例，其最小割集的等效图如图 9–36 所示。图中基本事件 X_1，X_2，X_3 的发生概率分别为 $q_1 = q_2 = q_3 = 0.1$，用近似公式计算顶上事件发生概率：

$$Q = q_{K1} + q_{K2} = q_1 q_2 + q_1 q_3 = 0.1 \times 0.1 + 0.1 \times 0.1 = 0.02$$

若直接用原事故树的结构函数求顶上事件发生概率：

因为 $T = X_1(X_2 + X_3)$

故

$$Q' = q_1 [1 - (1 - q_2)(1 - q_3)] = 0.1 \times [1 - (1 - 0.1)(1 - 0.1)] = 0.019$$

Q 与 Q' 相比，相差 0.001。因此，在计算顶上事件发生的概率时，按简化后的等效图计算才是正确的。

例题 22：求图 9–39 所示的事故树的顶上事件发生的概率，其中 $q_1 = 0.01$，$q_2 = 0.02$，$q_3 = 0.03$，$q_4 = 0.04$。

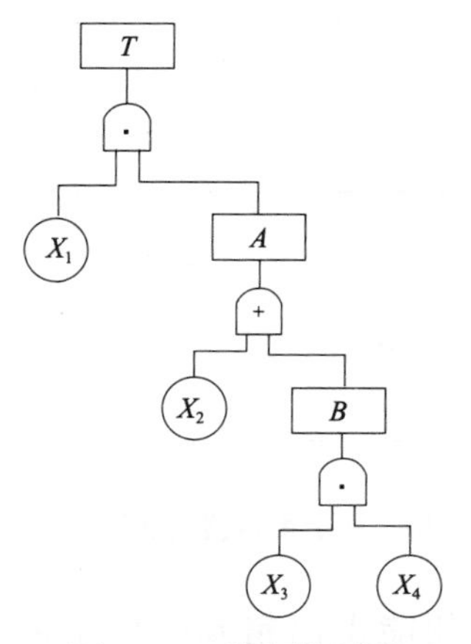

图 9–39　某事故树图

解：先对事故树进行化简，得到

$$T=X_1A=X_1(X_2+B)=X_1(X_2+X_3X_4)=X_1X_2+X_1X_3X_4$$

所以该事故树有 2 个最小割集，分别为 $K_1=\{X_1, X_2\}$，$K_2=\{X_1, X_3, X_4\}$。

若精确计算，则为：

$$P(T)=q_1q_2+q_1q_3q_4-q_1q_2q_3q_4$$

$$=0.01\times0.02+0.01\times0.03\times0.04-0.01\times0.02\times0.03\times0.04=0.000\,211\,76$$

若近似计算，则：

$$P(T)\approx q_1(q_2+q_3q_4)=0.01(0.02+0.03\times0.04)=0.000\,212$$

误差为：

$$\varepsilon=(0.000\,212-0.000\,211\,76)/0.000\,211\,76=0.113\,3\%$$

2. 平均近似法

用上述方法时，若还想更精确些，则可继续求出 F_2，F_3，…直到认为已达到了所要求的精度为止。

根据由最小割集计算顶上事件发生概率的公式，也可得出如下不等式：

$$P(T)<F_1$$

$$P(T)>(F_1-F_2)$$

$$P(T)<(F_1-F_2+F_3)$$

由此可见，F_1，F_1-F_2，$F_1-F_2+F_3$ 顺序地给出了顶上事件 $P(T)$ 发生概率的上限和下限，因此，顶上事件发生的概率可近似地表示为：

$$P(T)=F_1-F_2/2 \tag{9-18}$$

当然，所求的项数越多，则越逼近顶上事件发生概率的精确值，也就逐次得到任意精度的近似区间，即

$$F_1>P(T)>F_1-F_2$$

$$F_1-F_2<P(T)<F_1-F_2+F_3$$

这样，随着计算项数的增加，而得到由两条逐渐逼近精确值，并最后交于精确值的曲线，如图 9-40 所示，其中横坐标表示计算项数，纵坐标表示概率。

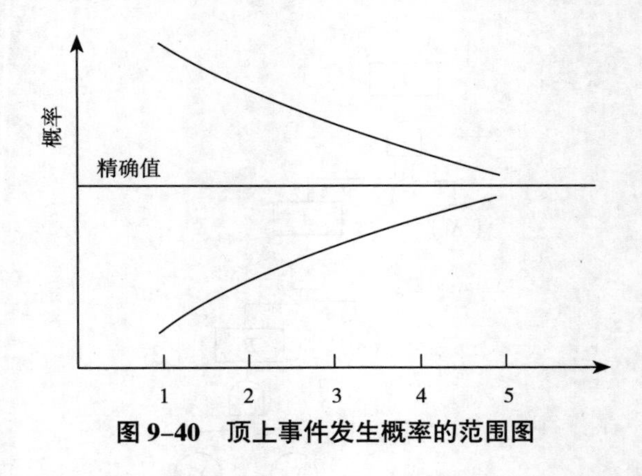

图 9-40　顶上事件发生概率的范围图

这样经过上下限的计算，便能得出精确的概率值。一般当基本事件发生概率值 $q_1<0.01$ 时，采用 $P(T)=(F_1-F_2/2)$ 就可以得到较为精确的近似值。

例题 23：某事故树如图 9-41 所示，已知 $q_1=q_2=0.2$，$q_3=q_4=0.3$，$q_5=0.25$。其顶上事件

发生的概率为 0.132 3。现用式（9–17）和式（9–18）求该事故树顶上事件发生概率的近似值。

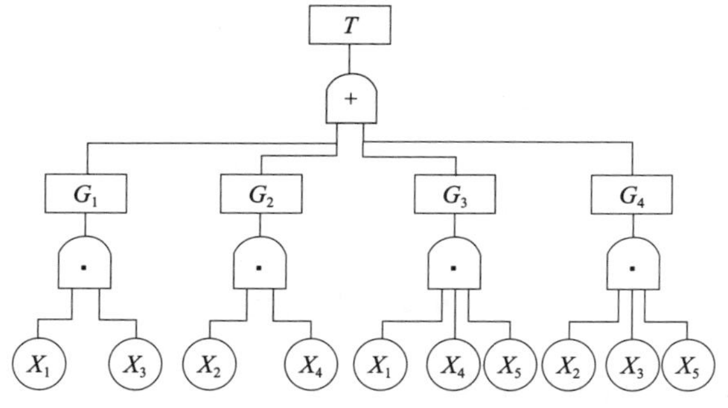

图 9–41　某事故树图

解：根据式（9–17）有

$$Q=q_1q_3+q_2q_4+q_1q_4q_5+q_2q_3q_5$$
$$=0.2\times0.3+0.2\times0.3+0.2\times0.3\times0.25+0.2\times0.3\times0.25$$
$$=0.15$$

相对误差

$$\varepsilon_1=\frac{0.132\,3-0.15}{0.132\,3}\times100\%=-13.4\%$$

由于

$$F_2=q_{G1}q_{G2}+q_{G1}q_{G3}+q_{G1}q_{G4}+q_{G2}q_{G3}+q_{G2}q_{G4}+q_{G3}q_{G4}=0.007\,425$$

根据式（9–18）有

$$P=F_1-F_2/2=0.15-0.003\,712\,5=0.146\,3$$

相对误差

$$\varepsilon_2=\frac{0.132\,3-0.146\,3}{0.132\,3}\times100\%=-10.6\%$$

该事故树的基本故障率是相当高的，计算结果误差尚且不大，若基本事件故障率降低后，相对误差会大大地减少，一般能满足工程应用的要求。

3. 独立近似法

这种近似算法是将事故树的最小割集作为相互独立的事件看待，即尽管各个最小割集中有重复的基本事件，但是仍然将它们看作无重复事件，也就是说认为各最小割集是相互独立的。此时，就可以顶上事件的计算公式为

$$P(T)\approx\coprod_{j=1}^{r}\prod_{x_i\in K_j}q_i \tag{9–19}$$

对于最小径集，顶上事件的近似计算公式为

$$P(T)\approx\prod_{j=1}^{s}\coprod_{x_i\in P_j}q_i \tag{9–20}$$

例如，在图 9–42 所示的事故树中，各基本事件的概率分别为 $q_1=0.01$，$q_2=0.02$，$q_3=0.03$。

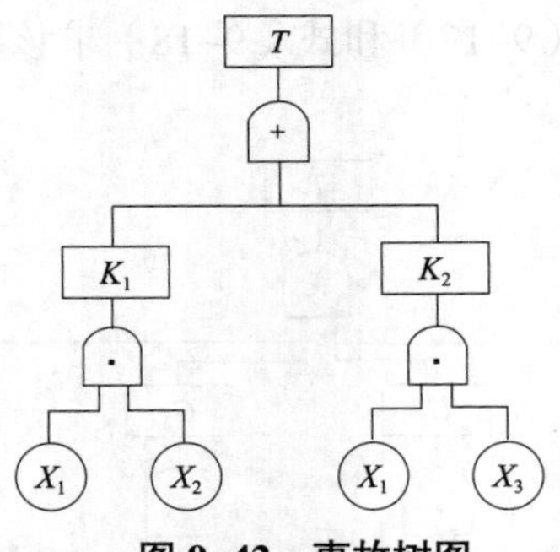

图 9-42　事故树图

按照近似算法，顶上事件的概率为

$$P(T)=1-(1-q_1q_2)(1-q_1q_3)=0.000\ 499\ 94$$

而按照精确算法，顶上事件的概率为

$$P(T)=q_1q_2+q_1q_3-q_1q_2q_3=0.000\ 494$$

通常按最小割集计算较简单，可以得到顶上事件发生概率的最大值，且能够较好地接近精确值；而按最小径集计算，则偏差很大。因此，当事故树各最小割集包含的相同事件数量少，且各基本事件的概率值较小时，可用最小割集的独立近似公式进行近似计算。

二、概率重要度分析

前面已经介绍了基本事件结构重要度的概念和计算方法。结构重要度是从事故树的结构上来分析各个基本事件的重要程度的，与基本事件在事故树中的位置有关。结构重要度只考虑了基本事件发生与不发生两种情况，或者说每个基本事件出现的概率都是 0.5。实际上，每个基本事件的发生都有一定的概率，且概率不一定是 0.5。因此如果要进一步分析基本事件发生概率的变化对顶上事件发生概率的变化有多大影响时，即考察基本事件概率的变化对顶上事件发生概率的影响程度时，结构重要度就不够用了，此时就需要引入另外一种新的重要度，即基本事件的概率重要度。

基本事件概率重要度描述了这样的一种情况，当某个基本事件 x_i 的概率 q_i 发生了变化 Δq_i，顶上事件发生的概率 P 发生的变化为 ΔP，这个 ΔP 的变化就相当于是由基本概率的变换 Δq_i 引起的，二者的比例 $\Delta P/\Delta q_i$ 越大，则表示 X_i 的重要度越大，这个重要度就是概率重要度。

根据以上的分析，对 $\Delta P/\Delta q_i$ 取极限，即顶上事件发生概率 P 对自变量 q_i 求一次偏导数，就可得出该基本事件的概率重要度系数：

$$I_g(i)=\frac{\partial P}{\partial q_i} \tag{9-21}$$

式中：$I_g(i)$——基本事件 i 的概率重要度系数；

P——顶上事件发生概率；

q_i——基本事件 i 发生概率。

在利用上式求出各基本事件的概率重要度系数后，就可以了解在诸多基本事件中，减少哪个基本事件的发生概率可以有效地降低顶上事件的发生概率。

例题 24：某事故树有 4 个最小割集：$K_1=\{X_1, X_3\}$，$K_2=\{X_1, X_5\}$，$K_3=\{X_3, X_4\}$，$K_4=\{X_2,$

X_4，X_5}。各基本事件发生概率分别为 q_1=0.01，q_2=0.02，q_3=0.03，q_4=0.04，q_5=0.05。试计算基本事件的概率重要度。

解：顶上事件发生概率 P 用近似方法计算，可得

$$P=q_{K1}+q_{K2}+q_{K3}+q_{K4}=q_1q_3+q_1q_5+q_3q_4+q_2q_4q_5$$

将顶上事件发生概率对基本事件求一阶偏导数，可以得到各个基本事件的概率重要度系数为

$$I_g(1)=\frac{\partial P}{\partial q_1}=q_3+q_5=0.03+0.05=0.08$$

$$I_g(2)=\frac{\partial P}{\partial q_2}=q_4q_5=0.04\times 0.05=0.002$$

$$I_g(3)=\frac{\partial P}{\partial q_3}=q_1+q_4=0.01+0.04=0.05$$

$$I_g(4)=\frac{\partial P}{\partial q_4}=q_3+q_2q_5=0.03+0.02\times 0.05=0.031$$

$$I_g(5)=\frac{\partial P}{\partial q_5}=q_1+q_2q_4=0.01+0.02\times 0.04=0.010\,8$$

从计算结果中，可以看出 X_1 的概率重要度最大，然后是 X_3，X_4，X_5，最小的为 X_2，这样就可以按概率重要度系数的大小，将各基本事件的概率重要度顺序排序如下：

$$I_g(1)>I_g(3)>I_g(4)>I_g(5)>I_g(2)$$

若按照精确计算，则顶上事件发生概率函数为

$$P(T)=q_1q_3+q_1q_5+q_3q_4+q_2q_4q_5-q_1q_3q_5-q_1q_3q_4-q_1q_2q_4q_5-q_2q_3q_4q_5+q_1q_2q_3q_4q_5$$

则，各基本事件的概率重要系数为：

$$I_g(1)=q_3+q_5-q_3q_5-q_3q_4-q_2q_4q_5+q_2q_3q_4q_5=0.077\,3$$

$$I_g(2)=0.001\,9$$

$$I_g(3)=0.049$$

$$I_g(4)=0.031$$

$$I_g(5)=0.010$$

各基本事件的概率重要度顺序为 $I_g(1)>I_g(3)>I_g(4)>I_g(5)>I_g(2)$，和近似计算是相同的。

根据这种排序，可以看出，基本事件 X_1 的变化引起顶上事件概率的变化最大，因此，减小基本事件 X_1 的发生概率能使顶上事件的发生概率变化最大，它比按同样数值减小其他基本事件的发生概率而引起顶上事件概率下降都有效。其次依次是基本事件 X_3、X_4、X_5，最不敏感的是基本事件 X_2。故在求出各基本事件的概率重要度后，就能够知道，在这些基本事件中，降低哪个基本事件的发生概率，能够迅速有效地降低顶上事件的发生概率。

注意，在计算基本事件概率重要度时，要先求出顶上事件发生概率的表达式，而且要对表达式进行化简，然后才能用求偏导数的方法计算概率重要度。

从概率重要度系数的计算方法中可以看出，一个基本事件的概率重要度不是取决于它本身的概率值大小，而取决于它所在最小割集中其他基本事件的概率积的大小及它在各个

最小割集中重复出现的次数。而在实践中，基本事件的重要度肯定是与它出现的概率是相关的。所以，概率重要度的概念也有不足之处，需要进一步拓展，即引入临界重要度，或者叫关键重要度。

三、临界重要度分析

在一般情况下，如果一个基本事件的概率较大，把它的概率降下来比较容易，而概率小的基本事件，本来概率就小，再把概率降下来就不容易了，也就是说，减少概率大的基本事件的概率要比减少概率小的容易。但是由于概率重要度系数与其本身的概率没有关系，因此概率重要度并不能反映这一现象，因此，它不能全面反映各基本事件在事故树中的重要程度。

为弥补概率重要度的这种不足，可采用顶上事件发生概率的相对变化率与基本事件发生概率的相对变化率之比来表示基本事件的重要程度。这个比值就是临界重要度，或者称为关键重要度，用 $I_c(i)$ 表示，其定义为

$$I_c(i) = \lim_{\Delta q_i \to 0} \frac{\Delta P/P}{\Delta q_i/q_i} = \frac{\partial P/P}{\partial q/q_i} \tag{9-22}$$

可见，临界重要度系数 $I_c(i)$ 是从敏感度和概率双重角度来衡量各基本事件的重要度标准的。从定义式还可以看出，临界重要度的另一个定义式：

$$I_c(i) = \frac{\partial P/\partial q_i}{P/q_i} \tag{9-23}$$

上式中的分子就是概率重要度系数，因此临界重要度与概率重要度系数的关系为

$$I_c(i) = \frac{q_i}{P} I_g(i) \tag{9-24}$$

故可以通过概率重要度的计算而得到临界重要度的数值。例如，已知事故树的顶上事件概率为 0.002，各基本事件的概率重要度系数分别为：

$I_g(1)=0.08$，$I_g(2)=0.002$，$I_g(3)=0.05$，$I_g(4)=0.031$，$I_g(5)=0.010\,8$

则根据顶上事件的概率和基本事件的概率，可以得到基本事件的临界重要度系数为

$$I_c(1) = \frac{q_1}{P} I_g(1) = \frac{0.01}{0.002} \times 0.08 = 0.4$$

$$I_c(2) = \frac{q_2}{P} I_g(2) = \frac{0.02}{0.002} \times 0.02 = 0.02$$

$$I_c(3) = \frac{q_3}{P} I_g(3) = \frac{0.03}{0.002} \times 0.05 = 0.75$$

$$I_c(4) = \frac{q_4}{P} I_g(4) = \frac{0.04}{0.002} \times 0.031 = 0.62$$

$$I_C(5) = \frac{q_5}{P} I_g(5) = \frac{0.05}{0.002} \times 0.010\,8 = 0.27$$

同样，就得到一个按临界重要度系数的大小排列的各基本事件重要程度的顺序：

$I_c(3) > I_c(4) > I_c(1) > I_c(5) > I_c(2)$

与概率重要度排序相比，基本事件 X_1 的重要程度下降了，这是因为它的发生概率最

低。基本事件 X_3 最重要，这不仅是因为它的概率重要度大，而且它本身的概率值也较大。

从这个角度来说，临界重要度相比结构重要度和概率重要度，能从其本身出现的概率大小以及概率变化率两个方面来反映其重要程度，因此，用临界重要度来表示基本事件相对于顶上事件的重要度将更加准确。

四、利用概率重要度求结构重要度

在求结构重要度时，基本事件的状态设为“0、1”两种状态，即发生概率为 50%，因此，当假定所有基本事件发生概率均为 0.5 时，概率重要度系数就等于结构重要度系数，即

$$I_{\Phi}(i)=I_g(i) \qquad (q_i=1/2) \tag{9-25}$$

利用这一性质，我们可以用定量化的手段来准确求出结构重要度系数。这种方法比利用事故树的结构函数计算结构重要度要简单。

例题 25：已知某事故树的最小割集为 $\{X_3, X_4\}$、$\{X_2, X_4, X_5\}$，$\{X_1, X_3\}$、$\{X_1, X_5\}$，各基本事件发生概率为 $q_1=q_2=q_3=q_4=q_5=1/2$，求事故树各基本事件的结构重要度系数。

解：顶上事件发生概率为

$$\begin{aligned}P=&q_3q_4+q_2q_4q_5+q_1q_3+q_1q_5-(q_2q_3q_4q_5+q_1q_3q_4+q_1q_3q_4q_5+\\&q_1q_2q_3q_4q_5+q_1q_2q_4q_5+q_1q_3q_5)+(q_1q_2q_3q_4q_5+q_1q_2q_3q_4q_5+\\&q_1q_2q_3q_4q_5+q_1q_3q_4q_5)-q_1q_2q_3q_4q_5\\=&q_3q_4+q_2q_4q_5+q_1q_3+q_1q_5-q_1q_3q_5-q_2q_3q_4q_5-q_1q_3q_4-q_1q_2q_4q_5+q_1q_2q_3q_4q_5\end{aligned}$$

则概率重要度系数为

$$I_g(1)=\frac{\partial P}{\partial q_1}=q_3+q_5-q_2q_4q_5-q_3q_5-q_3q_4+q_2q_3q_4q_5=\frac{7}{16}$$

$$I_g(2)=\frac{\partial P}{\partial q_2}=q_4q_5-q_3q_4q_5-q_1q_4q_5+q_1q_3q_4q_5=\frac{1}{16}$$

$$I_g(3)=\frac{\partial P}{\partial q_3}=q_4+q_1-q_1q_5-q_2q_4q_5-q_1q_4+q_1q_2q_4q_5=\frac{7}{16}$$

$$I_g(4)=\frac{\partial P}{\partial q_4}=q_3+q_2q_5-q_2q_3q_5-q_3q_1-q_1q_2q_5+q_1q_2q_3q_5=\frac{5}{16}$$

$$I_g(5)=\frac{\partial P}{\partial q_5}=q_2q_4+q_1-q_1q_3-q_2q_3q_4-q_1q_2q_4+q_1q_2q_3q_4=\frac{5}{16}$$

于是得：

$$I_q(1)=I_q(3)=\frac{7}{16}，I_q(4)=I_q(5)=\frac{5}{16}，I_q(2)=\frac{1}{16}$$

在三种重要度中，结构重要度从事故树结构上反映基本事件的重要程度，概率重要度反映基本事件概率的变化对顶上事件发生概率影响的敏感度，而临界重要度从敏感度和自身发生概率大小两个方面反映基本事件的重要程度，因此临界重要系数反映的信息最为全面。可见，结构重要度反映了某一基本事件在事故树结构中所占的地位，而临界重要度从结构及概率上反映了改善某一基本事件的难易程度，概率重要度则起着一种过渡作用，是计算两种重要度的基础。在进行系统设计或安全分析时，计算各基本事件的重要度系数，按重要度系数大小进行排列，以便安排采取措施的先后顺序，避免盲目性。

最后，给出一个综合性较强的例题，来结束事故树定量分析的内容。

例题 26：设某事故树最小径集为 $P_1=\{X_1, X_2, X_3\}$，$P_2=\{X_4, X_5\}$，$P_3=\{X_6\}$。若各基本事件发生概率分别为 $q_1=0.005$，$q_2=0.001$，$q_3=0.001$，$q_4=0.2$，$q_5=0.8$，$q_6=1$。试求：

（1）顶上事件的发生概率；

（2）各基本事件的概率重要度系数；

（3）各基本事件的临界重要度系数。

解：（1）由已知条件，可以得到该事故树的结构函数为

$$T=(X_1+X_2+X_3)(X_4+X_5)X_6$$

其顶上事件发生概率函数式为

$$P(T)=[1-(1-q_1)(1-q_2)(1-q_3)][1-(1-q_4)(1-q_5)]q_6$$

把基本事件发生的概率代入上式，可以得到顶上事件发生概率为

$$P(T)=[1-(1-0.005)\times(1-0.001)\times(1-0.001)]\times[1-(1-0.2)\times(1-0.8)]\times 1$$

$$=0.006\,989\,01\times 0.84\times 1$$

$$=0.005\,870\,77$$

$$\approx 0.005\,9$$

（2）各基本事件的概率重要度为

$$I_g(1)=\frac{\partial P(T)}{\partial q_1}=(1-q_2)(1-q_3)(q_4+q_5-q_4q_5)q_6$$

结果为

$$I_g(1)=(1-0.001)(1-0.001)(0.2+0.8-0.2\times 0.8)\times 1=0.838\,230\,84$$

同理可得：

$$I_g(2)=0.834\,964\,2$$
$$I_g(3)=0.834\,964\,2$$
$$I_g(4)=0.001\,397\,801$$
$$I_g(5)=0.005\,591\,204$$
$$I_g(6)=0.938\,120\,96$$

（3）各基本事件临界重要度为

$$I_c(1)=I_g(1)\frac{q_1}{P(T)}=0.838\times\frac{0.005}{0.005\,9}=0.710\,169\,4$$

$$I_c(2)=I_g(2)\frac{q_2}{P(T)}=0.835\times\frac{0.001}{0.005\,9}=0.141\,525\,4$$

$$I_c(3)=I_g(3)\frac{q_3}{P(T)}=0.835\times\frac{0.001}{0.005\,9}=0.141\,525\,4$$

$$I_c(4)=I_g(4)\frac{q_4}{P(T)}=0.001\,4\times\frac{0.02}{0.005\,9}=0.049\,999\,9$$

$$I_c(5)=I_g(5)\frac{q_5}{P(T)}=0.005\,6\times\frac{0.08}{0.005\,9}=0.759\,322$$

$$I_c(6)=I_g(6)\frac{q_6}{P(T)}=0.938\,1\times\frac{1}{0.005\,9}=158.999\,99$$

故 $I_c(6)>I_c(1)>I_c(5)>I_c(2)=I_c(3)>I_c(4)$。

第五节　火灾爆炸事故树分析法应用

近年来，为了满足经济社会发展的需要，学校的规模和数量在不断增加，为学生就学提供了方便，培养了一大批适应社会发展需要的人才。与此同时，随之而来的消防安全事故也时常发生，产生了人员伤亡和财产损失，甚至造成了不良的社会影响。学生宿舍是学校的重要场所，是学生日常生活和学习的地方。然而由于宿舍人数众多，可燃物也相对集中，同时由于一些宿舍楼使用年限过长，消防设施不完善，电气线路老化和管理不完善等原因，容易产生火灾事故。结合学生宿舍特点和管理情况，对宿舍火灾进行事故树分析，找出导致学生宿舍火灾发生的原因、相互间的逻辑关系和影响程度，并根据分析结果，提出了宿舍消防安全管理的措施建议。

一、火灾事故树模型的建立

学生宿舍产生火灾事故的原因是宿舍的可燃物燃烧，并且由于扑救不及时而产生的。能够产生燃烧，首先要有可燃物。学生宿舍的门窗桌椅、床上用品以及衣物窗帘等都是可燃物，甚至还有一些学习用具也是可燃物。其次是要有助燃物。在一般情况下，宿舍火灾的助燃物是空气中的氧气，这肯定是足够的。最后是要有引火源。宿舍中常见的引火源使用明火和电气火灾，包括电气线路老化、使用违禁电器设计和电气设备过载等。而补救不及时主要包括没有及时发现火灾、消防设施不完善和不会使用灭火设施等。

分析导致学生宿舍火灾发生的基本原因以后，按照事故树的编制方法可以得到学生宿舍火灾事故的事故树图，如图 9-43 所示①。

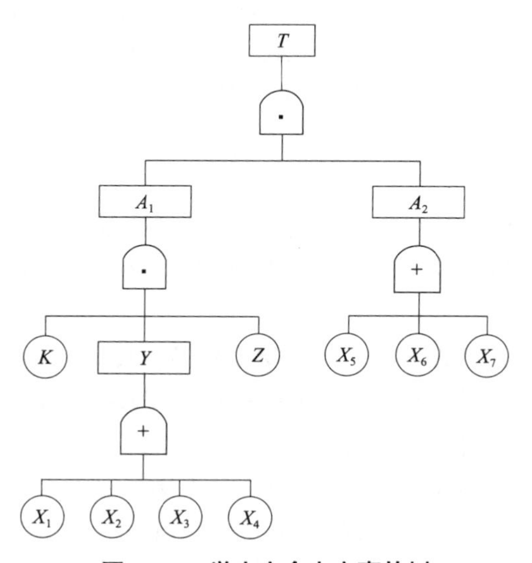

图 9-43　学生宿舍火灾事故树

① 曾金龙. 基于事故树分析法的学生宿舍火灾事故分析［J］. 安全，2016（9）：64-66.

事故树的顶上事件是宿舍火灾事故 T，下面是两个中间事件，一个是中间事件是可燃物燃烧 A_1，另一个是补救不及时 A_2，二者同时发生，即在有可燃物燃烧而且没有及时扑救的情况下导致火灾事故的发生。因此中间事件 A_1 和 A_2 通过与门与 T 相连接。

从前面的分析，可以知道，可燃物燃烧需要有可燃物 K、助燃物 Z 和引火源 Y 三者同时存在。这三者也是通过与门和可燃物燃烧 A_1 相连接。

在宿舍中，可燃物 K 和助燃物 Z 都是存在的，不要进一步分析。引火源包括使用明火 X_1、电气线路老化 X_2、使用违禁电器设备 X_3、电气设备过载 X_4 等，这些事件只要有一个发生，就可能导致可燃物被点燃，因此它们通过或门和引火源 Y 相连接。

在可燃物燃烧后，由于补救不及时将发展为火灾事故。补救不及时的原因有未及时发现可燃物燃烧 X_5，消防设施不完善 X_6 及不会使用灭火设施 X_7 等事件。这些事件通过或门与中间事件 A_2 相连接。

二、火灾事故树分析

（一）最小割集和最小径集

1. 最小割集的计算

列出事故树的布尔代数式，并化为与或范式，结果是

$$T=A_1A_2=KYZ(X_5+X_6+X_7)=KZ(X_1+X_2+X_3+X_4)(X_5+X_6+X_7)$$
$$=KZX_1X_5+KZX_1X_6+KZX_1X_7+KZX_2X_5+KZX_2X_6+KZX_2X_7+$$
$$KZX_3X_5+KZX_3X_6+KZX_3X_7+KZX_4X_5+KZX_4X_6+KZX_4X_7$$

从上式可以看出，学生宿舍火灾事故树的最小割集有 12 个，即：

$K_1=\{K，Z，X_1，X_5\}$；$K_2=\{K，Z，X_1，X_6\}$；$K_3=\{K，Z，X_1，X_7\}$；

$K_4=\{K，Z，X_2，X_5\}$；$K_5=\{K，Z，X_2，X_6\}$；$K_6=\{K，Z，X_2，X_7\}$；

$K_7=\{K，Z，X_3，X_5\}$；$K_8=\{K，Z，X_3，X_6\}$；$K_9=\{K，Z，X_3，X_7\}$；

$K_{10}=\{K，Z，X_4，X_5\}$；$K_{11}=\{K，Z，X_4，X_6\}$；$K_{12}=\{K，Z，X_4，X_7\}$

最小割集表示火灾事故发生的一种模式。现在有 12 个割集，说明学生宿舍发生火灾事故的途径很多，因此危险性很大。

2. 最小径集的计算

在一般情况下，事故树的径集是通过构建事故树的对偶树，然后通过求出对偶树的最小割集来得到了事故树的最小径集的。在本案例的事故树中，由事故树的结构很容易写出布尔代数表达式：

$$T=A_1A_2=KYZ(X_5+X_6+X_7)=KZ(X_1+X_2+X_3+X_4)(X_5+X_6+X_7)$$

这就是或与范式，因此很容易得到事故树有四个最小径集，分别是：

$$P_1=\{K\}，P_1=\{Z\}，P_1=\{X_1，X_2，X_3，X_4\}，P_2=\{X_5，X_6，X_7\}$$

事故树的最小径集就是防止事故发生的所有方案。从分析中，可以看出，防止宿舍中出现可燃物、助燃物以及引火源和补救不及时情况的发生，就可以预防火灾事故的发生。而在一般情况下，助燃物是充足的，一般不需要考虑，此时需要考虑的是预防引火源和扑救不及时。另外，保持宿舍可燃物数量尽可能的少也是预防火灾事故的一种有效措施。

（二）火灾事故发生概率的计算

根据查阅相关资料和调查研究，得到事故树中基本事件发生估计的概率值，见表9-3。其中可燃物、助燃物出现的概率为1，即可燃物是存在的，助燃物是充足的。

表9-3　基本事件发生估计的概率值

基本事件代码	基本事件名称	估计概率值 q_i
K	可燃物	1
Z	助燃物	1
X_1	使用明火	0.05
X_2	电气线路老化	0.01
X_3	使用违禁电器设备	0.03
X_4	电气设备过载	0.02
X_5	未及时发现火灾	0.02
X_6	消防设施不完善	0.02
X_7	不会使用灭火设施	0.01

根据事故树结构，此事故树有12个割集和4个径集，因此利用最小径集来计算学生宿舍火灾发生的概率比较方便。使用径集计算公式，可以得到

$$Q=[1-(1-q_K)][1-(1-q_Z)][1-(1-q_1)(1-q_2)(1-q_3)(1-q_4)][1-(1-q_5)(1-q_6)(1-q_7)]$$

其中第一项和第二项只有一项，因而得到

$$Q=q_K q_Z[1-(1-q_1)(1-q_2)(1-q_3)(1-q_4)][1-(1-q_5)(1-q_6)(1-q_7)]$$

将表9-3的数据代入上式，可以求得学生宿舍火灾发生的概率 $Q=0.005\,216$。

（三）火灾事故树重要度分析

1. 基本事件结构重要度分析

基本事件结构重要度分析就是不考虑基本事件发生可能性大小的情况下，根据事故树结构来计算基本事件的结构重要度并进行排序。

由事故树定量计算部分，可以知道该学生宿舍火灾事故树总共有12个最小割集，每个最小割集的基本事件数目都是4个，因此可以使用最小割集的频数原则直接判定。在12个最小割集中，总共有9个基本事件，其中 X_1、X_2、X_3、X_4 都出现过3次，X_5、X_6、X_7 都出现过4次，而 K、Z 出现12次，所以基本事件的结构重要度的排序为：

$$I_\Phi(1)=I_\Phi(2)=I_\Phi(3)=I_\Phi(4)<I_\Phi(5)=I_\Phi(6)=I_\Phi(7)<I_\Phi(K)=I_\Phi(Z)$$

通过结构重要度可以发现，可燃物、助燃物的结构重要度最大，其次是消防设施不完

善及学生缺乏消防安全知识（即未及时发生火灾、不会使用灭火设计），排在第三位的事使用明火以及电气线路老化等火灾隐患。

2. 基本事件概率重要度分析

把顶上事件发生的概率对基本事件求一阶偏导数，可以得到基本事件的概率重要度。例如，对于可燃物的概率重要度，结果为

$$I_g(K)=\partial Q/\partial q_K=q_Z[1-(1-q_1)(1-q_2)(1-q_3)(1-q_4)][1-(1-q_5)(1-q_6)(1-q_7)]$$

把数据代入上式，可得

$$I_g(K)=1\times(1-0.95\times0.99\times0.97\times0.98)\times(1-0.98\times0.98\times0.99)=0.005\,214$$

同理可得，助燃物的结构重要度为

$$I_g(Z)=\partial Q/\partial q_Z=q_K[1-(1-q_1)(1-q_2)(1-q_3)(1-q_4)][1-(1-q_5)(1-q_6)(1-q_7)]$$
$$=0.005\,214$$

再计算基本事件 X_1 的概率重要度

$$I_g(1)=\partial Q/\partial q_1=q_Kq_Z[(1-q_2)(1-q_3)(1-q_4)][1-(1-q_5)(1-q_6)(1-q_7)]$$

把数据代入上式，可得

$$I_g(1)=1\times1\times(0.99\times0.97\times0.98)\times(1-0.98\times0.98\times0.99)=0.046\,306$$

按照同样的方法，可以得到其他基本事件的概率重要度为

$$I_g(2)=0.044\,435$$
$$I_g(3)=0.045\,351$$
$$I_g(4)=0.044\,888$$
$$I_g(5)=0.102\,803$$
$$I_g(6)=0.102\,803$$
$$I_g(7)=0.101\,765$$

得出基本事件概率重要度排序为

$$I_g(5)=I_g(6)>I_g(7)>I_g(1)>I_g(3)>I_g(4)>I_g(2)>I_g(K)>I_g(Z)$$

由此可以发现未及时发现火灾、消防设施不完善和不会使用灭火设施这 3 个基本事件仍然排在前列，所以学生宿舍应该加强火灾的监控，完善消防设施和加强消防安全知识教育。

3. 基本事件临界重要度分析

临界重要度分析是从基本事件的发生概率和在事故树中的结构两个方面来综合衡量各个基本事件的重要度的，可以按照公式（9–24）计算。这样可燃物的临界重要度为：

$$I_c(K)=\frac{q_K}{Q}I_g(1)=\frac{1}{0.005\,216}\times0.046\,306=19.509\,202$$

同样，助燃物的临界重要度也为

$$I_c(Z)=19.509\,202$$

基本事件 X_1 的临界重要度值为

$$I_c(1)=\frac{q_1}{Q}I_g(1)=\frac{0.05}{0.005\,216}\times0.046\,306=0.443\,884$$

按照同样的方法，可以求得其他基本事件的临界重要度为

$$I_c(2)=0.085\,190\,0$$

$$I_c(3)=0.260\ 838$$
$$I_c(4)=0.172\ 117$$
$$I_c(5)=0.394\ 183$$
$$I_c(6)=0.394\ 183$$
$$I_c(7)=0.195\ 092$$

得出基本事件的临界重要度排序为

$$I_c(K)=I_c(Z)=I_c(1)>I_c(5)=I_c(6)>I_c(3)>I_c(7)>I_c(4)>I_c(2)$$

可燃物和助燃物的临界重要度最大，助燃物没有办法控制，因此首先还是要对宿舍的可燃物进行控制，使用不燃材料制品，保持可燃物尽可能的少，将是控制火灾最好的方法。其次，使用明火、及时发现火灾和消防设施的完善程度、违规使用电器的临界重要度较大，是控制学生宿舍火灾事故的主要手段。根据基本事件临界度分析，可以为措施的选择提供重要的参考。

（四）防止学生宿舍火灾发生的安全措施建议

通过对学生宿舍火灾事故树的分析，可以知道，导致火灾的基本原因是多方面的，且这些原因对火灾事故发生的影响程度不尽相同，可以通过采取相应对策措施来防止火灾事故的发生或减小事故造成的损失。

一是控制可燃物，可以采用不燃制品，保持宿舍内的可燃物尽可能少；严禁携带易燃易爆和危险化学品进宿舍。

二是加强消防安全管理，定期组织对学生宿舍进行消防安全检查，宿舍内严禁使用酒精炉、煤油炉等燃烧器具，严禁卧床吸烟和乱扔烟头，严禁占用和堵塞疏散通道。

三是定期对电气线路设施进行检修，防止电线老化；同时严禁私拉乱接电线，做到人走断电。

四是严格遵守用电制度，严禁在宿舍内使用电炉、电热壶、电热毯、热得快等大功率的电热器具。

五是按规定完善灭火器具和其他消防设施，定期检查其运行状况。

六是定期开展消防安全知识培训，提高管理人员和学生的消防安全意识和初期火灾的灭火处理能力；另外，学校还应制订宿舍楼紧急疏散预案，并按规定组织演练。

思考题

1. 什么是事故树分析？
2. 简要说明事故树分析的程序？
3. 事故树分析中有哪几类事件？事故树分析中有哪几类逻辑门？
4. 如何编制事故树？
5. 事故树的定性分析包括哪些内容？
6. 什么是割集？什么是最小割集？如何求事故树的最小割集？
7. 什么是径集？什么是最小径集？如何求事故树的最小径集？

8. 事故树的定量分析包括哪些内容?
9. 如何计算事故树的顶上事件发生的概率?
10. 什么是结构重要度、概率重要度、临界重要度?

第十章　火灾事故预测技术

【导学】预测火灾爆炸事故的目的是发现事故发生发展的规律，从而做出科学决策，做好有的放矢进行预防和应急的准备。通过本章的学习，应掌握预测的类型、原理，熟悉火灾爆炸事故宏观趋势预测方法和火灾爆炸危害后果估计计算方法。

第一节　火灾事故预测技术概述

预测火灾爆炸事故的目的是发现事故发生发展的规律，从而做出科学决策，做好有的放矢的预防和应急的准备。运用科学的理论和方法对火灾爆炸事故进行科学的预测，进而合理地做出消防投入和管理决策应是消防安全管理人员具备必要能力之一。

一、事故预测的含义及内容

预测就是以过去和现在已知的信息为依据，利用一定的方法或技术去探索或模拟未出现的或复杂的中间过程，发现规律或趋势，推断出未来情况的过程。简单来说，预测就是由过去和现在推测未来，由已知推测未知[①]。预测是对未来的探索。人们所关心的是与人本身有密切关系的未来，而未来往往与人在目前的行为有关。正确地估计未来，根据未来决定现在的行为，可以使人能够在未来获得一定的好处，或避免不利的结果。

"预测"一词主要包括预言和推测两个方面的含义。预言是明确地断言某个时期后将会出现的情况。推测是在一定条件下描述未来形势的预测，通过分析过去的情况，由此推测未来的状态。推测并不确切指明某种状态一定产生，仅仅给出预判的观点。

（一）事故预测的含义

事故预测属于"预测"中的推测，是运用各种知识和科学手段，分析事故发生的历史资料，对未来事故可能发生的时间、类型、地点等趋势或形势进行事先的推测和估计。预测者需要分析过去的情况，确定变化的规律和环境的特点，给出预测模型，通过输入已知数据就能输出一定结果，如果模型和输入数据不同，输出的结果会有相应的变化，由此推测未来的状态。这种预测并不确切指明某种状态一定产生，仅仅是一种概率推断，因此事故预测通常并不指出一定会发生哪种事故、一定发生多少起事故，而仅仅指出可能性的范围。

事故预测可以给出未来将出现哪些新的火灾风险因素、火灾发生发展态势，进而对未

① 许兰娟．安全系统工程［M］．北京：中国矿业大学，2019.

来消防安全工作重点和着力点提出建议和相应的安全对策。事故预测的目的是控制系统的危险增长，保证系统处于安全状态。

（二）事故预测的内容

事故预测内容由三部分组成：预测信息、预测方法和预测结果。

1. 预测信息

预测信息是指在调查研究的基础上所掌握的反映过去、揭示未来的有关情报、数据和资料，并将相关信息资料经过比较核对、筛选和综合。

2. 预测方法

预测方法是能够通过试验根据已有信息推断出未来趋势所用的科学方法和技术手段。

3. 预测结果

通过科学的预测分析，整理提出事物发展的趋势、程度、特点以及各种可能性结论。

二、事故预测的类型

事故预测按照不同应用范围、时间、方法等有不同的分类方式。

（一）按预测范围分类

1. 宏观预测

事故的宏观预测是对某个行业、地区或企业的火灾爆炸事故发生的趋势进行整体形势的研判。

2. 微观预测

事故的微观预测是对某类事故或某一具体场景、材料火灾爆炸事故风险及后果的估计。

（二）按预测周期分类

1. 长期预测

长期预测往往是对五年以上事故发展形势的预判，它可为一个国家、地区、企业消防工作重大决策提供科学依据。

2. 中期预测

中期预测是指对一年以上五年以下的火灾爆炸事故状态的预测。它可为消防工作五年规划和消防工作重点任务提供依据。

3. 短期预测

短期预测是指对一年以内的火灾爆炸风险的预判，它可为制订消防年度计划、季度计划以及规定短期发展任务提供依据。

（三）按预测方法分类

科学的预测方法才能揭示事故演变的规律和发展趋势，预测的结果也才有信服力。目前，预测方法有 150 种以上，常用的有 20 ~ 30 种，主要分为三大类[①]。

---

① 许兰娟．安全系统工程［M］．北京：中国矿业大学，2019.

1. 经验推断预测法

经验推断预测法是预测者凭借专家个体或群体的直觉、主观经验与综合判断能力。对某种现象未来发展趋势进行预测的方法，包括德尔菲法、试验预测法、相关树法、形态分析法、前景评估法等。

2. 时间序列预测法

时间序列预测法是将某种统计指标的数值，按时间先后顺序排成数列。根据时间序列所反映出来的规律，预测下一段时间或以后若干年内可能达到的水平，包括线性分析法、非线性趋势分法等。

3. 计量模型预测法

计量模型预测法是将相互联系的各种变量表现为一组联立方程式，利用历史数据对联立方程式的参数值进行估计，根据建立的模型来预测变量的未来数值，主要包括回归分析法、马尔柯夫链预测法、灰色预测法、投入产出分析法、宏观经济模型等。

三、事故预测的基本原则与原理

（一）基本原则

1. 系统原则

事故预测的对象是各种消防安全系统，因此，应当从系统的观点出发，以全局的视角、多层次来考虑系统预测问题，把系统中影响安全的因素用集合性、相关性和层级性协调起来。

2. 实事求是原则

实事求是的原则就是在预测过程中，从客观实际出发，尊重历史资料，认真分析事故现状，如实反映可能出现的问题和结果。只有从客观事物的实际情况出发，参照以往事故发生和变化的规律性，分析未来的变化趋势，才能获得比较准确的预测结果。

（二）基本原理

1. 类推原理

类推原理是指如果已经知道两个不同事件之间的相互制约关系或共同的有联系的规律，则可利用先导事件的发展规律来预测迟发事件的发展趋势。

2. 概率推断原理

根据小概率事件推断准则，若某系统评价结果其发生事故的概率为小概率事件，则推断系统是安全的；反之，若其概率很大，则认为系统是不安全的。

3. 惯性原理

根据事物的发展都带有一定的延续性，即所谓的惯性，来推断系统未来发展趋势。所以，惯性原理也可以称为趋势外推原理。应该注意的是，惯性原理更多适用于稳定性的消防安全系统的事故预测。只有在系统稳定时，事物之间的内在联系及其基本特征才有可能延续下去。当然，绝对稳定的系统是不存在的，这就要根据系统某些因素的偏离程度对预测结果进行修正。

第二节 火灾事故趋势预测

火灾爆炸事故发展趋势预测是从宏观层面，通过对事故的历史数据进行统计分析，发现事故发生发展的规律，从而对事故发展趋势和安全形势做出研判的预测方式。

一、德尔菲法

德尔菲法是一个使专家在各个成员互不见面的情况下对某一项指标的重要性程度达成一致看法的方法。

（一）产生与应用

德尔菲法（Delphi Technique）因出自古希腊德尔菲法地区的预言家而得名，它最早是古希腊德尔菲法地区的预言家预测未来时经常使用的方法。20世纪50年代，美国空军委托兰德公司研究一项风险辨识课题，即若苏联对美国发动核袭击，哪个城市被袭击的可能性最大？后果如何？这类课题很难用定量的角度通过数学模型进行分析，因而兰德公司设计了一种专家经验意见综合分析法，称为德尔菲法。也就是说，德尔菲法在现代的运用是从20世纪50年代开始的，主要被作为预测未来的工具使用在未来学的研究中。20世纪60年代中期以来，德尔菲法的应用范围迅速扩大，在未来学以外的其他领域，特别是评价领域得到了广泛的运用，在解决各种形式的复杂问题，如某一指标的重要性程度时，为促进信息交流并取得一致意见发挥了重要作用。现代教育评价中的德尔菲法实际上是一种在编制教育评价方案时为了取得对某一指标或某些指标重要性程度的一致认识而进行的专家意见征询法，它以分发问题表的形式，征求、汇集并统计一些资深人员对某一项指标重要性程度的意见或判断，以便在这一问题的分析上使大家取得一致的意见。

（二）操作步骤

1. 设计意见征询表

设计意见征询表时，需要特别注意两个问题：一是表中所列的重要性等级，即“很重要”“重要”“一般”“不重要”等必须有明确定义，也就是说，需要明确说明在何种情况下才能算得上“很重要”，在何种情况下才算是“重要”等，以免由于对这些词语的误解造成误判，从而影响意见征询的科学性；二是为了使专家容易将上面的重要性等级换算成权重值，事先应对这些重要性等级赋值。

2. 选择专家并请他们填写问卷表格

选择参加咨询的专家并要求他们不署名地根据要求将对某一指标或某些指标重要性程度的看法写在问卷表格中。选择专家时应注意专家既要有权威性又要有代表性，即所选择的专家应是对所要咨询的问题有深入了解和研究的人士，所持的观点具有权威性；同时所选择的专家来源应涉及要咨询问题有关的各个方面，即所选择的专家应是各个方面如行政管理人员、科研人员、实际工作者等的代表。请专家填写意见征询表时应注意以书面或口头的形式（最好以书面的形式）提醒他们完全按规范和要求填写，不应随着展开或以其他不被允许的方式回答咨询。

3. 整理和反馈专家意见

所有专家将意见征询表格填好交回后，组织者要整理专家们的意见，求出某一项指标或某些指标的权重值平均数，同时求出每一专家给出的权重值与权重值平均数的偏差，然后将求出的权重值平均数反馈给各位专家，接着开始第二轮意见征询，以便确定专家们对这个权重值平均数同意和不同意的程度。

4. 不断整理和反馈专家意见

再一次将权重值平均数反馈给各位专家并给出某些专家不同意这个平均数的理由，让各位专家在得知少数人不同意这个平均数的理由后再一次做出反应。重复进行上述整理和反馈专家意见的步骤，直至再重复下去观点集中程度或认识统一程度不能增加多少时停止。这样重复几次以后，各位专家对某一指标或某些指标的权重值的看法就会趋向一致，组织者也就可以由此得到比较可靠的权重值分配结果。

（三）方法特点

德尔菲法本质是一种专家意见征询法，但它与一般性的意见征询不同，它具有以下几个方面的典型特点。

1. 征询结果具有权威性

参加意见征询的人士一般是对所咨询的问题有比较深入研究的专家和权威，他们中某一人士对所咨询问题的回答就已具有某种意义上的权威价值，众多这些人士对所咨询问题的一致回答就更具有权威价值。如果专家都认为某一指标重要，要给它较高的权重值，那就说明该项指标确实重要。反之亦然。

2. 回答过程具有独立性

参加意见征询的专家和权威在整个征询意见的过程中并不见面，不是“面对面”就某一指标的重要性程度进行讨论，而是“背靠背”地回答组织者的咨询。专家之间没有面对面的相互影响和相互对抗，从而有效地减少了专家中资历、口才、人数优势等方面因素对他们回答问题的影响。可以说，参加意见征询的人员既不受权威左右，也不受口才好坏、人数多少的影响，对所咨询问题的回答均是自己独到的见解，具有较强的独立性。

3. 价值认识和判断趋同

在意见征询的一轮又一轮反复中，有关专家可以通过反馈回来的经过整理的各轮应答情况，了解并认真考虑他人的思想和意见，在此基础上，决定是否修正和如何修正自己原来的想法。一般来说，整个意见征询过程中专家的意见一轮比一轮相对集中，呈逐步收敛的趋势。这就保证了根据大多数人的价值认识去统一所有人员的价值认识，保证了参加意见征询专家的价值认识能够逐步地取得一致。

4. 答案形式规范

专家只能按照意见征询表中所列非常明确、具体的问题依照指定的回答方式简单明了地表示自己的意见。

二、前景评估法

前景评估法也称“情景描述法”“未来脚本法”“战略脚本法”，是假定某种现象或某种趋势将持续到未来的前提下，对预测对象可能出现的情况或引起的后果做出预测的方法。它是从现在的状况出发，着重全面地分析预测对象的未来发展的各种可能性，并以所谓脚本的形式描述和表现出来[①]。

（一）产生与应用

前景评估法于20世纪60年代末，首先被荷兰皇家壳牌公司（Royal Dutch / Shell）创造并用于的战略规划，获得成功，而后前景评估法由该公司的沃克（Pierre Wack）于1971年正式提出。前景评估法通常用来对预测对象的未来发展做出种种设想或预计，是一种直观的定性预测方法。在推测的基础上，以脚本形式是对可能的未来情景加以描述，同时将一些有关联的单独预测集形成一个总体的综合预测。在这一过程，重点针对某一主体或某一主题所处的宏观环境进行情景分析，即通过对环境的研究，识别影响研究主体或主题发展的外部因素，模拟外部因素可能发生的多种交叉情景分析，进而预测各种可能前景。该方法按定量与定性分为两类。

1. 定量法

以数学或统计方法为基础建立模型，选择和调整不同的参数从而产生不同的脚本。这种方法现在一般运用计算机进行模拟运算，可以迅速地产生大量脚本，有的多达1 000多个。然后，分析人员对每一个脚本的合理性和发生概率做出评估。在产生脚本的过程中，改变一个变量，保持其他变量不变，产生不同的脚本。这样可以评价各个变量的不同作用和变量之间的关系，其目的是验证判断性得出的参数结构。

定量脚本法有其自身的优缺点。其优点在于，可以得到大量的备选的环境脚本，可以充分地分析出环境的各种情况。其缺点是，预测正确与否、脚本的质量如何，取决于模型的设立和参数结构的选择，依赖于过去的关系与数据。所以运用这种脚本法时，不能为貌似精确和充分的脚本所迷惑，应当明确这些脚本不过是所确立的模型、参数结构和数据的附属结果，对各种脚本发生概率及其合理性的评价应当最终视为对模型、参数结构及其数据的再分析和再思考。

2. 定性法

定性脚本法被认为最早应用于20世纪五六十年代赫尔曼·卡仑（Herman Kaln）为美国国防部的工作中。主张定性脚本法的学者认为，与定量脚本法相比，认真的判断比复杂的方法更重要，因为通过人的思维、判断，识别重要的环境因素，分析它们之间的关系，克服了定量脚本法中看似精确的复杂方法所固有的机械性。同时，有限的变量难以认识未来，因为定量脚本法尽管可以考虑很多变量，但毕竟是有限的，而定性脚本法基于人的思考，可以关注和识别的变量范围是无限的。

定性脚本法的基本特点是，认识未来而非推导未来。不是基于过去和现在的数据推导未来，而是向常规观念挑战，去“设想”和“认识”未来。环境脚本集中于“基本的趋

① 周概容．应用统计方法辞典［M］．第2版．北京：中国统计出版社，2017.

势”和几种“可能的未来”，再分析其各自的战略重要性和发生概率。将战略上重要而发生概率大的情况作为战略生成采用的环境脚本，将战略上重要而发生概率小的情况作为备用的环境脚本，制定备用的战略或战略准备。如只能选择一个环境脚本时，应当按照脚本的战略重要性而不是发生概率来选择环境脚本。

（二）操作步骤

前景评估法必须在充分获取环境信息的基础上进行，从简化的角度，管理学者大卫·默瑟（David Mercer）于 1995 年提出了简化的脚本法（Simpler Scenarios）。根据事故预测的特点，以下给出前景评估六步法。

1. 识别影响事故的外部直接因素和间接因素

识别影响火灾爆炸事故发生的直接因素和间接因素。通常，直接因素是火灾危险性因素，即第一危险源；间接因素是促进事故发生或损失扩大的因素，即第二危险源。但对特定的单位、地区或特定时期，有些间接因素也有可能是直接因素。

2. 识别直接因素和间接因素的变化趋势

这是六步法最重要的核心步骤，也是最困难的步骤。每种因素一般列出三种可能的变化趋势，其中，第一种是基本趋势，后两种是相反的趋势。直接因素的基本趋势根据影响它的间接因素的基本趋势预测。直接因素的相反的趋势根据间接因素的两种趋势进行分析、预测，它们之间不是简单的对应关系，是分析的难点和重点。在此过程中，最困难的方面是让团队的参加者摆脱原有观念，向现有的观念挑战，包括现在尚没有出现的异常变化。运用头脑风暴（Braint sorming）方法可以发现不明显的、渐变的和潜在的重要因素，从而把握其重要事件（Events，即重要的不确定变化）。

3. 评价间接因素和直接因素各趋势的发生概率

基本趋势的概率自然比较大，重点是分析其他两种相反的变化趋势的发生概率。

4. 确定变化的重要因素及其重要事件

通过敏感性分析和时间跨度分析，识别确定决定未来的重要因素及其重要的变化。这些因素也称为驱动因素（Drivers），在定量分析中则称为变量（Variables）。应只选择最重要的而且是不确定变化的因素进入脚本，可预知的确定性因素在脚本中不必考虑，而是作为已知条件。

5. 推断并编制事故预测脚本

将现有的重要因素及其事件重新安排成一个可行的、有意义的框架，即形成多个因素及其事件前景评估任务序列。以变化的重要因素为牵引，按照重要程度依次推测因素变化对事故发生的影响后果，并以最适宜的形式将脚本写下来。这实际上形成了脚本的雏形。这是脚本编制者向脚本使用者即战略制定者展示预测脚本的过程。

6. 评价各脚本对未来战略的影响

识别每个脚本对未来有深远影响的事项，在此过程中，战略制定者需要承担主要的决策责任。根据各直接因素变化发生概率和战略重要性，绘制脚本矩阵法筛选出 1 ~ 2 个重要脚本，制定规划战略。一般是依据战略上重要而发生概率大的直接因素变化趋势形成的事故预测脚本，制定基本战略方案；依据战略上重要而可能性不大的直接因素变化趋势形成的事故预测脚本制定备用战略方案。在此过程中，还需要对事故因素脚本进行一致性检验。对于战略上不重要的因素环境脚本，无论发生概率大还是小，在战略管理中都可以不至考虑。

（三）特点

前景评估法使事故预防策略能够适应两个以上变化因素带来的新的事故风险，同时开阔安全管理者的思路，扩展视野，提高它们对火灾风险威胁的警惕。该方法具有以下特点：

（1）预测团队必须熟悉风险所在的内部环境，能够敏锐洞察到渐变因素。

（2）该方法可兼顾定性分析与定量分析的融合。

（3）预测团队需要具有丰富经验，并发挥主观想象力。

（4）前景评估法的结果允许存在多个。

三、灰色预测

灰色预测模型是一种基于灰色系统理论的预测方法，它是一种非参数、非线性的预测方法，适用于小样本、非线性、不确定性和不完备信息的预测问题。基本是想基于客观事物的过去和现在的发展规律，借助于科学的方法对未来的发展趋势和状况进行描述和分析，并形成科学的假设和判断。

（一）产生与应用

1. 灰色系统理论的诞生

灰色系统理论的研究对象是“部分信息已知、部分信息未知”的“小样本”“贫信息”不确定性系统，它通过对“部分”已知信息的生成、开发实现对现实世界的确切描述和认识[①]。邓聚龙教授在 1982 年的《华中工学院学报》第三期上发表了的“灰色控制系统”，标志着灰色系统理论的诞生。灰色系统理论经过 40 余年的发展，已基本建立起一门新兴学科的结构体系。其主要内容包括以灰色代数系统、灰色方程、灰色矩阵等为基础的理论体系，以灰色序列生成为基础的方法体系，以灰色关联空间为依托的分析体系，以灰色模型（GM）为核心的模型体系，以系统分析、评估、建模、预测、决策、控制、优化为主体的技术体系。

2. 灰色预测法

灰色预测法就是一种以事故的历史和现状为出发点，以调查研究资料和统计数据资料为依据，在对事物发展进行深入的定性分析和严密的定量计算的基础上，研究并认识事物的发展规律，进而对事物的未来变化预先做出科学的推测。灰色预测模型的应用范围非常广泛，可以应用于经济、环境、医疗、交通等各个领域的预测问题。

由于火灾生产事故管理“小样本”“贫信息”“部分信息已知，部分信息未知”，用灰色理论的灰色预测进行火灾事故发生情况的预知也有其先进性。影响火灾生产事故管理体系的因素有很多，其危害程度也是不确定的，用灰色理论的灰色关联分析方法较其他方法有其简单、准确的优越性。

---

① 邓聚龙．灰色控制系统区［M］．武汉：华中工学院出版社，1985.

（二）原理

1. 科学思想

灰色预测的基本思想是通过对已知数据进行分析，建立灰色模型，然后利用该模型对未知数据进行预测。灰色预测模型是通过对数据进行灰色处理，将其转化为可预测的模型，从而实现对未来趋势的预测。

2. 基本原理

灰色预测模型的基本原理是灰色系统理论，该理论是由中国科学家李四光教授于1982年提出的。灰色系统理论是一种新兴的系统理论，它是一种将不确定性信息转化为确定性信息的方法。灰色系统理论的基本思想是将不确定性信息转化为确定性信息，通过对数据进行灰色处理，建立灰色模型，从而实现对未来趋势的预测。

（三）操作步骤

灰色预测模型的核心是灰色预测算法，该算法是一种基于灰色系统理论的预测算法。灰色预测算法的基本思想是将原始数据进行灰色处理，得到灰色数据序列，然后根据灰色数据序列建立灰色模型，最后利用灰色模型对未知数据进行预测。灰色预测算法的具体步骤是：建立灰色模型、求解灰色微分方程、检验模型、预测未来趋势。

1. 建立灰色模型

建立灰色模型的过程是将原始数据进行灰色处理，得到灰色数据序列，然后根据灰色数据序列建立灰色模型。在灰色系统理论中，GM（1，1）模型、GM（0，h）模型、Verholst 模型均可应用于灰色数列预测，而最常用的数列预测模型是 GM（1，1）[①]。

建立 GM（1，1）模型的过程为：

（1）记 $X^{(0)}=\{x^{(0)}(1), x^{(0)}(2), \cdots, x^{(0)}(n)\}$ 为原始数列，且为非负数据序列，对其进行一次累加生成，记为 $x^{(1)}=\text{AGO}x^{(0)}$。

$$x^{(1)}(k) = \sum_{m=1}^{k} x^{(0)}(m) = x^{(0)}(1), x^{(0)}(2), \cdots, x^{(0)}(n) \qquad k = 1,2,\cdots,n \tag{10–1}$$

（2）建立 GM（1，1）灰色模型，其灰色微分方程：

$$\text{d}^{(1)}(k) + aZ^{(1)}(k) = u \tag{10–2}$$

式中 a,u 为常数；$\text{d}^{(1)}(k)$ 为灰导数；$\text{d}^{(1)}(k)=x^{(0)}(k)$；$Z^{(1)}(k)$ 为白化背景值，$Z^{(1)}(k)=0.5x^{(1)}(k)+0.5x^{(1)}(k-1)$。

（3）GM（1，1）灰色微分方程的白化方程：

$$\frac{\text{d}x^{(1)}}{\text{d}t} + a\otimes[x^{(1)}] = u \text{ 且} \otimes[x^{(1)}] = x^{(1)} \tag{10–3}$$

对式（10–2）中的参数 a，u，按下述算式辨识。

$$\hat{a} = \begin{bmatrix} a \\ u \end{bmatrix} = (B^T B)^{-1} B^T y_n \tag{10–4}$$

① 邓聚龙. 灰色系统基本方法［M］. 武汉：华中理工大学出版社，2007.

$$B=\begin{bmatrix}-Z^{(1)}(2) & 1\\ \vdots & \vdots\\ -Z^{(1)}(n) & 1\end{bmatrix}=\begin{bmatrix}-0.5\left[(x)^{(1)}(1)+(x)^{(1)}(2)\right] & 1\\ \vdots & \vdots\\ -0.5\left[(x)^{(1)}(n-1)+(x)^{(1)}(n)\right] & 1\end{bmatrix}$$

$$y_n=\begin{bmatrix}x^{(0)}(2)\\ x^{(0)}(3)\\ \vdots\\ x^{(0)}(n)\end{bmatrix}$$

2. 求解微分方程

从而得式（10-3）的解，即其具有的相应式：

$$\hat{x}^{(1)}(k+1)=\left[x^{(0)}(1)-u/a\right]\mathrm{e}^{-ak}+u/a \tag{10-5}$$

将式（10-5）作累减还原得对应时刻原始数列的预测值，即

$$\hat{x}^{(0)}(k+1)=\hat{x}^{(1)}(k+1)-\hat{x}^{(1)}(k) \tag{10-6}$$

模型中求出的 a 常数成为发展系数，u 称为灰作用量。

3. 模型的精度检验

验证模型的过程是通过对已知数据进行模型检验，确定模型的准确性和可靠性。

灰色模型的精度检验一般有三种方法：残差检验法、关联度检验法和后验差检验法。

（1）残差检验，即逐点检验。通过检验判断误差变动是否平稳或平均。

绝对误差的计算公式：

$$\varepsilon^{0}(k)=x^{(0)}(k)-\hat{x}^{(0)}(k) \tag{10-7}$$

相对误差的计算公式：

$$M^{(0)}(k)\%=\varepsilon^{0}(k)/x^{(0)}(k)\times 100\% \quad k=1,2,\cdots,n \tag{10-8}$$

（2）关联度检验，是模型曲线形状与参考曲线形状接近程度的检验。

计算原始数列列 $x^{(0)}(k)$ 与其模型计算值 $\hat{x}^{(0)}(k)$绝对误差的最小值和最大值：

$$\min\{|\hat{x}^{(0)}(k)-x^{(0)}(k)|\}$$
$$\max\{|\hat{x}^{(0)}(k)-x^{(0)}(k)|\}$$

计算关联系数 $w(k)$（第 k 个数据的关联系数）：

$$w(k)=\frac{\min\{|\hat{x}^{(0)}(k)-x^{(0)}(k)|\}+p\max\{|\hat{x}^{(0)}(k)-x^{(0)}(k)|\}}{|x^{(0)}(k)-\sigma^{(1)}(k)|+p\max\{|\hat{x}^{(0)}(k)-x^{(0)}(k)|\}} \quad k=1,2,\cdots,n。$$

式中：p 为取定的最大查百分比，一般取 50%。

关联度：

$$R=\frac{1}{n-1}\sum_{i=1}^{n}w(k) \tag{10-9}$$

（3）后验差检验，是检验预测曲线与模型曲线在空间相对位置的重合程度，比值越小，模型的预测精度越高，其步骤：

第一步，计算原始数列的均值：

$$\bar{X}=\frac{1}{n}\sum_{k=1}^{n}x^{(0)}(k)$$

第二步，计算原始数列 $x^{(0)}(k)$ 的均方差 S_1：

$$S_1=\sqrt{\frac{S_1^2}{n-1}}$$

其中：

$$S_1^2=\frac{1}{n}\sum_{k=1}^{n}\left[x^{(0)}(k)-\bar{X}\right]^2$$

第三步，计算残差 $e(k)$ 的均值 $\bar{e}$：

$$\bar{e}=\frac{1}{n}\sum_{k=1}^{n}e(k)$$

第四步，求残差 $e(k)$ 的均方差 S_2：

$$S_2=\sqrt{\frac{S_2^2}{n-1}}$$

其中：

$$S_2^2=\frac{1}{n}\sum_{k=1}^{n}\left[e(k)-\bar{e}\right]^2$$

第五步，计算方差比 C：

$$C=\frac{S_2}{S_1}$$

第六步，计算小误差概率 P：

$$P=\{|e(k)-\bar{e}|<0.674\,5S_1\}$$

（4）输入预测。预测未来趋势的过程是利用已建立的灰色模型对未知数据进行预测，得到未来趋势的预测结果。预测精度等级划分见表 10–1。

表 10–1　预测精度等级划分

预测精度	P	C
一级（好）	$P\geqslant 0.95$	$C\leqslant 0.35$
二级（合格）	$0.80\leqslant P<0.95$	$0.35<C\leqslant 0.50$
三级（勉强）	$0.70\leqslant P<0.85$	$0.50<C\leqslant 0.65$
四级（不合格）	$P<0.70$	$0.65<C$

（四）灰色预测的特点

1. 数据量要求低

灰色预测模型可以通过少量的、不完全的信息，建立数学模型做出预测。

2. 通用型预测方法

灰色预测模型是一种通用型预测方法，它可以应用于各个领域的预测问题，具有很高的准确性和可靠性。例如，在经济领域，可以利用灰色预测模型对经济指标进行预测，如GDP、CPI、PPI 等；在环境领域，可以利用灰色预测模型对环境污染指标进行预测，如 $PM_{2.5}$、SO_2、NO_x 等；在医疗领域，可以利用灰色预测模型对疾病发生率进行预测，如癌症、心脑血管疾病等；在交通领域，可以利用灰色预测模型对交通流量进行预测，如车流量、人流量等。

3. 预测准确度高

灰色预测法是通过时间序列的历史数据揭示现象时间变化的规律，从而对该现象的未来作出预测，能够较好地把握系统的内在演变规律，避免宏观因素的影响而造成的主观臆断以及相关数据不足的弱点。

四、马尔可夫预测法

马尔可夫预测是一种预测事件发生的概率的方法，它基于马尔可夫链，根据事件目前的状况预测其将来各个时刻变动状况。

（一）产生与应用

1. 马尔可夫预测法的产生

现实世界中有很多这样的现象，即某一个系统未来时刻的情况只与当前状态有关，而与过去的历史无关，如研究一个商店的累计销售额，如果现在时刻的累计销售额已知，则未来某一时刻的累计销售额与当前时刻以前的任一时刻累计销售额无关。对现实中这样的随机过程，即在系统状态转移过程中，系统将来的状态只与前一时刻的状态有关，而与过去的状态无关的无后效性随机过程，被苏联数学家马尔可夫提出并研究了一种能用数学分析方法研究这一过程的一般图式——马尔可夫链。马尔可夫经多次观察试验发现，一个系统的状态转换过程中第 n 次转换获得的状态常决定于前一次（第 n–1 次）试验的结果。马尔可夫进行深入研究后指出：对于一个系统，由一个状态转至另一个状态的转换过程中，存在着转移概率，并且这种转移概率可以依据其紧接的前一种状态推算出来，与该系统的原始状态和此次转移前过程无关，这种无后效性的随机过程被命名为马尔可夫过程，描述这类随机现象的数学模型称为马尔可夫模型。

2. 马尔可夫预测法的应用

马尔可夫链理论与方法经被广泛应用于自然科学、工程技术和公用事业中。应用马尔可夫链的原理与方法来研究分析系统的变化规律，并预测其未来变化趋势的统计方法被称为马尔可夫预测法。马尔可夫预测法是根据系统的目前状况预测其将来各个时刻（或时期）变动状况的一种预测方法，是广泛应用于金融、交通、气象等领域的重要预测方法之一。

3. 马尔可夫预测法的类型

基于马尔可夫链的预测方法可以分为两类：一阶预测和高阶预测。一阶预测方法只考虑当前状态和下一个状态之间的转移概率，而高阶预测方法则考虑多个状态之间的转移概率。

（二）操作步骤

应用马尔可夫链对过程进行分析和预测分以下几步：

（1）构造系统过程状态 S_i 并确定相应的状态转移概率 P_{ij}，且 $\sum_{j=1}^{n} P_{ij}=1$（n=1，2，3，…，n）。

（2）由状态转移写出状态转移概率矩阵 $P=(p_{ij})_{n\times k}$。

（3）由转移概率矩阵推导各状态的状态概率向量 π（i），且不同阶段的状态向量分别满足：

$$\pi(1)=\pi(0)p^1$$

$$\pi(2)=\pi(1)p=\pi(0)p^2$$

……

$$\pi(k)=\pi(k-1)p=\cdots=\pi(0)p^k$$

（4）在稳定条件下进行分析、预测、决策。

（三）特点

马尔可夫预测具有操作简单的特点，但应用上需要注意适用条件和简化处理的局限性。

（1）预测结果完全由当前状态决定。马尔可夫预测是基于当前状态，无法考虑其他因素对未来状态的影响。

（2）状态转移概率是确定数值。状态之间的转移概率是固定的，而在实际应用中，状态之间的转移概率可能会发生变化。

（3）每一个状态是独立的。所有事项在统计上具有独立性，因此，预测未来的状态独立于一切过去的状态。

五、回归分析

回归分析是分析现象之间相关的具体形式，确定其因果关系，并用数学模型来表现其具体关系的分析方法。一般来说，回归分析是通过规定因变量和自变量来确定变量之间的因果关系，建立回归模型，并根据实测数据来求解模型的各个参数，然后评价回归模型是否能够很好的拟合实测数据；如果能够很好地拟合，则可以根据自变量做进一步预测。

（一）应用与分类

在统计学中，回归分析是确定两种或两种以上变量间相互依赖的定量关系的一种统计分析方法。在大数据分析中，回归分析是一种预测性的建模技术，它研究的是因变量（目标）和自变量（预测器）之间的关系。

回归分析技术主要涉及三个度量：自变量的个数，因变量的类型以及回归线的形状。因此，回归分析按照涉及的变量的多少，分为一元回归和多元回归分析；按照因变量的多少，可分为简单回归分析和多重回归分析；按照自变量和因变量之间的关系类型，可分为线性回归分析和非线性回归分析。

1. 线性回归

线性回归是最常用的简单的预测模型。其中的因变量是连续的，自变量可以是连续的也可以是离散的，回归线是线性的。

线性回归使用最佳的拟合直线在因变量（Y）和一个或多个自变量（X）之间建立一种关系。多元线性回归可表示为 $Y=a+b_1X_1+b_2X_2+\cdots+e$，其中 a 表示截距，b 表示直线的斜率，e 是误差项。

多元线性回归可以根据给定的预测变量（x）来预测目标变量（y）的值，采用是最小二乘法估计参数。采用最小二乘法，定义损失函数为残差的平方，见式（10–10），使得损失函数最小化。参数优化问题求解可以采用梯度下降法，也可以采用通过计算直接求解。

$$\| Y-y \|^2 \tag{10–10}$$

2. 逻辑回归

逻辑回归是用来计算“事件 =Success”和“事件 =Failure”的概率。当因变量的类型属于二元值，即真 / 假或是 / 否时，就可使用逻辑回归。这里 Y 的值为 0 或 1，它可以用下方程表示。

$$\text{odds}=p/(1-p)$$

$$\ln(\text{odds})=\ln[p/(1-p)]$$

$$\text{logit}(p)=\ln[p/(1-p)]=a+b_1X_1+b_2X_2+b_3X_3+\cdots+b_kX_k$$

上述式子中，p 表述具有某个特征的概率。在这里使用的是因变量二项分布，选择最佳的连结函数 Logit 函数。在上述方程中，通过观测样本的极大似然估计值来选择参数。

3. 多项式回归

多项式回归不是直线，而是一个用于拟合数据点的最佳曲线。对于一个回归方程，如果自变量的指数大于 1，则它就是多项式回归方程。如式（10–11）所示：

$$Y=a+bX^2 \tag{10–11}$$

4. 逐步回归

在遇到多个因素影响预测值时，可以考虑应用逐步回归。区别于多元线性回归，这里的自变量是未知的，需要通过科学的方法逐步筛选，例如通过观察统计的值，如 R-square，t-stats 和 AIC 指标，来识别重要的变量。

逐步回归的目标是使用最少的预测变量数来实现最有效果的预测能力，是处理高维数据集的方法之一。逐步回归时通过同时添加 / 删除基于指定标准的协变量来拟合模型。下面列出了一些最常用的逐步回归方法：

（1）标准逐步回归法，即增加和删除每个步骤所需的预测。

（2）向前选择法，从模型中最显著的预测开始，然后为每一步添加变量。

（3）向后剔除法，与模型的所有预测同时开始，然后在每一步消除最小显著性的变量。

（二）操作步骤

1. 确定变量

明确预测的具体目标，也就确定了因变量。如预测具体目标是某地区下一年度的火灾起数，那么火灾数量 Y 就是因变量。通过查阅资料，寻找与预测目标的相关影响因素，即自变量，从中选出主要的影响因素。例如人口指标、经济数据等。

2. 建立预测模型

依据自变量和因变量的历史统计资料进行计算，在此基础上建立回归分析方程，即回归分析预测模型。

3. 相关分析

回归分析是对具有因果关系的影响因素（自变量）和预测对象（因变量）所进行的数理统计分析处理。只有当自变量与因变量确实存在某种关系时，建立的回归方程才有意义。因此，作为自变量的因素与作为因变量的预测对象是否有关，相关程度如何，以及判断这种相关程度的把握性多大，就成为进行回归分析必须要解决的问题。进行相关分析，一般要求出相关系数，以相关系数的大小来判断自变量和因变量的相关的程度。

4. 计算预测误差

回归预测模型是否可用于实际预测，取决于对回归预测模型的检验和对预测误差的计算。回归方程只有通过各种检验，且预测误差较小，才能将回归方程作为预测模型进行预测。

5. 确定预测值

利用回归预测模型计算预测值，并对预测值进行综合分析，确定最后的预测值。

（三）特点

回归预测是一种利用统计模型来对变量间关系进行建模并进行预测的方法。回归预测的特点如下：

1. 基于历史数据的预测方法

回归预测是一种基于数学模型的方法，通过对历史数据进行建模，预测未来的结果，对数据准确性、完整性要求高。

2. 适于多因素影响的预测

回归预测能够处理多个自变量，即多元回归分析。多元回归可以更好地解释变量间的复杂关系。

3. 能够处理非线性问题

回归预测不仅能够处理线性问题，还能够处理非线性问题，例如多项式回归、S 形曲线回归等。

4. 易受到数据异常值的影响

回归预测容易受到数据异常值的影响，需要对数据进行预处理，剔除异常值或进行异常值处理。

5. 可解释性强

回归预测模型具备很好的可解释性，可以帮助人们了解不同变量之间的关系及其对结果的影响。

第三节　火灾爆炸事故后果估计

火灾爆炸事故后果估计是从微观层面对具体工况下的火灾爆炸事故可能造成的危害后果进行预测估算。本节重点介绍易燃易爆化学品泄漏后发生火灾爆炸事故的后果分析方法、步骤，详细阐述泄漏量估算、火灾事故中的池火、火球、喷射火、蒸气云火灾事故以及爆炸事故中的冲击波事故后果及蒸气云爆炸事故危害程度的估算方法[①]。

一、事故后果估计概述

事故后果估计能够定量地描述一个事故情景所造成危害的严重程度，也是定量风险评估的一个主要组成部分。后果分析是确定事故发生时受影响区域的一种方法，可以确定事故的影响范围，计算出死亡范围、受伤范围以及财产损失等情况。

（一）事故类型

在工业生产中，所处理的原料、产品或者中间产品一般都具有易燃、易爆、有毒、腐蚀以及可以和其他物质反应等特性，而且生产工艺过程复杂，工艺条件苛刻，大多在高温、高压或低温的条件下进行，具有潜在的重大危险。如果由于管理、技术或人为失误造成危险化学品泄漏，就可能产生事故。

常见的危险化学品工业事故类型可以分为火灾、爆炸和中毒三大类事故。

火灾事故是易燃的液态或气态危险化学品泄漏后被点火源点燃而引起的，火灾的重要特征是产生大量的热量，即热辐射。

当易燃或可燃的危险化学品泄漏到空气中，在传播时因扩散而形成蒸气云。如果遇到点火源，且浓度处于爆炸范围以内蒸气云就会燃烧；如果燃烧非常迅速且剧烈，就可能导致爆炸。根据火焰的蔓延速度，可以将蒸气云的燃烧分为两种情况：当火焰的蔓延速度很慢时称为爆燃；当蔓延速度较快时称为爆炸。爆炸的重要特征是释放出大量的化学能，在周围空间产生冲击波，能够造成极强的破坏和巨大的伤亡。

若泄漏的危险化学品是有毒物质且此有毒物质进入人体而导致人体某些生理功能或组织、器官受到损坏，这就是中毒事故。有毒物质对人体的危害程度取决于毒物的种类、毒物的浓度、人员与毒物接触的时间等因素。

（二）事故后果分析步骤

后果分析能够定量地描述一个事故情景所造成危害的严重程度，也是定量风险评估的一个主要组成部分。后果分析是确定事故发生时受影响区域的一种方法，可以确定事故的影响范围，计算出死亡范围、受伤范围以及财产损失等情况。

泄漏引起的火灾、爆炸、中毒等事故情景是后果分析的重点，基本步骤如下：

第一步，泄漏源模拟：建立泄漏模型，根据泄漏源的几何特征、压力、温度、物料的相态（是气态、液体还是气液两相）等计算出泄漏量和泄漏时间。

第二步，扩散模拟：建立扩散模型（如果危险化学品泄漏后没有立即点火或爆炸），分析危险化学品在空中的浓度分布。

第三步，后果模拟：建立后果模型，如BLEVE模型、池火模型、蒸气云爆炸模型等，得到热辐射通量、冲击波超压等。

第四步，影响范围计算：根据事故后果准则，得到事故后果影响范围。

---

① 傅智敏．工业企业防火［M］．北京：中国公安大学出版社，2014.

（三）事故后果分析的结果

对于不同的事故情景，影响事故后果的物理量也是不同的：火灾事故是热辐射通量，爆炸事故是冲击波超压，中毒事故是毒物浓度。事故后果分析的目的就是计算热辐射通量（火灾事故）、冲击波超压（爆炸事故）或有毒物质浓度（中毒事故）的空间分布，有了这些数据，就可以进一步确定人员伤亡或财产损失情况，评估事故所造成的后果。

二、泄漏估算

火灾、爆炸和中毒事故都是由危险化学品的泄漏引起的，所以在确定事故后果时，要首先从危险化学品的泄漏分析开始。危险化学品的泄漏速度、泄漏时间和泄漏量是影响事故后果的重要参数，因而计算危险化学品的泄漏速率和泄漏量，是计算事故后果的必要前提，是泄漏分析的主要内容。泄漏模型主要就是用于计算危险化学品在不同泄漏模式下的泄漏速率和泄漏量，而这些参数又与泄漏物质的相态、压力、温度等性质密切相关。根据泄漏的物质状态，危险化学品泄漏可分为气体泄漏、液体泄漏和两项泄漏。

（一）泄漏的原因

泄漏的形式不仅指经常发生的由容器内部向外部的内压型泄漏，也包括负压状态的容器吸入空气所表现的外压型泄漏。造成泄漏的原因主要有设备缺陷、设备材料的机械性能降低以及人为因素。

（二）泄漏的主要设备

工业生产工艺设施种类繁多，泄漏情况非常复杂。根据工艺设施的泄漏情况，容易发生泄漏的设备主要有：管道、挠性连接器、过滤器、阀门、压力容器或反应罐、泵、压缩机、储罐、加压或冷冻气体容器和火炬燃烧器或放散管。

（三）泄漏量的计算方法

1. 液体泄漏量的计算

当液体在喷口内没有急剧蒸发时，根据伯努利方程得到的泄漏速率为：

$$Q_L = C_d A\rho\sqrt{\frac{2(p-p_0)}{\rho}+2gh} \tag{10-12}$$

式中：Q_L——液体泄漏速率，$kg \cdot s^{-1}$；

C_d——液体泄漏系数，通常取 0.60 ～ 0.64，也可按表 10-2 取值；

A——裂口面积，m^2；

ρ——泄漏液体密度，$kg \cdot m^{-3}$；

p——容器内介质的压力，Pa；

p_0——环境压力，Pa；

g——重力加速度，g=9.8$m \cdot s^{-2}$；

h——裂口之上的液位高度，m。

表 10–2　液体泄漏系数 C_d

雷诺数 Re	裂口形状		
	圆形（多边形）	三角形	长方形
3 100	0.65	0.60	0.55
≤ 100	0.50	0.45	0.40

当容器内液体是过热液体，即液体的温度高于其标准沸点温度时，液体流出裂口后由于压力减小而突然蒸发。蒸发所需热量取自于液体本身，而未气化液体的温度将降至常压沸点。在这种情况下，泄漏时直接蒸发的液体占液体泄漏总量的比例 F_v 可按下式计算：

$$F_v = C_P \frac{T_L - T_0}{H_v} \tag{10–13}$$

式中：C_p——液体的定压比热容，$kJ \cdot kg^{-1} \cdot K^{-1}$；

T_L——泄漏前液体的温度，K；

T_0——液体在常压下的沸点，K；

H_v——液体的汽化热，$kJ \cdot kg^{-1}$。

2. 气体泄漏量的计算

气体从裂口泄漏的速率与其流动状态有关。

$\frac{p_0}{p} \leqslant \left(\frac{2}{K+1}\right)^{\frac{k}{k-1}}$ 时，气体呈音速流动，其泄漏速率：

$$Q_G = C_d A p \sqrt{\frac{MK}{RT}\left(\frac{2}{K+1}\right)^{\frac{k+1}{k-1}}} \tag{10–14}$$

$\frac{p_0}{p} > \left(\frac{2}{K+1}\right)^{\frac{k}{k-1}}$ 时，气体呈亚音速流动，其泄漏速率：

$$Q_G = YC_d A p \sqrt{\frac{MK}{RT}\left(\frac{2}{K+1}\right)^{\frac{k+1}{k-1}}} \tag{10–15}$$

$$Y = \sqrt{\left(\frac{1}{K-1}\right)\left(\frac{K+1}{2}\right)^{\frac{K+1}{K-1}}\left(\frac{p}{p_0}\right)^{\frac{2}{K}}\left[1-\left(\frac{p_0}{p}\right)^{\frac{K-1}{K}}\right]} \tag{10–16}$$

式中：Q_G——气体泄漏速率，$kg \cdot s^{-1}$；

C_d——气体泄漏系数，当裂口形状为圆形时取 1.00，三角形时取 0.95，长方形时取 0.90；

M——气体摩尔质量，$kg \cdot mol^{-1}$；

R——气体常数，$J \cdot mol^{-1}K^{-1}$；

T——气体温度，K；

k——气体的绝热指数，即定压比热容 C_p 与定容比热容 C_v 之比，常用气体的绝热指数见表 10–3；

Y——气体膨胀因子。

当容器内物质随泄漏而减少或压力降低影响泄漏速率时，泄漏速率的计算比较复杂。如果流速小或时间短，可采取最初排放速率，否则应计算其等效泄漏速率。

表 10–3　常用气体的绝热指数

气体	k	气体	k	气体	k	气体	k
空气	1.40	乙烷	1.18	二氧化碳	1.30	硫化氢	1.32
氮气	1.40	丙烷	1.13	一氧化二氮	1.27	氰化氢	1.31
氧气	1.40	正丁烷	1.10	一氧化氮	1.40	氯甲烷	1.28
氢气	1.41	乙烯	1.22	二氧化氮	1.31	氯乙烷	1.19
氯气	1.35	丙烯	1.15	二氧化硫	1.24	干饱和水蒸气	1.14
甲烷	1.32	一氧化碳	1.40	氨	1.31	过热水蒸气	1.30

3. 两相流泄漏量的计算

在过热液体发生泄漏时，有时会出现气、液两相流动。均匀两相流的泄漏速率：

$$Q_{LG} = C_d A \sqrt{2\rho_m (p - p_c)} \tag{10–17}$$

式中：Q_{LG}——两相流泄漏速率，kg · s^{-1}；

C_d——两相流泄漏系数，可取 0.8；

A——裂口面积，m^2；

p——两相混合物的压力，Pa；

p_c——临界压力，Pa，可取 p_c=0.55p；

ρ_m——两相混合物的平均密度，kg · m^{-3}。

$$\rho_m = \frac{1}{\dfrac{F_v}{\rho_1} + \dfrac{1 - F_v}{\rho_2}} \tag{10–18}$$

式中：ρ_1——液体蒸气密度，kg · m^{-3}；

ρ_2——液体密度，kg · m^{-3}；

F_v——蒸发的液体占液体总量的比例。

$$F_v = c_p \frac{T_{LG} - T_c}{H_v} \tag{10–19}$$

式中：c_p——两相混合物的定压比热容，J · kg^{-1} · K^{-1}；

T_{LG}——两相混合物的温度，K；

T_c——液体在气—液临界压力下的沸点，K；

H_v——液体的气化热，J · kg^{-1}。

饱和蒸气压与温度间的对应关系见表 10–4。

表 10–4　饱和蒸气压与温度

序号	饱和蒸气压 / kPa	温度 /℃						
		水	甲烷	乙烷	乙烯	丙烷	丙烯	丁烷
1	101.3	100	−161.5	−88.6	−103.7	−42.1	−47.7	−0.5
2	200	120.23	−152.3	−75.0	−90.8	−25.6	−31.4	18.8
3	400	143.63	−141.9	−58.5	−76.2	−5.6	−11.7	42.0
4	700	164.97	−132.0	−43.1	−62.6	13.3	6.7	63.8
5	1 000	179.91	−125.1	−32.4	−53.1	26.4	19.3	79.0
6	1 500	198.32	−115.6	−17.5	−39.4	44.6	36.6	100.2
7	2 000	212.42	−108.8	−6.9	−29.5	57.5	48.9	115.3
8	2 500	223.99	−102.2	2.1	−21.4	68.8	60.1	128.8
9	3 000	233.90	−96.7	9.5	−14.7	78.0	69.3	139.8
10	3 500	242.60	−91.4	16.7	−8.0	86.6	77.4	—
11	4 000	250.40	−86.7	23.0	−2.1	94.1	84.3	—

（四）泄漏量的计算实例分析

2010 年挖掘机在某塑料厂旧址平整拆迁土地的过程中，挖穿了地下丙烯管道，丙烯泄漏后遇到明火发生爆燃。事故造成 22 人死亡，110 人重伤。本次事故的直接原因是施工安全管理缺失，施工队伍盲目施工，挖穿地下丙烯管道。经事故调查，爆炸事件由拆迁单位违规转包施工造成，其中三名肇事者为裙带关系，一名分管生产经营的管理者对丙烯管线管理不善，负有责任。已知被挖穿的丙烯管道，公称直径为 159mm，输送压力为 2.2MPa，管道丙烯总储量为 50t。泄漏口长约 7cm，宽约 5cm，南京 7 月 28 日当天温度为 308K。丙烯液相密度为 497.5 $kg \cdot m^{-3}$，气相密度为 1.743 $kg \cdot m^{-3}$，常压沸点温度为 −47.4 ℃，丙烯液体的气化热为 322.14 $kJ \cdot kg^{-1}$，液相定压比热容为 2.740 $kJ \cdot kg^{-1} \cdot K^{-1}$（近似于两相混合物定压比热容），气相定压比热容为 77.01 $J \cdot mol^{-1} \cdot K^{-1}$，燃烧热为 48 670 $kJ \cdot kg^{-1}$，丙烷的燃烧热为 50 290 $kJ \cdot kg^{-1}$。估算此次事故中丙烯在遇明火前的泄漏量。

计算临界压力 $P_c=0.55 \times 2.2=1.21$MPa，查表 10–4，可得 1.21MPa 下丙烯的沸点为 26.6℃。

判断是用气相、液相还是气液两相流来计算泄漏量。

假设全部为液相泄漏，按照液相泄漏计算泄漏速率为 102.36 $kg \cdot s^{-1}$。泄漏时间为 41min，则泄漏量为 251 805.6kg。超过管道丙烯总储量 50t，所以按照气液两相泄漏计算。

按照气液两相泄漏进行估算：308K 近似为两项混合物的温度，液体在临界压力下的沸点为 26.6 ℃，液体的气化热为 322.14 $kJ \cdot kg^{-1}$，两项混合物的定压比热容为 2.740 $kJ \cdot kg^{-1} \cdot K^{-1}$。蒸发液体占液体总量比例为 0.071，两项混合物的密度为 23.26 $kg \cdot m^{-3}$，两项混合物的泄漏速率为 19.0$kg \cdot s^{-1}$，泄漏时间为 41min，泄漏量为 46.7t。

三、火灾事故后果估算

（一）火灾伤害破坏作用

1. 可燃物的常见火灾形式

火灾事故的主要危害是热辐射，若热辐射通量足够大，就会引起人员伤亡和物体燃烧。根据燃烧方式的不同，火灾可以分为四种，即火球、喷射火、池火和蒸气云火灾。其中火球（沸腾液体扩展蒸气爆炸，Boiling Liquid Expanding Vapour，简称 BLEVE）是由于过热、低温可燃液化气体因容器内压增大爆炸时内容物释放并被点燃而形成的，此时，通常会发生剧烈的燃烧，产生强大的火球，形成强烈的热辐射。喷射火是高压可燃气体泄漏时（形成射流）在泄漏裂口被点燃而形成的。池火是可燃液体泄漏后流到地面形成液池，或流到水面形成水上液池，然后遇到火源燃烧而形成的。若泄漏的可燃气体、液体蒸发的蒸气在空中扩散，还会形成蒸气云燃烧，蒸气云燃烧会把火焰带回到泄漏点，从而又形成喷射火焰或者形成池火。此外，还有固体火灾，是指以可燃固体为燃料的火灾。

2. 火灾热辐射危险性

衡量热辐射危险性的伤害破坏准则主要有热通量准则、热强度准则、热通量 – 热强度准则。

（1）热通量准则。热通量准则以目标接受的热通量作为衡量目标是否被伤害破坏的参数。热通量准则的适用范围为热通量的作用时间比目标达到热平衡所需要的时间长。稳态火灾热辐射作用下，人员伤害和设备破坏的临界热通量见表 10–5。部分物品被点燃的临界热通量见表 10–6。

表 10–5　稳态火灾热辐射作用下人员伤害和设备破坏的热通量准则

$\dot{q}''$/（kW · m^{-2}）	人员伤害	设备破坏
37.5	1min 100% 人员死亡， 10s 1% 人员死亡	设备严重损坏
25.0	1min 100% 人员死亡， 10s 人员重伤	无火焰长时间热辐射点燃木材的最小能量， 设备钢结构变形
12.5	1min 1% 人员死亡， 10s 人员一度烧伤	有火焰时点燃木材的最小能量， 塑料熔化的最小能量
4.0	20s 以上人员感觉疼痛，可能烧伤，无人员死亡	30min 玻璃破裂
1.6	长时间人员无不适感觉	—

表 10–6　稳态火灾热辐射作用下部分物品被点燃的临界热通量

物品	$\dot{q}''$/（kW·m^{-2}）	物品	$\dot{q}''$/（kW·m^{-2}）	物品	$\dot{q}''$/（kW·m^{-2}）
聚氨酯	18.0	聚乙烯	20.0	聚氯乙烯	21.0
聚苯乙烯	18.0	聚丙烯	20.0	尼龙	29.0
聚甲基丙烯酸甲酯	18.0	纸	20.4	木材	32.0

（2）热强度准则。热强度准则以目标接受的热强度作为衡量目标是否被伤害破坏的参数。当作用于目标的热辐射时间非常短时，需要使用热强度准则。表 10–7 列出了部分瞬态火灾热辐射作用下，人员伤害和设备破坏的临界热强度。

表 10–7　瞬态火灾热辐射作用下人员伤害和设备破坏的临界热强度

伤害破坏	q''/（kW·m^{-2}）	伤害破坏	q''/（kW·m^{-2}）
点燃木材	1 030	人员三度烧伤	375
人员死亡	592	人员二度烧伤	250
人员重伤	392	人员一度烧伤	125
人员轻伤	172	人员感觉疼痛	65

（3）热通量 – 热强度准则。当热通量准则或热强度准则均不适用时，可以采用热通量 – 热强度准则。热通量 – 热强度准则认为，目标能否被伤害破坏不能由热通量或热强度一个参数决定，而是决定于热通量和热强度两个参数的组合。如果以热通量和热强度分别作为横坐标和纵坐标，那么目标被伤害破坏的临界状态对应热通量 – 热强度平面上的一条临界曲线，如图 10–1 所示。曲线的右上方为伤害破坏区，左下方为安全区，渐近线 $\dot{q}''=\dot{q}''_{cr}$ 和 $q''=q''_{cr}$ 分别对应热通量准则中的临界热通量和热强度准则中的临界热强度。

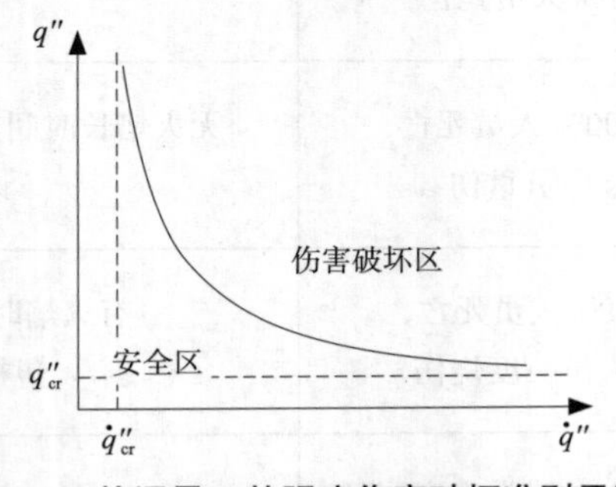

图 10–1　热通量 – 热强度伤害破坏准则示意图

（二）火灾后果定量分析

火灾后果分析首先计算一定距离处人或设备接受的火焰热辐射通量或热辐射强度，然后根据热辐射破坏准则与伤害模型评价破坏伤害情况。

1. 火球

（1）沸腾液体扩展蒸气爆炸与火球。BLEVE 的发生过程是：由于可燃液化气体或过热液体蒸气大量泄放，遇点火源立即点燃的情况下就会发生剧烈燃烧，并形成巨大火球。BLEVE 与火球的危害主要包括火球热辐射、爆炸冲击波超压和产生容器碎片。与火球热辐射的危害相比，BLEVE 造成的爆炸冲击波超压和容器碎片的危害相对较小。

（2）最大火球直径和火球持续时间。

根据 A. F. Roberts 的结论，火球最大直径 D：

$$D=5.8m^{1/3} \tag{10-20}$$

式中：D——火球最大直径，m；

m——火球消耗的可燃物质量，kg。

美国化学工程师协会化工过程安全中心（Center for Chemical Process Safety，American Institute for Chemical Engineers，CCPS，AIChE）推荐，对于动量扩散和浮力扩散，火球持续时间 t_d（s）可分别表示：

$$t_d=0.45m^{1/3} \tag{10-21a}$$

$$t_d=2.6m^{1/6} \tag{10-21b}$$

当泄放的可燃物质量大于 30 000 kg 时，也应按浮力扩散模型计算火球的持续时间。浮力扩散不仅空气卷吸速率慢，火球持续时间长，而且火球会上升。火球升腾时间 t_e（s）：

$$t_e=1.1m^{1/6} \tag{10-21c}$$

（3）火球热辐射。火球热辐射计算模型主要有点源模型和球形模型两种，这里主要介绍点源模型的估算方法。

1）点源模型。计算火球热辐射通量 $\dot{q}''$ 的点源火球模型：

$$\dot{q}''=\tau\chi_r\frac{\dot{q}}{4\pi L^2}\cos\theta \tag{10-22}$$

式中：τ ——大气透射系数；

χ_r——辐射分数；

$\dot{q}$ ——火焰热释放速率，kW，$\dot{q}=Q/t_d$，Q 为火球释放的总热量，kJ；

L ——目标至火球中心距离，m；

θ ——目标法线与目标和火球连线之间的夹角。

图 10-2 给出了火球点源模型与被辐射目标物之间的视角关系。

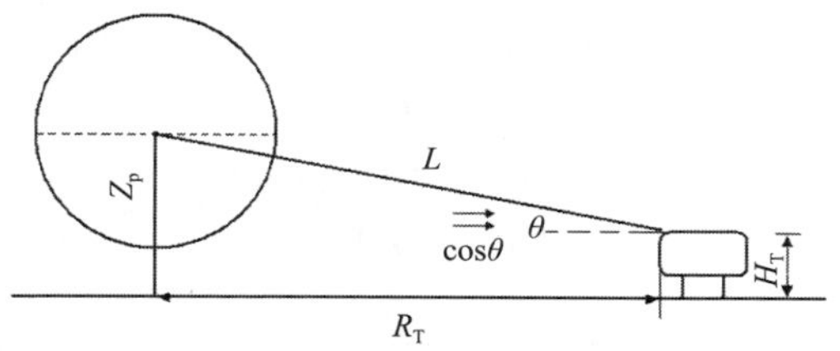

图 10-2　火球点源模型与被辐射目标物之间的视角关系

2）辐射分数。辐射分数的取值范围通常为 0.1 ~ 0.4，研究表明，辐射分数 χ_r 与容器内可燃物质的储存压力 p（MPa）间的关系：

$$\chi_r = 0.27 p^{0.32} \tag{10-23}$$

其适用范围是储存压力介于 0.2 ~ 1.4 MPa 之间。

3）目标至火球中心的距离。目标至火球中心距离 L：

$$L = \sqrt{R_T^2 + (Z_P - H_T)^2} \tag{10-24}$$

式中：R_T——目标至火球中心水平距离，m；

H_T——目标高度，m；

Z_P——火球中心高度，m，Z_P 可近似选取火球中心的平均高度，对于没有浮力影响的强动量扩散，Z_P 可取 $D/2$；对于浮力扩散，Z_P 可取 $5D/6$。

4）实例分析。某市煤气公司液化石油气（LPG）管理所一储量为 400m³ 的 11 号球罐下部局部失效，造成 LPG 泄漏。消防员到达后对 11 号球罐进行倒罐处理，在处理过程中，泄漏出来的 LPG 在空间内遇点火源发生了第一次爆炸，之后 11 号球罐在火焰烘烤作用下发生了第二次爆炸，形成了直径约为 200m 的火球。火球的热辐射作用焚毁了管理所对面的某工厂棉花车间，并对周边的工厂和生活区造成了不同程度的破坏。经调查，储量为 400m³ 的 11 号球形储罐在发生事故时储有 LPG170t。已知 LPG 的燃烧热为 50 290kJ · kg⁻¹，球罐内储存压力为 1.4 MPa。请分析该球罐形成火球时在 600m 距离处的热辐射破坏作用。

分析过程：

①可燃物质量：

由最大火球直径 D=200m，即 $D=5.8m^{1/3}$

求得，

$$m=41\ 002\text{kg}$$

②浮力扩散火球的持续时间 t_d：

$$t_d=2.6m^{1/3}=89.66\text{s}$$

③火球点源模型计算火球热辐射通量：

$$\dot{q}'' = \tau\chi_r \frac{\dot{q}}{4\pi L^2}\cos\theta$$

其中辐射分数 $\chi_r = 0.27\ p^{0.32}$，目标至火球中心距离 $L = \sqrt{R_T^2 + (Z_P - H_T)^2}$（火球中心高度 $Z_P=5D/6$，热释放速率 $\dot{q} = \dfrac{Q}{t_d}$。

被辐射目标物在水平方向接受的热辐射通量：

$$\begin{aligned}\dot{q}'' &= 0.27\ p^{0.32} \times \frac{m \cdot \Delta H_c / t_d}{4\pi[R_T^2 + (5D/6)^2]} \times \frac{R_T}{[R_T^2 + (5D/6)^2]^{1/2}} \\ &= 0.27 \times 1.4^{0.32} \times \frac{41\ 002 \times 50\ 290/89.66}{4\pi(R_T^2 + 166.7^2)} \times \frac{R_T}{(R_T^2 + 166.7^2)^{1/2}} \\ &= 550\ 583.3 \times \frac{R_T}{(R_T^2 + 166.7^2)^{3/2}}\end{aligned}$$

热辐射强度：

$$q'' = 550\ 583.3 \times \frac{R_T}{(R_T^2 + 166.7^2)^{3/2}} \times t_d$$

$$q'' = 550\ 583.3 \times \frac{R_T}{(R_T^2 + 166.7^2)^{3/2}} \times 89.66$$

当 R_T=600 m 时，q''=122.65 kJ・m^{-1}，人员会感觉到剧烈疼痛，接近一度烧伤。

2. 喷射火

喷射火是加压的可燃物质在泄漏时形成射流，在泄漏口处遇点火源，形成喷射火焰。喷射火火焰长度等于从裂口至可燃气体混合物燃烧浓度下限的喷射中心轴线长度。喷射火焰可以认为是由喷射中心轴线上一系列点辐射源组成，每个点辐射源的热释放速率相等。

点辐射源的热释放速率 $\dot{q}$：

$$\dot{q} = \frac{\eta \cdot Q_G \cdot \Delta H_c}{n} \tag{10-25}$$

式中：η ——燃烧效率因子，一般取 0.35；

Q_G ——气体的泄漏速度，kg・s^{-1}；

ΔH_c ——气体的燃烧热，J・kg^{-1}；

n ——假设的点辐射源数，可以任意选取，对于后果分析，一般取 5。

喷射中心轴线上某点辐射源 i 对距离该点 L 处目标的热辐射通量：

$$\dot{q}_i'' = \frac{\chi_r \cdot \dot{q}}{4\pi L^2} \tag{10-26}$$

式中：$\dot{q}_i''$——喷射中心轴线上某点辐射源 i 对距离该点 L 处目标的热辐射通量，W・m^{-2}；

χ_r——辐射分数，一般取 0.2；

L ——目标至喷射中心轴线上某点辐射源 i 的距离，m。

喷射火焰对目标的热辐射通量 $\dot{q}''$：

$$\dot{q}'' = \sum_{i=1}^{n} \dot{q}_i'' \tag{10-27}$$

一般喷射速度远大于风速，式（10–14）和式（10–15）没有考虑风的影响。低压喷射时，风的影响比较明显，下风方向热辐射更多。因此，该模型不适合风使喷射火焰偏离轴线的情况。

3. 池火

池火是可燃液体液面上的自由燃烧。池火往往在油罐火灾中形成。

（1）火焰高度。Heskestad 对大量包括池火和浮力射流在内的实验数据进行了关联，得到火焰高度的计算公式如下所示：

$$\frac{H}{D} = 0.235\frac{\dot{q}^{2/5}}{D} - 1.02 \tag{10-28}$$

（2）液态烃池火的热辐射通量。估算热辐射通量的方法可分为简单判别法和详细计算方法。主要有点源模型、Shokri-Beyler 模型和 Mudan 计算法，这里重点介绍点源模型。

点源模型是用真实火焰的中心点源模化火焰，如图 10–3 所示。点源 P 位于池火中心二分之一高度处。虽然点源模型不是一种严格的计算方法，但该方法广泛应用于辐射通量小于 $5\text{kW}\cdot\text{m}^{-2}$ 的场合。

点源模型认为距离池火中心 L 处目标物接受的池火火焰热辐射通量 $\dot{q}''$（$\text{kW}\cdot\text{m}^{-2}$）：

$$\dot{q}'' = \frac{\dot{q}_{\mathrm{r}}\cos\theta}{4\pi L^2} \tag{10–29}$$

式中：$\dot{q}_{\mathrm{r}}$——火焰的总辐射能量输出，kW；

θ——目标法线和目标与点源连线的夹角；

L——点源与目标的距离，m。

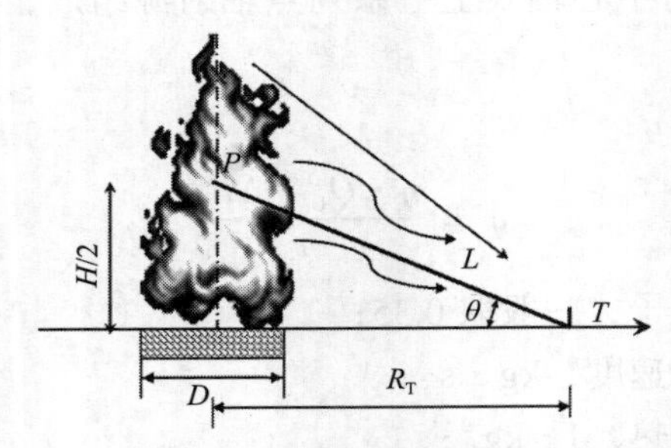

图 10–3　点源模型示意图

1）火焰的总辐射能量输出。

火焰的总辐射能量输出：

$$\dot{q}_{\mathrm{r}} = \chi_{\mathrm{r}}\dot{q} = (0.21 - 0.0034D)\dot{q} \tag{10–30}$$

式中：χ_{r}——辐射分数；

D——液池直径，m；

$\dot{q}$——火焰热量释放速率，kW。

2）点源与目标的距离。

点源与目标的距离可由式（10–31）得到，其中火焰高度 H 采用 Heskestad 方程计算。

$$L = \sqrt{R_{\mathrm{T}}^2 + (H/2 - H_{\mathrm{T}})^2} \tag{10–31}$$

式中：R_{T}——池火中心与目标间的水平距离；

H_{T}——相对于等效点源高度 $H/2$ 的目标高度。

（3）实例分析。某石化公司炼油厂无铅汽油罐区，由于操作工操作失误，导致汽油冒罐外溢，汽油蒸气在罐区大面积扩散，此后，驶入罐区的手扶拖拉机的尾气排气火花点燃了大面积扩散的汽油蒸气与空气的混合物，酿成重大火灾事故。已知汽油的燃烧热为 46 000 $\text{kJ}\cdot\text{kg}^{-1}$，单位面积燃烧速度为 $0.055\ \text{kg}\cdot\text{m}^{-2}\cdot\text{s}^{-1}$，20℃时空气密度为 $1.2\ \text{kg}\cdot\text{m}^{-3}$。若泄漏的汽油储罐为 $5\,000\text{m}^3$，爆炸后形成直径为 22.7m 的液池，请分析无风条件下距离池火中心 30m 处地面目标物受到的热辐射破坏作用。

分析过程：

$$D = 22.7\text{m},\ R = 30\text{m},\ \Delta H_{\mathrm{c}} = 46\,000\text{kJ}\cdot\text{kg}^{-1},\ \dot{m}'' = 0.055\ \text{kg}\cdot\text{m}^{-2}\cdot\text{s}^{-1}$$

$$\dot{q} = \Delta H_{\mathrm{c}}\times\dot{m}''\times\frac{\pi}{4}D^2 = 406\,000\times 0.055\times 22.7^2\times 3.14/4 = 9\,032\,544.175\ (\text{kW})$$

火焰高度：$H = 0.235\dot{q}^{2/5} - 1.02D$
$= 0.235 \times (9\,032\,544.175)^{2/5} - 1.02 \times 22.7$
$= 119.206\ (\mathrm{m})$

$$L = \sqrt{R^2 + (H/2)^2} = 66.73(\mathrm{m})$$

$$\dot{q}_{\mathrm{r}} = (0.21 - 0.0034D)\dot{q} = 1\,119\,702.517(\mathrm{kW})$$

$$\dot{q}'' = \frac{\dot{q}_{\mathrm{r}}\cos\theta}{4\pi L^2}$$

$$= 1\,119\,702.517 \times \frac{30}{66.73} \times \frac{1}{4 \times 3.14 \times 66.73^2}$$

$$= 9.64\ (\mathrm{kW \cdot m^{-2}})$$

无风条件下距离池火中心 30m 处地面目标物受到的热辐射通量为 $9.64\mathrm{kW \cdot m^{-2}}$，该数值介于表 10–4 的 $12.5\mathrm{kW \cdot m^{-2}}$ 与 $4.0\mathrm{kW \cdot m^{-2}}$ 之间，因此，人员伤害程度也处于以上两数值的对应人员伤害程度的中间状态。

4. 蒸气云火灾

蒸气云火灾是可燃蒸气云的非爆炸燃烧，燃烧速度虽然很快但比爆炸慢得多。通常不造成冲击波损害，但弥漫气雾的延迟燃烧造成伤害。由于蒸气云本身的形状难于确定，而蒸气云火灾持续时间又很短，因此后果分析一般可不考虑其热辐射效应，只考虑发生蒸气云火灾范围内的伤害。一般可认为蒸气云火灾范围内的室外人员将全部被烧死，建筑物内将有部分人员被烧死。在缺乏资料时，可以认为室内的人员死亡率为零。

以液化石油气（按丙烷计）为例简要说明蒸气云火灾燃烧范围的计算。1kg 丙烷完全燃烧所需氧气量为 3.64kg，需空气量为 15.7kg。若泄漏出液化石油气 m kg，则 m kg 丙烷完全燃烧所形成的混合燃烧气体的总质量为 16.7 m kg。已知丙烷的燃烧热值为 46 242 $\mathrm{kJ \cdot kg^{-1}}$，混合燃烧气体的比热容为 $1.3\mathrm{kJ \cdot kg^{-1} \cdot K^{-1}}$，则燃气的温度可升高 2 130℃。燃气混合物在标准状态下的密度为 $1.25\mathrm{kg \cdot m^{-3}}$，$m$ kg 丙烷完全燃烧生成的燃气混合物在 2 130℃时体积为 $\frac{16.7m}{1.25} \times \frac{2\,403}{273}$。若燃气混合物以半球状向空间扩散，则其扩散半径为 $R=\sqrt[3]{\frac{118m}{\frac{1}{2} \times \frac{4}{3}\pi}}=3.83m^{1/3}$。即以泄漏容器为中心，在直径约为 $7.66m^{1/3}$，高为 $3.83m^{1/3}$ 范围内的所有可燃物都将着火燃烧。

5. 固体火灾

固体火灾的热辐射通量按点源模型估计。

$$\dot{q}'' = \chi_{\mathrm{r}} \cdot \dot{m} \cdot \Delta H_{\mathrm{c}} / 4\pi L^2 \tag{10–32}$$

式中：$\dot{q}''$ ——目标接受到的热辐射通量，$\mathrm{W \cdot m^{-2}}$；
χ_{r} ——辐射分数，可取 $\chi_{\mathrm{r}} = 0.25$；
$\dot{m}$ ——固体质量燃烧速率，$\mathrm{kg \cdot s^{-1}}$；
ΔH_{c}——燃烧热，$\mathrm{kJ \cdot kg^{-1}}$；
L ——目标至火源中心间的水平距离，m。

四、爆炸破坏伤害作用

爆炸是物质的一种非常剧烈的物理、化学变化。在爆炸过程中，物质由一种状态迅速地转变为另一种状态，并在短时间内释放出大量的能量。爆炸现象通常是借助于气体的膨胀来实现的。

（一）爆炸冲击波及其破坏伤害作用

1. 冲击波的能量

压力容器爆炸时，大部分爆炸能量用于产生冲击波。冲击波是一种介质状态突跃变化的强扰动传播，最常见的形式是空气冲击波，其传播速度大于声速。爆炸形成的高温高压气体产物在迅速向外界膨胀的过程中，剧烈冲击压缩周围原本处于平静状态的空气，周围的空气因受到冲击而发生扰动，周围空气的状态（压力、密度、温度等）发生突跃变化，压力和温度迅速升高，空气密度增大。

冲击波的破坏作用可用峰值超压、持续时间和比冲量三个特征参数来衡量。超出周围环境压力的最大压力称为峰值超压Δp。一般情况下超压意味着侧向超压，即压力是在压力传感器与冲击波相垂直的条件下测量得到的。在压力－时间曲线（图 10–4）上，超压对持续时间的积分为比冲量，有正比冲量和负比冲量之分。图 10–5 为爆炸后不同瞬间的压力－距离曲线示意图。

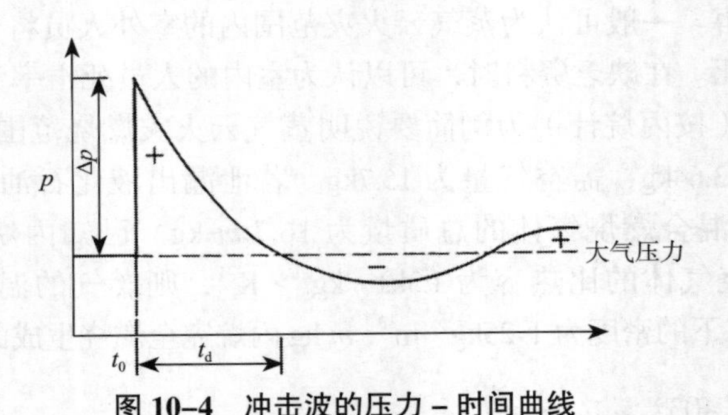

图 10–4　冲击波的压力－时间曲线

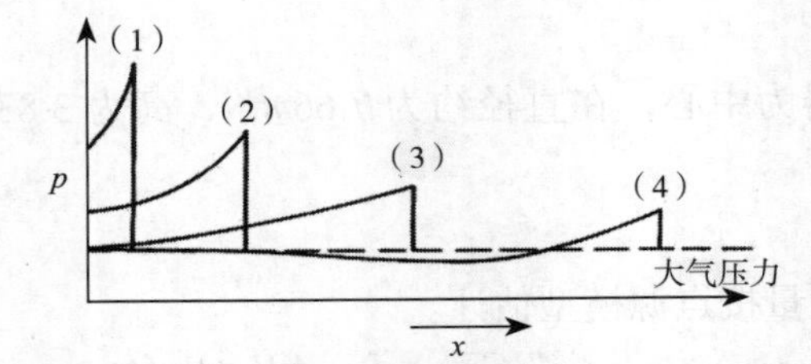

图 10–5　爆炸后不同瞬间的压力－距离曲线

2. 冲击波破坏伤害准则

冲击波破坏伤害准则主要有超压准则、冲量准则和超压－冲量准则等。

（1）超压准则。超压准则认为，只要冲击波超压达到一定数值，便会对目标造成一定的破坏或伤害。尽管爆炸破坏效应不仅与爆炸超压有关，也与超压持续时间有关，但由于冲击波超压容易测量和估计，所以超压准则是衡量爆炸效应最常用的准则。

冲击波超压对建筑物的破坏作用和对人员的伤害作用如表 10-8 和表 10-9 所示。

表 10-8　1 000 kgTNT 地面爆炸时冲击波超压对建筑物的破坏作用

Δp / kPa	破坏作用	Δp / kPa	破坏作用
5 ~ 6	门、窗玻璃部分破碎	60 ~ 70	木建筑厂房房柱折断，房架松动
6 ~ 15	受压面的门窗玻璃大部分破碎	70 ~ 100	砖墙倒塌
15 ~ 20	窗框损坏	100 ~ 200	防震钢筋混凝土破坏，小房屋倒塌
20 ~ 30	墙裂缝	200 ~ 300	大型钢架结构破坏
40 ~ 50	墙裂大缝，屋瓦掉下	—	—

表 10-9　冲击波超压对人员的伤害作用

Δp / kPa	冲击波破坏效应	Δp / kPa	冲击波破坏效应
<19.6	能保证人员安全	49.0 ~ 98.0	损伤人的听觉器官，或产生骨折
19.6 ~ 29.4	人体受到轻微损伤	>98.0	大部分人员死亡

（2）冲量准则。冲量准则是指爆炸冲击波能否对目标造成破坏或伤害，完全取决于爆炸冲击波冲量的大小。如果冲量大于临界值，则目标被破坏或被伤害。但当超压很小时，作用时间再长也不会产生任何破坏或伤害。

（3）超压 – 冲量准则。超压 – 冲量准则综合考虑了超压和冲量两个方面。如果超压和冲量的共同作用满足某一临界条件，目标就被破坏或伤害。

3. 冲击波破坏伤害作用的估算

冲击波波阵面上的超压与产生冲击波的能量有关。在其他条件相同的情况下，爆炸能量越大，冲击波强度越大，波阵面上的超压也越大。爆炸产生的冲击波是立体冲击波，它以爆炸点为中心，以球面或半球面向外扩展传播。随着半径增大，波阵面表面积增大，超压逐渐减弱。下面介绍立方根比例定律估算冲击波超压的方法。

立方根比例定律由霍普金森（Hopkinson）和克兰茨（Cranz）分别于 1915 年和 1926 年独立提出，又称为 Hopkinson-Cranz 比例定律。该定律指出，两个几何相似但尺寸不同的同种炸药在相同的大气环境条件下爆炸，必然在相同的比例距离产生相似的冲击波。Hopkinson-Cranz 比例距离 z 是一个有量纲的参数，$z=\dfrac{R}{E^{1/3}}$，其中 R 为冲击距离，m；E 为爆炸能量，kJ。

1973 年，Baker 提出用梯恩梯（TNT）当量比例距离 z_e 估算超压，即冲击波超压可由 TNT 当量 m_{TNT}，以及与地面上爆炸源点的距离 R 来估算。

$$z_e=\frac{R}{m_{TNT}^{1/3}} \tag{10-33}$$

式中：m_{TNT}——TNT 当量，kg TNT，$m_{TNT}=\frac{E}{Q_{TNT}}$。其中 E 为爆炸能量，kJ；Q_{TNT} 为 TNT 的爆炸当量能量，一般取平均值 4 686 $kJ \cdot kg^{-1}$。

R ——与地面上爆炸源点的距离，m。

发生在平坦地面上的 TNT 爆炸产生的侧向峰值超压与比例距离 z_e 的关系如图 10-6 所示，其曲线关系可用式（10-34）来描述：

$$\frac{\Delta p}{p_a}=\frac{1\ 616\left[1+\left(\frac{z_e}{4.5}\right)^2\right]}{\sqrt{1+\left(\frac{z_e}{0.048}\right)^2}\sqrt{1+\left(\frac{z_e}{0.32}\right)^2}\sqrt{1+\left(\frac{z_e}{1.35}\right)^2}} \tag{10-34}$$

其中，p_a 为周围环境压力。因此，在确定出 TNT 当量比例距离 z_e 后，就可以由图 10-6 直接查得爆炸产生的冲击波峰值超压，或者根据式（10-34）计算求得。对于发生在敞开空间的远高于地面的爆炸，所得到的超压值应乘以 0.5。

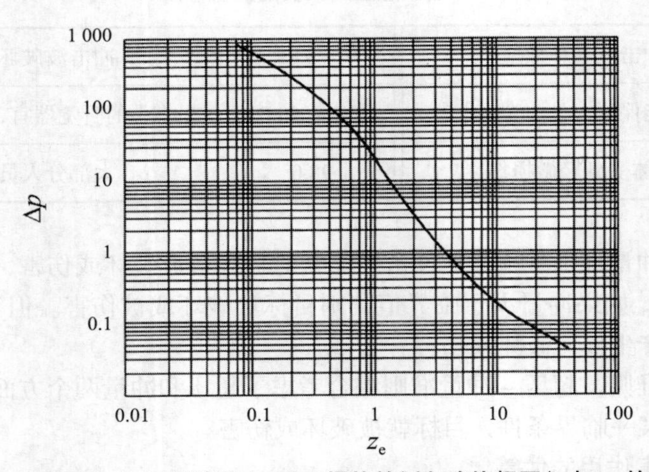

图 10-6　平坦地面上 TNT 爆炸的侧向峰值超压 Δp 与 z_e 的关系

根据立方根比例定律和 Baker 梯恩梯当量比例距离可以得出：

$$\frac{R}{R_0}=\sqrt[3]{\frac{m_{TNT}}{m_{TNT_0}}}=\alpha \quad \Leftrightarrow \quad \Delta p=\Delta p_0 \tag{10-35}$$

式中：R_0 ——试验爆炸时目标与爆炸中心的距离，m；

m_{TNT0}——试验爆炸时的 TNT 炸药量，kgTNT；

Δp ——实际爆炸时目标处的超压，kPa；

Δp_0 ——试验爆炸时目标处的超压，kPa；

α ——实际爆炸与试验爆炸的无量纲模拟比。

不同数量的 TNT 炸药发生爆炸时，如果目标与爆炸中心的距离之比等于 TNT 炸药量的三次方根之比，则所产生的冲击波超压相同。利用式（10-35）就可以根据某些已知炸药量的试验所测得的超压来确定在各种相应距离下任意炸药量（当量）爆炸时的超压。表 10-10 为 1 000 kgTNT 发生空中爆炸时，在与爆炸中心不同距离处测得的冲击波超压。大多数爆炸都被认为是发生在地面上的，由表 10-10 所得到的超压值应乘以 2。如果已知距

离爆炸中心 R 处冲击波的破坏伤害作用，还可以反推爆炸中心的爆炸能量。

表 10–10　1 000 kgTNT 空中爆炸时的冲击波超压

R_0 / m	Δp / MPa	R_0 / m	Δp / MPa	R_0 / m	Δp / MPa	R_0 / m	Δp / MPa
5	2.94	14	0.330	40	0.033 0	75	0.013 0
6	2.06	16	0.235	45	0.027 0	90	0.010 0
7	1.67	18	0.170	50	0.023 5	109	0.007 5
8	1.27	20	0.126	55	0.020 5	144	0.005 0
9	0.95	25	0.079	60	0.018 0	166	0.004 0
10	0.76	30	0.057	65	0.016 0	201	0.003 0
12	0.50	35	0.043	70	0.014 3	—	—

4．实例分析

2015 年 8 月，某物流有限公司危险品仓库发生特别重大火灾爆炸事故，事发时公司储存的 111 种危险货物的化学组分中至少有 129 种化学物质发生爆炸燃烧或泄漏扩散。事故的原因认定为：该公司危险品仓库某集装箱内的硝化棉由于湿润剂散失出现局部干燥，积热自燃，引起相邻其他危险化学品，最终导致硝酸铵等危险化学品发生爆炸。

据爆炸、地震专家和相关实验室分析，现场发生了 2 次较大的爆炸，综合考虑本次事故中爆炸总能量约为 450t TNT 当量。若能保证人员安全的最小冲击波超压为 19.6 kPa，根据爆炸的总能量，请分析人员至少撤离到距爆炸地点多远处才可以保证安全？

分析过程：

取临界$\Delta P = 19.6\text{kPa}$，由于爆炸发生在地面上，对应 $\frac{\Delta P}{2} = 0.009\ 8\text{MPa}$，利用差值法查表得：$R_0$=92m。

由 $R_0 = 92\text{m}$，$m_{\text{TNT}_0} = 1\ 000\text{kg}$，$m_{\text{TNT}} = 450\ 000\text{kg}$，$\frac{R}{R_0} = \sqrt[3]{\frac{m_{\text{TNT}}}{m_{\text{TNT}_0}}}$，则 $R = 705\text{m}$。

因此，人员至少撤离到距爆炸地点 705m 远处才可以保证安全。

（二）爆炸事故后果定量分析

1. 物理爆炸能量计算

物理性爆炸如压力容器破裂时，爆炸能量与介质在容器内的物性相态和容器的容积有关。容积与压力相同而相态不同的介质，在容器破裂时的爆炸过程不完全相同，爆炸产生的能量也不相同。

（1）气体介质压力容器的爆炸能量。盛装气体的压力容器在破裂时，气体膨胀所释放的能量与压力容器的压力和容积有关。其爆炸过程是容器内的气体由容器破裂前的压力降至大气压力的一个简单膨胀过程，所以历时一般都很短，不管容器内介质的温度与周围大气存在多大的温差，都可以认为容器内的气体与大气无热量交换，即此时气体介质的膨胀是一个绝热膨胀过程。因此其爆炸能量亦即为气体介质膨胀所做的功：

$$E_g = \frac{pV}{\kappa - 1}\left[1 - \left(\frac{0.1013}{p}\right)^{\frac{\kappa-1}{\kappa}}\right] \times 10^3 \qquad (10\text{–}36)$$

式中：E_g——压缩气体介质压力容器的爆炸能量，kJ；

p ——爆炸前气体的绝对压力，MPa；

V ——压力容器的容积，m^3；

κ ——气体的绝热指数，气体的绝热指数κ 可按气体分子的组成近似地确定，如双原子分子 κ 为 1.4，三原子和四原子分子气体 κ 为 1.2 ~ 1.3。

对于绝热指数为 1.4 或接近 1.4 的空气、氮气、氧气、氢气和一氧化碳等双原子气体，如用 κ= 1.4 代入式（10–36）中，得到双原子气体的爆炸能量：

$$E_{双} = 2.5pV\left[1 - \left(\frac{0.1013}{p}\right)^{0.2857}\right] \times 10^3$$

$$即\ E_{双} = C_{双} \cdot V \qquad (10\text{–}37)$$

式中：$E_{双}$——双原子气体介质压力容器的爆炸能量，kJ；

$C_{双}$——压缩气体的爆炸能量系数，$kJ \cdot m^{-3}$。

$C_{双}$是气体绝对压力 p 的函数，常用压力 p 下压缩气体的爆炸能量系数（κ=1.4）见表 10–11。

对于干饱和水蒸气，κ= 1.135，其爆炸能量：

$$E_v = 7.4pV\left[1 - \left(\frac{0.1013}{p}\right)^{0.1189}\right] \times 10^3$$

$$即\ E_V = C_V \cdot V \qquad (10\text{–}38)$$

式中：E_v——干饱和水蒸气介质压力容器的爆炸能量，kJ；

C_v——干饱和水蒸气的爆炸能量系数，$kJ \cdot m^{-3}$。

常用压力下干饱和水蒸气的爆炸能量系数（κ= 1.135）如表 10–12 所示。

表 10–11　常用压力下压缩气体的爆炸能量系数（κ= 1.4）

p / MPa	$C_{双}$ /（$kJ \cdot m^{-3}$）	p / MPa	$C_{双}$ /（$kJ \cdot m^{-3}$）	p / MPa	$C_{双}$ /（$kJ \cdot m^{-3}$）	p / MPa	$C_{双}$ /（$kJ \cdot m^{-3}$）
0.3	2.0×10^2	0.9	1.1×10^3	2.6	3.9×10^3	6.5	1.1×10^4
0.5	4.6×10^2	1.1	1.4×10^3	4.1	6.7×10^3	15.1	2.7×10^4
0.7	7.5×10^2	1.7	2.4×10^3	5.1	8.6×10^3	32.1	6.5×10^4

表 10–12　常用压力下干饱和水蒸气及饱和水的爆炸能量系数

p / MPa	C_v /（kJ · m^{-3}）	C_w /（kJ · m^{-3}）	p / MPa	C_v /（kJ · m^{-3}）	C_w /（kJ · m^{-3}）
0.4	4.5×10^2	9.6×10^3	1.4	2.8×10^3	4.1×10^4
0.6	8.5×10^2	1.7×10^4	2.6	6.2×10^3	6.7×10^4
0.9	1.5×10^3	2.7×10^4	3.1	7.7×10^3	7.7×10^4

（2）气液两相介质压力容器的爆炸能量。液化气体和高温饱和水一般在容器内以气液两相存在，过热状态下液体在容器破裂时释放的能量可按下式计算：

$$E_{gL} = [(H_1 - H_2) - (S_1 - S_2)T_b] \cdot m \tag{10–39}$$

式中：E_{gL}——液化气体介质压力容器的爆炸能量，kJ；

H_1——爆炸前液化气体的焓，kJ · kg^{-1}；

H_2——大气压力下液化气体的焓，kJ · kg^{-1}；

S_1——爆炸前液化气体的熵，kJ · kg^{-1} · K^{-1}；

S_2——大气压力下液化气体的熵，kJ · kg^{-1} · K^{-1}；

T_b——大气压力下液化气体的沸点，K；

m——液化气体的质量，kg。

高温饱和水发生物理爆炸时，爆炸能量可由下式计算：

$$E_w = C_w \cdot V \tag{10–40}$$

式中：E_w——高温饱和水介质压力容器的爆炸能量，kJ；

C_w——高温饱和水的爆炸能量系数，kJ · m^{-3}，参见表 10–12；

V——压力容器内饱和水的体积，m^3。

（3）液体介质压力容器的爆炸能量。介质为常温液体的压力容器发生物理性爆炸时，所释放的能量等于液体加压时所做的功。

$$E_L = \frac{(p - p_0)^2 V\alpha_t}{2} \tag{10–41}$$

式中：E_L——液体介质压力容器的爆炸能量，J；

p——爆炸前液体的绝对压力，Pa；

p_0——大气压力，Pa；

V——压力容器的容积，m^3；

α_t——压力 p、温度 t 时液体的压缩系数，Pa^{-1}。

（4）实例分析。一卧式废热锅炉汽包，直径 2m，长 5m，在运行中发生破裂爆炸，表压为 0.8MP，事故前检查水位在汽包中心上方约 0.2m 处，试估算汽包破裂时的爆炸能量。

分析过程：

表压为 0.8MPa，绝对压力 p 为 0.9MPa，查表 10–12 得饱和水的爆炸能量系数 C_w 为 2.7×10^4kJ · m^{-3}，干饱和水蒸气的爆炸能量系数 C_V 为 1.5×10^3kJ · m^{-3}。

锅炉的体积 $V = \pi R^2 L = 3.14 \times 1 \times 5 = 15.7(m^3)$

水的体积 $V_{水} = \frac{1}{2}\pi R^2 L - 0.2 \times 2 \times 5 = \frac{1}{2} \times 3.14 \times 1 \times 5 - 2 = 9.85(m^3)$

水蒸气的体积 $V_{气} = V - V_{水} = 15.7 - 9.85 = 5.85(m^3)$

汽包破裂时的爆炸能量：

$$E = E_V + E_W = C_V \cdot V_{气} + C_W \cdot V_{水} = 1.5\times10^3\times5.85 + 2.7\times10^4\times9.85 = 2.75\times10^5(kJ)$$

则汽包破裂时的爆炸能量为 2.75×10^5kJ。

2. 蒸气云爆炸事故后果分析

蒸气云爆炸（Vapor Cloud Explosions，VCEs）是由于气体或易于挥发的液体可燃物的大量快速泄漏，与周围空气混合形成覆盖范围很大的“预混云”，在某一有限空间遇点火源而导致的爆炸。蒸气云爆炸主要由冲击波造成破坏和伤害。

（1）TNT 当量法估算蒸气云爆炸冲击波超压。TNT 当量法是把蒸气云爆炸的破坏作用转化成 TNT 爆炸的破坏作用，可燃蒸气云爆炸时的 TNT 当量 m_{TNT}：

$$m_{TNT} = \frac{\alpha \cdot m \cdot \Delta H_c}{Q_{TNT}} \quad (10\text{–}42)$$

式中：α ——可燃蒸气云爆炸效率因子，统计平均值为 0.04；

m ——蒸气云中可燃物的质量，kg；

ΔH_c ——可燃气体的燃烧热，$kJ \cdot kg^{-1}$，其他符号意义同上。

爆炸效率因子是爆炸事故后果分析中最重要也是最难准确知道的参数，其范围为 2% ~ 20%。表 10–13 列出了一些物质的爆炸效率因子。

表 10–13 一些物质的爆炸效率因子

爆炸效率因子	物质名称					
3%	乙醛	乙烷	甲烷	乙酸丙酯	氰	异辛烷
	丙酮	乙醇	甲醇	丙烯	甲基异丙基苯	戊烷
	丙烯腈	乙酸乙酯	乙酸甲酯	二氯丙烷	癸烷	石油醚
	乙酸戊酯	乙胺	甲胺	苯乙烯	二氯苯	邻苯二甲酸酐
	戊醇	乙苯	甲基丁基酮	四氟乙烯	二氯乙烷	丙烷
	苯	氯乙烷	氯甲烷	甲苯	二甲醚	丙醇
	丁二烯	甲酸乙酯	甲基乙基酮	乙酸乙烯酯	氢氰酸	异丙醇
	丁烷	丙酸乙酯	甲酸甲酯	氯乙烯	氢	异丁烯
	丁烯	糠醇	甲硫醇	偏氯乙烯	硫化氢	二甲苯
	乙酸丁酯	庚烷	甲基丙基酮	水煤气	异丁醇	萘
	一氧化碳	己烷	—	—	—	—

续表 10–13

爆炸效率因子	物质名称					
6%	丙烯醛	乙醚	乙烯	甲基乙烯酯	环已烷	环氧丙烷
	二硫化碳	乙烯醚	亚硝酸乙酯	—	—	—
19%	乙炔	硝酸乙酯	硝酸异丙酯	硝基甲烷	丙炔	乙烯基乙炔
	亚乙基氧	联氨	—	—	—	—

求出可燃蒸气云爆炸时的 TNT 当量后，由式（11–22）及图 11–6 或式（11–23），或式（11–24）及表 11–9 即可估算出冲击波超压大小及其破坏伤害作用。TNT 当量法适用于很强的蒸气云爆炸且用以模拟爆炸远场时偏差较小，模拟爆炸近场时可能会高估蒸气云爆炸产生的超压。

（2）蒸气云爆轰伤害作用区域。

1）丙烷当量法。假设化学计量比的丙烷 – 空气混合物在低空发生爆轰，冲击波的伤害破坏作用区域分别估算如下，其计算精确度为 95%。

①死亡区域半径：

人在冲击波作用下 50% 头部撞击致死的区域半径 R_1：

$$R_1=1.980m_p^{0.447} \tag{10-43}$$

式中：R_1——死亡半径，m；

m_p——蒸气云中可燃气体的丙烷当量，kg，$m_p=\dfrac{\alpha \cdot m \cdot \Delta H_c}{Q_p}$，其中 Q_p 为丙烷的燃烧热，一般取 50 290 kJ · kg^{-1}。

②重伤区域半径：

重伤区域半径 R_2 是指人在冲击波作用下 50% 耳鼓膜破裂的区域半径，对应的冲击波超压值为 44 kPa。

$$R_2=9.187m_p^{1/3} \tag{10-44}$$

③轻伤区域半径：

轻伤区域半径 R_3 是指人在冲击波作用下 1% 耳鼓膜破裂的区域半径，对应的冲击波超压值为 17kPa。

$$R_3=17.877m_p^{1/3} \tag{10-45}$$

2）实例分析。某液化石油气储罐储存了 26t 的液化石油气，若此储罐破裂导致液化石油气泄漏扩散遇点火源发生蒸气云爆炸，请确定其伤害破坏作用范围（已知液化石油气的燃烧热为 47 472 kJ · kg^{-1}）。

分析过程：

利用丙烷当量法确定蒸气云爆炸破坏作用范围，假定泄漏出来的 26t 液化石油气全部参与蒸气云爆炸，取其爆炸效率因子为 4%，则其丙烷当量：

$$
\begin{aligned}
m_{\mathrm{p}} &= \frac{\alpha \cdot m \cdot \Delta H_{\mathrm{c}}}{Q_{\mathrm{p}}} \\
&= \frac{0.04 \times 26\,000 \times 47\,472}{50\,290} \\
&= 981.7\,(\mathrm{kg})
\end{aligned}
$$

将 m_{p} 值代入式（10–43）~式（10–45），得到此液化石油气储罐发生蒸气云爆炸造成的死亡区域半径是43.1m，重伤区域半径是91.3m，轻伤区域半径是177.7m。

思考题

1. 什么是德尔菲预测法，具有哪些特点？
2. 简述前景评估法的操作步骤。
3. 马尔可夫法预测的前提条件是什么？
4. 灰色预测法的理论模型是什么？
5. 分析说明泄漏量的大小跟哪些参数相关？
6. 简述常见的火灾事故后果类型及其形成条件。
7. 阐述衡量热辐射危险性的伤害破坏准则及其适用范围。
8. 衡量冲击波的破坏作用特征参数有哪些？
9. 冲击波破坏伤害准则有哪些？
10. 阐述立方根比例定律的含义。
11. 阐述不同相态介质压力容器发生物理爆炸的爆炸能量跟哪些参数相关。

第十一章　火灾风险控制

【导学】火灾风险控制是消防安全系统工程的最终目标，是在辨识和分析火灾和爆炸事故危险因素的基础上，从降低引发事故概率和减少事故危害两方面采取措施加以防控，并采用风险应对策略予以疏解，增强系统防御和承受火灾风险的能力。通过本章的学习，应理解火灾风险的控制策略和途径，掌握火灾爆炸事故控制的技术对策和管理对策，了解消防安全系统提升可靠度的方式。

第一节　火灾风险控制概述

风险控制是指风险管理者采取各种措施和方法，消灭或减少风险事件发生的各种可能性，或风险控制者减少风险事件发生时造成的损失。总会有些事情是不能控制的，风险总是存在的，作为管理者应采取各种措施减小风险事件发生的可能性，或者把可能的损失控制在一定的范围内，以避免在风险事件发生时带来的难以承担的损失。

一、火灾风险控制的含义与目的

风险控制是风险管理的重要内容之一，是指风险管理者采取各种措施和方法，消灭或减少风险事件发生的各种可能性，或风险控制者减少风险事件发生时造成的损失。消防安全管理者针对系统火灾危险分析和消防安全评价阶段发现的系统中的危险因素、薄弱环节或潜在危险，基于现有消防技术水平，结合系统工程的现实消防安全要求，采用控制论基本原理与方法对其提出调整、修正、消除等措施并加以实施，以消除火灾事故的发生或使发生的火灾爆炸事故得到最大限度的控制，这一过程称为系统消防安全控制或火灾风险控制。系统消防安全控制能使系统的安全状况得到改善，实现系统消防安全最优化。

火灾风险控制具体有以下两个目标：

（1）降低火灾爆炸事故发生的频率。

（2）降低火灾爆炸事故严重程度及每次事故的人员伤亡或经济损失。

二、火灾风险控制的策略

由于目前技术还不能实现全面的消防本质安全，火灾风险总是存在的，总有些火灾风险不能控制。因此，消防安全管理者要采取风险控制策略，或者采取各种措施减小风险事件发生的可能性，或者把损失控制在一定的范围内，以避免在火灾事件发生时带来的难以承担的损失。火灾风险控制的四种基本方法是：风险回避、损失抑制、风险转移和风险保留。

（一）风险回避

风险回避就是中断风险源，使其不致发生或遏制其发展。消防安全管理者在完成项目火灾风险分析与评价后，如果发现火灾风险发生的概率很高，而且可能的损失大到难以承受，又没有其他有效的对策来降低风险时，应采取放弃项目、放弃原有计划或改变目标等方法，使其不发生或不再发展，从而避免可能产生的巨大潜在损失。风险回避具有简单易行、全面彻底的优点，能将火灾风险的概率降低到零，但回避风险的同时也是放弃了获得收益的机会。

（二）损失抑制

损失抑制是指损失发生前消除导致损失扩大的根源，在风险事件发生后采取应急措施减少损失的程度。具体措施有：

1. 危险分隔

将某一火灾高风险系统分割成许多独立的、较小的单位，以达到减小损失幅度的目的。例如对建筑中的锅炉房、燃油间采取的防火分隔措施。

2. 火灾控制

设置火灾早期探测装置、自动灭火装置等，及时发现险情并进行事故处置。

3. 应急储备

做好火灾事故的应急准备，包括人员和物资以及事故响应预案的准备。

（三）风险转移

风险转移是指通过合同或非合同的方式将风险转嫁给另一个人或单位的一种风险处理方式。风险转移主要通过购买保险、担保和信用证等工具将风险转移给第三方。当一个企业的火灾风险过高，超出本单位的承担能力，就可以采用风险转移的策略，火灾公众责任险是一种将火灾对不确定第三方受害者提供保障的责任险，《中华人民共和国消防法》明确鼓励人员密集场所、易燃易爆场所购买公众责任险。

（四）风险保留

风险保留也称为风险承担，是指风险保留在风险管理主体内部，通过采取内部控制措施等来化解风险或者对保留下来的风险不采取任何措施。风险自留是企业主动承担风险，一旦发生火灾事故以其内部的资源来弥补损失，与购买保险同为企业在发生损失后主要的筹资弥补损失的方式。风险保留与其他风险对策的根本区别在于它不改变风险的客观性质，即不改变风险的发生概率，也不改变项目风险潜在损失的严重性。

管理者选择自留承担的风险往往是发生频率高、损失程度小的风险，因为损失在一段较长的时间内发生的损失总额会比较稳定，和风险转移相比采用风险自留管理费用比较低，若采用风险转移其成本和收益相比得不偿失。对于发生频率小、造成损失金额多的风险，则应该在风险保留和投保两种方式之间进行权衡选择。采用风险保留的手段需要具备以下条件：

（1）企业具有大量的风险部位。
（2）各风险部位发生损失的概率和程度较为相似。
（3）风险部位之间相互独立。
（4）企业应具有充足的财务力量来弥补损失。

三、火灾风险控制的环节与途径

（一）火灾风险控制的环节

按照火灾风险控制的先后，可分为事前控制、事中控制和事后控制三类。

1. 事前控制

事前控制包括安全预评价、岗前安全教育培训、在设备产品设计阶段采取的措施等。

2. 事中控制

事中控制包括安全现状评价、安全现场管理等。

3. 事后控制

事后控制包括安全应急管理、事故应急救援等。

（二）火灾风险控制的途径

以整个消防安全系统为控制对象。火灾风险控制遵循安全生产的 3E 原则（Enforcement；Engineering；Education），从三个基本途径出发制定具体措施。

1. 强制管理

将消防安全责任、防控技术要求、危险作业操作规程等以政策、法令、制度、标准等方式发布，并进行检查和考核，加强管理督促落实。例如，制订消防安全管理制度、消防设施定期维保制度和组织防火巡查和安全检查等。

2. 工程技术

以消防工程和防火技术为手段，通过对火灾危险的物质因素进行处理，如消除、控制、防护隔离、监控、保留和转移等来达到控制损失的目的。火灾危险源控制技术包括防止事故发生的安全技术和减少或避免事故损失的安全技术。采取技术措施对危险源进行控制，即尽量做到防患于未然；另一方面也应做好充分准备，一旦发生故障、事故时，能防止事故扩大或引起其他事故，把事故造成的损失限制在尽可能小的范围。

具体的措施包括：预防火灾危险因素的产生，减少已存在的火灾风险因素，改变火灾风险因素的基本性质，改善风险空间分布，加强防护能力等。例如，采用阻燃处理技术降低火灾危险性，采用危化品储量降低火灾保障危害后果，采用危化品和场所的集中布置且远离人口密集区，改变风险的空间分布等。

3. 教育培训

火灾事故中原因分析中的直接原因和间接原因中多与人为失误有关，如生产操作失误、指挥错误、过于自信或缺乏判断、粗心大意、厌烦省力、错误处置等。正确信息的持续输入可以有效干预人为失误，减少人的不正确行为对火灾危险源的触发作用。因此，消防安全教育培训是火灾风险干预的重要途径。

通过对公众、员工开展安全教育与培训，提高人的安全意识，消除人为的风险因素，防止不安全行为的出现，从而降低人为因素引发的火灾事故。例如，进行消防法制教育、消防技能教育和防火知识教育等。消防安全教育培训对于火灾风险防控具有长远的战略意义具体如下：

（1）有利于提高全民的消防安全素质。由强制管理的“要我安全”变为“我要安全”，产生自我安全的需要，激发自觉接受安全教育培训的动机，形成安全行为习惯。

（2）有利于规范全民的安全行为。通过消防法规、规章、政策教育，消防安全责任制、作业规程、操作规程、劳动纪律、典型事故经验教育等，警示并规范人员的潜在危险行为，做到不伤害自己、不伤害他人、不被他人伤害。

（3）强化全面消防技能。通过消防科技知识和岗位消防技能教育，促进消防新产品、新技术、新工艺、新材料、新设备的应用；提高安全操作的技能和火灾应急能力。

第二节　火灾风险控制技术措施

火灾风险高低是由火灾发生的概率和事故造成后果来衡量的，那么，控制和降低火灾风险水平就可以从减少火灾事故发生概率、降低火灾事故危害程度两方面着手，采取相应措施。火灾事故发生的概率和事故的危害程度与系统中存在的火灾危险因素及其危害程度有着密切关系，因此，火灾风险控制措施要能够有效地降低系统中火灾危险因素的危险性和危害性。

一、防火防爆技术措施

要想控制引发火灾事故的危险因素，需要明确危险因素形成和引发火灾爆炸事故的条件，从而采取响应的技术措施。

（一）防火防爆基本原理

1. 火灾条件

火灾是在时间和空间上失去控制的燃烧，简而言之，火灾是燃烧失控，而燃烧是可燃物质与助燃物质（氧或其他助燃物质）发生的一种发光发热的氧化反应。可燃物质、助燃物质和点火源是可燃物质燃烧的三个基本要素，三要素相互作用是发生燃烧的必要条件。例如，在石油化工生产企业中的燃烧三要素是可燃物、氧化剂和引燃源。可燃物主要包括的气体：乙炔、丙烷、一氧化碳、氢气等；液体：汽油、丙酮、醚、戊烷、苯等；固体：塑料、木柴粉末、纤维、金属颗粒等。氧化剂主要包括的气体：氧气、氟气、氯气等；液体：过氧化氢、硝酸、高氯酸等；固体：金属过氧化物、亚硝酸铵等。引燃源主要包括电火花、明火、静电、雷电、热源等。防火控制措施的方向就是采取措施避免三要素相互接触，或是控制三要素的量。

2. 爆炸条件

爆炸是物质发生急剧的物理、化学变化，由一种状态迅速转变为另一种状态并在瞬间释放出巨大能量的现象。从现象和灭火救援的角度来说，凡是发生瞬间的燃烧，同时生成大量的热和气体，并以很大的压力向四周扩散的现象，就称为爆炸。爆炸的发生需要满足以下三个基本条件：

（1）可燃物与空气混合形成爆炸性混合物。

（2）所形成的爆炸性混合物达到一定的浓度比例。

（3）有引起爆炸性混合物爆炸的最小引爆（引火）能量。

3. 抑制燃烧和抑制爆炸的基本原理

从理论上讲，防止火灾爆炸事故发生的基本原理就是破坏燃烧爆炸条件的形成或要素间的相互接触，主要包括以下三个原则：

（1）防止和限制可燃可爆系统的形成，也就是避免形成可燃物与助燃物的混合状态。

（2）当燃烧爆炸系统不可避免地形成或出现时，要尽可能地消除或隔离各类点火源。

（3）阻止和限制火灾爆炸的蔓延扩展，尽量降低火灾爆炸事故造成的损失。

在实践中，由于受生产条件的限制或某些不可控因素的影响，防火防爆措施需要综合全面情况进行分析，往往需要采取多方面防火防爆技术，以提高生产过程的安全程度。除此之外，还应考虑其他辅助预警和控制措施，以便在发生火灾爆炸事故时减少危害程度，将损失降至最低。

（二）控制可燃物措施

1. 预防形成燃烧爆炸性混合物

可燃气体、可燃蒸气和可燃粉尘等可燃物，在一定条件下能够和空气等助燃气体形成爆炸性混合物，这种爆炸性混合物若接触到点火源，便会发生火灾爆炸事故。此类火灾爆炸事故在工业企业中较为常见且危害严重。为了预防此类火灾爆炸事故的发生，除了控制和消除点火源的点燃作用之外，最重要的就是防止形成爆炸性混合物，对此可围绕以下方面制定具体措施。

（1）可燃气体和可燃液体选用火灾危险性相对小的原料。

（2）可燃气体、可燃液体和可燃粉尘，应尽量分成小批量地使用，现场使用的量应限制到最小的限度。

（3）可燃气体和可燃液体的生产和使用应尽量在密闭容器或设备内隔离空气进行使用作业。

（4）操作过程进行安全论证，形成安全工艺和操作规程。

（5）避免剩余易燃可燃物料随意丢弃。

（6）采用密封、防脱等措施防止可燃气体、可燃液体和可燃粉尘的泄漏。

（7）采用氮气、二氧化碳、水蒸气和烟道气等进行惰性气体保护。

（8）利用自然通风和强制成分防止可燃气体、可燃蒸气滞留、可燃粉尘的悬浮和堆积。

2. 降低物质或材料火灾危险性

物质火灾危险性直接影响系统的火灾风险值，选用火灾危险性低的物质或材料可以有效降低系统风险。对此可围绕以下方面制定具体措施。

（1）选用不燃或难燃材料。

（2）对可燃易燃材料进行阻燃处理。

（3）限制可燃、易燃易爆材料或物质用量。

（4）对可燃易燃易爆材料或物质设置抑燃抑爆措施。

（三）控制点火源措施

点火源是指能够使可燃物与助燃物发生燃烧或爆炸的能量来源。系统中的点火能量因素是系统发生火灾爆炸事故的最重要因素，因此，控制和消除点火源也就成为防止一个系统发生火灾爆炸事故的最重要手段。在实际防火工作中，应针对产生点火源的条件和点火源释放能量的特点采取控制和消除点火源的技术措施及管理措施，以防止火灾爆炸事故的发生。

点火源的能量来源常见的是热能，此外还有电能、机械能、化学能、光能等。根据产生能量的方式的不同，点火源可分成八类：①明火焰（有焰燃烧的热能）；②高温物体（无焰燃烧或载热体的热能）；③电火花（电能转变为热能）；④ 雷电（电能转变为热能）；⑤撞击与摩擦（机械能变为热能）；⑥光线照射与聚焦（光能变为热能或光引发连锁反应）；⑦化学反应放热（化学能变为热能）；⑧ 绝热压缩（机械能变为热能）。每类点火源点燃可燃物的过程各有特点，每一类点火源又包含许多种具体的点火源或点火方式，因此，针对各种点火源的控制对策也有所差别[①]。

1. 明火焰

常见的明火焰有：火柴火焰、打火机火焰、蜡烛火焰、煤炉火焰、液化石油气灶具火焰、工蒸汽锅火酒精喷灯火焊、气割火焰等。

经实验证明：绝大多数明火焰的温度超过700℃，而绝大多数可燃物的自燃点低于700℃。所以，在一般条件下，只要明火焰与可燃物接触（有助燃物存在），可燃物经过一定延迟时间便会被点燃。当明火焰与爆炸性混合气体接触时，气体分子会因火焰中的自由基和离子的碰撞及火焰的高温而引发连锁反应，瞬间导致燃烧或爆炸。当明火焰与可燃物之间有一定距离时，火焰散发的热量通过导热、对流、辐射的方式向可燃物传递热量，促使可燃物升温，当温度超过可燃物自燃点时，可燃物将被点燃。

对于明火焰的常见控制对策有：

（1）对于储存易燃物品的仓库，应有醒目的“禁止烟火”等安全标志，严禁吸烟，入库人员严禁带入火柴、打火机等火种。

（2）烘烤、熬炼、蒸馏使用明火加热炉时，应用砖砌实体墙完全隔开。烟道、烟囱等部位与可燃建筑结构应用耐火材料隔离，操作人员必须临场监护。

（3）使用气焊气割、喷灯进行安装或维修作业时，应遵守规章制度办理动火证，危险场所备好灭火器材，确认安全无误后才能动火。

2. 高温物体

所谓高温物体一般是指在一定环境中向可燃物传递热量，能够导致可燃物着火的具有较高温度的物体。高温物体按其本身是否燃烧可分为无焰燃烧放热（如木炭火星）和载热体放热（如电爆金属熔渣）两类；按其体积大小可分为较大体积的和微小体积的两类。常见较大体积的高温物体有：铁皮烟囱表面、火炕及火墙表面、电炉子、电熨斗、电烙铁、白炽灯泡及碘钨灯泡表面、铁水、加热的金属零件、蒸汽锅炉表面、热蒸汽管及暖气片、

① 刘永基. 防火安全系统工程［M］. 北京：警官教育出版社，1997.

高温反应器及容器表面、高温干燥装置表面、汽车排气管等。常见微小体积的高温物体有：烟头、烟囱火星、蒸汽机车和船舶的烟囱火星、发动机排气管排出的火星、焊割作业的金属熔渣等。另外还有撞击或摩擦产生的微小体积的高温物体，如砂轮磨铁器产生的火星、铁制工具撞击坚硬物体产生的火星、带铁钉鞋摩擦坚硬地面产生的火星等。对高温物体的控制措施主要从以下方面考虑：

（1）与可燃物保持必要的最小距离，避免接触或靠近可燃物。

（2）采用耐火材料隔离热源与可燃材料。

（3）安装排火星熄灭器或阻火器。

（4）清理高温物体周围的可燃杂物。

3. 电火花

电火花是一种电能转变成热能的常见引火源。常见的电火花有电气开关开启或关闭时发出的火花、短路火花、漏电火花、接触不良火花、继电器接点开闭时发出的火花、电动机整流子或滑环等器件上接点开闭时发出的火花、过负荷或短路时保险丝熔断产生的火花、电焊时的电弧、雷击电弧、静电放电火花等。通常的电火花放电能量均大于可燃气体、可燃蒸气、可燃粉尘与空气混合物的最小点火能量，所以，都有可能点燃爆炸性混合物。

（1）防静电火花的主要措施。

1）采用导电体接地消除静电。接地电阻一般不应大于 10Ω，防静电接地可与防雷、防漏电接地相连并用。

2）在爆炸危险场所，可向地面洒水或喷水蒸气等，通过增湿法防止电介质物料带静电。该场所相对湿度一般应大于 65%。

3）绝缘体（如塑料、橡胶）中加入抗静电剂，使其增加吸湿性或离子性而变成导电体，再通过接地消除静电。

4）利用静电中和器产生与带电体静电荷极性相反的离子，中和消除带电体上的静电。

5）爆炸危险场所中的设备和工具，应尽量选用导电材料制成。如将传动机械上的橡胶带用金属齿轮和链条代替等。

6）控制气体、液体、粉尘物料在管道中的流速，防止高速摩擦产生静电。管道应尽量减少摩擦阻力。

7）爆炸危险场所中，作业人员应穿导电纤维制成的防静电工作服及导电橡胶制成的导电工作鞋，不准穿易产生静电的化纤衣服及不易导除静电的普通鞋。

（2）电气设备产生电火花的主要控制措施。

1）根据火灾和爆炸危险场所的特征，选择适当的防爆电器设备和电气线路。

2）为防止电火花和电气设备表面达到危险温度引起火灾爆炸事故，电器设备及线路应根据需要避开易燃物与易燃建筑构件，且其间应保证一定的防火间距。

3）保证电气设备的正常运行。如保持电气设备的电压、电流温升等技术参数不超过允许值，保持足够的绝缘能力及电气连接性能良好，保持电气设备接地性能良好等。

4）把电气设备或电气设备上有可能发出电火花的部件密封起来，消除引爆的因素。

4. 雷电

雷击电弧、电焊电弧因能量很高，能点燃任何一种可燃物。电火花的主要控制措施包括以下几个方面：

（1）采用避雷针、避雷线、避雷带、避雷网等引导雷电进入大地，使建筑物、设备、物资及人员免遭雷击起火。

（2）将建筑物内的金属设备与管道以及结构钢筋等予以接地预防雷电感应，以防放电火花引起火灾爆炸事故。

（3）采用阀型避雷器、管型避雷器、保护间隙避雷器、进户线接地等保护装置预防雷电侵入波影响电气设备造成过电压，击毁设备引发电气火灾爆炸事故。

5. 撞击和摩擦

撞击和摩擦属于物体间的机械作用。一般来说，在撞击和摩擦过程中机械能转变成热能。当两个表面粗糙的坚硬物体互相猛烈撞击或摩擦时，往往会产生火花或火星，这种火花实质上是撞击和摩擦物体产生的高温发光的固体微粒。撞击和摩擦发出的火花通常能点燃沉积的可燃粉尘、棉花等松散的易燃物质，以及易燃的气体、蒸气、粉尘与空气的爆炸性混合物。

（1）在易燃易爆场所不能使用铁制工具，而应使用铜制或木制工具。

（2）在易燃易爆场所不准穿带钉鞋，地面应为不发火花地面等。

（3）在装卸搬运爆炸性物品、氧化剂及有机过氧化物等对撞击和摩擦敏感度较高的物品时，应轻拿轻放，严禁撞击、拖拉、翻滚等，以防引起火灾和爆炸。

（4）对于生产作业因旋转、切割、打磨等产热的部件应有冷却措施。

（5）对机械传动轴与轴套，应定期加润滑油，以防摩擦发热引燃轴套附近散落的可燃粉尘等。

6. 光线照射和聚焦

光线照射和聚焦点火主要是指太阳热辐射线对可燃物的暴晒照射点火和凸透镜、凹面镜等类似物体使太阳热辐射线聚焦点火。另外，太阳光线和其他一些光源的光线还会引发某些自由基链锁反应，如氢气与氯气、乙炔与氯气等爆炸性混合气体在日光或其他强光（如镁条燃烧发出的光）的照射会发生爆炸。预防光线照射和聚焦引发火灾爆炸事故的措施有：

（1）易燃易爆物品应严禁露天堆放，避免日光暴晒。

（2）对某些易燃易爆容器采取洒水降温和加设防晒棚措施，以防容器受热膨胀破裂，导致火灾爆炸。

（3）对可燃物品仓库和堆场，应注意日光聚焦点火现象。

（4）易燃易爆化学物品仓库的玻璃应涂白色或用毛玻璃。

7. 化学反应放热

（1）化学反应放热引起自燃。化学反应放热能够使参加反应的可燃物质和反应后的可燃产物升高温度，当超过可燃物自燃点时，则使其发生自燃。能发生化学反应放热点火现象的物质有自燃物品、遇湿易燃物品、氧化剂与可燃物的混合物等。例如，黄磷在空气中与氧气反应生成五氧化二磷，并放出热量，导致自燃；金属钠与水反应生成氢氧化钠与氢气，并放出热量，导致氢气和钠自燃；过氧化钠与甲醇反应生成氧化钠、二氧化碳及水，反应放出热量，而导致自燃。

对这些能自燃的物质，生产加工与储运过程中应避免造成化学反应的条件：

1）自燃物品隔绝空气储存。

2）遇湿易燃物品隔绝水储存及防雨雪、防潮等。

3）氧化剂隔绝可燃物储存；混触危险的物品需要分类分库和隔离储存。

（2）化学反应放热引起其他可燃物燃烧。还有一类放热反应过程中的反应物和产物都不是可燃物，反应放出的热量不能造成反应体系自身发生自燃，但可以点燃与反应体系接触的其他可燃物，造成火灾爆炸事故。如生石灰与水反应放热点燃与之接触的木板、草袋等可燃物。能发生此类化学反应放热点火现象的物质还有许多，如漂白精、五氧化二磷、过氧化钠、过氧化钾、五氯化磷、氯磺酸、三氯化铝、三氧化二铝、二氯化锌、三溴化磷、浓硫酸、浓硝酸、氢氟酸、氢氧化钠、氢氧化钾等遇水都会发生放热反应导致周围可燃物着火。因此，对易发热的物质应采取以下措施：

1）避免使用可燃包装材料。

2）储运中应加强通风散热。

8. 绝热压缩

绝热压缩点火是指气体在急剧快速压缩时，气体温度会骤然升高，当温度超过可燃物自燃点时，发生的点火现象。气体绝热压缩时的温度升高值可通过理论计算和实验求得。据理论计算，体积为 10L，压力为 1 atm，温度为 20℃的空气，经绝热压缩使体积压缩成 1L，这时的压力可达 21.1 atm，温度会升高到 463℃。在生产加工和储运过程中应注意绝热压缩点火危险。具体的防范措施有：

（1）在开启高压气体管路上的阀门时，应缓慢开启，以避免这种点火现象。

（2）在生产和使用液态爆炸性物质时，物料中若混有气泡，避免因撞击或高处坠落。

二、抗灾减灾技术措施

抗灾减灾是指在火灾事故发生时，采取一系列措施，减少火灾造成的损失和影响。防灾减灾的技术措施有很多，概括起来有以下几个方面。

（一）设置火灾自动报警系统

火灾自动报警的作用是火灾预警与火情探测，是对火灾早期险兆和火灾初起时的自动侦测和报警技术。目前，火灾预警技术是基于典型火灾发生前的显著特征，如可燃气体泄露、电气线路过热、电流异常等发出预警信号或是综合衡量火灾危险因素达到预定的火灾风险程度发出预警，提示人员确认是否即将发生险情或进行危险因素干预控制；火灾探测技术是根据火灾发生后火光、烟雾、热能的变化，用电子设备进行自动捕捉，发出警报提醒人们采取应急措施处置火情。火灾自动报警系统具有早期发现火灾信息，及早发出火灾警报，通知人员疏散、灭火或联动相关消防设施的功能，有利于减少事故损失，可燃物较多、火灾蔓延迅速、扑救困难，或同一时间停留人数较多的场所或建筑应设置火灾自动报警系统。

（二）设置灭火设施与器材

消防灭火设施是用于扑救建（构）筑物火灾的设备设施的总称，例如消火栓系统、自动喷水灭火系统、气体灭火系统、泡沫灭火系统、干粉灭火系统、灭火器等。实践证明，消防灭火设施对于扑救和控制建筑物内的初起火，减少损失、保障人身安全，具有十分显著的作用，在各类建（构）筑内应用广泛。由于建（构）筑功能及其内部空间用途千差万别，建筑中设置的消防设施与器材具体设置方案应按照有关专项标准的要求，或根据不同灭火系统的特点及其适用范围、系统选型和设置场所的相关要求，经技术、经济等多方面比较后确定。一般应考虑以下方面：

（1）应与所设置场所的火灾危险性、可燃物的燃烧特性、环境条件、设置场所的面积和空间净高、使用人员特征、防护对象的重要性和防护目标等相适应。

（2）满足设置场所灭火、控火需要，并应有利于人员安全疏散和消防救援。

（3）灭火设备选型应适用于扑救设置场所或保护对象的火灾类型，不应用于扑救遇灭火介质会发生化学反应而引起燃烧、爆炸等物质的火灾。

（4）灭火设施应满足在正常使用环境条件下安全、可靠运行的要求。

（5）灭火剂储存间的环境温度应满足灭火剂储存装置安全运行和灭火剂安全储存的要求。

（三）设置排烟与安全疏散设施

防烟排烟系统与安全疏散系统等是保证建筑物消防安全和人员疏散安全的重要设施，有利于减少火灾造成的人员伤亡。

1. 防烟排烟系统

火灾烟气是火灾中的隐形杀手，是导致建筑火灾人员伤亡的主要原因之一。建筑中设置防烟排烟系统的作用是将火灾产生的烟气及时排除，防止和延缓烟气扩散，保证疏散通道不受烟气侵害，确保建筑物内人员顺利疏散、安全避难。同时，将火灾现场的烟和热量及时排除，以减弱火势的蔓延，为火灾扑救创造有利条件。建筑火灾烟气控制分为防烟和排烟两个方面。防烟采取自然通风和机械加压送风的形式，排烟则包括自然排烟和机械排烟两种形式。设置防烟或排烟设施的具体方式应结合建筑所处的环境条件和建筑自身特点，按照相关规范和技术标准规定要求，进行合理的选择和组合。

2. 安全疏散系统

安全疏散是建筑防火设计的一项重要内容，对于确保火灾中人员的生命安全具有重要作用。安全疏散设计应根据建筑物的高度、规模、使用性质、耐火等级和人们在火灾事故时的心理状态与行为特点，确定安全疏散基本参数，合理设置安全疏散和避难设施，如疏散走道、疏散楼梯及楼梯间、避难层（间）、疏散门、疏散指示标志等，为人员的安全疏散创造有利条件。

（四）限制火灾扩散蔓延的措施

建筑物内某处失火时，火灾会通过对流热、辐射热和传导热向周围区域传播。发生火灾时可燃物密集，则燃烧蔓延扩展快，火灾损失也大。所以，有效地阻止火灾蔓延，将火灾限制在一定范围之内是十分必要的。

1. 建（构）筑物保留防火间距

防火间距是一座建（构）筑物着火后，火灾不会蔓延到相邻建筑物的空间间隔，它是针对相邻建筑间设置的。建筑物起火后，其内部的火势在热对流和热辐射作用下迅速扩大，在建筑物外部则会因强烈的热辐射作用对周围建筑物构成威胁。火场辐射热的强度取决于火灾规模的大小、持续时间的长短，以及与邻近建筑物的距离及风速、风向等因素。通过对建筑物进行合理布局和设置防火间距，可防止火灾在相邻的建筑物之间相互蔓延，合理利用和节约土地，并为人员疏散、消防人员的救援和灭火提供条件，减少失火建筑对相邻建筑及其使用者造成强烈的辐射和烟气影响。

2. 建（构）筑物内部划分防火分区

防火分区是指在建筑内部采用防火墙和楼板及其他防火分隔设施分隔而成，能在一定时间内阻止火势向同一建筑的其他区域蔓延的防火单元。在建筑物内划分防火分区，可有效地控制火势的蔓延，有利于人员安全疏散和扑救火灾，从而达到减少火灾损失的目的。防火分区的面积大小应根据建筑物的使用性质、高度、火灾危险性、消防扑救能力等因素确定。不同类别的建筑其防火分区的划分有不同的标准。

3. 不同危险单元设置防火分隔措施

同一建筑物内，不同的危险区域之间、不同用户之间、办公用房和生产车间之间，应进行防火分隔处理。作为避难通道使用的楼梯间、前室和具有避难功能的走廊，必须受到完全保护，保证其不受火灾侵害并畅通无阻。高层建筑中的各种竖向井道，如电缆井、管道井等，其本身应是独立的防火单元，应保证井道外部火灾不扩大到井道内部，井道内部火灾也不蔓延到井道外部。有特殊防火要求的建筑，在防火分区之内应设置更小的防火区域。

4. 设置阻火装置

阻火装置又称火灾隔断装置，其主要作用就是防止外部火焰窜入有燃烧爆炸危险的系统、设备、管道内，或者阻止火焰在系统、设备、容器及管道内蔓延。具体措施有安全液封、水封井、阻火器、阻火闸门、火星熄灭器。

5. 设置防爆泄压装置

防爆泄压装置的作用是及时排除由于物理变化和化学变化所引起的超压现象。常见的防爆泄压装置包括安全阀、爆破片、呼吸阀等装置，根据需要它们有时混合使用，有时单独使用，在实际运用中，应根据所使用的对象情况来定。具体措施有安全阀、爆破片、呼吸阀。

（五）设置消防救援设施

灭火救援设施是用于扑救建筑火灾的相关设备设施，包括消防水源、消防车道、消防登高面、消防救援场地和灭火救援窗、消防电梯、直升机停机坪等。灭火救援设施能够为火灾扑救提供灭火物资和灭火行动创造有利条件，有利于消防队顺利控制和消灭火灾，减少火灾损失。

1. 消防给水设施

水作为火灾扑救过程中的主要灭火剂和冷却剂，其供应量的多少直接影响着灭火的成效。根据不完全统计，成功扑救火灾的案例中，有 93% 的火场消防给水条件较好；而扑救火灾不利的案例中，有 81.5% 的火场缺乏消防用水。多起后果严重的火灾案例暴露出没有设置消防给水设施，以致火灾发生后蔓延迅速，直至造成重大损失。消防给水不只是水灭火系统的心脏，也是消防救援的供给线。火灾控制和扑救所需的消防用水主要由消防给水系统供应，因此，消防给水的供水能力和安全可靠性决定了灭火的成效。

2. 消防车道

消防车道是供消防车灭火时通行的道路。设置消防车道的目的在于，一旦发生火灾，可确保消防车畅通无阻，迅速到达火场，为及时扑灭火灾创造条件。消防车道可以利用交通道路，但在通行的净高度、净宽度、地面承载力、转弯半径等方面应满足消防车通行与停靠的需求，并保证畅通。消防车道的设置应根据当地专业消防力量使用的消防车辆的外形尺寸、载重、转弯半径等消防车技术参数，以及建筑物的体量大小、周围通行条件等因素确定。

3. 消防救援作业设施

建筑的消防登高面、消防救援场地和灭火救援窗，是发生火灾时进行有效灭火救援行动的重要设施。

（1）消防登高面。登高消防车能够靠近高层主体建筑，便于消防车作业和消防人员进入高层建筑进行抢救人员和扑救火灾的建筑立面称为该建筑的消防登高面，也称建筑的消防扑救面。

（2）消防救援场地。在高层建筑的消防登高面一侧，地面必须设置消防车道和供消防车停靠并进行灭火救援的作业场地，该场地称为消防救援场地或消防车登高操作场地。

（3）灭火救援窗。在高层建筑的消防登高面一侧外墙上设置的供消防人员快速进入建筑主体且便于识别的灭火救援窗口称为灭火救援窗或称为供消防救援人员进入的窗口。厂房、仓库、公共建筑的外墙应每层设置灭火救援窗。

4. 消防电梯

（1）消防电梯。对于高层建筑，设置消防电梯能节省消防员的体力，使消防员能快速接近着火区域，提高战斗力和灭火救援效果。根据在正常情况下对消防员的测试结果，消防员从楼梯攀登的高度一般不大于 23m，否则，对人体的体力消耗很大。对于地下建筑，由于排烟、通风条件很差，受当前装备的限制，消防员通过楼梯进入地下的危险性比地上建筑要高，因此，要尽量缩短达到火场的时间。由于普通的客、货电梯不具备防火、防烟、防水条件，火灾时往往电源没有保证，不能用于消防员的灭火救援。因此，要求高层建筑和埋深较大的地下建筑设置供消防员专用的消防电梯。

（2）直升机停机坪。对于建筑高度大于 100m 的高层建筑，建筑中部需设置避难层，当建筑某楼层着火导致人员难以向下疏散时，往往需到达上一避难层或屋面等待救援，此时仅靠消防队员利用云梯车或地面登高施救条件有限，利用直升机营救被困于屋顶的避难者就比较快捷。因此，建筑高度大于 100m 且标准层建筑面积大于 2 000m^2 的公共建筑，其屋顶宜设置直升机停机坪或供直升机救助的设施。

第三节　火灾风险控制管理措施

防火防爆技术与抗灾减灾技术的措施除了要建设一定的硬件设施外，还需要通过科学管理发挥技术和设施应有的作用，并发挥人在火灾防控中的主观能动性。

一、制定消防安全制度

消防安全制度是单位消防安全管理中各种制度的总称，包括单位消防安全制度按照其内容分为消防安全责任制度、消防安全管理制度以及消防安全操作规程。

（一）消防安全责任制度

消防安全责任制度是单位消防安全制度中最根本的制度，是单位及单位全体人员落实消防安全责任制的重要保障，也是单位开展各项消防安全管理工作的基础。

1. 建立消防安全责任制度法律依据

《消防法》第十六条、第十七条规定了单位应当履行的消防安全职责，公安部 61 号令要求单位应当落实逐级消防安全责任制和岗位消防安全责任制，明确逐级和岗位消防安全职责，确定各级、各岗位的消防安全责任人，对本级、本岗位的消防安全负责，层层落实消防安全责任。为深入贯彻《消防法》《安全生产法》和党中央、国务院关于安全生产及消防安全的重要决策部署，经国务院同意，国务院办公厅于 2017 年 10 月 29 日印发了《消防安全责任制实施办法》，按照政府统一领导、部门依法监管、单位全面负责、公民积极参与的原则，坚持党政同责、一岗双责、齐抓共管、失职追责，进一步健全了消防安全责任制，完善了消防安全责任体系。

2. 消防安全责任制度内容

消防安全责任制度需要明确单位消防安全责任人、消防安全管理人以及全体人员应履行的消防安全职责，明确逐级和岗位消防安全职责，确定各级、各岗位的消防安全责任人，签订责任书，落实消防安全责任。消防安全责任制主要内容包括：

（1）确定单位消防安全委员会（或者消防安全领导小组）领导机构及其责任人的消防安全职责。

（2）明确消防安全管理归口部门和消防安全管理人的消防安全职责。

（3）明确单位各个部门、岗位消防安全责任人以及专（兼）职消防安全管理人员的职责。

（4）明确单位志愿消防队、专职消防队、微型消防站的组成及其人员职责。

（二）消防安全管理制度

消防安全管理制度是单位在消防安全管理和生产经营活动中，为保障消防安全所制定的具体制度、程序、办法和措施，是对消防安全责任制的细化，是国家消防法律法规在单位内的延伸和具体化。

1. 消防安全教育、培训制度

该制度旨在提高员工的消防安全素质，使其遵循消防安全方针、消防安全管理要求，落实消防安全管理制度、措施。单位要明确消防安全教育和培训的责任部门和责任人，通过多种形式开展经常性的消防安全宣传与培训，确定消防安全教育的频次、主要内容，制定考核奖惩措施。

2. 防火巡查、检查制度

开展防火巡查、检查是督促和指导落实防火防爆措施的主要手段。防火巡查、检查制度要明确防火巡查、检查的时间、频次和方法，确定防火巡查、检查的内容；如实记录防火巡查、检查的参加人员、检查部位、检查内容和方法、发现的火灾隐患、处理和报告程序、整改和防范措施等，并由相关人员签字确认，建档备查。

3. 安全疏散设施管理制度

安全疏散设施的完好有效是保证险情后人员撤离险地的重要设施，可有效减少火灾事故的人员伤亡。安全疏散设施管理制度的内容要明确消防安全疏散设施管理的责任部门和责任人，明确定期维护、检查的要求，明确安全疏散设施的管理要求，以确保安全路散通道、安全出口畅通，设施完好有效。

4. 消防设施器材维护管理制度

定期对消防设施进行维护保养和维修检查是保证设备可靠性的重要措施。消防设施器材维护管理制度应明确消防设施器材维护保养的责任单位，制定每日检查、月（季）度试验检查和年度检查内容和方法，做好检查记录，填写建筑消防设施维护保养报告备案表。

5. 消防（控制室）值班制度

消防（控制室）值班制度要明确消防控制室管理部门、管理人员以及操作人员的职责，明确值班制度、突发事件处置程序、报告程序、工作交接等内容。

6. 火灾隐患整改制度

火灾隐患整改制度应明确对检查发现的火灾隐患应该及时予以消除，火灾隐患整改要明确和落实各级部门和人员的责任。包括确定整改措施，落实整改资金和负责整改的部门、人员和期限，积极进行整改，以确保单位的消防安全。单位对不能确保其消防安全，随时可能引发火灾或者一日发生火灾会严重危及人身安全的火灾隐患和危险部位，应当自行采取断然措施—停产停业停工整改。在火灾隐电未消除之前，单位应当落实防范措施，保障消防安全。

7. 用火、用电安全管理制度

用火、用电安全管理制度要明确安全用电、用（动）火管理部门，用火、用电的安全要求，明确用电、用（动）火的审批范围、程序和要求以及电焊、气焊人员的岗位资格及其职责要求等内容。

8. 灭火和应急疏散预案演练制度

灭火和应急疏散预案演练制度要明确灭火和应急疏散预案的编制和演练的部门和负责人，确定演练范围、演练频次、演练程序、注意事项、演练情况记录、演练后的总结和自评以及预案修订等内容。

9. 易燃易爆危险品和场所防火防爆管理制度

易燃易爆危险品和场所防火防爆管理制度要明确危险品的储存方法，防火措施和防火方法，配备足够的相应的消防器材。性质与灭火方法相抵触的物品不得混存。按照储存易燃易爆危险品的仓库要求，定期检查，规定储存的数量。

10. 专职（志愿）消防队的组织管理制度

专职（志愿）消防队的组织管理制度要确定专职（志愿）消防队的人员组成，明确归口管理，明确培训内容、频次、实施方法和要求，并严格落实。定期对专职（志愿）消防队员进行业务考核演练，明确奖惩措施，并根据人员变化情况对专职（志愿）消防队员及时进行调整、补充。

11. 燃气和电气设备的检查和管理制度

燃气和电气设备的检查和管理制度要明确燃气和电气设备的检查和管理的部门和人员，定期进行消防安全工作考评和奖惩；要确定电气设备、燃气设备管理检查的内容、方法、频次，记录检查中发现的隐患，落实整改措施；要确定专业部门对建筑物、设备的防雷、防静电情况进行检查、测试，并做好检查记录，出具测试报告；改变燃气用途或者安装、改装、拆除固定的燃气设施和燃气器具的，应当到消防机构及燃气经营企业办理相关手续。

12. 消防安全工作考评和奖惩制度

消防安全工作考评和奖惩制度要确定消防安全工作考评和奖惩实施的部门，确定考评频次、考评内容，例如执行规章制度和操作规程的情况、履行岗位职责的情况等，明确考评办法、奖励和惩戒的具体行为，并可以根据行为的程度区别奖惩等级。

（三）消防安全操作规程

消防安全操作规程是单位特定岗位和工种人员必须遵守的、符合消防安全要求的各种操作方法和操作程序的总称，具有较强的专业技术性①。

1. 消防安全操作规程的种类

消防安全操作规程的种类主要包括：消防设施操作规程（包括消防控制室、消防水泵房、消防电梯、高位水箱间、增压泵、风机房等）；变配电设备操作规程；电气线路安装操作规程；设备安装操作规程；燃油、燃气设备及压力容器使用操作规程；电焊、气焊操作规程；其他有关消防安全操作规程。

2. 消防安全操作规程的重要内容

各项消防安全操作规程一般都应包括：岗位人员应具备的资格；设施、设备的操作方法和程序、检修要求；容易发生的问题及处置方法；操作注意事项等主要内容。

二、组织消防安全检查

消防安全检查是实施消防安全管理的一项重要工作内容，是及时发现和消除火灾隐患、预防火灾发生的重要措施，也是督促相关消防安全制度和操作规程得到落实的有效手段。

（一）消防安全检查

开展防火检查的形式有防火巡查、日常检查、定期检查和专项检查。

1. 防火巡查

防火巡查是组织一定的人力在一定区域内巡回观察重点部位、重点地区及周围的各种消防安全情况，发现、处理各种火灾隐患和纠正各种违法违规行为的防火检查形式。通过巡查不仅可以实现全天候、全方位的消防安全防控，还能及时对火险、火情做出应对。

2. 日常检查

日常检查是按照岗位防火安全责任制的要求，以班组长、安全员、消防员为主，对所在岗位每日所进行的防火检查。这种检查通常在班前、班后和交接班时进行，特别是公众聚集场所营业结束时应当对营业现场进行检查，以便及时发现火险因素，消除遗留火种。

---

① 黄金印，岳庚吉. 消防安全管理学［M］. 北京：机械工业出版社，2014.

3. 定期检查

定期检查是在一定的时间周期内、重大节日前或火灾多发季节，对某地区、行业、单位的消防安全工作涉及的方方面面进行的较为细致的防火排查。定期的全面防火检查有利于提高领导和员工对消防安全的重视，同时能够发现潜在的火灾隐患，并通过集体讨论整改火灾隐患。

4. 专项检查

专项检查是根据单位的实际情况和当前的主要任务，针对消防安全的薄弱环节或重点防火工作进行的检查。常见的有电气防火检查、用火检查、安全疏散检查、消防设施设备检查、危险品储存与使用检查、防雷设施检查等。专项检查是实施重点管理的手段之一，可以实现对检查内容的重点管控。

（二）消防安全检查内容

1. 防火巡查内容

开展防火巡查的主要内容有：

（1）用火、用电有无违章情况。

（2）安全出口、疏散通道是否畅通，安全疏散指示标志、应急照明是否完好。

（3）消防设施、器材和消防安全标志是否在位、完整。

（4）常闭式防火门是否处于关闭状态，防火卷帘下是否堆放物品影响使用。

（5）消防安全重点部位的人员在岗情况。

（6）其他消防安全情况。

2. 防火检查

开展防火检查的一般内容有：

（1）火灾隐患的整改情况以及防范措施的落实情况。

（2）安全疏散通道、疏散指示标志、应急照明和安全出口情况。

（3）消防车通道、消防水源情况。

（4）灭火器材配置及有效情况。

（5）用火、用电有无违章情况。

（6）重点工种人员以及其他员工消防知识的掌握情况。

（7）消防安全重点部位的管理情况。

（8）易燃易爆危险物品和场所防火防爆措施的落实情况以及其他重要物资的防火安全情况。

（9）消防（控制室）值班情况和设施运行、记录情况。

（10）防火巡查情况。

（11）消防安全标志的设置情况和完好、有效情况。

（12）其他需要检查的内容。

三、开展消防安全教育宣传和培训

消防安全教育宣传与培训是预防和减少火灾事故和危害的一项治本措施，也是促进社会主义政治文明和精神文明建设的重要举措，具有不可替代的先导性、基础性地位。

（一）消防安全宣传

1. 消防安全宣传内容

消防安全宣传内容涉及面广、内容丰富。通常包括以下几个方面的内容。

（1）国家消防工作方针、政策。

（2）消防法律、法规。

（3）火灾预防知识。

（4）火灾扑救、人员疏散逃生和自救互救知识。

（5）其他消防安全宣传内容，例如重大消防事件和消防工作动态，消防科学技术，消防英模事迹等。

2. 消防安全宣传的主要形式

消防安全宣传多种形式，不拘一格，常见的有利用新闻媒体，开展消防宣教活动，建设消防科普基地，张贴展板、橱窗、标语，设置消防安全标识，开发消防文化作品等。凡是能够使群众了解消防知识，增强消防安全意识，提高消防安全素质和防控火灾能力的各种形式都可以运用。宣传形式和宣传内容要适配，应尽量因地制宜，选择新颖独特的消防宣传形式，增强吸引力和感召力。

（二）消防安全培训

1. 消防安全培训的内容

消防安全培训的内容要针对培训对象的特点及工种进行设计。公安部、教育部、人力资源和社会保障部联合印发的《社会消防安全教育培训大纲（试行）》针对 13 类人员的特点，从消防安全基本知识、消防法规基本常识、消防工作基本要求和消防基本能力训练四个方面，进一步明确了消防安全教育培训的具体要内容。

2. 消防安全培训形式

（1）消防知识进学校。将消防课程进入学校课堂教育，在小学、中学、大学的不同阶段教育大纲，融入消防知识讲授和技能实践。

（2）纳入职业技能培训。针对与消防安全密切相关的职业，例如导游、注册安全工程师、教师等，将消防安全知识纳入对其从业人员的职业技能培训和资格鉴定，与职业技能培训和考核一并进行。

（3）结合岗位培训。在对单位员工开展厂（单位）、车间（部门）、班组（岗位）三级入职培训中结合岗位操作的实际情况和特点，组织专门的消防安全培训或在岗前培训中增加必要的消防安全知识和技能。

四、建立灭火应急队伍

为了有效控制火灾事故的发生与发展，还应该建立灭火应急队伍，开展消防救援人员的训练、灭火装备、物资建设与战备执勤，一旦发生火灾爆炸事故，能够及时响应救灾。

（一）国家综合消防救援队

应急管理部在省、市、县级分别设消防救援总队、支队、大队，城市和乡镇根据需要按标准设立消防救援站。

（二）专职消防队

根据《消防法》规定，下列单位应建立单位专职消防队，承担本单位的火灾扑救工作。

（1）大型核设施单位、大型发电厂、民用机场、主要港口。

（2）生产、储存易燃易爆危险品的大型企业。

（3）储备可燃的重要物资的大型仓库、基地。

（4）前三项规定以外的火灾危险性较大、距离国家综合性消防救援队较远的其他大型企业。

（5）距离国家综合性消防救援队较远、被列为全国重点文物保护单位的古建筑群的管理单位。

（三）志愿消防队

任何单位都应建立志愿消防队伍。消防重点单位和社区建设微型消防站，配备必要的消防器材。依托单位志愿消防队伍和社区群防群治队伍，发生火情确保能“三分钟到场”，救早、灭小。

五、制定灭火应急预案和组织演练

灭火应急预案是根据单位的人员、组织机构和消防设施等基本情况，为发生火灾时能够迅速、有序地开展初期灭火和应急疏散，并为消防救援人员提供相关信息支持和支援所制定的行动方案。制定灭火与应急疏散预案并组织演练能够增强人员应对火灾险情的能力，做到快速、准确响应。

（一）灭火和应急疏散预案

1. 灭火和应急疏散预案级别

预案根据设定灾情的严重程度和场所的危险性，从低到高依次分为以下五级：

（1）一级预案是针对可能发生无人员伤亡或被困，燃烧面积小的普通建筑火灾的预案。

（2）二级预案是针对可能发生 3 人以下伤亡或被困，燃烧面积大的普通建筑火灾，燃烧面积较小的高层建筑、地下建筑、人员密集场所、易燃易爆危险品场所、重要场所等特殊场所火灾的预案。

（3）三级预案是针对可能发生 3 人以上 10 人以下伤亡或被困，燃烧面积小的高层建筑、地下建筑、人员密集场所、易燃易爆危险品场所、重要场所等特殊场所火灾的预案。

（4）四级预案是针对可能发生 10 人以上 30 人以下伤亡或被困，燃烧面积较大的高层建筑、地下建筑、人员密集场所、易燃易爆危险品场所、重要场所等特殊场所火灾的预案。

（5）五级预案是针对可能发生 30 人以上伤亡或被困，燃烧面积大的高层建筑、地下建筑、人员密集场所、易燃易爆危险品场所、重要场所等特殊场所火灾的预案。

2. 灭火和应急疏散预案的内容

编制灭火和应急疏散预案的内容一般包括：①编制目的；②编制依据；③适用范围；④应急工作原则；⑤单位基本情况；⑥火灾情况设定；⑦组织机构及职责；⑧应急响应；⑨应急保障；⑩应急响应结束；⑪后期处置。

（二）灭火和应急演练

一般应在消防归口职能部门指导下进行灭火和应急专项演练或者和其他突发事件应对或安全生产事故应急处置联合演练。

1. 灭火和应急演练要求

（1）消防安全重点单位应至少每半年组织一次演练，火灾高危单位应至少每季度组织一次演练，其他单位应至少每年组织一次演练。在火灾多发季节或有重大活动保卫任务的单位，应组织全要素综合演练。单位内的有关部门应结合实际适时组织专项演练，宜每月组织开展一次疏散演练。

（2）单位全要素综合演练由指挥机构统一组织，专项演练由消防归口职能部门或内设部门组织。

（3）组织全要素综合演练时，可以报告当地消防部门给予业务指导，地铁、建筑高度超过 100m 的多功能建筑，应适时与消防部门组织联合演练。

2. 灭火和应急演练组织机构

灭火和应急演练由指挥机构指挥若干行动小组完成，行动小组包括通信联络组、灭火行动组、疏散引导组、防护救护组、安全保卫组、后勤保障组等。

（1）指挥机构由总指挥、副总指挥、消防归口职能部门负责人组成，负责人员、资源配置，应急队伍指挥调动，协调事故现场等有关工作，批准预案的启动与终止，组织应急预案的演练，组织保护事故现场，收集整理相关数据、资料，对预案实施情况进行总结讲评。

（2）通信联络组由现场工作人员及消防控制室值班人员组成，负责与指挥机构和当地消防部门、区域联防单位及其他应急行动涉及人员的通信、联络。

（3）灭火行动组由自动灭火系统操作员、指定的一线岗位人员和专职或志愿消防员组成，负责在发生火灾后立即利用消防设施、器材就地扑救初起火灾。

（4）疏散引导组由指定的一线岗位人员和专职或志愿消防员组成，负责引导人员正确疏散、逃生。

（5）防护救护组由指定的具有医护知识的人员组成，负责协助抢救、护送受伤人员。

（6）安全保卫组由保安人员组成，负责阻止与场所无关人员进入现场，保护火灾现场，协助消防部门开展火灾调查。

（7）后勤保障组由相关物资保管人员组成，负责抢险物资、器材器具的供应及后勤保障。

3. 灭火和应急演练处置流程

灭火演练应选择人员集中、火灾危险性较大和重点部位作为演练目标，设定假想起火部位应根据实际情况确定火灾模拟。演练应设定现场发现火情和火灾探测系统发现火情分别实施，并按照下列流程及时处置：

（1）由人员现场发现的火情，发现火情的人应立即通过火灾报警按钮或通信器材向消防控制室或值班室报告火警，使用现场灭火器材进行扑救。

（2）消防控制室值班人员通过火灾自动报警系统或视频监控系统发现火情的，应立即通过通信器材通知一线岗位人员到现场，值班人员应立即拨打“119”报警，并向单位应急指挥部报告，同时启动应急程序。

（3）应急指挥部负责人接到报警后，应按照下列要求及时处置。

（4）准确做出判断，根据火情，启动相应级别应急预案。

（5）通知各行动机构按照职责分工实施灭火和应急疏散行动。

（6）将发生火灾情况通知在场所有人员。

（7）派相关人员切断发生火灾部位的非消防电源、燃气阀门，停止通风空调，启动消防应急照明和疏散指示系统、消防水泵和防烟排烟风机等一切有利于火灾扑救及人员疏散的设施设备。

4. 灭火和应急演练总结

演练结束后应进行现场总结讲评。现场总结讲评应就各观察岗位发现的问题进行通报，对表现好的方面予以肯定，并强调实际灭火和疏散行动中的注意事项。同时全面总结消防演练情况，提出改进意见，形成书面报告，通报全体承担任务人员。总结报告应包括以下内容：

（1）通过演练发现的主要问题。

（2）对演练准备情况的评价。

（3）对预案有关程序、内容的建议和改进意见。

（4）对训练、器材设备方面的改进意见。

（5）演练的最佳顺序和时间建议。

（6）对演练情况设置的意见。

（7）对演练指挥机构的意见等。

第四节　系统可靠性提升措施

提高系统的可靠性、降低故障率是控制危险防止事故发生的重要工作内容。设备故障和人员失误的发生，既有其自身的原因，也有外部原因。前者来自设计制造安装等方面的问题，后者包括工作条件方面的问题和时间因素。因此，应该从这些方面的问题入手采取措施提高系统、设备、元素的可靠性。

一、可靠性设计

（一）可靠性设计基本原则

1. 整体可靠性原则

从人机系统的整体可靠性出发，合理确定人与机械的功能分配，从而设计出经济可靠的人机系统。一般情况下，机械的可靠性高于人的可靠性，实现生产的机械化和自动化，就可将人从机器的危险点和危险环境中解脱出来，从根本上提高了人机系统可靠性。

2. 高可靠性组成单元要素原则

系统要采用经过检验的、高可靠性单元要素来进行设计。

3. 具有安全余度的设计原则

由于负荷条件和环境因素随时间而变化，所以可靠度也是随时间变化的函数，并且随时间的增加，可靠度在降低。因此，设计的可靠度和有关参数应具有一定的安全余量。

4. 高可靠性方式原则

为提高可靠度，宜采用冗余设计、故障安全装置（失效保护）、自动保险装置等高可靠度结构组合方式。

（1）系统“自动保险”装置。自动保险，就是即使不懂业务的人或不熟练的人进行操作，也能保障安全，不受伤害或不出故障。

这是机器设备设计和装置设计的根本性指导思想，是本质安全化追求的目的。要通过不断完善结构，尽可能地接近这个目的。

（2）系统“故障安全”结构。故障安全，就是即使个别零部件发生故障或失效，系统性能不变仍能可靠工作。

系统安全常常是以正常准确地完成规定功能为前提。可是，由于组成零件产生故障而引起误动作，常常导致重大事故发生。为达到功能准确性，采用保险结构方法可保证系统的可靠性。从系统控制的功能方面来看，故障安全结构有以下几种：

1）消极被动式。组成单元发生故障时，机械移到停止位置状态。

2）积极主动式。组成单元发生故障时，机械一面报警，一面还能短时运转。

3）运行操作式。即使组成单元发生故障，机械也能运行到下次的定期检查。

通常在消防安全系统中，大多为积极主动式结构。

5. 标准化原则

为减少故障环节，应尽可能简化结构，尽可能采用标准化结构和方式。

6. 高维修度原则

为便于检修故障，且在发生故障时易于快速修复，同时为提高经济性和具有备用的意义，应采用标准化零件、通用化部件、系列化设备产品。

7. 事先进行试验和进行评价的原则

对于缺乏实践考验和实用经验的材料和方法，必须事先进行试验和科学评价，然后再根据其可靠性和安全性而适当采用。

8. 预测和预防的原则

要事先对系统及其组成要素的可靠性和安全性进行预测。对已发现的问题加以必要的改善，对易于发生故障或事故的薄弱环节和部位也要事先制定预防措施和应变措施。

9. 人机工程学原则

从正确处理人－机－环境的合理关系出发，采用人类易于使用并且差错较少的方式。

10. 技术经济原则

不仅要考虑可靠性和安全性，还必须考虑系统的质量因素和输出功能指标。其中还包括技术功能和经济成本。

11. 审查原则

既要进行可靠性设计，又要对设计进行可靠性审查和其他专业审查，也就是要重申和贯彻各专业各行业的评价指标。

12. 整理准备资料和交流信息原则

为便于设计工作者进行分析、设计和评价，应充分收集和整理设计者所需要的手册、数据和各种资料，供设计者进行有计划的信息交流活动，以有效的利用实际经验。

13. 信息反馈原则

应对实际使用的经验进行分析之后，将其分析结果反馈给有关部门。

14. 设立相应的组织机构

为实现高可靠性和高安全性的目的，应建立相应的组织结构，以便有力推进综合管理和技术开发。

（二）可靠性设计的内容

良好的工程设计是防止故障的一种有效措施，在设计实践中经常采取安全系数、降低许用值、冗余设计、故障－安全设计、耐故障设计、选用高质量的材料、元件、部件等措施，提高系统、设备、元件的可靠性。

1. 设置安全系数

在设计中设置安全系数是防止机械零部件、建筑结构、岩土工程结构等发生故障的常用方法。设置安全系数的基本思想是，把结构、部件的强度，设计的超出其可能承受的能力的若干倍，这样就可以减少因设计计算误差、制造缺陷、材料老化以及未知因素等造成的破坏或故障。

一般地，安全系数越大，结构部件的可靠性越高，故障率越低。但是，安全系数的增大可能增加结构、部件尺寸，增加成本。合理的确定结构、部件的安全系数是一个很值得研究的问题，大多数情况下主要是根据经验选取。通常，对于一旦发生故障可能导致事故、造成严重后果的结构、部件应选用较大的安全系数。如消火栓系统供水管网尤其是主干道管网安全系数要提高，这样能保证发生火灾时正常启动消火栓系统。

2. 降低许用值

与设置安全系数方法相类似，在电器电子设备和元件的设计中采用降低许用值的方法，防止故障产生。其具体做法是，选用其功率远大于要求功率的设备或元件，或者采用冷却措施提高设备或元件的承载能力。例如，在自动喷淋灭火系统中，为了提高安全性，增加探头的敏感度，从而提高系统的可靠度。

3. 采用冗余设计

设计中采用冗余的方式构成冗余系统可以大大提高可靠性，减少故障的发生。在各种冗余方式中，并联冗余和备用冗余最为常用。

当采用并联冗余时，冗余元素与原有元素同时工作，冗余元素越多则可靠性越高。但是，由于并联元素的数量达到一定程度时，并联上去的元素越多所起的作用将越小；同时考虑到体积和成本的限制，实际设计中通常只需要把有限的元素并联起来构成冗余系统即可。

在采用备用冗余的原理时，当工作元素发生故障时备用元素接替工作。这一冗余系统增加了平均故障时间，可大大减少系统故障。许多重要的设施设备都采用备用冗余方式，如备用电源、备用电机、备用轮胎等。在设计备用冗余系统时，应该注意备用元素投入工作时转换机构的可靠性问题。如果转换机构发生故障，则在工作元素故障时不能及时将备用元素投入运行，最终也将导致系统故障。

4. 故障－安全设计

故障－安全设计是指在系统设备结构的一部分发生故障或破坏的一定时间内，系统能保证安全运行的设计。按系统设备结构在其一部分发生故障后所处的状态不同可有三种方案：

（1）故障－正常方案。系统设备结构在其一部分发生故障后，在采取措施前仍能发挥正常功能。例如，消防安全系统中应用的消防电源，就是发生火灾后正常用电为了保障安全断掉，而启用消防电源。

（2）故障－消极方案。系统设备结构在其一部分发生故障后，处于最低的能量状态，在采取措施之前不能工作。例如，电路中的保险丝、断电保护器等在过载时熔断或掉闸而断开电路；列车制动系统故障时闸瓦抱紧车轮时列车停止等。还有消防安全系统中一个建筑物发生火灾，为了防止火灾进一步蔓延可以关闭防火门或防火卷帘，等待火灾消除后再使用该场所。

（3）故障－积极方案。故障发生后，在采取措施之前，系统设备结构处于安全的能量状态下，或者维持其基本功能，但是性能（包括可靠性）下降。例如，在结构设计中将T型钢用两根角钢代替，形成分割结构，如果其中一根角钢损坏，另一根角钢仍能承担载荷而不致发生事故。故障－积极方案又称为故障－缓和方案，在实际设计中应用较为广泛。

例如，消防技术标准规定建筑间的防火分区、最小安全距离距，目的就是防止火灾蔓延，控制火势扩大，为火灾扑救赢取时间。

5. 耐故障设计

耐故障设计又称容错设计，是指系统中的设备结构在其一部分发生故障或破坏的情况下仍能维持其功能的设计。可以认为耐故障设计是故障－安全设计的一种。耐故障设计方法在防止故障方面得到了广泛应用。例如，消防水泵、消防卷帘等采用自动启动、手动启动、联动启动等多种启动方式的设计。

6. 选用高质量的材料、元件和部件

系统、设备、结构是由若干元素、元件和部件组成的。由可靠性高的元素组成的系统，其可靠性也高。选用高质量的材料、元件、部件，可以保证系统元素有较高的可靠性。为此，一些重要的元件、部件要经过严格的筛选后才能使用。

二、提高机器的可靠性

提高机器设备可靠性的目的一方面是延长机器设备的使用寿命，另一方面保证人机系统的安全性。提高机器设备可靠性的方法从两方面考虑：减少机器本身故障，延长使用寿命；提高使用安全性。

（一）减少机器故障的方法

1. 利用可靠性高的元件

机器设备的可靠性取决于组成部件或零件的可靠性。因此必须加强原材料、部件及仪表等的质量控制，提高零部件的加工工艺水平和装配质量。如消防产品质量监督就显得非常关键，控制不合格的消防产品流入市场，以避免造成不可挽回的损失。

2. 利用备用系统

在一定质量条件下增加备用量，尤其是消防的关键性设备，如重点单位的重点部位电源、水源应有备用的。

3. 采用平行的并联配置系统

当其中一个部件出现故障，机器设备仍能正常工作。如消火栓系统的供水管网作成并联配置。

4. 保证使用条件或环境

对处于恶劣环境下的运行设备应采取一定的保护措施。如消防水箱在北方地区要有保温措施。

5. 降低系统的复杂程度

因为增加机器设备的复杂程度就意味着其可靠性降低，同时机器设备的复杂操作也容易引起人为失误，增高故障率。

6. 加强预防性维修

预防性检查和维修是排除事故隐患，消除机器设备潜在危险，提高机器设备可靠性的重要手段。如公安消防部门的消防监督检查和单位的消防安全检查都是预防性检查，及时查处火灾隐患预防火灾发生。

（二）提高系统维修效果

维修是指为了维持或恢复系统、设备、结构正常状态而进行的工作，如保养、检查、故障识别、更换或修理等。维修可按其与故障发生的时间关系，分为预防性维修和修复性维修两大类。前者是在故障发生之前进行，后者是在故障发生之后进行。

1. 预防性维修

预防性维修是指依据故障时间等一些可靠性参数确定维修的周期，按预先规定的维修内容有计划地进行维修。如企业和消防部门对灭火器的检查就是为了及时发现问题，如灭火器失效，或干粉结块就应提早维修，以保证发生火灾时灭火器的正常使用。

2. 修复性维修

修复性维修是指系统、设备、结构发生故障后，查找故障部位，隔离故障更换，修理故障元素，以及校准、校验等，使之尽快恢复正常状态。为了保证安全，防止可能导致事故的故障发生，做到防患于未然，维修工作应该以预防性维修为主，修复性维修为辅。在预防性维修中，通常有定时维修、按需要维修和检测维修等工作方式。

（1）定时维修。以平均故障时间为周期进行的周期性维修。这种维修工作方式便于安排维修计划，但是针对性较差、维修工作量大而不经济。在消防当中有许多组件需要定时检测维修。

（2）按需要维修。根据系统、设备、结构的状态决定是否维修。按需维修在定时检查的基础上进行，既可消除潜在故障又可以减少维修工作量，充分利用元素的工作寿命，是一种较好的维修方式。

（3）检测维修。在广泛收集、分析元素故障资料的基础上，根据对其运行情况连续检测的结果确定维修时间和内容。它是按需维修的深化和发展，既可以提高系统设备结构的可用度，减少维修工作量，又能发挥元素潜力，是一种理想的预防性维修方式。检测维修设计的故障分析诊断技术、系统状态检测技术，特别适用于随机故障和规律不清楚的故障预防。如自动喷淋系统就需要定时检测，一旦发现问题就可以进行预防性维修。

三、人为失误的预防

人为失误是导致事故的重要原因之一。控制人为失误率，对预防及减少事故发生有重要作用。根据前文对人为失误的原因以及失误时心理状态的分析，减少或避免人为失误应当从以下几方面采取措施：

（一）技术措施

1. 用机器代替人

用机器代替人做最适合机器做的工作，利用机器功率大、速度快、准确度高等特点将那些更适合机器做的工作代替人力。通常机器的故障率为 10^{-4} ~ 10^{-6}，而人为失误率在 10^{-2} ~ 10^{-3}。可见，机器的故障率远远小于人为失误率。当然，那些要求智力、视力、听力、应变能力以及反应能力的工作还是机器所不能代替的。

2. 利用冗余系统减少人由于失误所引发的事故

冗余就是把若干个元素并联附加于系统基本功能元素上，以提高系统的可靠性。附加的元素称为冗余元素，含有冗余元素的系统称为冗余系统。其具体有双人操作、人机并行操作、设计审查等，如某些岗位设二人操作。假设一人失误的概率为 10^{-3}，则两人同时发生失误的概率为 10^{-6}。在消防工作中，如消防控制室的操作人员宜一班由两人值班。

3. 采取安全设计预防人为失误

在工程或设备的设计中采取安全设计措施，使操作人员不出现人为失误或失误也不会导致事故发生。具体的方法是，利用不同的形状或规格尺寸预防安装或连接的操作失误；利用连锁或紧急停车装置预防人为失误，或使人为失误无害化；采取强制措施使人员不能发生操作失误。

4. 采取警告措施预防人为失误

警告包括视觉警告（亮度、颜色、信号灯、标志等）、听觉警告（如警铃、警报等）、气味警告（如不同的气味等）和感（触）觉警告（如温度、阻挡物等）。

5. 人、机、环境匹配预防人为失误

主要包括人机动作的合理匹配、机器设备的人机学设计以及生产作业环境的人机学要求等，如显示器的人机学设计、操纵设备的人机学设计、生产环境的人机学设计。

（二）防止人为失误后果的技术控制措施

事故通常是由小到大，由近而远。为了控制由人为失误导致的事故危害范围，对危险作业地点应事先做好准备，一旦出现事故，将之控制在发生地。

由能量释放理论，事故就是失控能量的释放，人为失误引起的事故也不例外。为防止失控释放的能量伤害人员和设备，可采取分流，如泄压阀；隔离，如防爆墙；安全出口或通道；发放自救器材等措施。

（三）预防人为失误的管理措施

预防人为失误的管理措施主要有职业适应性措施、作业标准化措施、安全教育措施和技能训练措施等。

1. 职业适应性措施

职业适应性是指人员从事某种职业应具备的基本条件。它着重于职业对人员能力的要求。职业适应性措施主要包括以下几个方面：

（1）职业适应性的分析。

分析确定特定职业的特性，如工作条件、工作空间、物理环境、使用工具、操作特点、所需训练时间、判断难度、安全状况、作业姿势、体力消耗等特性。在分析了职业特性的基础上，进行人员职业适应性的分析，确定从事该职业人员应具备的条件，如所负责任、知识水平、技术水平、创造能力、灵活性、体力消耗、所受训练和具备的经验等。

（2）职业适应性的测试。

职业适应性测试就是指在人们初步选定自己的职业之后，测试其具备的能力，分析是否符合所从事职业的要求。

（3）职业适应性人员的选择。

对于特定的职业，选择能力过高或过低的人员都不利于事故的预防。一个人的能力低于操作要求时，可能会由于没有能力正确处理操作中的各种信息而不能胜任，从而出现人为失误；反之，当一个人的能力超过操作水平时，可能会由于心理紧张度过低，产生厌倦和懈怠情绪，从而引发人为失误。

2. 作业标准化措施

根据对人为失误原因的调查可发现下列三种原因占有很大的比例：

（1）不知道正确的操作方法。

（2）为了省事，省略必要的操作步骤。

（3）按自己的习惯操作。

为了克服这些问题，应积极推广标准化作业用科学的作业标准来规范人的行为。作业标准化应满足如下要求：

（1）应明确规定操作步骤和程序。例如，关于人力搬运作业中，应具体地规定出如何搬、搬往何处等。

（2）不应给操作者增加负担。例如，对操作者的技能和注意力不能要求过高，操作尽可能简单化、专业化，尽量减少使用卡具或其他工具的次数，采用自动化设备等。

（3）符合现场实际情况。由于同样的生产过程在具体实施中变化很大，以结合通用标准，针对具体情况制定切实可行的作业标准是十分必要的。在制定作业标准时，首先把操作过程分解为若干单元，逐一设计各单元的动作，然后相互衔接成为整体。一般地，制定作业标准要考虑人体运动、作业场所布置以及使用的设备、工具等应符合人机学原理。

在制定作业标准时，应该有管理人员、技术人员和操作者共同研究，经反复实践后才可确定。

3. 消防安全教育措施

消防安全教育与技能训练是为了预防操作者不安全行为、预防人为失误的重要途径。

通过消防安全教育与技能训练能使单位领导和广大职工提高事故预防工作的自觉性和责任感，同时还可以使干部和职工掌握安全技术知识，掌握安全技能和生产技能，保证作业安全可靠地进行。

消防安全教育的措施主要包括三个方面：

（1）消防知识教育。消防知识教育就是要使操作者掌握有关火灾爆炸事故预防的基本知识，使操作者了解和掌握生产操作过程中潜在的危险因素及防范措施等。

（2）安全技能教育。安全技能教育就是在熟练掌握安全知识的基础上，使操作者学习掌握保证操作安全的基本技能。

（3）消防意识教育。消防意识教育就是在既掌握了消防知识又掌握了安全技能的基础上，使操作者自觉地运用安全知识和安全技能，变被动的“要我安全”为主动的“我要安全”。

4. 技能训练措施

技能训练措施主要包括两个方面：

（1）灭火技能训练。灭火技能训练就是使操作者在学习掌握了安全知识和安全基本技能的基础上，反复实践和实际训练，完全熟练地掌握灭火设施的操作要领。保证在作业过程中，遇到火灾时能果断熟练地运用灭火器材和设备。

（2）生产技能训练。生产技能训练就是使操作者掌握了安全生产知识和安全技能以及安全态度端正的基础上，对其生产技能按标准要求进行严格的训练，使其熟练掌握生产技能。往往具有较高生产技能操作者，也具有较高的安全技能和较好的安全意识。

四、提高安全监控系统可靠性

在生产过程中经常利用安全监控系统、监测系统的安全状态参数，以便及时发现问题采取措施，控制这些参数不达到危险水平，以防事故发生。

（一）安全监控系统的种类

安全监控系统种类繁多，它由感知、判断和启动三部分组成。

1. 感知部分

感知部分主要是由传感元件组成，用以感知所监测物理量的变化情况。通常，传感元件的灵敏程度要比人的感觉器官高得多，能够发现人员难以直接觉察的潜在变化。

2. 判断部分

判断部分把检知部分获得的物理量参数值与预先设定的值相比较，判断被监控对象的状态是否正常。

3. 启动部分

启动部分的功能是在判断部分已经判明存在故障、异常，有可能出现危险时，采取适当的安全措施，如停止运转、启动安全装置、发出警告等，让工作人员采用紧急处理措施或及时回避危险。

（二）安全监控系统的形式

安全监控系统基本上有以下三种形式：

1. 检测仪表

在此种系统中，只有检知部分的工作是由仪器、设备等来完成。而将检测到的参数值与预先设定的数值相比较，判断监控对象是否处于正常状态，采取必要的处理措施都是由工作人员来完成的。

2. 报警系统

在此种系统中，检知部分和判断部分的工作均由仪器、设备等完成。驱动部分的功能由工作人员完成。系统检测到异常时发出声、光报警信号，提醒工作人员采取必要的措施。此时，把判定标准的参数值预先设定得低些，可以保证工作人员有充裕的时间做出恰当的决策，并采取正确的行动。

3. 连锁系统

在此种系统中，检知、判断和驱动部分的工作均由仪器、设备等来完成。当检知部分检测到的数据，经判断部分发现异常时，驱动部分自动采取措施，不必工作人员介入。这是一种高度的自动化系统，适用于短时间内可能发生事故，造成严重后果的情况。如感烟探测器、感温探测器等感知到信号就可以发出报警，然后由自喷系统就自动喷淋灭火。

（三）影响安全监控系统可靠性的原因

影响安全监控系统可靠性的原因主要有以下两个方面：

1. 漏报

漏报是当检测对象出现异常时，安全监控系统没有做出人们所希望的正确地反应（如报警、紧急停车等）。漏报故障的出现使安全监控系统丧失安全功能，不能阻止事故的发生，其结果可能带来巨大损失。因此，漏报故障属于“危险故障”型故障。为了防止漏报故障的发生，应该选用高灵敏的传感元件，预先设定较低的标准参照值，确保驱动机构动作可靠。

2. 误报

误报是当检测对象没有出现异常时，安全监控系统出现的人们所不希望的错误反应（如误报警、误停车等）。由于误报不会导致事故发生，故它属于“安全故障”型故障。但是，误报可能带来不必要的生产停顿或经济损失，严重时会使人们产生麻痹思想，不重视安全监控系统，酿成重大事故。例如北京隆福商厦火灾，当时该商厦消防系统属于比较先进的系统，但是由于平时报警系统经常误报导致值班人员麻痹大意，发生火灾时探测器报警还以为是误报就取消报警信号，结果导致损失惨重。为了防止系统的误报发生，安全监控系统应具有较强的抗干扰能力。

经验表明，安全监控系统的三个组成部分中，检知部分发生故障的频率最高。安全监控系统的漏报和误报是性质完全相反的两种类型的故障。提高检知部分的灵敏度虽然可以防止漏报型故障，却容易受外界干扰而产生误报型故障。反之，抗干扰能力强时虽然可以防止误报型故障，却容易发生漏报型故障。因此，提高安全监控系统可靠性是一件困难且又十分重要的工作，不能忽视。

（四）改善安全监控系统的途径

主要通过两条途径改善安全监控系统，特别是感知部分的可靠性。

（1）选用既有较高灵敏度又有较强抗干扰能力的高性能传感元件。

（2）改进系统设计，采用多传感元件系统。

通常情况，采用表决系统既可以提高防止漏报型故障性能，又可以提高防止误报型故障的性能，可以有效地提高安全监控系统的可靠性。

思考题

1. 火灾风险控制的策略有哪些？
2. 火灾风险控制的基本路径是什么？
3. 点火源有哪些主要形式？
4. 防火防爆的基本原理是什么？
5. 降低火灾爆炸危害的技术措施有哪些？
6. 火灾风险控制的管理措施可以从哪些方面实施？
7. 消防安全系统可靠性设计的内容是什么？

第十二章　消防安全评价

【导学】消防安全评价是指对建筑、场所、工厂、设备等进行的火灾风险的估计，旨在识别潜在的火灾危险因素，评估火灾发生的可能性，以及火灾对人员和财产造成的潜在危害。通过本章的学习，了解消防安全评价的流程、评价方法的分类，掌握模糊综合评价法、指数评价法、概率评价法在消防安全评价中的应用。

第一节　消防安全评价概述

消防安全评价的目的是确定当前的火灾风险现有的消防安全措施是否符合相关法规和标准，并发现潜在的火灾危险和安全隐患。通过消防安全评价，可以采取相应的措施来消除或减少火灾危险，提高消防安全水平，保障人员和财产的安全。

一、消防安全评价的含义

消防安全评价是应用系统工程的原理和方法，对系统存在的火灾爆炸危险性进行定性和定量分析，得出系统发生火灾爆炸危险的可能性及其程度的评价，以寻求最低事故率、最少的损失和最优的消防安全投资效益。

消防安全评价的定义可以理解如下：对系统存在的火灾爆炸危险性进行定性和定量分析是消防安全评价的核心，是系统评价过程中的一个中间环节，起承上启下的纽带作用；得出系统发生火灾爆炸危险的可能性及其程度的评价是消防安全评价的结果；寻求最低的火灾爆炸事故率、最少的损失、最优的消防安全投资效益，是消防安全评价的目的。

二、消防安全评价的目的和意义

（一）消防安全评价的目的

消防安全评价的目的是查找、分析系统存在的火灾隐患，并预测该隐患导致火灾发生的可能性及危害后果严重程度，从而提出合理可行的消防安全对策，指导危险源监控和火灾事故预防，以达到最低事故率、最少损失和最优的安全投资效益。

1. 提高系统本质消防安全化程度

通过消防安全评价，对工程或系统的设计、建设、运行等过程中可能出现和存在的火灾隐患进行分析，针对隐患出现的原因和条件，提出消除隐患的最佳措施方案，特别是从设计上采取相应措施，设置多重消防安全屏障，实现对火灾隐患的根源性消灭。这一原理应用较多的如建筑工程消防监督管理。

2. 实现全过程消防安全控制

在系统设计前进行消防安全评价，可避免选用不安全的工艺流程和消防性能达不到要求的材料及设施，并提出降低或消除火灾危险的有效方法。系统设计后进行消防安全评价，可查出设计中的缺陷和不足，及早采取改进和预防措施。系统建成后进行消防安全评价，可了解系统的现实火灾危险性，为进一步采取降低火灾危险性的措施提供依据。

3. 促进相关数据库建设，为决策提供依据

我国消防安全评价起步较晚，虽然引进了国外一些较好的评价方法，但由于缺少支撑评价的量化指标，使得定量的消防安全评价无法进行。因此，将理论的消防安全评价结果与实际火灾事故的分析统计资料进行有机结合，根据前者对后者的适用程度，来判定消防安全评价的可靠程度，从而实现定量评价中有关数据库的积累。如此循环往复，既发展了消防安全评价技术，更促进了有关数据库的建设，从而实现消防安全评价为消防安全决策提供依据的重要意义。

（二）消防安全评价的意义

消防安全评价的意义在于可有效地预防火灾事故的发生，减少火灾造成的财产损失和人员伤亡。

1. 消防安全评价是消防安全管理的一个必要组成部分

“预防为主、防消结合”是我国的消防工作总方针。而消防安全评价正是预测、预防火灾事故的重要手段。通过消防安全评价可确认生产经营单位是否具备必要的消防安全生产条件，从而为消防部门实施有效的消防安全检查和管理提供依据。

2. 有助于消防安全投资的合理选择

消防安全评价不仅能确认系统的火灾危险性，而且能进一步预测危险性发展为火灾事故的可能性及事故造成损失的严重程度，并以此说明系统火灾危险可能造成负效益的大小，合理地选择控制措施，确定消防安全投资的多少和主次，从而使安全投入和可能减少的负效益达到合理的平衡。

3. 有助于提高生产经营单位的消防安全管理水平

传统的消防安全管理方法的特点是凭经验进行管理，多为事故发生后再进行处理。通过消防安全评价，可以预先识别系统的火灾隐患，分析生产经营单位的消防安全状况，尤其是一些定量的分析评价方法，可以清楚地指出各火灾隐患的危险程度。所有这些评价结论都有助于促进生产经营单位主动实施消防安全管理，变事后处理为事先预防。

4. 有助于生产经营单位提高经济效益

消防安全评价能对系统的消防安全状况进行全程监控，及时发现并整改火灾隐患，既避免了火灾事故发生所造成的损失，同时，通过设计阶段和建设阶段的评价与整改，有效避免了系统建成运行后再发现问题进行整改所造成的能源浪费。

三、消防安全评价的分类

（一）按评价的不同阶段分类

1. 消防安全预评价

消防安全预评价没有单独作为一项工作，往往是融合到安全与评价中，作为拟建涉及火灾爆炸较高风险的项目的安全评价的一项重要专题。消防安全预评价根据建设项目可行性研究报告的内容及以往火灾事故的经验，分析和预测该建设项目可能存在的火灾隐患及其危害程度，提出合理可行的消防安全措施及建议。

消防安全预评价以拟建项目作为研究对象，根据项目可行性研究报告提供的生产工艺过程、使用和产生的物质、主要设备和操作条件等，研究系统固有的火灾危险因素，并应用安全系统工程的方法，对该隐患的危险性和危害性进行定性、定量分析，确定系统的火灾危险程度。针对主要隐患及其可能产生的危害后果提出消除、预防和降低的对策措施。评价采取措施后的系统是否能满足消防技术标准所规定的安全要求，从而得出建设项目应如何设计、管理才能达到消防安全生产要求的结论。

最后形成的消防安全预评价报告将作为项目报批的文件之一，同时也是项目最终设计的重要依据文件之一。消防安全预评价报告可以提供给建设单位、设计单位、业主等相关单位，同时，消防救援部门以此为依据，加强对单位进行消防安全教育和实施有效的消防安全管理也意义深远。

2. 消防安全验收评价

消防安全验收评价是在建设项目竣工验收之前、试生产运行正常后，在正式投产前进行的一种检查性消防安全评价。可以贯穿到建筑工程消防验收程序中进行。通过对建设项目设施、设备、装置实际运行状况及管理状况的消防安全评价，以及对系统建成后还存在火灾隐患进行定性、定量分析，查找出该项目投产后可能存在的火灾危险性及其危害程度。同时判断系统在消防安全上的符合性和消防安全设施的有效性，提出合理可行的消防安全对策，并做出评价结论，以促进项目实现系统安全。

消防安全验收评价是为消防安全验收进行的技术准备，最终形成的消防安全验收评价报告将作为建设单位向政府安全生产监督管理机构申请建设项目消防安全验收审批的依据。

3. 消防安全现状评价

消防安全现状评价是针对某一使用过程中的建筑物或经营中的单位从总体或局部出发，对其消防安全现状进行的安全评价。通过评价查找其存在的火灾隐患并确定危险程度，提出合理可行的安全对策。

消防安全现状评价的突出特点是对已投入使用的建筑或单位的任一阶段的消防安全状况展开评价。因此可有效避免单位在生产经营活动中由于追求经济效益，而有意或无意中改变建筑物原本合理的消防安全布局，或是忽视消防安全管理以及消防设施、材料性能老化等问题的出现。其评价结果既是消防救援机构加强日常监督检查的重要依据，也是单位自身加强消防安全管理，整改火灾隐患的主要依据。

4. 专项消防安全评价

专项消防安全评价是针对某一项活动或场所，如一个特定的行业、产品、生产方式、生产工艺或生产装置等，存在的火灾危险因素或重大火灾隐患，进行的消防安全评价，其目的是查找存在的火灾隐患根源、确定危害程度，并提出合理可行的整改对策。

（二）按消防安全评价量化程度分类

1. 定性消防安全评价

定性消防安全评价主要是根据经验和理论判断能力对建筑、场所或系统的建筑结构、火灾荷载、工艺设备、消防设施、消防环境、人员和管理等方面的状况进行定性的分析，消防安全评价的结果是一些定性的指标，如是否达到了某项消防安全指标、事故类别，是否是导致事故发生的因素等。常用的定性消防安全评价方法主要有消防安全检查表、预先危险性分析法、专家现场询问观察法等。

2. 定量消防安全评价

定量消防安全评价是运用基于大量的实验结果和广泛的火灾爆炸事故资料统计分析获得的指标或规律（数学模型），对建筑结构、火灾荷载、工艺设备、消防设施、消防环境、人员和管理等方面的状况进行定量的计算，评价结果是一些定量的指标，如概率风险评价法、伤害（或破坏）范围评价法和危险指数评价法。

四、消防安全评价的程序

消防安全评价程序（见图 12–1）主要包括：准备阶段，火灾爆炸危险、有害因素辨识与分析，火灾风险定性、定量估算，提出消防安全对策措施，形成消防安全评价结论及建议，编制消防安全评价报告。

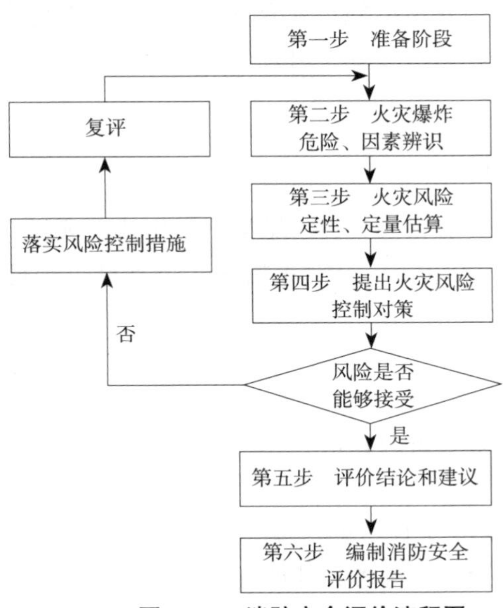

图 12–1　消防安全评价流程图

（一）准备阶段

该阶段的主要工作任务是，明确被评价对象和范围，进行现场调查和收集国内外相关法律、法规、技术标准及建设项目资料。了解同类设备或工艺的生产和事故状况等。

（二）危险、有害因素辨别与分析

根据建设项目周边环境、生产工艺流程或场所的特点识别和分析其潜在的危险、有害因素。确定安全评价单元是在危险、有害因素识别和分析的基础上根据评价的需要将建设项目分成若干个评价单元。划分评价单元的一般性原则是按生产工艺功能、生产设施设备相对空间位置、危险有害因素类别及事故范围划分评价单元，使评价单元相对独立，具有明显的特征界限。

（三）定性、定量火灾风险评估

根据被评价对象的特点选择科学、合理、适用的定性、定量评价方法。常用的评价方法有：事故致因安全评价法（事故致因理论）；能够提供危险度分级的安全评价法，如 *F&EI* 评价法、ICI 蒙德法、化工厂危险程度分级评价法等；可以提供事故后果的安全评价法。

根据选择的评价方法对危险、有害因素导致事故发生的可能性和严重程度进行定性、定量评价，以确定事故可能发生的部位、频次、严重程度的等级及相关结果，为指定安全对策措施提供科学依据。

（四）防火防爆对策措施

根据定性、定量评价结果提出消除或减弱危险、有害因素的技术和管理措施及建议。安全对策措施应包括以下几个方面：总图布置和建筑方面安全措施；工艺和设备、装置方面安全措施；安全工程技术方面对策措施；安全管理方面对策措施；应采取的其他综合措施。评价委托人需要衡量风险是否可接受，可接受即可继续进行，否则采用火灾风险控制措施降低风险。

（五）安全评价结论及建议

简要列出主要的火灾危险、有害因素评价结果，指出建设项目应重点防范的重大火灾危险、有害因素，明确应重视的重要安全对策措施，特别是是否符合国家有关法律、法规、技术标准的结论。

（六）编制安全评价报告

安全评价报告应当包括以下重点内容：

（1）概述。

1）安全评价依据，即有关安全评价的法律、法规及技术标准，建设项目可行性研究报告等建设项目相关文件、安全评价参考的其他资料。

2）建设单位简介。

3）建设项目概况，建设项目选址、总图及平面布置、生产规模、工艺流程、主要设备、主要原材料、中间体、产品、经济技术指标、公用工程及辅助设施等。

（2）生产工艺简介。

（3）安全评价方法和评价单元。

1）安全评价方法简介。

2）评价单元确定。

（4）定性、定量评价方法与过程。

1）定性、定量评价方法说明。

2）评价结果分析。

（5）安全对策措施及建议。

1）在可行性研究报告中提出的安全对策措施。

2）补充的安全对策措施及建议。

（6）安全评价结论。

第二节　模糊综合评价法

一、模糊综合评价法含义

系统安全状况是一个极其复杂的多因素、多变量、多层次的人机系统。在安全管理与决策过程中，常常会因某些数据缺乏，一时很难用量化方法来描述事件，如预测事故发生，常用可能性很大、可能不大或很少可能；预测事故后果时，也常用灾难性的、非常严重的、严重的、一般的等词句来加以区别，尤其是对人的生理状态和心理状态更是如此，没法用数量来表达，只能用定性的概念来评价。确切地说，系统安全状况中的各种问题，从信息决策到目标控制，都有不可忽视的模糊性。可以用“模糊概念”来评价。模糊综合决策就是利用模糊数学将模糊信息定量化，对多因素进行定量评价与决策。用模糊数学理论建立的系统消防安全评价模型，综合系统中的多个相互影响的因素进行评价，对消防安全管理工作具有指导意义。

二、模糊综合评价的数学模型①

现以二级模糊评价为例加以说明评价步骤。先按每个因素单独评判，再按所有因素综合评判。

（一）确定因素层次

设因素集为

$$U = \{u_1, u_2, \cdots, u_i, \cdots, u_m\} \tag{12-1}$$

其中，U_i（i=1，2，⋯，m）为第一层次（也即最高层次）中的第 i 个因素，它又由第二层次中的 n 个因素决定，即

$$U_i = \{u_{i1}, u_{i2}, \cdots, u_{ij}, \cdots, u_{in}\}\ (j=1,2,\cdots,n) \tag{12-2}$$

① 谢振华．安全系统工程［M］．北京：冶金工业出版社，2010.

（二）建立权重集

根据每一层次中各个因素的重要程度，分别给每一因素赋以相应的权数，于是得各个因素层次的权重集如下：

第一层次的权重集为

$$A = \{a_1, a_2, \cdots, a_i, \cdots, a_m\} \tag{12-3}$$

式中 a_i（i=1，2，…，m）是第一层次中第 i 个因素 u_i 的权重。

第二层次的权重集为

$$A_i = \{a_{i1}, a_{i2}, \cdots, a_{ij}, \cdots, a_{in}\}\ (j = 1, 2, \cdots, n) \tag{12-4}$$

a_{ij} 是第二层次中决定因素 u_{ij} 的权重。

（三）建立备择集

不论因素层次有多少，备择集只有一个。设总评判的结果共有 p 个，则备择集一般地可建立为

$$V = \{v_1, v_2, \cdots, v_p\} \tag{12-5}$$

（四）一级模糊综合评判

由于每一个因素都是由低一层次的若干因素决定的，所以每一个因素的单因素评判，应是低一层次的多因素综合评判。第二层次的单因素评判矩阵为

$$\boldsymbol{R}_i = \begin{bmatrix} r_{i11} & r_{i12} & \cdots & r_{i1p} \\ r_{i21} & r_{i22} & \cdots & r_{i2p} \\ \cdots & \cdots & \cdots & \cdots \\ r_{in1} & r_{in2} & \cdots & r_{inp} \end{bmatrix} \tag{12-6}$$

决定 u_i 的 u_{ij} 的因素有多少个，$\boldsymbol{R}_i$ 矩阵便有多少行；备择集元素有多少个，$\boldsymbol{R}_i$ 矩阵便有多少列。

于是，第二层次模糊综合评判集为

$$B_i = A_i \cdot R_i = (a_{i1}, a_{i2}, \cdots, a_{in}) \cdot \begin{bmatrix} r_{i11} & r_{i12} & \cdots & r_{i1p} \\ r_{i21} & r_{i22} & \cdots & r_{i2p} \\ \cdots & \cdots & \cdots & \cdots \\ r_{in1} & r_{in2} & \cdots & r_{inp} \end{bmatrix} \tag{12-7}$$

$$= (b_{i1}, b_{i2}, \cdots, b_{in})$$

（五）二级模糊综合评判

一级模糊综合评判仅是对最低一层因素进行综合，实际上仅是上一层次的单因素评判。为了综合考虑所有因素的影响，还必须进行二级模糊综合评判，即对上一层次中各因素的影响进行综合。第一层次的单因素评判矩阵为

$$\boldsymbol{R}=\begin{bmatrix}B_1\\B_2\\\cdots\\B_m\end{bmatrix}=\begin{bmatrix}A_1\cdot R_1\\A_2\cdot R_2\\\cdots\\A_m\cdot R_m\end{bmatrix} \tag{12-8}$$

于是，二级模糊综合评判集为

$$\boldsymbol{B}=\boldsymbol{A}\cdot\boldsymbol{R}=\boldsymbol{A}\cdot\begin{bmatrix}A_1\cdot R_1\\A_2\cdot R_2\\\cdots\\A_m\cdot R_m\end{bmatrix}=(b_1,b_2,\cdots,b_p) \tag{12-9}$$

（六）求系统安全评价的总得分 f

f 的计算式为

$$f=B\cdot\boldsymbol{S}^{\mathrm{T}} \tag{12-10}$$

式中：$\boldsymbol{S}^{\mathrm{T}}$——各级别的分值。

（七）求综合评价系统的安全等级

综合评价系统的安全等级如表 12-1 所示。

表 12-1　综合评价系统的安全等级

系统安全得分	>90	80 ~ 89	70 ~ 79	60 ~ 69	50 ~ 59	<50
安全等级	很好	好	良好	中等	较差	差

三、模糊综合评价的应用实例

结合某市四种典型火灾区域的有关统计数据，运用模糊数学的综合评判方法评价城市防火安全，是由定性的分析问题开始，通过研究构成城市防火安全诸要素的作用及其相互关系，定量的求出总的评价结果。

（一）确定评估指标体系

火灾危险性综合评估有危害度、危险度和安全度三个指标组成，危害度表示评估对象过去发生过的历史火灾危害程度，由发生的火灾的严重程度和频率的子指标衡量，危险度是指在不考虑安全消防措施的情况下，评估对象具有的火灾起火、火灾蔓延和对人类生命财产造成损失的危险程度，由火灾载荷量、火灾类型、起火危险性指数以及暴露于火灾区域的人数子指标衡量。安全度是表示评估对象的消防设施的有效性和可靠性等，可由对火灾防止装置系统、火灾安全管理系统和其他影响因素的检查得分情况构成安全度的子指标。因此，火灾危险性综合评估是一个二级多指标综合评估体系，如图 12-2 所示。

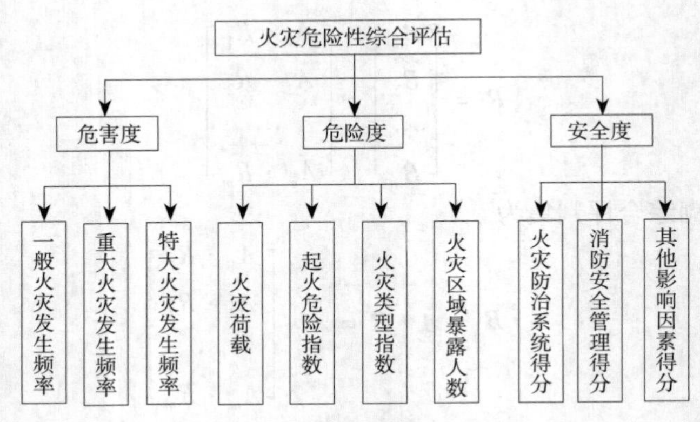

图 12–2　火灾危险性综合评估指标体系

（二）评价结果

应用模糊综合评估方法对该市居民场所火灾、厂企场所火灾、商店（场）、宾馆、娱乐场所和汽车火灾进行火灾危险性评估和排序。根据四种典型火灾类型的不同特点，通过专家评分法得到各级评估指标，子指标值和权重的数据见表 12–2。

表 12–2　四种典型火灾危险性评估体系、指标和权重

第二级		第一级		子指标值			
指标	权重	子指标	权重	居民场所火灾	厂企场所火灾	商店等公共娱乐场所火灾	汽车火灾
危害度	0.25	一般火灾发生频率 /（次·年$^{-1}$）	0.15	0.14	0.44	0.25	0.16
		重大火灾发生频率 /（次·年$^{-1}$）	0.35	0	2.8	0	0.6
		特大火灾发生频率 /（次·年$^{-1}$）	0.50	0	1.4	0	0
危险度	0.35	火灾载荷量 /（t · m^{-1}）	0.3	0.04	0.14	0.18	0.02
		起火危险指数	0.3	28	20	10	8
		火灾类型指数	0.2	10	20	28	5
		火灾区域暴露人数比 / 10^{-1} 万	0.2	5	50	105	1
安全度	0.4	火灾防止装置系统得分	6	44	65	80	30
		消防安全管理系统得分	0.2	53	78	90	45
		其他影响因素得分	0.2	65	62	63	60

分别进行第一级评估和第二级评估，得到四种火灾危险性的排序：厂企火灾 > 居民场所火灾 > 汽车火灾 > 商店等公共娱乐场所火灾。

第三节 指数评价法

一、指数评价法概述

风险指数法是一种快速而便捷的火灾风险评估方法，该方法由若干分析的过程与危险标示组成，将系统的各种影响因素集合在一起，对影响火灾安全的各种因素进行打分，并根据各因素权重计算出评估对象的火灾风险指数，进而衡量其火灾风险的相对大小[①]。该方法采用对特定变量进行赋值的方法来表述火灾安全特性，通过专业的判断和以往的经验对火灾危险打分赋值，然后再采用数学的方法对变量所赋值进行处理，最终得到一个单一的数值，再将此值与其他的类似评估结果或标准进行比较，得出比较客观的评价结果，从而对复杂的火灾风险进行快速而简捷的评估。

越复杂精确的评估模型，越能提高风险分析的总体精确程度，而此种模型就需要耗费更多的时间和资源。

在风险分析过程中，对一个重要的决策如何确定分析的深度和精确度，要由可利用的时间、资源和分析结果的用途等因素决定。很多情况下都可以应用火灾风险指数法进行风险分析。例如，在不需要进行更深入的综合分析的情况下、在需要进行更经济的风险筛选的时候，以及仅需要就风险的有关问题进行交流的情况下，都可以使用火灾风险指数的方法进行风险评估。

火灾风险指数法的重要性得到众多专家和学者的广泛认同。使用火灾风险指数这种数值等级体系，能够建立具有清晰结构的风险等级，有利于进行火灾安全的定性分析。这些体系也会随着研究方法、管理科学以及火灾风险分析或模型的改变而发生日新月异的改变。

二、火灾爆炸指数评价法[②]

为了辨识系统潜在的火灾、爆炸重大损失危险，美国道（Dow）化学公司于 1964 年提出了火灾爆炸指数（*F&EI*）评价法，该评价方法通过计算出系统的火灾、爆炸指数来评价系统火灾、爆炸危险程度，目前已出版到第 7 版。道化学公司火灾爆炸指数评价法分析中数据的来源是以往事故的统计资料、物质的潜在能量及所采取的安全措施状况。

火灾爆炸指数的一个重要作用是辅助确定是否需要进行深层次的定量风险分析，以及确定研究应满足的深度。

火灾爆炸指数（*F&EI*）的概念是把一个工序计划分成若干单元，并单独各自进行考

---

① 余明高，郑立刚 . 火灾风险评估［M］. 北京：机械工业出版社，2013.

② 谢振华 . 安全系统工程［M］. 北京：冶金工业出版社，2010.

虑。这种方法的主要方面是评估主要危险物质在燃烧时的热力学性质，利用一系列操作单元的各自特性便可以建立基本的物质系数。火灾爆炸指数（*F&EI*）与其他分析方法结合确定工艺单元的相关风险，是火灾风险分析中一种非常有效的方法。

（一）资料准备

计算火灾爆炸指数（*F&EI*）和进行风险分析前，需要准备下列资料：准确的装置设计方案、工艺流程图、火灾爆炸指数计算表、火灾爆炸指数危险度分解指南、安全措施补偿系数表、工艺单元风险分析汇总表、生产单元风险分析汇总表及有关装置的更换费用数据。

（二）风险分析评价程序

应用火灾爆炸危险指数评价法对单元工艺危险性进行评价的流程如图 12–3 所示。

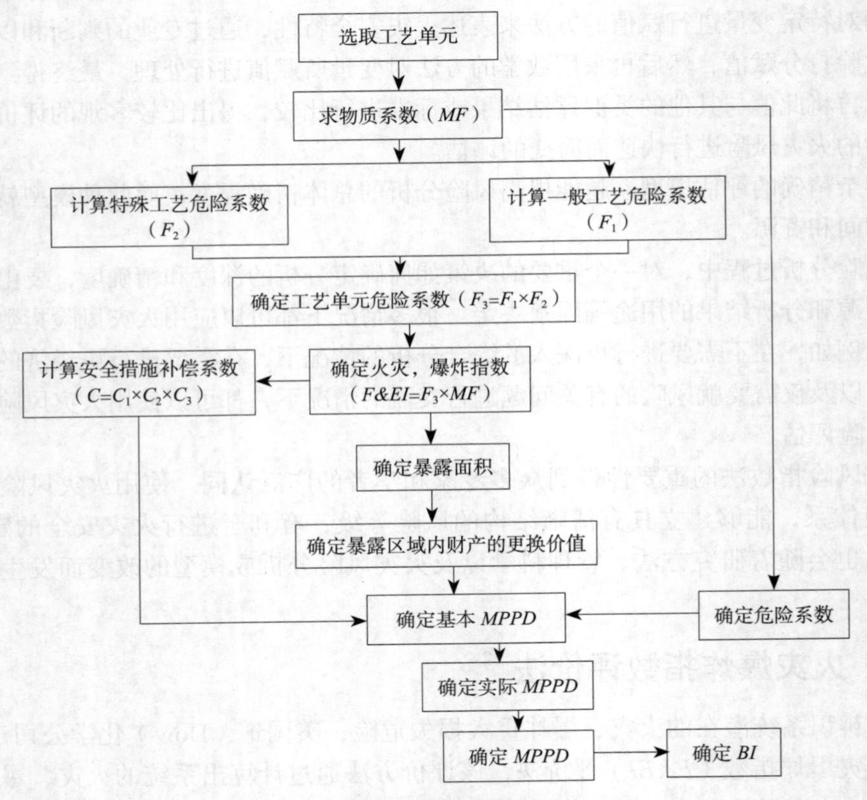

图 12–3　火灾爆炸指数评价法的评价流程

1. 选取工艺单元

大多数生产中都包括很多工艺单元，而使用火灾、爆炸指数评价法进行评价时，恰当工艺单元是从损失预防角度来看对工艺有影响的单元。

2. 确定物质系数

物质系数（*MF*）是用于表述物质在由燃烧或其他化学反应引起的火灾、爆炸中所释放的能量大小的内在特性参数。

物质系数由 N_F 和 N_R（美国消防协会规定符号）决定，N_F 和 N_R 分别代表物质的燃烧特性和不稳定性（化学活性）。物质的反应性等级 N_R 可根据其在环境温度下的不稳定程度确定，确定方法见表 12–3。

表 12–3　不稳定性（化学活性）等级

物质反应特性	N_R
在燃烧条件下仍能保持稳定的物质	0
自身稳定，在加温加压条件下变得不稳定的物质	1
在加温加压条件下易于发生剧烈化学反应的物质	2
本身可发生爆炸分解或爆炸反应，但需强引发源或引发前需在密闭状态下加热的物质	3
常温常压下自身易于引发爆炸分解或爆炸反应的物质	4

常见物质的物质系数可由常见物质系数表中查得，其中未列出的物质，可根据 NFPA 325M 或 NFPA 49 确定其 N_F 和 N_R，并依照温度进行修正后，由表 12–4 确定。确定可燃性粉尘物质系数时，不使用 N_F 而使用粉尘危险分级值 S_t。

表 12–4　物质系数取值表

液体、气体（包括挥发性固体）的易燃性或可燃性		N_F	N_R				
			0	1	2	3	4
不燃物		0	1	14	24	29	40
F.P.>93.3℃		1	4	14	24	29	40
37.8℃ <*F.P.* ≤ 93.3℃		2	10	14	24	29	40
22.8℃ <*F.P.* ≤ 37.8℃或 *F.P.*<22.8℃且 *B.P.* ≥ 37.8℃		3	16	16	24	29	40
F.P.<22.8℃且 *B.P.*<37.8℃		4	21	21	24	29	40
可燃性粉尘或烟雾	S_T–1（K_{ST} ≤ 200bar · m/s）		16	16	24	29	40
	S_T–2（K_{ST}=201 ～ 300bar · m/s）		21	21	24	29	40
	S_T=1（K_{ST}>300bar · m/s）		24	24	24	29	40
可燃性固体	厚度 >40mm，紧密的	1	4	14	24	29	40
	厚度 <40mm，疏松的	2	10	14	24	29	40
	泡沫材料、纤维、粉状物等	3	16	16	24	29	40

物质系数表示正常环境温度和压力下物质的危险特性，对闪点小于 60℃或反应活性温度低于 60℃的物质，由于物质系数中已经体现了易燃性和反应危险性，该系数不需要

修正；如果工艺单元温度超过 60℃则物质系数需进行修正，见表 12–5。

表 12–5　物质系数温度修正

物质系数温度修正	N_F	S_T	N_R
a. 填入 N_F（粉尘为 S_T）、N_R			
b. 如果温度小于 60℃，则转至“e”			
c. 如果温度高于闪点或温度大于 60℃，在 N_F 栏内填 1			
d. 如果温度大于放热起始温度或自燃点，在 N_R 栏内填 1			
e. 各竖行数字相加，但总数为 5 时填 4			
f. 用“e”和表 12–4 确定 *MF*，并填入 *F&EI* 表和生产单元危险分析汇总表			

确定工艺单元危险系数确定工艺单元危险系数 F_3 的值，首先要确定单元的一般工艺危险系数 F_1 和特殊工艺危险系数 F_2 的值。

在确定一般工艺危险系数时，要仔细分析工艺单元，确定本工艺单元一般工艺危险系数的影响因素，各项取值见表 12–6。

表 12–6　一般工艺危险系数表

危险类别	危险系数取值范围
基本系数	1.00
A 放热化学反应	0.30 ~ 1.25
B 吸热反应	0.20 ~ 0.40
C 物料处理与运输	0.25 ~ 1.05
D 密闭式或室内工艺单元	0.25 ~ 0.90
E 通道	0.20 ~ 0.35
F 排放和泄漏控制	0.25 ~ 0.50
一般工艺危险系数 F_1=1+*A*+*B*+*C*+*D*+*E*+*F*	

影响特殊工艺危险系数的因素主要有 12 项，各项取值见表 12–7。

表 12–7　特殊工艺危险系数

危险类别	危险系数取值范围
基本系数	1.00

续表 12-7

危险类别	危险系数取值范围
A 毒性物质	0.20 ~ 0.80
B 负压操作（<500mmHg）	0.5
C 易燃范围内或接近易燃范围的操作 ①罐场储存易燃液体 ②过程失常或吹扫故障 ③一直处于易燃烧范围内	 0.5 0.3 0.8
D 粉尘爆炸	0.25 ~ 2.00
E 压力	0.10 ~ 2.00
F 低温	0.20 ~ 0.30
G 易燃及不稳定物质的量	0.10 ~ 5.00
H 腐蚀与磨蚀	0.10 ~ 0.75
I 泄漏、接头与填料	0.10 ~ 1.50
J 使用明火设备	0.10 ~ 1.00
K 热油热交换系统	0.15 ~ 1.15
L 转动设备	0.5
特殊工艺危险系数 $F_2=1+A+B+C+D+E+F+G+H+I+J+K+L$	

工艺单元危险系数 F_3 是一般工艺危险系数 F_1 和特殊工艺危险系数 F_2 的乘积，即 $F_3=F_1\times F_2$，正常值范围为 1 ~ 8，当 $F_3>8$ 时，F_3 取值为 8。

计算工艺单元危险系数时，应以物质在工艺单元中所处的最危险状态为准，要防止对过程中的危险进行重复计算。

3. 计算火灾、爆炸指数

火灾、爆炸指数（*F&EI*）用来评估生产操作过程中事故可能造成破坏的程度，是物质系数（*MF*）与单元工艺危险系数（F_3）值的乘积：$F\&EI=MF\times F_3$。计算 *F&EI* 时，一次只评价一种危险。*F&EI* 值与危险等级划分见表 12-8，表明火灾、爆炸事故破坏的严重程度。

表 12-8　*F&EI* 值及危险等级划分

F&EI 值	危险等级	*F&EI* 值	危险等级
1 ~ 60	最轻	128 ~ 158	很大
61 ~ 96	较轻	>159	非常大
97 ~ 127	中等	—	—

4. 计算安全措施补偿系数

根据经验和要求所采取的安全措施，不仅能有效地预防严重事故的发生，也可以降低事故发生的概率、减轻事故危害。总的安全措施补偿系数 $C=C_1C_2C_3$，其中，C_1 为工艺控制补偿系数，C_2 为物质隔离补偿系数，C_3 为防火措施补偿系数，取值见表 12–9。

表 12–9　安全措施补偿系数表

系数	项目	补偿系数取值
工艺控制补偿系数 C_1	1. 应急电源	0.98
	2. 冷却	0.79 ~ 0.99
	3. 易爆	0.84 ~ 0.98
	4. 紧急停车装置	0.96 ~ 0.99
	5. 计算机控制	0.93 ~ 0.99
	6. 惰性气体保护	0.94 ~ 0.96
	7. 操作指南或操作规程	0.91 ~ 0.99
	8. 活性化学物质检查	0.91 ~ 0.98
	9. 其他工艺过程危险分析	0.91 ~ 0.98
物质隔离补偿系数 C_2	1. 远距离控制阀	0.96 ~ 0.98
	2. 备用泄料装置	0.96 ~ 0.98
	3. 排放系统	0.91 ~ 0.97
	4. 连锁装置	0.98
防火措施补偿系数 C_3	1. 泄漏检测装置	0.94 ~ 0.98
	2. 钢质结构	0.95 ~ 0.98
	3. 消防水供应系统	0.94 ~ 0.97
	4. 特殊灭火系统	0.91
	5. 洒水灭火系统	0.74 ~ 0.97
	6. 水幕	0.97 ~ 0.98
	7. 泡沫灭火装置	0.92 ~ 0.97
	8. 手提式灭火器	0.93 ~ 0.98
	9. 电缆保护	0.94 ~ 0.98

5. 风险分析

工艺单元的风险分析包括确定危害系数、暴露区域面积、暴露区域内财产的更换价值、基本最大可能财产损失、实际最大可能财产损失、最大可能工作日损失以及停产损失等。

（1）危害系数。危害系数的求取方法如图 12–4 所示，由物质系数 MF 与工艺单元危害系数 F_3 曲线的交点确定。

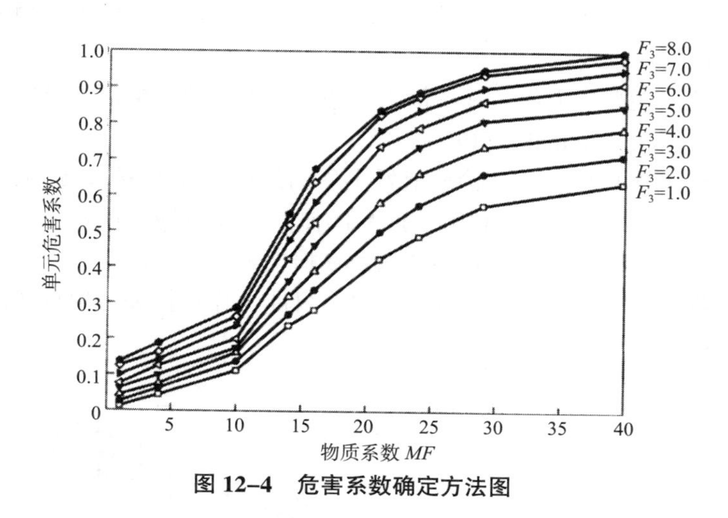

图 12–4　危害系数确定方法图

（2）暴露区域面积。暴露区域半径决定了暴露区域的大小，暴露区域半径 R 可分别由下式或图 12–5 确定：

$$R=0.256F\&EI \tag{12–11}$$

暴露区域面积 S 由下式确定：

$$S=\pi R^2 \tag{12–12}$$

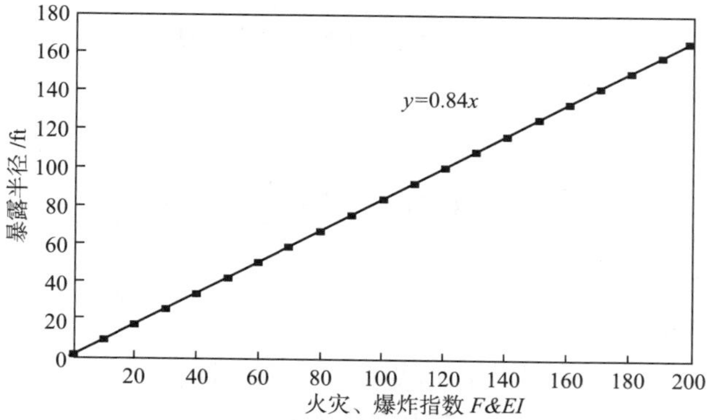

y=0.84x

暴露半径 /ft

火灾、爆炸指数 F&EI

图 12–5　暴露区域半径计算图

在评估火灾、爆炸的实际损坏影响范围时，还应注意，火灾、爆炸的破坏范围并不是一个理想的圆或球体，不同方向受到的破坏程度往往是不等同的，实际破坏情况是各种条件联合作用的综合结果。

（3）暴露区域内财产价值。暴露区域内财产价值可根据该区域内财产的更换价值确定，财产更换价值由下式表示：

$$更换价值=0.82\times 原成本\times 增长系数 \tag{12–13}$$

取系数 0.82 是考虑到发生灾害事故时，区域内某些财产不会受到破坏或即使受到损坏却无需更换，该系数不是定值，可根据计算而改变。计算暴露区域内财产更换价值的增长系数由掌握最新公认数据的工程预算专家确定。

（4）基本最大可能财产损失。基本最大可能财产损失（*Base MPPD*）是危害系数与暴露区域内财产更换价值之积，表示的是暴露区域内没有任何安全措施、损失得不到任何降低的情况下的可能财产损失。

（5）实际最大可能财产损失。基本最大可能财产损失与安全措施补偿系数的乘积即为实际最大可能财产损失（Actual MPPD）。

（6）最大可能工作日损失。评价事故发生后的停产损失（*BI*），必须首先估算最大可能工作日损失（*MPDO*）。由于原材料、产品的储存量和市场需求状况的不同，停产损失并不完全等同于财产损失，而往往是停产的潜在损失远超过财产损失，许多情况能够导致停产损失与财产损失之间的关系发生变化。最大可能工作日损失可根据实际最大可能财产损失按照图 12–6 查得。

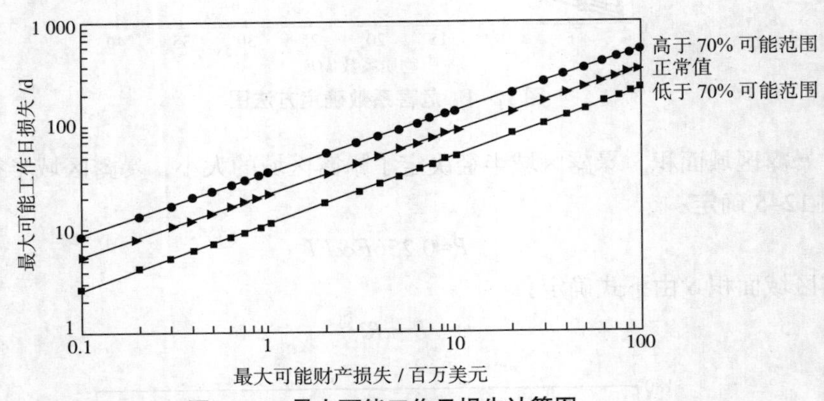

图 12–6　最大可能工作日损失计算图

（7）停产损失。

停产损失按下式计算：

$$BI = 0.70 \times \frac{MPDO \times VPM}{30} \qquad (12\text{–}14)$$

式中：*BI* ——停产损失；

VPM——每月产值。

由于事故发生时并不是全部成本都遭受损失，因此计算停产损失时，在由于停工所造成的总损失的基础上乘以系数 0.7，代表固定成本和利润。

将按照上述评价程序计算得到的值分别填入工艺单元危险分析汇总表 12–10 中，工艺单元危险分析汇总表汇集了所有重要的单元危险分析的资料。

表 12–10　工艺单元危险分析汇总表

项目	结果	项目	结果
火灾、爆炸指数（*F&EI*）	—	暴露半径	m

续表 12–10

项目	结果	项目	结果
暴露面积	m^2	安全措施补偿系数	—
暴露区域内财产价值	百万美元	实际最大可能财产损失（*Actual MPPD*）	百万美元
危害系数	—	最大可能工作日损失（MPDO）	d
基本最大可能财产损失（*Base MPPD*）	百万美元	停产损失（BI）	百万美元

6. 生产单元危险分析

汇总使用生产单元危险分析汇总表。

7. 基本预防和安全措施

对于一般的石油化工装置，无论操作类型还是火灾、爆炸指数大小有何差异，均应考虑以下的基本安全措施：充足的消防水；容器的结构设计、管路、钢质结构等，应满足有关安全规范的要求；应急车辆进出区域的通道、人员疏散通道；构筑物和设备的平面布置；管架、仪表电缆架及其支撑的防火性能；电气设备分类；防火墙的设置等。

三、指数评价法实例

（一）项目概况

某油品储运厂中的液化石油气罐区担负着由炼油厂输送来的液化石油气的接收、储存、液化石油气钢瓶和汽车槽车充装出厂任务，具有 3 万 t / 年的液化石油气充装出厂能力。现有两个 $400m^3$ 的球罐、两个 $50m^3$ 的卧式罐和一个 $20m^3$ 的卧式罐，罐内可储存约 391t 的液化石油气，由于液化石油气储存构成重大危险源的临界量仅 50t，所以上述罐区属于重大危险源。

（二）分析过程

1. 选取工艺单元

工艺单元是指工艺装置的任一主要单元。选取恰当的工艺单元是安全评价的关键，恰当的工艺单元的选取是从预防损失角度考虑的，液化石油气储罐区是整个液化气站的面积最大，可燃物质最多，且储罐内有压力，其危险性是最高的，所以选择液化石油气储罐区作为选取的工艺单元。

2. 确定物质系数 MF

该单元存储的油品为液化石油气，其闪点低于 22.8℃，得到可燃性 N_F=4，化学不稳定性 N_R=0，通过查取物质系数表可知液化石油气的物质系数 MF=21。

3. 确定单元危险因素值 F_3

（1）一般工艺危险系数 F_1。本单元所储的液化石油气在作业过程中无放热反应，故 A=0。

本单元所储的液化石油气在作业过程中无吸热反应，故 B=0。

本单元所属储罐为收发储罐，一天 24h 随时可能处于收发状态，故 C=0.85。

本单元的储罐处于露天放置，不存在室内工作情况，故 D=0。

本单元处于露天放置，四周是围墙隔绝，故不存在消防通道疏散，故 E=0。

本单元设置了疏水器、可燃气体报警器 18 台、H_2S 检测点 4 台等防范措施，故 F=0.25。

故本单元一般工艺危险系数为：

$$F_1=1+A+B+C+D+E+F=1.00+0+0+0.85+0+0+0.25=2.10$$

（2）特殊工艺危险系数 F_2。特殊工艺危险系数 F_2 是导致事故发生的重要因素，单元系数选取如下。

液化石油气发生泄漏时，在空气中的毒性类似于汽油蒸气或甲烷（沼气），故取 A=0.45。

本单元是正压工作，不存在道化法安全评价分析所规定的负压条件，故其负压操作系数 B=0。

本单元的易燃液体的燃烧系数 N_F=4，且储罐在泵出物料或者突然冷却时可能吸入空气，故燃烧范围或其附近的操作系数 C=0.50。

本单元内无燃爆粉尘存在，故粉尘爆炸系数 D=0。

本单元的操作压力为 1.58MPa，故取值为 E=1.58。

本单元油罐材质钢，该类型钢冷脆转变温度是 −80℃，而本地区最低气温为零下 10℃左右，故不存在罐体材料低温脆变的条件，因此低温系数 F=0。

易燃和不稳定物质的数量主要讨论单元中易燃和不稳定物质的数量与危险性关系，分为三种类型：工艺过程中的液体和气体，范围是 0.11 ~ 3.00；储存中的液体和气体，范围是 0.10 ~ 2.00；储存中的可燃固体和工艺中的粉尘，范围是 0.10 ~ 5.00，本单元中储存的液化石油气属于储存中的液体和气体，计算能量并查表得出该项系数 G=1.60。

本单元储罐竣工投产时间为 20 世纪 80 年代，时间长且露天放置，故取其腐蚀系数 H=0.50。

本单元接口法兰处保护良好，且定期组织检修：1 年（大检）、4 年（全检），每年进行安全阀、切水阀、温度及压力器具等安全附件检查和相应的性能试验或检验。压力表按照公司的规定每年校验，当压力表指针在无压力时，不能复位或其他损坏和缺陷时必须及时更换，故取其泄漏系数 I=0.20。

本单元区域内明令禁止明火存在，所以 J=0。

本单元不存在热油交换系统，故热油交换系数 K=0。

本单元内无压缩机等大型转动设备，故取其转动设备系数 L=0。

故本单元特殊工艺危险系数为

$$\begin{aligned}F_2&=1+A+B+C+D+E+F+G+H+I+J+K+L\\&=1.00+0.45+0+0.50+0+1.58+0+1.60+0.50+0.20+0+0+0=5.83\end{aligned}$$

（3）单元工艺危险系数 F_3。本单元 $F_3=F_1\times F_2=2.10\times 5.83=12.243>8.00$，故工艺单元危险系数 F_3=8.00。

4. 确定火灾爆炸指数（$F\&EI$）

本单元 $F\&EI=F_3\times MF=8\times 21=168$

查表可知该单元的危险性非常大。

5. 确定危害系数

由 F_3=8.00，MF=21 查表得到危害系数为 0.83，它表示一旦发生火灾爆炸事故其影响区域内将遭受 83% 的破坏。

6. 确定危险区域半径 R

$R=0.256 \times F\&EI=0.256 \times 168=43.1$（m）。

7. 确定安全措施补偿系数 C

安全措施总补偿系数 $C=C_1 \times C_2 \times C_3=0.83 \times 0.98 \times 0.78=0.63$。

其他参数可根据评价方法进一步进行估算。

火灾、爆炸指数分析的最重要目标是估算每个工艺区域可能造成的财产损失，帮助确定减轻潜在事故严重性和总损失的有效途径，该方法与其他分析方法结合确定工艺单元的相关风险是非常有效的。

第四节　概率评价法

概率评价法是一种定量评价法，通过求出系统发生事故的概率，进一步计算风险率，以确定系统的安全程度。

一、概率评价法原理

概率评价法是一种定量评价法。系统危险性的大小取决于两个方面，一是事故发生的概率，二是造成后果的严重度。风险率是综合了两个方面因素，它的数值等于事故的概率（频率）与严重度的乘积。基本思路是先求出系统发生事故的概率，如用故障类型及影响和致命度分析、事故树定量分析、事件树定量分析等方法，在求出事故发生概率的基础上，进一步计算风险率大小确定系统的安全程度。其计算公式如下：

$$R=S \times P \tag{12-15}$$

式中：R——风险率，事故损失 / 单位时间；

S——严重度，事故损失 / 事故次数；

P——事故发生概率（频率），事故次数 / 单位时间。

由此可见，风险率是表示单位时间内事故造成损失的大小。单位时间可以是年、月、日、小时等；事故损失可以用人的死亡、经济损失或工作日的损失等表示。

计算出风险率就可以与安全指标比较，从而得知危险是否降到人们可以接受的程度。要求风险率必须首先求出系统发生事故的概率，因此，概率计算是该方法的关键。

二、事故概率计算

事故发生概率取决于人的失误率、机器的故障率、环境的突变率。本书第二章介绍了以上概率的估算方法和影响因素。

概率评价法的优点是可以量化评估系统的安全性，缺点是需要考虑各种因素的复杂交互作用，概率的准确性难以保证，因此，评价结果的准确性受到一定的影响。

三、概率法的应用

（一）应用范围

定量危险评价包括辨识与公众健康、安全和环境有关的危险并估计危险发生的概率和严重度。自 20 世纪 60 年代末概率危险评价方法问世以来，主要应用于以下 3 个方面：

（1）提供某种技术的危险分析情况，用于制定政策、答复公众咨询、评价环境影响等。

（2）提供危险定量分析值及减小危险的措施，帮助建立有关法律和操作程序。

（3）在工厂设计、运行、质量管理、改造及维修时提出安全改进措施。

概率危险评价是评价和改善技术安全性的一种方法。用这种方法可建造导致不希望后果的事件树或故障树，来分析事故原因。通过估算事件发生概率或事故率以及损失值，可定量表示危险性大小。损失值通常用死亡人数、受伤人数、设备和财产损失表示，有时也用生态危害来表示。

（二）应用的局限性

概率危险评价为安全评价起了很大的促进作用，但是由于获得或求解概率方法的限制影响了它的应用范围。

1. 完整性和失效数据问题

（1）疏忽的必然存在。概率危险评价要求分析完整和数据充足。这意味着概率危险评价必须考虑可能发生异常的每一事件。此外，完整性还包括人的作用和一般失效事件的建模。然而，完整的分析是不可能的，因为疏忽总是不可避免的，所以，完整性为该方法最关键的问题。

（2）过度简化。实际工作中必须忽略小危险事件。这意味着评价人员必须确定哪些事件发生的概率低到可忽略不计的程度。如果这类低概率事件确实不可能发生，则结果误差不大。然而，意外的一般性事故会使估计的概率值相差几个数量级，因此，这样的简化未必是合理的。

（3）外部概率的复杂性。地震、洪涝、恶劣气候条件等外因也能导致火灾事故发生。由于外部环境因素比工厂内部因素更复杂，结构不清楚，因此，这类危险评价常常是不准确的。在许多危险评价中都有一个心照不宣的假设，即工厂都是按设计建造和维修的。评价过程中很少考虑违反安全技术规定等方面的因素。

（4）人失误率的测量。限制概率危险评价方法广泛应用的另一个因素是人与技术系统的相互作用。尽管在人的因素领域已进行了 20 余年的研究，但除专家判断法外，还没有任何实用方法来辨识人为失误及确定其概率值。

（5）数据迁移的准确性。数据的准确性也是限制因素之一。元件失效的经验可用来进行统计外推，计算失效率，但这样计算的失效率是否能够从一种情形借鉴到另一种情形还值得考虑。

2. 假设和专家判断法

分析结果与假设条件、系统建模以及将历史数据代入模型所做的判断等一系列因素有关。整个分析过程中都要使用相当多的专家判断方法。如果专家判断法已被认可，那么分析结果是有效的。但实际上，在进行概率危险评价过程中，技术上和分析方法上使用的判断方法是多种多样的：描述危险特性、选择如何来填补不足的数据、什么样的事件可忽略不计、模拟复杂的物理现象、描述分析结果的可信度、选择表述方式等。整个分析过程中都要进行假设，所有的假设都要求判断是否合适。此外，专家陷入自己的分析思路中，难以按科学的标准鉴别社会技术系统内存在的分歧。

由于专家判断法固有的主观性，因此，所分析人员对同一工厂进行评价时，评价结果相差很大。可靠性计算的经验表明，概率评价能产生 2 个数量级的误差。早期用概率危险评价方法评价液化天然气贮罐的危险性也出现了类似的误差。当用个体危险性表示工厂附近居民的危险性时，不同概率危险评价的结果也有几个数量级的误差。这类误差并非由于分析方法上的缺陷引起的，而且在评价对象的描述、假设和使用模式方面存在的差异引起的。

3. 表达不确定性

在很大程度上，概率危险评价方法的不确定性取决于分析的完整性、建模的准确性以及参数估计的充分性。后者的不确定性可通过分析扩展数据的概率分布进行计算而得出（假设分析数据充足）。由分析方法本身和模型不完整性引起的不确定性的解决是很困难的。这些因素常用敏感度分析方法来解决。

类似的问题在早期的液化石油气贮存装置的概率危险评价中已有报道。由于不了解持不同意见的专家的看法和不同的评价模型，分析人员总是过高地估计分析结果的可信度。虽然通过分析人员的判断也减少了一些事故，但掩盖了这种判断本身存在的不足，有时选择参数与定性讨论的结果相差几个数量级。在有害化学物质的危险评价中，不能直接说明不确定性也是一个很大的障碍。

4. 复杂性

技术系统日趋复杂和相互渗透产生了一系列有待解决的问题。例如，大规模的核安全评价包含了无数个不同的系数，要求不同领域的专家参与。计算的数据令人吃惊。一座核电站进行一次概率危险评价要求估计成千上万个参数，报告长达几千页。这阻碍了研究结果的应用交流。然而，核电站危险评价还是一个相对简单且已为人们了解的技术，许多化工厂比核电站要复杂得多，人们了解得也较少。尽管概率危险评价采用“各个击破”的方法较适用于评价复杂系统的危险性，但它只适合界面清晰且各子系统相对独立复杂系统。

思考题

1. 简述消防安全评价的流程。
2. 举例说明常见的定性和定量消防安全评价方法有哪些？
3. 什么是风险指数评价法？
4. 简述美国道化学公司火灾爆炸指数评价法的评价步骤。

第十三章　消防安全决策

【导学】消防安全决策是消防安全管理者时常要面对的问题。消防安全决策的正确与否直接影响到系统消防安全发展的方向性、状态稳定性和水平的提升度。消防安全决策的正确性和科学性与决策者的综合素质和决策方法密切相关。通过本章的学习，应掌握消防安全决策的原则、一般过程与技术方法。

第一节　消防安全决策概述

正确的决策与决策者的个人素质是分不开的，广博的知识、丰富的经验、敏锐的洞察力、广收博采、胆略魄力等都是正确进行决策的必要条件。与此同时，科学的决策还离不开应用科学的决策方法，通过科学的方法把多种未来可能采取的多种行动方案、各个方案可能产生的结果等简单、明确、形象地显示出来，帮助决策者从繁琐的细枝末节中摆脱出来，把注意力集中到有决定意义的本质方面，帮助决策者思路条理化，从而充分地发挥主观能动性和创造性，做出最合理的决策。对于同一决策者而言，是否能够掌握科学的安全决策技术方法，结果可能是大不相同的。

一、消防安全决策的含义与类型

（一）消防安全决策的含义

决策指人们在求生存与发展过程中，以对事物发展规律及主客观条件的认识为依据，寻求并实现某种最佳准则和行动方案而进行的活动。决策通常有广义、一般和狭义的三种解释。决策的广义解释包括抉择准备、方案优选和方案实施等全过程。一般含义的决策解释是人们按照某些准则在若干备选方案中的选择，它只包括准备和选择两个阶段的活动。狭义的决策就是做决定，就是指抉择。本节选用狭义决策来阐述消防安全决策

消防安全决策是通过对系统过去、现在发生的事故和风险分析的基础上，运用评估和预测技术的手段，对系统未来事故变化规律做出合理判断，并选择恰当的防控措施的过程。

（二）消防安全决策的类型

根据决策所需基础信息的约束性与随机性原理，决策可分为三种类型。

1. 确定型决策

确定型决策是指在一种已知的完全确定的自然状态下，选择满足目标要求的最优方

案。确定型决策问题的主要特征有四个方面：

（1）决策目标只有一个状态。

（2）决策者希望达到的一个明确的目标。

（3）存在着可供决策者选择的两个或两个以上的方案。

（4）不同方案在该状态下的收益值是清楚的。

确定型决策分析技术包括微分法求极值和用数学规划等。

2. 风险型决策

当决策问题有两种以上自然状态，哪种可能发生是不确定的，但决策问题自然状态的概率能确定，即是在概率基础上做决策，承担一定的概率风险，这种决策称为风险型决策。风险型决策的结果可能成功，也可能失败，也就是说决策者要冒一定的风险。因此，在依据不同概率所拟定的多个决策方案中，不论选择哪一种方案，都要承担一定的风险。一般来讲，要获得较高收益，往往要冒较大的风险。对决策者来说，问题不在于敢不敢冒风险，而在于能否估计到各种决策方案存在的风险程度，以及在承担风险时所付出的代价与所得收益之间做出慎重的权衡，以便来采取行动。

风险型决策与确定型决策只在第一点特征上有所区别，即风险型情况下，未来可能状态不只一种，究竟出现哪种状态，不能事先肯定，只知道各种状态出现的可能性大小，如概率、频率、比例或权等。风险型决策具备以下五个特点。

（1）明确的目标。风险型决策要有决策者期望达到的明确具体的决策目标，例如，在每年年初往往会提出全年火灾起数、伤亡数、经济损失值等，例如，将千人负伤率、万人死亡率作为期望标准。

（2）多个方案。存在决策者可以选择的两个以上的可行方案，如消防安全教育，既可以采取全员教育的方式，也可以采取局部具有火灾爆炸危险的重要工种技术性培训，还可以采取消防安全管理岗和系统性培训，或者这些教育方式也可以采取综合进行的方式。

（3）不确定的客观状态。存在着决策者无法控制的两种以上的客观状态，如气候变化、安全政策环境、设备可靠性、人的情绪等。例如，由于火灾视频监控设备的误报和漏报的问题，使得发生火灾未及时响应，而引起重大火灾事故后果。再如，电焊作业人员疏忽大意，未清理现场施工，监护人临时有事，不在监护现场等。

（4）损失可测量。不同行动方案在不同状态下的效益值或损失值具有可以计算性。例如，对于火灾直接损失的计算、伤亡事故损失的计算，设备事故损失的计算等。

（5）已知影响因素的随机概率分布。决策者能预测出影响决策目标的因素发生的概率。

3. 不确定型决策

如果不只有一个状态，各状态出现的可能性的大小又不确定，称为不确定型决策。不确定型决策问题有两种以上自然状态，自然状态的概率也不能确定，即没有任何有关每一自然状态可能发生的相关基础信息。

二、消防安全决策的要素

一项消防安全决策需要具有五个要素，相互联系、相互影响，构成一个完整的决策过程。

1. 决策者

决策者决策的主体，也是决策最基本的要素。决策者处在决策系统内外信息的枢纽地位，是决策系统中最积极能动的因素，是决策系统的驾驭者和操纵者。决策者的素质、能力、水平如何，直接影响着决策活动的成败。决策者既包括个人，也包括集体。

2. 决策目标

决策所要达到的目的，是决策的出发点和归宿。决策目标的确立是科学决策的起点，它为决策指明了方向，为选择行动方案提供了衡量标准，也为决策实施的控制提供了依据。

3. 决策备选方案

决策实际是一种选择方案的活动。对于决策的备选方案，选择的目的是追求优化。由于客观情况的复杂性，决定着决策目标和行动方案的多样性，因此，对决策备选方案的选择就要进行比较、鉴别，选择出可行性方案。

4. 决策环境

决策环境是指决策面临的时空状态，包括物理环境、人因环境、政策环境等。一个决策是否正确，能否顺利实施，它的影响效果如何，不仅取决于决策者和决策方案，而且直接取决于决策所处的环境和条件。

5. 决策后果

决策后果是决策实施后所产生的效果和影响。一切决策活动的目的，都是为了取得决策的结果。在做出最终决策之前，对每一备选方案的实施后果进行客观、公正的预测和评价，既是保证决策科学化的重要前提，也是方案择优的最终依据之一。决策后果一般以语言、文字、图表、计算机软件等形式表现，这使得决策可以迅速、准确、顺利地实施。

三、决策的科学化准则

要提高决策正确水平，就必须使决策科学化。能称为科学的决策必须符合必要性准则和充分性准则。

（一）必要性准则

1. 应有明确的决策目标

任何决策都是为了解决问题，不是无的放矢，所以它都要有一个实现的目标。决策目标是决策的前提，如果目标错了，再科学的决策方案也是南辕北辙。因此，确定正确的决策目标，是科学决策最根本的标准。

（1）确定要解决真正问题。能否正确地确定消防安全决策目标，关键在于对所要解决的火灾爆炸事故或风险问题做出正确的诊断与分析，弄清存在的消防安全问题的性质、范围及其产生的原因，从而找出问题的症结所在，指明解决问题应从何下手，据此才能确定决策目标，因此，正确地分析辨识火灾危险性和火灾风险点，是正确地确定决策目标的前提条件。

（2）明确表述决策目标。决策目标的描述还应当明确具体，不能过于宽泛和抽象。如果决策者希望达到什么目的，说不清具体的要求是什么，就无法落实有效、正确的决策。

2. 执行结果能够实现决策目标

有了正确而明确的决策目标之后，就得拟定实现该目标的办法和措施，即决策方案。决策方案的有效、可行与否，取决于能否实现所确定的目标。决策方案就其效果来说，有三种可能的类型：

一是“南辕北辙”式的方案，它与决策目标背道而驰，不但达不到目标，反而离目标更远。

二是不能解决问题的方案，对于决策目标实现无济于事。

三是能够实现决策目标的有效方案，才是可行的决策方案。

（二）充分性准则

满足了上述两项标准，基本就是正确的决策了，但仅达到这两个标准还不能称为科学的决策。因为，有时会存在有几个方案都是正确的，但方案之间仍有优劣之分。科学的决策不但要求决策应当是正确的，还要求是最优的，所以还要满足下列两个标准。

1. 实现决策目标所需的代价要小

实现消防安全决策目标往往要付出一定的直接代价，代价包括但不限于人力、物力、财力、时间和其他资源等。耗费综合代价最小的决策方案应该是优先选择的方案之一。当然如何测量消防安全决策执行的综合代价是一个复杂问题，需要具体问题具体分析。

2. 决策执行后所产生的负面影响尽量小

决策的直接目标是决策者期望达到的，但由于消防安全问题往往受到多因素复杂关系的影响，也可能影响或带来其他方面的问题。因此，消防安全决策带来的负面影响应尽可能小，至少不应出现严重影响。决策中通常采用如下两个办法衡量决策是否有严重的负向影响。一是预先估计可能产生的影响，把防止各种严重负向影响的要求也列为决策目标，或者作为一个约束条件，从而形成多目标决策，用系统工程的方法来处理多目标决策问题。二是在初步选定方案之后，对决策实施后可能出现的潜在问题进行全面的估计与析，然后拟定预防措施与应急措施，使影响降到最小。

四、科学决策的一般过程

科学决策是一个动态的系统反馈过程。它大致可以分为三个环节六个步骤，即决策准备，包括问题分析、确定目标；决策分析，即提出方案、评价分析；决策执行，即方案实施、方案追踪，如图 13–1 所示。从主体上讲，在整个决策过程中，第一、第二、第三步和决策信息有关；第三、第四步和运筹学、管理会计、工程经济、系统工程等计量管理方法有关；第五、第六步和行为科学安全有关。所以，科学的安全决策乃是决策者的主观直觉和客观数据、计量管理、行为研究有机结合的逻辑结果[①]。

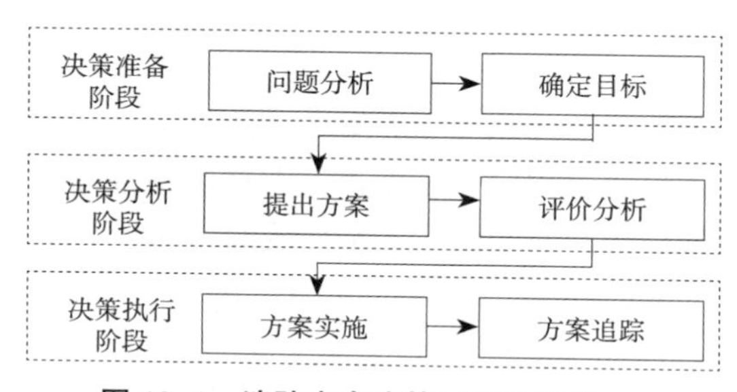

图 13–1　消防安全决策过程示意图

① 左东红，贡凯青．安全系统工程［M］．北京：化学工业出版社，2004.

（一）问题分析

1. 提出问题

为了解决已经发生或将来可能发生的火灾和爆炸隐患和风险问题，需要从实际出发，实事求是地进行深入的调查研究，通过火灾危险辨识、风险评估与事故预测等手段及时发现问题、分析问题、确认问题以及适时地提出亟需解决的消防安全问题，为确定决策目标提供靶向。

2. 论证问题

对所提出的问题的重要性加以论证，进行合乎逻辑地描述，说明消防安全问题的重点和关键所在，恰当地划分问题的范围和边界条件，为确定决策目标提供抓手。为确定决策目标提供靶面。

（二）确定目标

1. 目标要合理

消防安全决策目标确实围绕解决提出的问题，达到解决问题期望达到的效果，避免目标过大。

2. 决策目标要可实现

消防安全目标要符合实际和客观规律，通过采取火灾风险控制措施是能够实现火的，避免目标过高。

3. 目标的表述要具体、准确

对亟需解决的消防安全问题的性质、特点、范围进行分析，梳理各种影响问题解决效果的因素，从而对目标进行分解，采用定性与定量相结合的方式表述目标。同时，还需要对目标进行分层或分级，根据目标达成度、重要性、周期性进行区分，形成系统化的目标体系，也便于目标责任的划分与落实。

（三）提出方案

根据对问题进行分析的结果，提出解决问题的方案。这个步骤大致可以分为方案规划和方案设计两个阶段。

1. 方案规划

在方案规划阶段，决策者需要集思广益，既要吸收经验或教训，也要勇于创新，提出解决消防安全问题的若干防控措施设想。

2. 方案设计

在方案设计阶段，决策者要细化规划方案的实施细节，并根据经验估计方案实施后的效果。在设计方案时，不仅要对程序、步骤进行严格的论证和细致的推敲，还要对方案执行所需的条件进行可行性分析。对于重大的消防安全决策问题，必须进行系统化的可行性研究和论证。

（四）确定方案

1. 分析评价

对提出的若干方案，运用恰当的科学方法进行分析、审查、讨论，建立方案评价标准，同时对方案进行修正优化，综合比较各种方案的优点和弊端。具体分析方法将在本章第二节具体阐述。

2. 选择方案

根据分析、综合评价的结果和决策规则，再引入决策者的倾向性信息和酌情选定的决策规划，排列各备选方案的顺序，由决策者选择满意方案付诸实施。方案的抉择上除了科学的决策方法之外，也取决于决策者的经验和能力，可能同一事物、同样的数据、同样的机会和风险，不同的决策者得出不同的执行方案。

（五）方案实施

1. 方案宣贯

方案实施的效果除了受到方案的科学性和表述质量影响以外，还受到执行者的执行力影响，因此，方案的执行要得到执行者的认同、理解和接受，要重视方案宣贯，考虑执行者的行为能力、理解能力以及执行者对决策方案的接受程度。如果一项好的决策不能为执行者所理解，决策方案也就不会被很好地执行，那么再好的决策也不会得到实现。因此，在决策过程中，还应发挥民主管理，重视行为研究，坚持民主集中的决策原则[①]。

2. 细化安排

在实施过程中，要在时间和空间上做出具体的安排，对方案实施细节进行进一步的细化，使之具有可操作性，成为实施过程的行动纲领。

（六）方案调整

在执行过程中，要对执行信息进行反馈，不断的审查和修正方案。旧的问题解决了，新的问题又会出现，尤其是主客观条件发生重大改变后，要对决策目标或方案做出根本性的修正时需要对方案进行追踪决策。

1. 方案微调

人们对事物的认识与客观实际总是有一定的距离，在实践中可能出现原来预想不到的新问题，而且在执行中常常会发现原决策方案不够完善，或者执行效果不满意或不够满意，可根据反馈的信息进行局部的调整。

2. 决策追踪

在原来的决策方案的实施过程中，由于主客观条件的变化，威胁到决策目标的实现时，需要对目标或方案进行的根本性修正，其实质是对原有方案所做的一种补救性的重新决策，称为决策追踪。决策追踪具有回溯分析、非零起点、双重优化、心理效应等基本特征[②]。

（1）回溯分析。对决策进行回溯分析，即从原有决策的起点开始，对它的产生机制与环境以及决策程序进行客观分析，寻找决策失误的过程，并研究其产生的原因，使决策重新建立在新的现实的基础上。

（2）非零起点。由于原有决策的实施伴随着人、财、物的消耗，对周围环境和决策目标的实现已经发生了实际的影响，它所实施的时间越久，实施面越广，它对最终效果的影

---

① 左东红，贡凯青．安全系统工程［M］．北京：化学工业出版社，2004.

② 左东红，贡凯青．安全系统工程［M］．北京：化学工业出版社，2004.

响也就越大。也就是说离零点越远，越要及时地进行追踪决策。

（3）双重优化。追踪决策一般优于原有决策，并且要有多个方案可供选择。这个决策要尽量减少原有决策的实施所带来的损失，避免未来可能发生更大的损失，使总体损失减少到最低的限度。

（4）心理效应。心理效应是追踪决策中所遇到的、最容易对人们产生重大影响的因素，有时会使追踪决策失去客观公正的尺度。例如，决策者可能会因为怕承担责任对原有决策进行辩护，甚至掩盖真相，消极对抗；原来的反对者又可能走向另一个极端而开始否定一切；一些旁观者又可能幸灾乐祸、推波助澜。人们的这种心理因素会使新的追踪决策失去其科学性，给追踪决策带来许多的附加困难。同时，追踪决策还会给一些不理解的人和众多的执行者带来社会心理的浮动，产生不必要思想混乱。当然，心理效应也有积极因素，对追踪决策具有了充分的了解，就会产生积极的效应，因此要让大家充分连接追踪决策的意义及其重要性。

第二节　消防安全决策分析方法

决策技术方法是辅助决策者筛选、排序和确定决策方案的技术方法。鉴于火灾事故发生的随机性预测，危害后果估计不确定性，消防安全决策多为风险型的决策。当然，由于有时对于资料掌握不足，经验不够，使消防安全决策成为非确定型安全决策。

根据决策类型，主要介绍多属性决策法、不确定型决策分析法、风险决策矩阵法、决策树分析法、综合评分法等决策方法。

一、多属性决策法

多属性决策是一个对多因素约束方案进行选择处理的过程。该过程所用的基础数据是决策矩阵、决策属性因素和方案倾向。根据决策者对决策问题提供倾向性信息的环节及充分程度的不同，可将求解多属性决策的问题的方法归纳为：无倾向性信息的方法、关于属性的倾向性信息的方法和关于方案的倾向性信息的方法三类。本节主要介绍无倾向性信息的决策方法，即筛选方案的方法。

（一）优势法

该方法的操作过程是，从备选方案集 $R=\{X_1, X_2, X_3, \cdots, X_n\}$ 中任取两个方案，记为 X_1，X_2，若决策分析者认为或决策矩阵计算推出 X_1 劣于 X_2，则剔去 X_1，保留 X_2，若无法区分两者的优劣，皆保留。将留下的非劣方案 X_2 与 R 中的第三个方案 X_3 比较，如果它劣于 X_3，则剔去前者，如此进行下去，经 $n-1$ 步后便确定了非劣解集 R_p，再用其他决策分析方法进一步进行分析。

（二）连接法

该方法要求决策者对表征方案的每个属性提供一个可接受的最低值，称为切除值

（Cut-Off Values）。当一个方案的每个属性值均不低于对应的切除值时，该方案才能保留。切除值的确定是这个方法的关键所在，如果定得过高，将淘汰过多方案；如果定得太低，又会保留过多方案，可按式（13–1）或式（13–2）来确定切除值。

$$r=1-P_c^m \tag{13–1}$$

或是

$$P_c=(1-r)^{1/m} \tag{13–2}$$

式中：m——属性个数；

r——被淘汰方案的比例；

P_c——任一属性遴选方案保留比例。

例如，若 m=4，r=0.5，则 P=0.84，即对每个属性所设定的切除值应保证有至少 84% 的方案数对应的属性值超过该切除值。另外，也可以用迭代法由低到高逐步提高切除值，直到得到所希望保留的方案数为止[①]。

（三）分离法

该方法用来筛选方案时仍要对每个属性设定切除值，但和连接法不同的是，并不要求每个属性值都超过这个值，只要求方案中至少有一个属性值超过切除值就被保留。总的来看，分离法保证了凡在某一属性上占优势的方案皆被保留，而连接法则保证了凡在某一属性上处劣势的方案皆被淘汰。显然，它们虽不宜用于方案排序，但却可以保证经上述两种方法筛选后，方案集 R 中所剩的方案已基本上是非劣方案。

二、不确定型决策分析法

不确定型决策分析是针对完全不确定型决策而言的，它与风险型决策分析不同。风险型决策，虽然对在未来是否会发生事故不能肯定，但可以预先估计事故发生的概率。而非确定型决策，对于所要决策的问题只能预测到可能出现的事故状态，但每种事故状态发生的概率由于缺乏经验和资料，全部为未知。在这种情况下的消防安全决策主要决定于决策者的经验水平和决策风格。

（一）最大最小决策法

最大最小决策方法也叫悲观法、保守法、瓦尔德决策准则、小中取大法、最小风险法。采用这种方法的决策者对未来持悲观的看法，认为未来会出现最差的自然状态，因此，不论采取哪种方案，都只能获取该方案的最小收益。

1. 基本思想

决策者面对两种或两种以上的可行方案，每一种方案都对应着几种不同的自然状态，每一种方案在每一种自然状态下的收益值或损失值各不相同，且每一种损益值都可以通过科学的方法预测出来。决策者将每一种方案在各种自然状态下的收益值中的最小值选出，然后比较各种方案在不同的自然状态下所可能取得的最小收益，从各个最小收益中选出最大者，那么这个最小收益当中的最大者所对应的方案就是采用悲观决策法

① 张景林，崔国璋．安全系统工程［M］．北京：煤炭工业出版社，2001.

所要选用的方案。如果决策方案所对应的损益值表现为收益值，那么决策的形式表现为小中取大，如果决策方案所对应的损益值表现为损失值，那么决策的形式则表现为大中取小。采用悲观决策准则，通常要放弃最大利益，但由于决策者是从每一方案最坏处着眼，因此风险较小。

2. 操作步骤

采用最大最小决策方法进行决策时，首先计算各方案在不同自然状态下的收益，并找出各方案所带来的最小收益，即在最差自然状态下的收益，然后进行比较，选择在最差自然状态下收益最大或损失最小的方案作为所要的方案。例如，需要从当前的生产工艺改造方案选择有利于消防安全的最优方案，用改造导致事故的千人负伤率或万人死亡率作为决策目标，根据预测事故后果程度分为较轻、一般、严重三个等级，对用不同的千人负伤率或万人死亡率，最大最小决策方法是选择严重事故后果作为决策依据，选择最小千人负伤率或万人死亡率的方案。这一选择原则既不忽略其他因素，又要在小中取大。这种方法是一种比较保守的分析方法，尽管不是完全有效，但从长远来看，这是最佳的决策分析方法。

（二）最大最大决策法

最大最大决策法与最大最小决策法相反，又称乐观法、冒险法、最大收益法或大中取大法。

1. 基本思想

最大最大决策法的思想基础是对客观情况总是抱乐观态度。最大最大决策法是指决策者从最好的客观状态出发，首先从各个方案中把最大收益值挑选出来，然后再从这些收益值中挑选出与极大收益值相对应的方案作为最佳方案。

2. 操作步骤

（1）根据未来可能出现的情况以及现有的各种信息特征，设计出各种可以采取的决策方案。

（2）估算在自然状态之下各决策方案的收益值。

（3）比较各种方案的收益值，选取具有最大收益值的方案作为最终的决策方案。

（三）折中决策方法

折中决策方法在悲观和乐观中折取中值，既不过于冒险，也不过于保守。

1. 基本思想

折中决策方法是介于最小收益值和最大收益值之间的评选方法，实际上是一种指数平均法。在应用中要求决策者根据经验判断方法确定一个折中系数 a，其值 $0<a<1$，计算公式为：折中标准值 $=a$（最大值）+（$1-a$）（最小值）。

当上式 $a=0$ 时，为保守准则，当 $a=1$ 时，为冒进准则，但 a 值的确立，尚没有一个理论标准，而是由决策者经过对历史决策资料的分析，依据个人的经验和决策风格，加以判断确立的。

2. 操作步骤

（1）要求决策者根据实际情况和自己的实践经验确定一个乐观系数 a。应当注意，a

的取值范围是 $0 \leqslant a \leqslant 1$。它的取值大小反映了决策人员对未来情况的乐观程度。如果 a 的取值接近于 1，则说明决策者比较乐观；如果 a 的取值接近于 0，则说明决策者比较悲观。一般来说，a 的取值大小根据不同决策的对象和当时具体情况而定。

（2）计算各个备选方案的预期收益值。其计算公式为：

各个方面的预期收益值 = 最高收益值 $\times a$+ 最低收益值 $\times (1-a)$。

（3）比较各个备选方案的预期收益值，从中选出具有最大预期收益值的方案作为决策的最优方案。

（四）最大最小后悔值法

最大最小后悔值法，也叫最小遗憾值法，是一种根据机会成本进行决策的方法，它以各方案机会损失大小来判断方案的优劣。

1. 基本原理

采用最大最小后悔值法的决策者是从选错方案后悔的角度去考虑问题的[①]。采用后悔值表征机会损失大小，是指当某种自然状态出现时，决策者由于从若干方案中选择时没有采取能获得最大收益的方案，而采取了其他方案，以致在收益上产生的某种损失。后悔值的计算方法是把在各自然状态下的最大收益值作为理想目标，把各方案的收益值与这个最大收益值的差称为未达到理想目标的后悔值，然后从各方案最大后悔值中取最小者，从而确定行动方案。

2. 决策步骤

（1）计算每个方案在各种情况下的后悔值。

后悔值 = 各个方案在该情况下的最优收益 – 该情况下该方案的收益。

（2）找出各方案的最大后悔值。

（3）选择最大后悔值中的最小的方案作为最优方案。

3. 最大最小后悔值法应用

对于决策目标达最小值的决策问题，可采用最大最小后悔值法，应用过程应注意：

（1）取各状态中最小收益值为理想值，减去其他各值，得到的后悔值全部为负值与零；取各方案后悔值中的最小者，即绝对值最大者；再取其中的最大值进行决策。

（2）如果原来的行动方案中再增加一个方案，则后悔值可能改变。从某些方面而言，后悔值准则与悲观准则属同一类，只是考虑问题的出发点有所不同。由于它是从避免失误的角度决策问题，使此准则在某种意义上比悲观准则合乎情理一些，也是一个较为稳妥的决策方法。

三、风险决策矩阵法

决策矩阵又称损益矩阵（profit or loss maxtrix）、选择矩阵（selection matrix or grid）、问题矩阵（problem matrix）、问题选择矩阵（problem selection matrix）、机会分析（opportunity anyalysis）、方法矩阵（solution matrix）、标准评价表（criteria rating form）、关键矩阵（criteria-hased matrix），是表示决策方案与有关因素之间相互关系的矩阵表。决策矩阵主要是利用

---

① 王国华，梁樑. 决策理论与方法［M］. 2 版. 合肥：中国科学技术大学出版社，2014.

损益的期望值进行决策，常用于有限条件下资源分配的最优化决策问题，是风险型决策分析常用的分析工具之一。

（一）决策矩阵形式与构成要素

1. 决策矩阵的形式

决策矩阵一般用由实际问题给出的条件来列出矩阵决策表，如表 13-1 所示。对决策问题的描述集中表现在决策矩阵上，决策分析就是以决策矩阵为基础，运用不同的分析标准与方法，从若干个可行方案中选出最优方案。

表 13-1　决策矩阵结构

方案	客观（自然）状态				
	s_1（P_1）	…	s_j（P_j）	…	s_n（P_n）
1	V_{11}	…	V_{1j}	…	V_{1n}
…	…	…	…	…	…
i	V_{i1}	…	V_{ij}	…	V_{in}
…	…	…	…	…	…
m	V_{m1}	…	V_{mj}	…	V_{mn}

注：1. 方案纵列式 1，…，i，…，m 是满足决策目标要求的 m 个可行的独立备选方案。

2. $S_1, S_2, \cdots, S_n$ 是每一种方案都可能遇到的外部条件，所有外部条件的集合 $S=\{S_1, S_2, \cdots, S_n\}$ 称为状态空间。

3. P_1，P_2，…，P_n 是各种外部状态可能发生的概率，其发生的概率总和为 1。

4. 决策矩阵的矩阵元素 V_{ij} 表示第 i 个方案在第 j 种外部条件下所产生的收益或损失。

2. 决策矩阵构成要素

决策矩阵由备选方案、客观状态及其发生的概率和损益值所组成，构成要素有：

（1）决策变量：决策者所采取的各种行动方案，是可控因素。

（2）状态变量：可能影响决策后果的各种客观外界情况或自然状态，是不可控因素。

（3）概率：各种客观状态出现的概率。

（4）损益值：在一种自然状态下选取某种方案所得结果的损益值。

（二）期望值标准

风险情况下的决策所依据的标准主要是期望值标准。各方案期望损益值为损益值与概率的乘积之和，最终选择期望收益最大的方案为决策方案，期望损益值计算公式见式（13-3）。在火灾风险管理中，这个标准可以是事故发生率，一般将火灾爆炸事故千人负伤率或万人死亡率作为最基本的考核标准，也就是火灾风险管理的期望值。

$$A_i = \sum_{j=1}^{n} V_{ij} P_j \tag{13-3}$$

（三）决策矩阵分析步骤

决策矩阵分析通常需要三个步骤：

第一步，列出所有的可选方案，围绕决策目标罗列出所有的选择方案。

第二步，列出对做出决定有重要影响的因素及其权重。对于每个决策因素，需要确定其相对重要性，即权重。可以通过专家意见、历史数据或市场调查等方式确定。

第三步，计算确定期望值。将决策因素和权重组合成一个矩阵，其中每个方案对应影响因素都有一个得分。对于每个方案，需要将其与矩阵中的每个因素进行比较，并计算期望值得分，最终得分越高的选项就是最佳选择。

（四）决策矩阵分析特点

决策矩阵是一种有用的决策分析工具，可以帮助决策者做出更明智的决策。然而，在使用该算法时，需要注意权重和因素的选择，以及非量化因素的影响，从而确保最终的决策结果是准确和可靠的。

1. 决策矩阵的优点

决策矩阵的优点在于它可以帮助决策者系统地分析和比较多个选项，从而做出更明智的决策。它还可以帮助决策者识别和解决潜在的问题，例如，权重分配不合理或者决策因素不完整等。

2. 决策矩阵的缺点

决策矩阵算法也存在一些缺点。它需要大量的数据和专业知识来确定因素和权重，这可能会导致决策过程变得复杂和耗时。该算法可能会忽略一些非量化因素，如人员关系和文化差异等，这可能会影响最终的决策结果。

四、决策树分析法

决策树分析法是把方案的一系列因素按它们的相互关系用树状结构表示出来，再按一定程序进行优选和决策的技术方法。决策树分析法是运用树状图，来分析和选择决策方案的一种系统决策分析方法。决策树分析法符合安全决策的特点，它不仅可以解决单阶段决策问题，而且可以解决矩阵表不易表达的多阶段决策问题。

（一）决策树的结构

决策树是把影响消防安全决策方案的有关因素，如自然状态、事故发生的概率、安全教育、人的因素等绘制成一个树状图，从左向右横向展开。决策树主要是由方块结点、圆形结点和三角形结点组成：

1. 方块结点

方块结点称为决策结点，由决策结点引出若干条细支，每条细支代表一个方案，称为方案枝。

2. 圆形结点

圆形结点称为状态结点，由状态结点引出若干条细支，表示不同的自然状态，称为概率枝。每条概率枝代表一种自然状态。在每条细支上标明客观状态的内容和其出现概率。

3. 三角形结点

三角形结点在概率枝的最末梢标明该方案在自然状态下所达到的结果。

这样树形图由左向右、由简到繁展开，组成一个树状网络图，如图 13-2 所示。

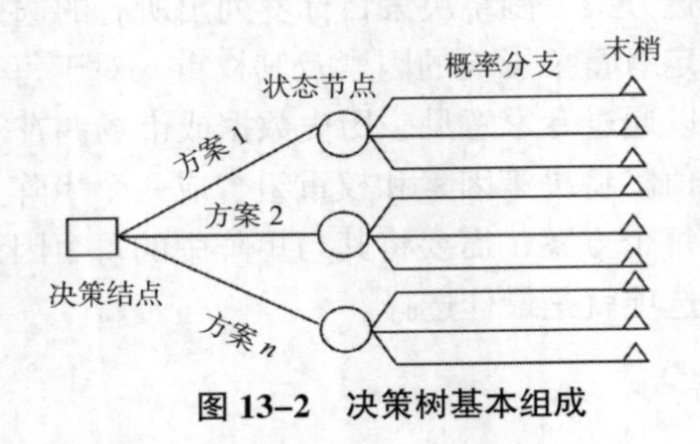

图 13-2　决策树基本组成

（二）决策树分析步骤

1. 绘制决策树图形

绘制决策树的过程就是决策者对未来可能产生的各种情况周密思考、逐步深入的过程。画决策树的方向由左向右展开。

2. 计算结点期望值

从决策树的末梢向决策点倒退，计算出不同决策方案下的期望值。计算方法由右向左，反方向进行。将各种引起事故发生的基本原因分别乘以各概率枝上的概率，最后将这些值相加，求出状态结点和决策结点的期望值。

期望值 = ∑各分支上的概率 × 相应终点损益值。

3. 最优方案的修正

根据不同方案的期望值的大小进行选择，将方案枝上期望值最小的方案，即事故发生的概率最小的方案画上删除号，表示应删去的方案，这种过程称为“修枝”。如果决策问题属于多阶段问题，则应从右向左逐步进行修枝。所保留期望值最大的一个方案枝，既为选定的最优方案。

（三）决策树分析应用特点

1. 适用决策情形

决策树适用于多阶段、多层次顺序关系问题的决策分析，它能够展示决策问题可能出现的各种状态，以及在不同状态下的期望值，而且能形象地显示出整个决策问题在时间上或在决策顺序上的不同阶段的决策过程。

2. 优点

（1）呈现了一个完整的决策过程，使决策者能够有步骤地进行决策，层次清楚，基本事件的原因明显，一目了然。

（2）由于决策树比较直观，它可以使决策者在决策过程中，“走一步看几步”。使决策者用科学的逻辑推理去周密地思考各有关因素。

（3）便于集体决策，是与有关专家研究和讨论时充分交换意见的一种很好的形式，有利于做出正确的决策。

3. 缺点

决策树分析法也有不足之处。当问题过于复杂时，完全用决策树描述，会使决策树增长到难以分辨的程度。为克服这一缺点，可以与其他管理决策方法结合起来使用，如与因果图分析法结合，或者删除一些不太重要的决策树枝，只留下少数重要的决策树枝，提高决策树分析的效率。

五、ABC 分析法

ABC 分析法是一种常用的决策分析方法，它是根据事物在技术或经济方面的主要特征，进行分类排队，分清重点和一般，从而有区别地确定管理方式的一种分析方法。由于是把被分析的对象分成 A、B、C 三类，所以又称为 ABC 分析法。ABC 分析法是一种有效的决策分析方法，它能够帮助决策者分清主次，有针对性地制定管理策略和措施，提高决策的效率和效果。

（一）基本原理

1. ABC 的比例关系与价值

ABC 分析法是由意大利经济学家巴雷托首创的，他通过多年实践，发现“关键少数”滋生出来的问题恰好是“一般多数”的 N 倍，这里的“关键少数”即 A 类，占总数 10% 左右；“一般多数”即 B 类，占总数 80% 左右；其余 10% 为 C 类，基本上处于“陪衬”地位。

ABC 分析法运用在安全管理上，就是应用“许多事故原因中的少数原因带来较大的损失”的法则，根据统计分析资料，按照不同的指标和风险率进行分类与排列，找出其中主要危险或管理薄弱环节，针对不同的危险特性，实行不同的管理方法和控制方法，以便集中力量解决主要问题。

2. ABC 分析图

ABC 分析法用图形表示，即巴雷托图。该图是一个坐标曲线图，其横坐标为所要分析的对象，如某一系统中各组成部分的故障模式、某一失效部件的各种原因等，横坐标按影响大小从左向右排列；左纵坐标为横坐标所标示的分析对象的量值，如失效系统中各组成部分事故频率和累计频率、导致某一系统失效和部件故障的各种原因发生时间或造成的财产损失等；右纵坐标为分析对象的累计值占比。

一般地，是将曲线的累计频率分为三级，与之相对应的因素分为三类：

A 类因素，发生累计频率为 0 ~ 80%，是主要影响因素；

B 类因素，发生累计频率为 80% ~ 90%，是次要影响因素；

C 类因素，发生累计频率为 90% ~ 100%，是一般影响因素。

图 13-3 是对 2011 ~ 2020 年火灾原因统计数据应用 ABC 分析法制作的巴雷托图。其中电气、用火不慎和其他原因累计占比达 74.76%，属于 A 类因素；吸烟和不明原因累计占比为 82.71% ~ 87.79%，属于 B 类因素；自燃、违反安全规定、玩火和放火累计占比为 92.02% ~ 100%，属于 C 类因素。

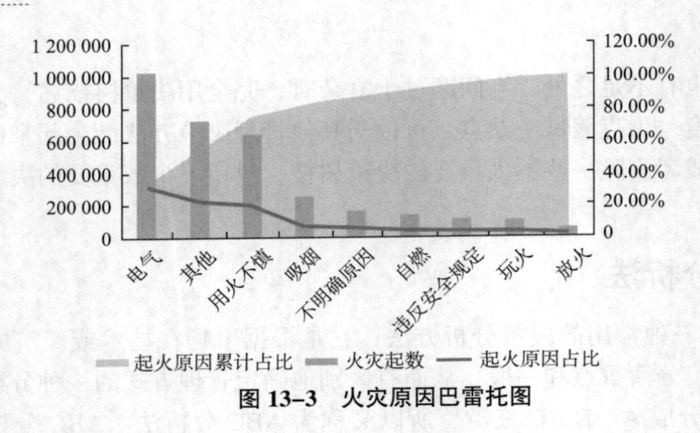

图 13–3 火灾原因巴雷托图

(二)操作步骤

使用 ABC 分析法可以进行重点管理的确定，其步骤如下：

1. 收集数据

针对不同的分析对象和分析内容，收集有关数据。

2. 统计汇总

对收集的数据进行加工、整理，并按要求进行计算。

3. 编制 ABC 分析表

根据特征数值和累计百分数，绘制 ABC 分析图。

4. 确定重点管理方式

根据 ABC 分析表，可以找出值在“累计品目百分数”为 50% 左右的前几个事物，它们就是 A 类事物，即关键少数，然后对 A 类事物进行重点管理。

六、综合评分法 ①

评分法就是根据预先规定的评分标准对各方案所能达到的指标进行定量计算比较，从而达到对各个方案排序的目的。综合评分法的关键是对决策分析的各维度的不同等级赋予不同的分值，并以此为基础进行综合评价。

(一)操作流程

1. 评分标准

一般采用按 5 分制评分：优、良、中、差、最差。当然也可按 7 个等级评分，视决策方案多少及其之间的差别大小和决策者的要求而定。

2. 评分方法

评分方法多数是采用专家打分的办法，即以专家根据评价目标对各个抉择方案评分，然后取其平均值或除去最大值、最小值后的平均值作为分值。

3. 评价指标体系

评价指标一般应包括三个方面的内容：技术指标、经济指标和社会指标。对于安全问

① 张景林，崔国璋 . 安全系统工程［M］. 北京：煤炭工业出版社，2001.

题决策，若有几个不同的技术抉择方案，则其评价指标体系技术指标大致有如下内容：技术先进性、可靠性、安全性、维护性、可操作性等；经济指标有成本、质量可靠性、原材料、周期、风险率等；社会指标有劳动条件、环境、精神习惯、道德伦理等。当然要注意指标因素不宜过多，否则不但难于突出主要因素，而且会造成评价结果不符合实际。

4. 加权系数

由于各评价指标其重要性程度不一样，必须给每个评价指标一个加权系数。为了便于计算，一般取各个评价指标的加权系数 w 之和为 1。加权系数值可由经验确定或用判断表法计算。判断表法是将评价目标的重要性进行两两比较，同等重要各给 2 分；某一项重要者则分别给 3 分和 1 分；某一项比另一项重要得多，则分别给 4 分和 0 分。将上述对比的给分填入表 13–2 中。计算各评价指标的加权系数公式为：

$$g_i = \frac{k_i}{\sum_{i=1}^{n} k_i} \tag{13-4}$$

式中：k_i——各评价指标的总分；

n——评价指标数。

表 13–2　判断表

被比较者	比较者					
	A	B	C	D	k_i	$g_i = k_i / \sum_{i=1}^{n} k_i$
A		1	0	1	2	0.083
B	3		1	2	6	0.250
C	4	3		3	10	0.417
D	3	2	1		6	0.250
重要程度排序 C>B，D>A					$\sum_{i=1}^{4} k_i = 24$	$\sum_{i=1}^{4} g_i = 1.0$

5. 计算总分

计算总分也有多种方法，见表 13–3，可根据其适用范围选用，总分或有效值高者当为首选方案。

表 13–3　总分计算方法

序号	方法名称	公式	适用范围
1	分值相加法	$Q_1 = \sum_{i=1}^{n} k_i$	计算简单直观
2	分值相乘法	$Q_2 = \prod_{i=1}^{n} k_i$	各方案总分相差大，便于比较

续表 13-3

序号	方法名称	公式	适用范围
3	均值法	$Q_3=\frac{1}{n}\sum_{i=1}^{n}k_i$	计算简单直观
4	相对值法	$Q_4=\sum_{i=1}^{n}k_i/nQ_0$	能看出与理想方案的差距
5	有效值法	$N=\sum_{i=1}^{n}k_ig_i$	总分中考虑了各评价指标的重要程度

注：Q——方案总分值；
N——有效值；
n——方案指标数；
k_i——各评价指标的评分值；
g_i——各评价指标的加权系数；
Q_0——理想方案总分值。

（二）应用说明

综合评分法是一种通用型的评价方法，由于决策分析的本质是对各方案进行综合评价。应用该方法应注意方法的难点和本身的适用局限性。

1. 应用难点

（1）充分论证评分项目指标的相关性、合理性、科学性；充分论证打分的分数值。

（2）评分标准不宜太笼统，要说明具体分数值计算方法，给分标准说明等。

2. 方法优点

（1）该方法对各方案给出较为全面的评价和明确的区分性。

（2）该方法操作过程简单，便于推行民主决策使用。

3. 方法缺点

（1）缺少统一规范的评分标准依据。

（2）评分的客观性和正确性受到评分人经验和素质影响较大。

（3）综合评分的均摊拉平效应，可能掩盖某一决策方案的重大缺陷。

第三节　消防安全决策评估

一个复杂的消防安全决策问题往往有多个不确定因素影响决策的效果，各种决策问题的定量分析，都是在对问题相关因素进行调查研究的基础上，根据问题的特性选用合适的分析方法，并收集有关的数据和资料，再通过估定模型参数来做分析比较得出的。在最优方案实施时，这些参数的预测值往往与其实际值有差异，有的差异还可能很大，以致必须对原方案进行修正，甚至推倒重来。发生这种不准确的原因有客观上外界情况变化导致的，或是由于原来的估计有主观错误，但不论是哪种原因，都会对决策方案的效果产生影响。因此，做出消防安全决策后，仍然需要研究决策的稳定性和风险问题。通过定期评估分析决策条件和环境是否发生变化，是否需要调整决策内容。特别对于重大的消防决策问题，还需要在决策实施前进行决策评估，避免决策失误带来的严重后果。

一、敏感性分析

敏感性分析通常也称为优化后分析或灵敏度分析，是指在安全决策分析过程中对影响决策方案的稳定性的各种重要因素进行测试的一种模拟分析。敏感性分析可以使决策分析者和决策者避免对最优决策方案的绝对化理解，引导进一步对决策方案的稳定性及其影响因素进行研究，并考虑好较为灵活的对策措施，在工作中争取主动，以防止因决策上的失误而使决策目标不能够实现。

（一）敏感因素与敏感度

1. 敏感因素

由于各种环境、条件的变动，将对原定决策方案的稳定性产生影响，有时还会改变原有的结论。在这些变化中，影响大的因素称为敏感因素，影响小的或不发生影响的因素称为不敏感因素。

2. 敏感度

敏感度是衡量敏感因素影响决策效果的程度，可以通过专家打分的方式，得出各个影响因素的权重。权重大的影响因素，其敏感度也大；权重小的，其敏感度也小。

3. 决策稳定性

通过敏感性分析，可以发现决策模型中对原定决策理论的稳定性影响程度大的一个或几个参数，或者在不改变原有决策结论的前提下，确定决策方案中的关键参数所允许变动的范围，一旦预计到参数的变动将可能超出允许范围而改变原有结论时，就必须修正或重新制定决策方案。所以，敏感性分析的主要作用在于能够测定决策方案的稳定性，并对它加以适当的控制。

（二）敏感性分析方法

1. 逐项替代法

逐项替代法是逐次变动某个因素或模型参数，而令其他因素不变，观察这个因素的变动对方案效果的影响程度，以确定其敏感与否，最后再综合判断该决策方案优化性质的稳定状况以及有关因素允许变动的幅度范围。

2. 最有利 – 最不利法

最有利 – 最不利法是把一个或几个因素分别向最有利（乐观）和最不利（悲观）的方向改变，以测定它对方案效果的影响，从而确定有关因素的敏感程度和决策方案的稳定性。

3. 图示法

图示法一种直观而有效的方法。采用这种方法时，用二维坐标把各因素的变动情况用曲线表示出来，据此定出有利区域与不利区域，作为择定决策方案、研究方案稳定性的依据。当然，由于这种方法受到作图的限制，在需要分析的变量比较多的情况下实现起来有一定困难。

4. 专家判断法

专家判断法尤其适用于安全决策。因为，在影响安全决策的因素非常多，而且非常复杂。哪个因素更为重要，哪个因素敏感度小，往往不是某一个人可以确定的。而且，由于每个人对于同一影响因素的认识不一样，所得到的权重也不一样。因此，在使用这种方法时，一般是组织一定数量的专家进行，从而确定每个影响因素的权重，确定每个影响因素的敏感度。

5. 转折分析法

在风险性决策分析模型中，转折分析法是一种常用的方法。这种方法可确定最优决策方案发生转变的某个临界参数、条件值或其发生概率值，并据此来判断决策方案的优化稳定性，以进一步查找有关的主要影响因素和采取必要的措施。

二、效用分析

在安全决策分析中，由于决策者价值观的不同，对于同样的可能结果会产生不同选择方式，因而产生了效用理论。效用分析是利用效用价值的理论和方法，对风险和收益进行比较，从而进行最终决策的方法。效用分析不仅为决策分析者提供了判断决策者所提供的方案的可能性，而且为比较不同的决策方法对决策的影响，提高决策的质量创造了条件。

（一）效用与效用函数

1. 效用

“效用”作为衡量各个方案可能结果的一种统一的无量纲的数量指标，反映了决策者的主观意图和倾向，是对决策者偏好的一种度量，也是决策者价值观念的一种反应。效用可以度量决策分析中各种可能的结果，使之能在数量上进行比较。

2. 效用函数

为了定量、直观地描述决策者对风险的态度、对事物的倾向及偏爱等主观因素的强弱程度，可以建立效用函数，即效用曲线。如以收益值为自变量，以对应的效用值为因变量，二者的函数关系即为效用函数，记为 $u=u(r)$。其中 u 是效用值，可以理解为被决策者主观倾向调整后的损益值。

在一般情况下，对于不同的决策人，即使面临同一决策问题，其所用的效用函数也不一定相同。决策者在进行决策之前，必须根据自己的价值观建立自己的效用函数。但是，构造效用函数并不容易。在实际工作中，常常通过心理测试的方法，计算一些特殊点的效用值，并依此描绘效用曲线，寻求最优策略。效用曲线（函数）也存在混合型的，例如在正收益值范围内敢于冒险，而在负收益值范围内则非常保守。事实上大多数效用函数的负收益值很小时，效用曲线就非常陡峭，这说明绝大多数决策者都对亏损非常厌恶。

典型效用曲线如图 13-4 所示，纵坐标为效用值，横坐标为损益值。其中，决策者乙的效用函数是线形的，斜率为 1，这表明他完全是按照期望值准则进行决策的，因为他的效用值的增加与投入量的增加成正比关系，他对待风险的态度保持中立；决策者甲的效用曲线说明甲是一个谨小慎微，极力避免风险的决策者；决策者丙是一位企图谋取效益，激进冒险的决策者。

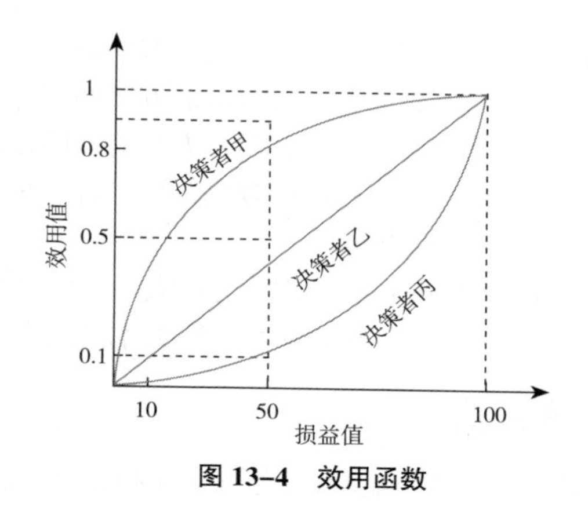

图 13-4　效用函数

3. 效用函数的构建

通常效用函数都是按照经验确定的，它主要是针对决策者建立的。根据对效用函数的经验研究，表明了下列几点结论。

（1）一种特定的效用函数都与特定的决策者有关。一般来说，无法为一组人确定一种效用函数。

（2）凸形效用函数表明决策者排斥风险，凹形效用函数则表示决策者喜欢冒险。效用函数也存在混合型的，例如正在收益值范围内时，决策者往往敢于“冒险”，而在负收益值范围内则“排斥风险”，事实上大部分效用函数在负收益值很小时就相当陡峭，这说明大多数决策者对较大损失极端排斥。

（3）通常没有一种数学函数与人观察到的数据完全相符，也不可能从理论上去确定一个特定的数学函数作为某个人的效用函数。尽管采用了回归和方差技术来缩小一些函数的选择范围。

（二）效用分析计算与决策

按照效用理论进行决策分析，应根据决策者的效用函数来计算各个方案可能结果的期望效用值，并以最大期望效用值作为选择方案的依据，换句话说，就是期望效用值是由决策者个人倾向性调整后的损益期望值。

1. 期望效用值计算方法

利用效用曲线对应损益值找到根据决策者倾向调整后损益值，计算期望效用值，然后根据期望效用值的大小，决定最佳方案。

2. 期望效用准则依据的基本假定

根据期望效用值准则进行决策的正确性依赖于下列假定：

（1）任意两个方案都是可以比较的。决策者不是喜欢一个方案胜过另一个方案，就是两个方案对他来说没有差异。也就是说，假定一个人可以在两个可选方案之间选择一个方案，或者他在两个方案之间的选择毫无差异。

（2）决策者对各种方案的偏好关系和差异性是可传递的。具有逻辑集合的性质，即如果 $A>B$，$B>C$，那么 $A>C$；或者 $A=B$，$B=C$，那么 $A=C$。

（3）偏好的连续性假定。从概率的角度说，如果各种方案之间是毫无差异的，也就是说方案之间的概率是相同的，那么它们之间被认为是无差异的。

（4）决策方案选择可替代。如果决策者在两种可能方案的选择上认为无差异，那么可以用一个方案代替另一个方案，并且可以认为这两个方案的效用相同。

（5）单一性假定。如果两种冒险具有相等的效果，但实现这种较有吸引力的效果的概率不同，那么决策者将选择冒险性大的方案。

上述假定有时被称为言行一致的有逻辑推理能力的人的行为公理。如果接受这些假定，则表示在不确定的条件下，最优决策方案就是最大期望效用方案，这也就是期望效用准则。

三、重大消防决策评估

重大消防决策评估是对重大的消防决策，可能产生的风险、社会影响等进行评估的过程。具体来说，重大消防决策评估的目的是帮助决策者确定政策的可接受性、确保政策的可操作性，并为政策执行提供有效的管理措施。

评估过程包括系统分析和评估社会稳定及其所可能产生的后果，以确定社会持续发展可能遭受的风险。目前，社会稳定风险评估是重大决策的前置条件，对于政府、企业及其他社会主体来说，都必须建立社会稳定风险评估体系，以便更有效地识别、预警和处理社会稳定风险。

（一）评估的范围

重大消防决策评估的范围包括但不限于以下方面，具体的重大消防决策范围可能因地区、单位、政策等因素而有所不同，在制定具体决策时需要结合实际情况进行综合考虑。

（1）制定或修改消防安全政策和标准，如消防安全法规、规范和标准等。

（2）制定或修改消防规划和计划，如城市消防规划、区域消防规划、消防设施建设规划等。

（3）决定重大消防投入和支出，如消防设施建设、消防器材采购、消防训练和演习等。

（4）确定重大消防安全事项，如大型活动策划、火灾风险评估、重点单位安全管理等。

（5）制定或修改消防应急预案和响应机制，如火灾应急预案、疏散预案等。

（6）决定重大火灾事故的调查和处理，如火灾原因调查、责任追究、善后处理等。

（7）其他涉及消防安全的重要决策。

（二）评估的内容

重大消防决策评估的内容主要包括以下几个方面：

1. 合法性

评估决策主体、内容、程序是否符合有关法律法规、政策规定及强制性标准的规定，包括决策主体是否有法定权限并在权限范围内决策、决策内容和程序是否符合法律法规及政策规定等。

2. 合理性

评估决策事项是否符合经济社会发展规律和促进人的全面发展，是否贯彻创新、协调、绿色、开放、共享的新发展理念，是否兼顾现实利益和长远利益、整体利益和局部利益，是否遵循公开公平公正原则，是否尊重公序良俗，是否体现以人为本等。

3. 可行性

评估决策事项是否与本地经济社会发展水平相适应，包括人力物力财力等决策条件是否具备，决策方案、措施是否周全，决策时机是否成熟，依法应给予的补偿和救济等是否及时充分，是否超出大多数群众的承受能力，是否得到大多数群众支持，是否会导致相关行业、相邻地区群众攀比等。

4. 可控性

评估决策事项是否存在公共安全隐患，会不会引发群体性事件、集体上访、社会负面舆论、恶意炒作以及其他影响社会稳定的问题。评估决策可能引发的社会稳定风险是否可控，能否得到有效防范和化解，是否有社会矛盾预防和化解措施以及相应的预测预警措施和应急处置预案，宣传解释和舆论引导工作是否充分。

（三）评估的流程

重大消防决策评估需要遵循一定的流程和程序，确保评估的客观性、公正性和科学性，为决策者提供参考和指导，提高决策的质量和效果。

1. 制定评估工作方案

确定评估领导小组，明确组织结构、职责分工，明确工作进度、工作方法和要求，拟征询意见对象及方法，风险评估报告大纲等。

2. 收集相关资料

认真审阅项目可研报告、项目申请报告和风险分析篇章，收集需要补充的相关资料，审阅拟建项目的前期审批文件，相关规划与标准规划，审阅和补充同类或类似项目的风险评估资料等。

3. 充分听取意见

通过公示、走访、座谈会、调查表等形式，当面听取意见，充分考虑公民、法人和其他组织的合法权益、合理诉求，确保收集意见的真实性和全面性。

4. 全面评估论证

重点围绕合法性、合理性、可行性、可控性进行客观、全面的评估论证，对风险分析的内容和程序、评估方法、识别的风险、反映的意见、提出的防范和化解措施、评判的等级、分析篇章等进行全面评估论证。

5. 确定风险等级

根据项目所在地人民政府确定的社会稳定风险评判标准和指标体系，按照国家发展改革委《暂行办法》的风险等级划分标准，综合考虑各方面意见、诉求和全面分析的基础上，做出客观、公正的评判，确定项目社会稳定风险的高、中、低等级。

6. 编制评估报告

根据评估结果，编制社会稳定风险评估报告，对决策的实施可能引发的社会稳定风险进行预测和评估，提出相应的风险防范和化解措施。

（四）评估的基本方法

重大消防决策评估的方法有多种，常用基本方法有以下几类：

1. 风险分析

风险分析是对决策可能产生的风险进行评估和分析，帮助决策者了解决策的风险性和可行性，从而做出更为科学和合理的决策。

2. 情景分析

情景分析是对决策可能出现的各种情景进行假设和预测，帮助决策者了解决策在不同情景下的影响和风险，从而做出更为全面和合理的决策。

3. 模糊评价法

模糊评价法是一种基于模糊数学的评价方法，将评价指标进行模糊化处理，计算各评价因素的权重和得分，综合评价决策的优劣和风险。

（五）评估结果的效用

重大消防决策评估结果的效用非常重要，可以为决策者提供决策依据和参考，促进决策的科学性和合理性，推动决策的落实和优化，为相关领域提供科学依据。具体效用体现在以下几个方面：

1. 为决策者提供决策依据和参考

重大决策评估结果可以提供决策实施后的效果评估，为决策者提供决策依据和参考，帮助决策者了解决策的实施情况，以及决策对相关领域的影响。

2. 促进决策的科学性和合理性

重大决策评估结果可以对决策进行科学评估，揭示决策的优点和缺点，为决策者提供科学依据，促进决策的科学性和合理性。

3. 推动决策的落实和优化

重大决策评估结果可以揭示决策实施中存在的问题，为决策者提供整改的依据，推动决策的落实和优化，提高决策的实施效果。

4. 为相关领域提供科学依据

重大决策评估结果可以为相关领域提供科学依据，如消防安全管理和火灾防控工作，从而促进相关领域的发展和进步。

思考题

1. 消防安全决策的类型有哪些?
2. 多属性决策筛选方法有哪些?
3. 不确定风险决策方法有哪些?
4. 决策矩阵的构成要素是什么?
5. 消防安全决策评估的一般流程是什么?
6. 简述决策树分析法的优缺点。

附录 A 《消防安全系统工程》高等教育自学考试参考大纲（含考核目标）

A.1 课程性质与课程目标

A.1.1 课程性质与特点

《消防安全系统工程》课程是消防工程专业的专业课程，是一门运用系统论的观点和方法，结合消防工程学原理和有关专业知识，将消防安全作为整体系统研究消防技术措施和管理技术方法的课程。本课程是全国高等教育自学考试消防工程专业（独立本科段）的限选课程，是消防工程专业的重要专业课程，具有较强的理论性和实践应用性。

《消防安全系统工程》课程主要讲授消防安全系统分析、安全评价、安全决策与事故控制。通过本课程的学习，使考生掌握消防安全系统基本原理、安全系统工程的分析方法、火灾事故控制的理论与方法。课程内容涵盖基础理论、专业知识及实践技能，具有很强的实用性和综合性。

A.1.2 课程目标

（1）了解安全系统工程的特点和研究内容以及系统论在消防的应用与作用。

（2）熟悉消防安全系统工程分析的原理、典型方法的操作步骤和适用性。

（3）掌握火灾风险控制的基本理论和技术措施，掌握火灾事故预测技术。

（4）具备应用消防安全系统分析方法进行消防安全系统风险和隐患分析，评价安全水平并提出火灾防控对策的能力。

A.1.3 与相关课程的联系与区别

消防安全系统工程是一门交叉学科。学习本课程之前需要掌握多门学科的基础知识。课程学习前，考生应具备燃烧学、建筑防火、消防设施、火灾监控相关知识。本课程的学习可为“消防安全管理学”课程学习提供理论和技术基础。

A.1.4 课程的重点、次重点和难点

消防安全系统工程课程的重点是系统安全分析方法。

消防安全系统工程课程的次重点是火灾风险控制与安全决策。

消防安全系统工程课程的难点是系统安全分析方法。

A.2 考核目标

本大纲在考核目标中，按照识记、领会、应用3个层次规定应达到的能力层次的要求。3个能力层次是递进关系，各能力层次的含义是：

识记：要求学生能够识别和记忆本课程中有关基本概念和理论的主要内容，如消防安全系统工程基本概念、事故致因理论、人的不安全行为表现、物质火灾危险因素等。

领会：要求学生能够领悟和理解本课程中消防系统工程分析方法的原理，火灾风险控制的基本理论和技术措施，掌握火灾事故预测技术以及决策的理论。

应用：要求学生能掌握火灾和危险因素分析方法的应用步骤和适用条件，能够对具体行业、场所、工艺进行火灾和危险因素的分析和制定系统化防控措施。

A.3 考核内容与考核要求

A.3.1 消防安全系统工程概述

一、学习目的与要求

通过本章学习，使学生建立系统的思维方式，了解安全系统工程产生背景与发展历程，相关的基础概念，掌握消防安全系统工程的研究对象、内容和方法，理解该理论对消防安全管理实践的指导意义和应用的优势。

二、课程内容

（1）消防安全系统工程基本概念。

（2）消防安全系统工程的研究对象、内容和方法。

（3）安全系统工程学的发展及其消防应用。

三、考核知识点与考核要素

（1）消防安全系统工程基本概念。

识记：①安全系统工程的定义；②消防安全系统工程的定义。

领会：①系统的性质；②系统工程的特点。

应用：消防安全系统组成实例。

（2）消防安全系统工程的研究内容。

识记：消防安全系统工程的研究内容。

领会：消防安全系统工程方法的优点。

（3）安全系统工程学的发展及其消防应用。

识记：消防安全系统工程解决消防安全问题的三个阶段。
领会：①安全系统工程学的产生；②安全系统工程学的发展历程。

四、本章重点、难点

本章的重点：
（1）消防安全系统工程的概念。
（2）消防安全系统工程学研究内容。
（3）消防安全系统工程解决消防安全问题的三个阶段。
本章的难点：
（1）系统工程的特点。
（2）消防安全系统构成实例分析。

A.3.2 消防安全系统工程基础理论

一、学习目的与要求

通过本章学习，使学生了解事故致因理论的发展脉络和重要理论模型，掌握火灾事故和隐患中人的失误分析方法，熟悉引发火灾爆炸事故的物危险源，理解系统可靠性分析理论。

二、课程内容

（1）事故致因理论。
（2）人的不安全行为分析。
（3）物质火灾危险因素分析。
（4）人机系统可靠性分析。

三、考核知识点与考核要素

（1）事故致因理论。
识记：①基于人体信息处理的人失误事故理论；②动态变化理论；③轨迹交叉论。
领会：①事故致因理论的发展历程；②海因里希事故法则。
应用：①事故因果连锁理论；②能量意外释放理论；③危险源理论。
（2）人的不安全行为分析。
识记：人不安全行为的起因。
领会：①事故前人的心理状态；②人体差错率。
（3）物质火灾危险因素分析。
识记：①可燃物的分类；②物质自燃危险性分析。
（4）人机系统可靠性分析。
识记：①人机系统的可靠性；②有效度；③维修度。
领会：人机系统的功能。
应用：①可靠性的度量；②系统可靠性分析。

四、本章重点、难点

本章的重点：
（1）事故因果连锁理论。
（2）人不安全行为的起因。
（3）人机系统的可靠性。
本章的难点：
（1）可靠性的度量。
（2）系统可靠性分析。

A.3.3 消防安全检查表法

一、学习目的与要求

通过本章学习，使学生应熟悉消防安全检查表的基本形式和结构，掌握消防安全检查表的编制和使用方法，能够制定各级消防安全检查表。

二、课程内容

（1）消防安全检查表法概述。
（2）消防安全检查表的形式与编制。
（3）消防安全检查表法应用实例。

三、考核知识点与考核要素

（1）消防安全检查表法概述。
识记：消防安全检查表法的定义。
领会：①消防安全检查表的作用；②安全检查表法的优缺点。
（2）消防安全检查表的形式与编制。
识记：①安全检查表的类型；②消防安全检查表的形式。
领会：消防安全检查表的基本内容。
应用：消防安全检查表的编制。
（3）消防安全检查表法应用实例。
应用：具体场景不同类型消防安全检查表的编制。

四、本章重点、难点

本章的重点：
（1）消防安全检查表的基本内容。
（2）消防安全检查表的形式。
本章的难点：
消防安全检查表的编制。

A.3.4 火灾爆炸预先危险性分析法

一、学习目的与要求

通过本章学习，使学生了解火灾爆炸预先危险性分析法的基本概念和目的，熟悉火灾爆炸预先危险性分析的评价程序及步骤，掌握危险源的定义，掌握两类危险源理论，熟悉两类危险源的辨识方法，掌握火灾爆炸中的危险源，掌握火灾爆炸预先危险性分析的应用方法。

二、课程内容

（1）火灾爆炸预先危险性分析法概述。
（2）火灾爆炸危险源辨识。
（3）火灾爆炸预先危险性分析应用实例。

三、考核知识点与考核要素

（1）火灾爆炸预先危险性分析法概述。
领会：火灾爆炸预先危险性分析的评价程序及步骤。
（2）火灾爆炸危险源辨识。
识记：①危险源的定义；②两类危险源理论；③火灾爆炸中的危险源。
领会：两类危险源的辨识方法。
（3）火灾爆炸预先危险性分析应用实例。
应用：火灾爆炸预先危险性分析的实例分析。

四、本章重点难点

本章重点：
（1）两类危险源理论。
（2）火灾爆炸中的危险源。
本章难点：
（1）辨识火灾爆炸事故中的两类危险源。
（2）运用火灾爆炸预先危险性分析的方法分析具体案例。

A.3.5 消防系统故障类型影响和致命度分析法

一、学习目的与要求

通过本章学习，使学生了解故障类型影响分析的概念，熟悉火灾爆炸事故中的故障类型和影响分析的含义，掌握与故障类型影响分析相关的几个概念的含义，熟悉故障类型及影响分析实施步骤，掌握火灾爆炸事故故障类型及影响、危险度分析的方法，了解致命度分析的含义及目的，熟悉致命度指数的计算方法。

二、课程内容

（1）故障类型和影响分析。
（2）致命度分析。
（3）故障类型和影响分析应用实例。

三、考核知识点与考核要素

（1）故障类型和影响分析。
识记：①故障类型影响分析的概念；②与故障类型影响分析相关的几个概念的含义。
领会：①火灾爆炸事故中的故障类型和影响分析的含义；②故障类型及影响分析实施步骤。
（2）致命度分析。
识记：致命度分析的含义及目的。
领会：致命度指数的计算方法。
（3）故障类型和影响分析应用实例。
应用：火灾爆炸事故故障类型及影响分析的实例分析。

四、本章重点难点

本章重点：
（1）故障类型影响分析相关概念。
（2）故障类型及影响分析实施步骤。
本章难点：
火灾爆炸事故故障类型及影响分析的实例分析。

A.3.6　火灾爆炸危险与可操作性分析法

一、学习目的与要求

通过本章学习，使学生了解危险与可操作性分析的概念，熟悉火灾爆炸事故的危险和可操作性研究的主要特点；熟悉危险和可操作性研究的引导词及分析术语；熟悉危险与可操作性分析的主要方法；熟悉危险和可操作性研究分析基本步骤；掌握火灾爆炸事故危险与可操作性分析法应用实例。

二、课程内容

（1）危险与可操作性分析法概述。
（2）危险与可操作性分析法分析过程。
（3）火灾爆炸事故危险与可操作性分析法应用实例。

三、考核知识点与考核要素

（1）危险与可操作性分析法概述。

识记：①危险与可操作性分析的概念；②危险和可操作性研究的引导词及分析术语。
领会：火灾爆炸事故的危险和可操作性研究的主要特点。
（2）危险与可操作性分析法分析过程。
领会：①危险与可操作性分析的主要方法；②危险和可操作性研究分析基本步骤。
（3）火灾爆炸事故危险与可操作性分析法应用实例。
应用：火灾爆炸事故危险与可操作性分析法的实例分析。

四、本章重点难点

本章重点：
（1）危险和可操作性研究的引导词及分析术语。
（2）危险和可操作性研究分析基本步骤。
本章难点：
火灾爆炸事故危险与可操作性分析法的实例分析。

A.3.7 因果分析图法

一、学习目的与要求

通过本章学习，学生应掌握因果分析图法的基本原理、类型、因果分析图的绘制方法，能够应用该方法进行消防系统实例分析。

二、课程内容

（1）因果分析图法概述。
（2）因果分析图的绘制方法。
（3）因果分析图法的应用。

三、考核知识点与考核要素

（1）因果分析图法概述。
识记：①因果图分析法的含义；②因果图分析法的类型。
领会：①因果图分析法的优点；②因果图分析法的原理。
（2）因果分析图的绘制方法。
识记：因果图分析图的结构。
领会：因果图分析图的功能。
应用：因果分析图绘制步骤与方法。
（3）因果分析图法的应用。
领会：因果分析图法应用说明。
应用：因果分析图法应用举例。

四、本章重点、难点

本章的重点：

（1）因果图分析图的结构。
（2）因果分析图绘制步骤与方法。
（3）因果分析图法应用举例。
本章的难点：
（1）因果图分析法的原理。
（2）因果分析图法应用举例。

A.3.8 事件树分析法

一、学习目的与要求

通过本章学习，使学生了解事件树和事件树分析的基本概念，掌握事件树的编制方法和事件树分析的原理和步骤，掌握事件树的定性分析和定量分析方法；针对实际火灾事故案例，能够用事件树分析法进行定性和定量分析。

二、课程内容

（1）事件树分析法概述。
（2）事件树分析。
（3）事件树分析法的作用与特点。
（4）事件树分析法应用实例。

三、考核知识点与考核要素

（1）事件树分析法概述。
识记：①事件树分析相关概念；②事件树的编制步骤。
应用：事件树分析软件。
（2）事件树分析概述。
识记：事件树的编制步骤。
领会：事件树分析的基本原理。
（3）事件树分析法的作用与特点。
领会：①事件树分析的作用；②事件树分析的特点；③事件树分析的优点和缺点。
（4）事件树分析法应用实例。
应用：事件树分析法应用实例。

四、本章重点、难点

本章的重点：
（1）事件树的编制。
（2）事件树分析。
（3）事件树分析法应用实例。
本章的难点：
（1）事件树分析。

（2）事件树分析法应用实例。

A.3.9 事故树分析法

一、学习目的与要求

通过本章的学习，使学生了解事故树分析的基本概念和基本原理，掌握事故树的编制和化简方法，重点内容是事故树的定性分析个定量分析方法，包括最小割集、最小径集、结构重要度、概率重要度、临界重要度计算以及顶上事件发生概率的计算，并会分析控制火灾事故发生的措施。

二、课程内容

（1）事故树分析法概述。
（2）事故树的编制。
（3）事故树定性分析方法。
（4）事故树定量分析方法。
（5）火灾爆炸事故树分析法应用。

三、考核知识点与考核要素

（1）事故树分析法概述。
识记：事故树分析的基本概念。
领会：事故树分析方法的优缺点。
（2）事故树的编制。
识记：①事故树基本结构；②事故树的符号及其意义；③事故树编制的步骤。
领会：①事故树分析程序；②事故树编制的注意事项。
应用：事故树编制软件。
（3）事故树定性分析方法。
识记：事故树的数学描述。
领会：事故树的化简及意义。
应用：事故树的定性分析。
（4）事故树定量分析方法。
应用：①事故树顶上事件发生概率的计算；②结构重要度分析；③概率重要度分析；④临界重要度分析。
（5）火灾爆炸事故树分析法应用。
应用：①火灾事故树模型的建立；②火灾事故树分析。

四、本章重点、难点

本章的重点：
（1）事故树的编制。
（2）事故树分析程序。

（3）事故树的定性分析。
（4）事故树定量分析方法。
本章的难点：
（1）事故树定量分析方法。
（2）火灾爆炸事故树分析法应用。

A.3.10　火灾事故预测技术

一、学习目的与要求

通过本章的学习，使学生了解预测的类型、原理；熟悉典型火灾爆炸事故趋势预测方法；了解火灾爆炸事故后果的事故类型，熟悉事故后果分析步骤；掌握泄漏、火球、池火、蒸气云火灾的事故后果定量分析方法；掌握物理爆炸、蒸气云爆炸事故后果分析方法。

二、课程内容

（1）火灾事故预测技术概述。
（2）火灾事故趋势预测。
（3）火灾事故后果估计。

三、考核知识点与考核要素

（1）火灾事故预测技术概述。
识记：①事故预测的含义；②事故预测的内容；③事故预测的类型。
领会：①事故预测的基本原则；②事故预测的原理。
（2）火灾事故趋势预测。
识记：①德尔菲法的操作步骤；②前景评估法操作步骤；③灰色预测的操作步骤；④马尔可夫预测法的操作步骤；⑤回归分析法预测操作步骤。
领会：①德尔菲法的特点；②前景评估法的特点；③灰色预测的特点；④马尔可夫预测法的特点；⑤回归分析法预测的特点。
（3）火灾爆炸事故后果估计。
识记：①火灾爆炸事故类型；②事故后果分析的结果；③事故后果分析步骤。
识记：①事故后果估计的含义；②火灾爆炸事故后果的事故类型；③可燃物的常见火灾形式。
领会：①事故后果分析步骤；②泄漏事故的主要分析方法；③衡量热辐射危险性的伤害破坏准则；冲击波破坏伤害准则。
应用：①泄漏估算；②火灾事故后果估算；③爆炸破坏估算。

四、本章重点、难点

本章的重点：
（1）事故趋势预测方法。
（2）火灾爆炸事故后果估计。

本章的难点：
（1）火灾事故后果估算。
（2）爆炸破坏估算。

A.3.11 火灾风险控制

一、学习目的与要求

通过本章的学习，使学生理解火灾风险的控制策略和途径，掌握火灾爆炸事故控制的技术对策和管理对策，了解消防安全系统提升可靠度的方式。

二、课程内容

（1）火灾风险控制概述。
（2）火灾风险控制技术措施。
（3）火灾风险控制管理措施。
（4）系统可靠性提升措施。

三、考核知识点与考核要素

（1）火灾风险控制概述。
识记：①火灾风险控制的含义；②火灾风险控制的途径；③火灾风险控制的环节。
领会：①火灾风险控制的目的；②火灾风险控制的策略。
（2）火灾风险控制技术措施。
领会：①防火防爆基本原理；②抗灾减灾技术措施。
应用：①控制可燃物措施；②控制点火源措施；③爆炸破坏估算。
（3）火灾风险控制管理措施。
应用：制定单位火灾风险控制管理措施。

四、本章重点、难点

本章的重点：
（1）火灾风险控制技术措施。
（2）火灾风险控制管理措施。
本章的难点：
火灾风险控制技术措施。

A.3.12 消防安全评价

一、学习目的与要求

通过本章的学习，使学生了解消防安全评价的含义，熟悉消防安全评价的程序；熟悉消防安全评价方法的分类；了解模糊综合评价法含义；熟悉模糊综合评价的数学模型方法；掌握模糊综合评价的实例分析；了解指数评价法、概率评价法的原理；熟悉美国道化学公司火灾爆炸指数评价法的评价步骤；掌握美国道化学公司火灾爆炸指数评价的实例分析方法。

二、课程内容

（1）消防安全评价概述。
（2）模糊综合评价法。
（3）指数评价法。
（4）概率评价法。

三、考核知识点与考核要素

（1）消防安全评价概述。
识记：①消防安全评价的含义；②消防安全评价方法的分类。
领会：①消防安全评价的目的和意义；②消防安全评价的程序。
（2）模糊综合评价法。
识记：模糊综合评价法含义。
领会：模糊综合评价的数学模型方法。
（3）指数评价法。
识记：风险指数法的含义。
领会：美国道化学公司火灾爆炸指数评价法的评价步骤。
应用：美国道化学公司火灾爆炸指数评价法的实例分析。
（4）概率评价法。
领会：①概率评价法原理；②概率评价法的应用范围；③应用的局限性。

四、本章重点、难点

本章重点：
（1）消防安全评价的程序。
（2）模糊综合评价的数学模型方法。
（3）美国道化学公司火灾爆炸指数评价法的评价步骤。
本章难点：
（1）模糊综合评价的实例分析。
（2）美国道化学公司火灾爆炸指数评价法的实例分析。

A.3.13 消防安全决策

一、学习目的与要求

通过本章的学习，使学生了解消防安全决策的类型、一般过程；掌握消防安全决策的原则与消防安全决策评估内容；熟悉消防安全决策分析方法。

二、课程内容

（1）消防安全决策概述。

（2）消防安全决策分析方法。
（3）消防安全决策评估。

三、考核知识点与考核要素

（1）消防安全决策概述。
识记：①消防安全决策的含义；②消防安全决策的类型；③消防安全决策的要素。
领会：①决策的科学化准则；②科学决策一般过程。
（2）消防安全决策分析方法。
应用：①多属性决策筛选方法；②不确定型决策分析；③风险决策矩阵；④决策树分析法；⑤ ABC 分析法；⑥综合评分法。
（3）消防安全决策评估。
识记：①敏感因素与敏感度；②效用与效用函数。
领会：①敏感性分析方法；②效用分析计算与决策。
应用：重大消防决策评估。

四、本章重点、难点

本章的重点：
（1）消防安全决策分析方法。
（2）消防安全决策评估。
本章的难点：
消防安全决策分析方法。

附录 B 《消防安全系统工程》课程实践性环节考核实施方案

一、考核目标

通过消防安全系统工程课程的实践学习与考核，培养考生运用系统论的观点和方法，将消防安全作为整体系统进行研究，能够通过消防安全系统工程的分析方法，对某一建筑、场所或设备设施开展火灾危险辨识或对某具体的事故案例，运用系统安全分析方法、火灾事故预测、消防安全评价等方法等，形成系统消防安全决策与危险控制等技术措施和管理方法。

考生应达到以下目标：

1. 知识目标

（1）掌握常用火灾和爆炸危险性分析方法的操作步骤与流程。

（2）掌握火灾和爆炸事故预测的定性分析与定量计算方法。

（3）掌握消防安全评价与消防安全决策方法的步骤。

2. 能力目标

（1）能够根据具体任务选择并运用恰当的火灾和爆炸危险性分析方法进行危险辨识。

（2）能够对某一行业或单位或地区的火灾事故进行预测分析。

（3）能够对特定火灾和爆炸事故进行后果估算。

（4）能够对某一行业或单位或地区提出科学的消防安全人防、物防、技防的措施。

3. 素质目标

（1）培养学生运用系统工程理论知识解决消防工作实际问题的能力。

（2）培养学生养成系统性思维方式。

（3）培养学生事故风险意识，善于主动发现工作中潜在火灾和爆炸危险因素。

二、考核内容

本实践课程的主要考核内容见表 B.1–1。

（一）内容及学时分配

表 B.1–1 《消防安全系统工程》实践学习内容及学时

序号	内容	学时
科目 1	消防安全检查表	4
科目 2	火灾爆炸预先危险性分析	4

续表 B.1–1

序号	内容	学时
科目 3	消防系统故障类型影响和致命度分析	4
科目 4	火灾爆炸危险与可操作性分析	6
科目 5	因果分析图	4
科目 6	事件树分析	4
科目 7	事故树分析	6
科目 8	火灾爆炸事故预测技术	6
科目 9	消防安全评价	6
合计		44

（二）考核内容说明

科目一　消防安全检查表

1. 考生学习内容

（1）消防安全检查表的编制步骤。

（2）消防安全检查表的编制方法。

（3）消防安全检查表的应用。

2. 考核达标知识标准

（1）掌握消防安全检查表的编制步骤。

（2）掌握消防安全检查表的编制方法。

（3）掌握消防安全检查表的功能和使用方法。

3. 考核达标能力标准

（1）能够对具体单位、场所、设施等编制消防安全检查表。

（2）能够应用消防安全检查表开展防火防爆检查与分析。

科目二　火灾爆炸预先危险性分析法

1. 考生学习内容

（1）火灾爆炸预先危险性分析的评价程序及步骤。

（2）两类危险源的辨识方法。

（3）火灾爆炸预先危险性分析的应用方法。

2. 考核达标知识标准

（1）掌握火灾爆炸预先危险性分析的评价程序及步骤。

（2）掌握两类危险源的辨识方法。

（3）掌握火灾爆炸预先危险性分析的应用方法。

3. 考核达标能力标准

（1）能够运用火灾爆炸预先危险性分析方法分析具体案例。

（2）能够辨识火灾爆炸事故中的两类危险源。

科目三　消防系统故障类型影响和致命度分析法

1. 考生学习内容

（1）火灾爆炸故障类型及影响分析实施步骤。

（2）致命度指数的计算方法。

2. 考核达标知识标准

（1）掌握火灾爆炸故障类型及影响分析方法实施步骤。

（2）掌握致命度指数的计算方法。

3. 考核达标能力标准

（1）能够运用故障类型及影响分析方法分析具体消防案例。

（2）能够运用能够运用致命度分析方法分析具体消防案例。

科目四　火灾爆炸危险与可操作性分析法

1. 考生学习内容

（1）危险与可操作性分析的主要方法。

（2）危险和可操作性研究分析基本步骤。

（3）火灾爆炸危险与可操作性分析法应用方法。

2. 考核达标知识标准

（1）掌握危险与可操作性分析的主要方法。

（2）掌握危险和可操作性研究分析基本步骤。

（3）掌握火灾爆炸事故危险与可操作性分析法应用方法。

3. 考核达标能力标准

能够运用危险与可操作性分析法分析消防系统实例。

科目五　因果分析图

1. 考生学习内容

（1）因果分析图的编制步骤。

（2）因果分析图的编制方法。

（3）因果分析图的应用。

2. 考核达标知识标准

（1）掌握因果分析图的编制步骤。

（2）掌握因果分析图的编制方法。

（3）掌握因果分析图的功能和使用方法。

3. 考核达标能力标准

（1）能够编制火灾爆炸事故因果分析图。

（2）能够应用因果分析图开展防火防爆原因与对策分析。

科目六　事件树分析

1. 考生学习内容

（1）火灾爆炸事件树的编制步骤。

（2）火灾爆炸事件树的编制方法。

（3）火灾爆炸事件树的应用。

2. 考核达标知识标准

（1）掌握火灾爆炸事件树的编制步骤。

（2）掌握火灾爆炸事件树的编制方法。

（3）掌握火灾爆炸事件树的功能和使用方法。

3. 考核达标能力标准

（1）能够对具体单位、场所、设施等编制火灾爆炸事件树。

（2）能够应用火灾爆炸事件树开展防火防爆检查与分析。

科目七　事故树分析

1. 考生学习内容

（1）火灾爆炸事故树的编制步骤。

（2）火灾爆炸事故树的编制方法。

（3）火灾爆炸事故树的应用。

2. 考核达标知识标准

（1）掌握火灾爆炸事故树的编制步骤。

（2）掌握火灾爆炸事故树的编制方法。

（3）掌握火灾爆炸事故树的功能和使用方法。

3. 考核达标能力标准

（1）能够对具体单位、场所、设施等编制火灾爆炸事故树。

（2）能够应用火灾爆炸事故树开展防火防爆检查与分析。

科目八　火灾爆炸事故预测技术－事故后果估算

1. 考生学习内容

（1）火灾爆炸事故后果的事故类型。

（2）泄漏事故的主要分析方法。

（3）火球、池火、蒸气云火灾的事故后果定量分析方法。

（4）冲击波破坏伤害作用的估算方法。

（5）物理爆炸能量计算方法。

（6）蒸气云爆炸事故后果分析方法。

2. 考核达标知识标准

（1）掌握火灾爆炸事故后果的事故类型的判断方法。

（2）掌握泄漏事故的主要分析方法。

（3）掌握火球、池火、蒸气云火灾的事故后果定量分析方法。

（4）掌握冲击波破坏伤害作用的估算方法。

（5）掌握物理爆炸能量计算方法。

（6）掌握蒸气云爆炸事故后果分析方法。

3. 考核达标能力标准

（1）能够运用泄漏事故的主要分析方法分析具体泄漏事故。

（2）能够运用火球、池火、蒸气云火灾的事故后果定量分析方法分析具体事故。

（3）能够运用冲击波破坏伤害作用的估算方法估算具体事故。

（4）能够运用物理爆炸能量计算方法估算具体事故。

（5）能够运用蒸气云爆炸事故后果分析方法分析具体事故。

科目九　消防系统安全评价

1. 考生学习内容

（1）模糊综合评价的数学模型方法。

（2）美国道化学公司火灾爆炸指数评价法。

2. 考核达标知识标准

（1）掌握模糊综合评价的数学模型方法的实施步骤。

（2）掌握美国道化学公司火灾爆炸指数评价法的实施方法。

3. 考核达标能力标准

（1）能够运用模糊综合评价的数学模型方法分析具体消防案例。

（2）能够运用美国道化学公司火灾爆炸指数评价法分析具体消防案例。

三、考核方式

《消防安全系统工程》实践考核方式可采用线上虚拟仿真考核系统和线下实习实践的考核方式。任选一个科目完成实践任务，具体考核办法参见考核实施方案。

四、考核评价标准

表 B.1–2　《消防安全系统工程》实践考核评价标准

序号	内容	考核要求
科目 1	消防安全检查表	
科目 2	火灾爆炸预先危险性分析	
科目 3	消防系统故障类型影响和致命度分析	
科目 4	火灾爆炸危险与可操作性分析	
科目 5	因果分析图	任选 3 个科目
科目 6	事件树分析	
科目 7	事故树分析	
科目 8	火灾爆炸事故预测技术	
科目 9	消防安全评价	

五、教材及参考资料

1. 基本教材

韩海云，杨玉胜 . 消防安全系统工程［M］. 北京：中国计划出版社，2023.

2. 参考资料

徐志胜，姜学鹏 . 安全系统工程［M］. 第 3 版 . 北京：机械工程出版社，2016.

谢振华 . 安全系统工程［M］. 北京：冶金工业出版社，2010.

林伯泉，张景林 . 安全系统工程［M］. 北京：中国劳动社会保障出版社，2007.

参考文献

[1] 徐志胜，姜学鹏．安全系统工程［M］．第3版．北京：机械工业出版社，2016.

[2] 吴立志，杨玉胜．建筑火灾风险评估方法与应用［M］．北京：中国人民公安大学出版社，2015.

[3] 范维成，孙金华，陆守香，等．火灾风险评估方法学［M］．北京：科学出版社，2004.

[4] 全国风险管理标准化技术委员会风险管理　风险评估技术：GB/T 27921—2011[S].北京：中国标准出版社，2011.

[5] 傅智敏．工业企业防火［M］．北京：中国公安大学出版社，2014.

[6] 中国石油化工股份有限公司青岛安全工程研究院．石化装置定量风险评估指南［M］.第1版．北京：中国石化出版社，2007.

[7] 舒中俊，徐晓楠．工业火灾预防与控制［M］．北京：化学工业出版社，2010.

[8] 王绍印．故障模式和影响分析（FMEA）［M］．广州：中山大学出版社，2003.

[9] 何艳，钱舒畅．基于FMEA模式的石油化工厂系统安全分析［C］．中国消防协会学术工作委员会消防科技论文集（2022）：453-456.

[10] 姜迪宁．消防安全系统检查评估［M］．北京：化学工业出版社，2011.

[11] 贺陈琴，王岳．FMEA在乙烯罐区风险分析中的应用研究［J］．中国安全生产科学技术，2012，8（1）：149-153.

[12] 陈军军，夏芳，侯辉，等．供水泵站系统FMEA分析［J］．中国给水排水，2016，32（2）：11-14.

[13] 田彬，崔晓君．基于HAZOP偏差分析方法的沿街商铺火灾隐患排查方法研究［J］.安全，2021，42（10）：35-41.

[14] 林观炎，张佳军，乔建江，等．HAZOP方法在对羟基苯甲醛车间火灾事故分析中的应用［J］．中国安全生产科学技术，2015，11（1）：166-172.

[15] 谢振华．安全系统工程［M］．北京：冶金工业出版社，2010.

[16] 林伯泉，张景林．安全系统工程［M］．北京：中国劳动社会保障出版社，2007.

[17] 余明高，郑立刚．火灾风险评估［M］．北京：机械工业出版社，2013.

[18] 钱学森．论系统工程［M］．上海：上海交通大学出版社，2007.

[19] 赵铁锤．安全评价［M］．北京：煤炭工业出版社，2002.

[20] 张秀华．因果（鱼刺）图分析法在安全预评价中的应用［J］．机械管理开发，2014，141（05）：64-65.

[21] 李凡，董哲仁，刘颖阳，等．含硫油品储罐自燃事故鱼刺图分析［J］．试验研究，2018，34（8）：17-20.

［22］余晨颖，赵玲．基于鱼刺图的锂离子电池火灾原因分析［J］．化工管理，2022，9：134-137.
［23］黄金印，岳庚吉．消防安全管理学［M］．北京：机械工业出版社，2014.